机电产品设计与采购系列手册

耐火电缆设计与采购手册

《耐火电缆设计与采购手册》编委会 组编
物资云 编

机械工业出版社

本手册是供电线电缆行业广大设计和采购人员使用的专业工具书，详细介绍了耐火电缆的技术工艺、设计选型、敷设运维、价格、品牌、常见问题等内容，并梳理了各产品类别的产品技术规范及产品验货检验规范，重点介绍了 6 种市场上常见的耐火电缆：氧化镁矿物绝缘铜护套电缆、云母带矿物绝缘波纹铜护套电缆、陶瓷化硅橡胶（矿物）绝缘耐火电缆、隔离型矿物绝缘铝金属套耐火电缆、隔离型塑料绝缘耐火电缆、隔离型塑料绝缘中压耐火电缆。

本手册由正文和附录两大部分组成。正文部分包括 6 篇内容，分别是技术工艺篇、设计选型篇、敷设运维篇、电缆价格篇、电缆品牌篇和常见问题篇；附录部分包括产品技术规范书、产品验货检验规范、国家重点工程项目产品供货商实录借鉴、产品品类族谱和不同种类耐火电缆对比表。其中，氧化镁矿物绝缘铜护套电缆、云母带矿物绝缘波纹铜护套电缆的技术规范书、验货检验规范及国家重点工程项目产品供货商实录借鉴、产品品类族谱、不同种类耐火电缆对比表附于书后，剩余 4 个品类的技术规范书、验货检验规范可电话或邮件索取（电话：13951724033；邮箱：cs@wuzi.cn）。

图书在版编目（CIP）数据

耐火电缆设计与采购手册/《耐火电缆设计与采购手册》编委会组编；物资云编.—北京：机械工业出版社，2023.6
（机电产品设计与采购系列手册）
ISBN 978-7-111-73225-9

Ⅰ.①耐… Ⅱ.①耐… ②物… Ⅲ.①耐火电缆 – 设计 – 手册 ②耐火电缆 – 采购管理 – 手册 Ⅳ.①TM246 – 62 ②F764.5 – 62

中国国家版本馆 CIP 数据核字（2023）第 093702 号

机械工业出版社（北京市百万庄大街 22 号 邮政编码 100037）
策划编辑：陈玉芝 责任编辑：陈玉芝 关晓飞
责任校对：薄萌钰 李 婷 封面设计：张 静
责任印制：邓 博
盛通（廊坊）出版物印刷有限公司印刷
2023 年 7 月第 1 版第 1 次印刷
169mm × 239mm · 23.25 印张 · 15 插页 · 480 千字
标准书号：ISBN 978-7-111-73225-9
定价：198.00 元

电话服务 网络服务
客服电话：010 – 88361066 机 工 官 网：www.cmpbook.com
010 – 88379833 机 工 官 博：weibo.com/cmp1952
010 – 68326294 金 书 网：www.golden – book.com
封底无防伪标均为盗版 机工教育服务网：www.cmpedu.com

序

当前，我国线缆行业耐火电缆结构繁多，层出不穷，依据的产品标准和测试方法标准也是五花八门，给生产厂家和终端用户带来诸多不便：一方面，生产厂家不知道该生产什么样的产品，只能各自为政，自定标准，无形中造成了大量资源浪费；另一方面，用户采购时没有规范标准的指引，很难找到贴合实际需要的产品。

例如，除现有的氧化镁矿物绝缘耐火电缆标准 GB/T 13033—2007《额定电压750V 及以下矿物绝缘电缆及终端（所有部分）》、云母带绕包绝缘耐火电缆标准 GB/T 34926—2017《额定电压 0.6/1kV 及以下云母带矿物绝缘波纹铜护套电缆及终端》和金属护套无机矿物绝缘电缆标准 JG/T 313—2014《额定电压 0.6/1kV 及以下金属护套无机矿物绝缘电缆及终端》外，国内其他结构的耐火电缆都是以企业标准要求出现或者几个国家标准和行业标准拼凑而成的耐火产品要求，以致没能发挥应有的作用（GB/T 19666—2019《阻燃和耐火电线电缆或光缆通则》只在第7.2 条提及耐火电缆的结构，与一些国际先进标准，如英国的 BS 相比，不够明确，例如 BS 7629《火灾时产生较少烟雾及腐蚀性气体的 300/500V 耐火电缆》、BS 7846《火灾时产生较少烟雾及腐蚀性气体的 600/1000V 热固性绝缘铠装耐火电缆》等，都在标准中明确了电缆耐火结构、绝缘、护套材料，以及整个产品的性能要求）。

当前国内耐火电缆产品出现如此状况，除了有经济利益驱动的"创新"因素外，缺乏规范的产品标准（国家标准或行业标准）的引领是一个很重要的原因。古语云："欲审曲直，莫如引绳；欲审是非，莫如引名。"因此，明确耐火电缆的使用场合及要求，规定产品结构和所用材料，使生产厂家和采购用户有"绳"可引、有"名"可依，已刻不容缓。

近年来，国家一直在持续推进标准化进程，扩大标准化工作的社会影响力。2018 年 7 月，经国务院同意，市场监管总局等八部门联合印发《关于实施企业标准"领跑者"制度的意见》，明确提出企业标准"领跑者"的基本原则和主要目标，鼓励企业积极参与到领先标准的研讨与制定中来。实践表明，标准化在提高我国产品和服务质量方面起到了显著成效，既有力地保障了人民群众的人身健康安全，又促进了社会经济的快速发展。

我曾经主持审定全国绝缘材料标准起草制定工作，深知标准制定责任之重大，任务之艰巨，工作之烦琐，但唯其如此，更能彰显此项工作之意义。我希望越来越多的人能参与到这项利国利民的大工程里来。

欣闻《耐火电缆设计与采购手册》（以下简称《手册》）出版，可谓正逢其时，切中肯綮。在国家大力推行标准"领跑者"制度的当下，《手册》的出版必能为行业发展注入新的活力。

　　《手册》编委会成员均是业内翘楚，主编单位物资云所属的国信云联数据科技股份有限公司整合中缆在线、中仪在线、中阀在线、电气网、机电网、物资网、企信在线等行业知名平台的数据资源，依托互联网技术，也必将能为重塑行业质量新环境和营商新环境作出自己的贡献。我祝他们越办越好，也期待着他们将后续系列手册的编纂与出版进行下去，再谱新篇！

曹晓珑

前　言

目前，耐火电缆市场制造企业众多，产品标准千差万别，质量参差不齐，价格上也无可供参考的资料，客观上给设计人员应用选型和终端用户的采购管理带来不小的困扰。为了解决这个问题，我们组织行业专家编写了《耐火电缆设计与采购手册》（以下简称《手册》），它是由国信云联数据科技股份有限公司发起，联合行业数十家制造单位、检验检测机构、产品认证机构、质量监造单位和建设单位共同编撰的耐火电缆设计采购指导工具书。《手册》涵盖了目前市面上六种常见品类的耐火电缆：氧化镁矿物绝缘铜护套电缆、云母带矿物绝缘波纹铜护套电缆、陶瓷化硅橡胶（矿物）绝缘耐火电缆、隔离型矿物绝缘铝金属套耐火电缆、隔离型塑料绝缘耐火电缆、隔离型塑料绝缘中压耐火电缆。《手册》主要从耐火电缆的技术工艺、设计选型、敷设运维、价格、品牌、常见问题等方面进行了详细介绍，并梳理了各产品类别的产品技术规范及产品验货检验规范，供广大读者及采购人使用。

《手册》正文部分包括技术工艺篇、设计选型篇、敷设运维篇、电缆价格篇、电缆品牌篇、常见问题篇6篇内容，附录部分包括两种产品技术规范书、两种产品验货检验规范、国家重点工程项目产品供货商实录借鉴、产品品类族谱、不同种类耐火电缆对比表等。

本手册由《耐火电缆设计与采购手册》编委会组编，物资云编。

参与编撰《手册》的主要产品单位如下：远东电缆有限公司、浙江元通线缆制造有限公司、上海胜华电气股份有限公司、高桥防火科技股份有限公司、飞洲集团股份有限公司、中辰电缆股份有限公司、远程电缆股份有限公司、重庆市南方阻燃电线电缆有限公司、广东电缆厂有限公司、广州澳通电线电缆有限公司、永电电缆集团有限公司、常丰线缆有限公司、江苏宝安电缆有限公司、安徽天康（集团）股份有限公司、安徽天彩电缆集团有限公司、安徽吉安特种线缆制造有限公司、桓仁东方红镁业有限公司、大石桥市美尔镁制品有限公司、辽宁利合实业有限公司、湖北平安电工材料有限公司、四川广发辐照科技有限公司、上海科特新材料股份有限公司、东莞市朗晟材料科技有限公司和成都联士科技有限公司。

参与编撰《手册》的主要第三方产品大数据机构、检验检测机构、产品认证机构、质量监造单位如下：国信云联数据科技股份有限公司、上海缆慧检测技术有限公司、国家电线电缆质量检验检测中心（江苏）、国家电线电缆质量检验检测中心（辽宁）、国家电线电缆产品质量检验检测中心（武汉）、国家电线电缆产品质量检验检测中心（广东）、国家电线电缆产品质量检验检测中心（四川）、国家特种电线电缆产品质量检验检测中心（安徽）、国家特种电缆产品质量检验检测中心

（河北）、上海市质量监督检验技术研究院、国家防火建筑材料质量检验检测中心、国家固定灭火系统和耐火构件质量检验检测中心、应急管理部沈阳消防研究所、中国质量认证中心和中正智信检验认证股份有限公司。

　　参与编撰《手册》的主要设计与建设单位如下：中国电力工程顾问集团西南电力设计院有限公司、中国电力工程顾问集团东北电力设计院有限公司、中国电力工程顾问集团华北电力设计院有限公司、中国电力工程顾问集团西北电力设计院有限公司、中国电力工程顾问集团中南电力设计院有限公司、中国电力工程顾问集团华东电力设计院有限公司、中国能源建设集团湖南省电力设计院有限公司、中国能源建设集团黑龙江省电力设计院有限公司、中国电建集团吉林省电力勘测设计院有限公司、中冶京诚工程技术有限公司、中冶焦耐工程技术有限公司、吉林省石油化工设计研究院、中国石油集团东北炼化工程有限公司沈阳分公司、中石化宁波工程有限公司、中国建筑设计研究院有限公司、中国建筑西南设计研究院有限公司、中国建筑西北设计研究院有限公司、华东建筑集团股份有限公司、清华大学建筑设计研究院有限公司、中信建筑设计研究总院有限公司、上海建筑设计研究院有限公司、广州市设计院集团有限公司、深圳市建筑设计研究总院有限公司、吉林省建苑设计集团有限公司、北京城建设计发展集团股份有限公司、中国建设科技集团股份有限公司、海洋石油工程股份有限公司、中国石油化工股份有限公司、中国石油天然气集团有限公司、天津市地下铁道集团有限公司、北京城建六建设集团有限公司、内蒙古伊泰煤炭股份有限公司、中国华能集团和中国华电集团物资有限公司。

　　参与审核《手册》的主要专家顾问如下：

　　欧阳东：中国建筑节能协会副会长、中国勘察设计协会电气分会会长、中国建设科技集团监事会主席，国务院特殊津贴专家、教授级高级工程师。

　　陈琪：中国勘察设计协会电气分会双高委副主任、中国建筑设计研究院有限公司顾问总工程师，教授级高级工程师。

　　徐华：中国勘察设计协会电气分会副会长、清华大学建筑设计研究院有限公司电气总工程师，教授级高级工程师。

　　陈众励：中国勘察设计协会电气分会副会长、IEC/TC64 专家委员、华东建筑集团股份有限公司电气总工程师、上海建筑设计研究院有限公司电气总工程师（兼），教授级高级工程师。

　　杜毅威：中国勘察设计协会电气分会副会长、中国建筑西南设计研究院有限公司总监、电气总工程师，教授级高级工程师。

　　杨德才：中国勘察设计协会电气分会副会长、中国建筑西北设计研究院有限公司电气总工程师，教授级高级工程师。

　　李蔚：国务院政府特殊津贴专家，中国勘察设计协会电气分会副会长、中信建筑设计研究总院有限公司电气总工程师，教授级高级工程师；出版了《建筑电气设计要点难点指导与案例剖析》《建筑电气设计关键技术措施与问题分析》等 4 部学术专著。

周名嘉：中国勘察设计协会电气分会副会长、广州市设计院集团有限公司电气总工程师，教授级高级工程师。

衣建全：中国勘察设计协会电气分会双高委专家、吉林省建苑设计集团有限公司电气总工程师，教授级高级工程师；参与编辑出版了《常用低压配电设备安装》（04D702-1）、《建筑电气常用数据手册》和《智能建筑设备手册》等多本专业书籍。

陈德胜：中国工程建设标准化协会理事、中国电工技术学会理事、科技部科技评审专家、北京城建设计发展集团股份有限公司设备所所长，教授级高级工程师，从事城市轨道交通供电系统设计管理与服务工作20余年，《城市轨道交通供电系统设计管理与服务》主编。

胡振兴：全国电气工程标准技术委员会导体及电气设备选择分委员会委员及秘书、中国电力工程顾问集团西南电力设计院有限公司发电电气主任工程师，高级工程师，《电力工程电缆设计标准》（GB 50217—2018）、《电缆线路手册》主要参编人。

钱序：全国电气工程标准技术委员会导体及电气设备选择分委员会委员、中国电力工程顾问集团东北电力设计院有限公司发电电气主任工程师，高级工程师，《火力发电厂与变电站设计防火标准》（GB 50229—2019）、《火力发电厂消防设计手册》主要参编人。

韩敬军：中冶京诚工程技术有限公司（原冶金部北京钢铁设计研究总院）电气主任工程师，教授级高级工程师，《钢铁冶金企业设计防火标准》（GB 50414—2018）主要参编人。

刘冰：中国仪器仪表学会自控工程设计委员会秘书长、中冶焦耐工程技术有限公司副总工程师，教授级高级工程师。

任泓：中石化自控设计技术中心站技术委员、东北过程自动化专业设计委员会秘书长、中国石油集团东北炼化工程有限公司沈阳分公司副总经理，高级工程师。

郭建军：中国电工技术学会石化电工专业委员会副主任委员、中石化电气技术中心站技术委员、中石化宁波工程有限公司电控室副总经理，高级工程师。

杜银昌：海洋石油工程股份有限公司设计院电气设计研究部经理，高级工程师，中国造船协会会员，《石油化工电气设备选用手册》主要参编人。

秦文杰：原中国石油化工股份有限公司生产经营管理部，中国石化电气专家组副组长、首席电气专家；应急管理部三司专家、中国石化管理干部学院兼职教授、中国科协高层人才库成员；《中国石化典型电气事故汇编》和《石油化工企业电气设备及运行管理手册》主编。

赵峻松：中石油炼油与化工分公司装备管理处副处长、中石油仪表专家组组长、中石油电气专家组组长，国家安全监管总局第五届专家组成员，高级工程师，

《石油和化工企业仪表及运行管理手册》主编，《石油化工企业电气设备及运行管理手册》副主编。

王岩峰：中国标准化研究院工业产品质量标准研究所所长，高级工程师，《工业产品生产许可证实施通则》主要参编人。

特别鸣谢中国标准化研究院工业产品质量标准研究所、中国电工技术学会、中国标准化协会、哈尔滨理工大学等单位给予的专业指导与大力支持。

由于编者水平有限，《手册》中难免有疏漏与错误，恳请广大读者批评指正，以便我们再版时予以修订。编委会联系方式如下：

修订建议：18901105139@189.cn；服务咨询：18910153773@189.cn。

编　者

目　　录

第1篇 技术工艺篇

第1章 耐火电缆综述

1.1 产品简介

1.1.1 产品定义

耐火电缆是指在火焰燃烧情况下能保持一定时间安全运行的电缆，可保持线路的完整性，即该类型电缆在火焰中具有一定时间的供电能力。其阻燃性能根据使用场合选用不同等级，其功能在于难燃、阻滞延缓火焰沿电缆蔓延、能自熄。低烟无卤阻燃耐火电缆燃烧时产生的酸气烟雾量少，能降低燃烧发生时的二次污染问题，特别是具有防振动、防水淋的耐火电缆在燃烧且伴随着水喷淋和机械打击振动的情况下，电缆仍可保持线路完整运行。

目前，耐火电缆相关标准对电缆线路的完整性的合格判据都有如下描述：

具有保持线路完整性的电缆，需要在试验过程中保持电压（即相与相或相与地之间没有发生短路）且导体不断（即灯泡一个也不熄灭，没有发生断路）。

随着经济的发展，各地机场、地铁、现代化写字楼、宾馆、商业中心等各类重要建筑大量兴建，而这些公共场所使用的可燃物越来越多，出于对人身及财产安全的考虑，就要求这些场所在失火的条件下，电缆能正常输送电力，传输各种控制信号及报警信号，以保证消防、救援及应急设施设备的正常使用，为人的逃生和后续救援争取宝贵的时间。而耐火电缆可以在火灾发生时保证线路在一定时间里正常通电，传输各种控制信号、报警信号，以满足万一发生火灾时通道的照明、应急广播、防火报警装置、自动消防设施及其他应急设备的正常供电，使人员及时疏散，救援工作得以正常进行。因此，耐火电缆的可靠性至关重要。

耐火电缆按照绝缘材料的不同可以分为塑料绝缘耐火电缆、橡皮绝缘耐火电缆、云母带绝缘耐火电缆和矿物绝缘电缆4种类型。塑料绝缘耐火电缆和橡皮绝缘耐火电缆的耐火特性主要通过在导体或电缆缆芯上设置耐火层实现，用作耐火层的材料主要有云母带、陶瓷化硅橡胶、陶瓷化聚烯烃等。云母带绝缘耐火电缆是指导体上全部采用云母带绕包进行绝缘并实现耐火特性的耐火电缆，目前市场上的产品主要有云母带矿物绝缘波纹铜护套电缆、金属护套无机矿物绝缘电缆、矿物绝缘连续挤包铝护套电缆（隔离型矿物绝缘铝金属套耐火电缆）等。矿物绝缘电缆根据GB/T 2900.10—2013《电工术语 电缆》"461 - 02 - 09"条的定义，是指使用"由紧压的矿物粉末组成的绝缘"的电缆，常用的矿物粉末绝缘材料为氧化镁粉。

本书主要介绍矿物绝缘电缆、云母带绝缘耐火电缆和塑料绝缘耐火电缆。

1.1.2 发展历史及目前应用情况

矿物绝缘电缆以紧密压实的氧化镁粉为绝缘材料，发明较早。19 世纪末，瑞士工程师 Arnold Francois Bore 首次提出采用氧化镁粉末作为绝缘材料实现耐火耐高温的设想，并于 1895 年获得专利权。1934 年，法国率先掌握了矿物绝缘电缆的生产工艺。英国紧随其后，于 1936 年也开始制造矿物绝缘电缆。随后，加拿大、澳大利亚、意大利、美国等陆续进行生产，矿物绝缘电缆的生产制造迅速普及。

1946 年，美国通用电缆公司研制生产了军用矿物绝缘射频同轴电缆，其后又研发了多芯电缆及附件。苏联于 1951 年制造出单芯、双芯、三芯铜芯铜护套矿物绝缘电缆。

日本于 20 世纪 70 年代把耐高温的云母矿石制成可缠绕弯曲的云母带，发明了以云母带为耐火层、有机高分子材料绝缘、生产简单、使用方便的塑料绝缘耐火电缆。但塑料绝缘耐火电缆在耐火焰温度（750℃及以上）和受火时间方面无法满足现代建筑的需求，再加上此系列产品受火后不能防水喷淋和机械撞击，在应用上受到一定的限制。

20 世纪 70 年代，瑞士斯图特电缆公司为耐火电缆提供了一种新型的、更为安全可靠的结构设计，特别是为耐火电缆的制造又开辟出一条新思路和新方法，使耐火电缆的生产加工、敷设安装和应用得到了更进一步的发展。该新型耐火电缆在消防严密的大型公用设施及危险区域电气线路中得到了推广和运用。

我国于 20 世纪 60 年代开始着手研制氧化镁粉绝缘的铜芯铜护套矿物绝缘电缆，最开始用于军事领域，继而开发了以氧化镁、氧化铝等作为绝缘，以不锈钢、镍、铂、铝等多种材料作为导体与金属护套的矿物绝缘电缆。20 世纪 70 年代中期我国开始研制用于电力配线的矿物绝缘电缆，20 世纪 80 年代开始工业化生产，现在逐步被建筑领域全面接受，并应用于许多国家级重点工程中，比如 2008 年北京奥运会工程、2010 年上海世博会工程等。21 世纪初，国内一些电线电缆企业相继研发了以云母带和陶瓷化有机高分子材料为绝缘的耐火电缆，其耐火性能比常规塑料绝缘耐火电缆有了显著提高，接近以氧化镁粉为绝缘的矿物绝缘电缆，并逐步得到推广和应用。

1.1.3 市场上同类产品的区别

耐火电缆市场上的同类产品及其区别见表 1-1-1。

表 1-1-1 耐火电缆市场上的同类产品及其区别

序号	电压等级	中文名称	绝缘材质	金属护套/护层
1	额定电压 750V 及以下	氧化镁矿物绝缘铜护套电缆	氧化镁	铜或铜合金护套
2	额定电压 0.6/1kV 及以下	云母带矿物绝缘波纹铜护套电缆	云母带	波纹铜或不锈钢
		陶瓷化硅橡胶（矿物）绝缘耐火电缆	陶瓷化硅橡胶	联锁铠装（可选）
		塑料绝缘耐火电缆	云母带 & 相应基础标准规定的绝缘	无金属套
3	额定电压 0.6/1kV	隔离型矿物绝缘铝金属套耐火电缆	云母带 & 陶瓷化硅胶带	铝金属套
		隔离型塑料绝缘耐火电缆	云母带 & 交联聚乙烯	无金属套
4	额定电压 6kV 到 35kV	隔离型塑料绝缘中压耐火电缆	相应基础标准规定的绝缘	无金属套

1.2 相关标准

1.2.1 制造标准

耐火电缆的主要制造标准见表 1-1-2。

表 1-1-2 耐火电缆的主要制造标准

序号	标准号	标准名称
1	GB/T 13033—2007	额定电压 750V 及以下矿物绝缘电缆及终端
2	GB/T 34926—2017	额定电压 0.6/1kV 及以下云母带矿物绝缘波纹铜护套电缆及终端
3	JG/T 313—2014	额定电压 0.6/1kV 及以下金属护套无机矿物绝缘电缆及终端
4	T/ASC 11—2020	额定电压 0.6/1kV 及以下陶瓷化硅橡胶（矿物）绝缘耐火电缆
5	T/ZZB 0407—2018	额定电压 0.6/1kV 矿物绝缘连续挤包铝护套电缆
6	TICW 8—2012	额定电压 6kV（U_m = 7.2kV）到 35kV（U_m = 40.5kV）挤包绝缘耐火电力电缆
7	IEC 60702	额定电压不超过 750V 的矿物绝缘电缆及其终端（Mineral insulated cables and their terminations with a rated voltage not exceeding 750V）

1.2.2　试验标准

耐火电缆的主要试验标准见表 1-1-3。

表 1-1-3　耐火电缆的主要试验标准

序号	项目名称	试验标准
1	结构尺寸	
1.1	导体尺寸	正常目力和千分尺检查
1.2	绝缘厚度	GB/T 2951.11—2008 或相应标准规定的试验方法
1.3	保护层厚度	相应的产品制造标准
1.4	金属护套厚度	相应的产品制造标准
1.5	护套厚度	GB/T 2951.11—2008
1.6	电缆外径	GB/T 2951.11—2008
2	绝缘的机械与物理性能	GB/T 2951.11、12、13、14、21、31—2008
3	护套的机械与物理性能	GB/T 2951.11、12、13、14、21、31、32、41—2008
4	电性能	
4.1	导体直流电阻	GB/T 3048.4—2007
4.2	电压	GB/T 3048.8—2007，GB/T 3048.14—2007
4.3	绝缘电阻	GB/T 3048.5—2007
4.4	金属护套直流电阻（适用时）	GB/T 3048.4—2007
5	电缆燃烧性能	
5.1	阻燃性	GB/T 18380.12—2022，GB/T 18380.33～35—2022
5.2	耐火性	GB/T 19216.21—2003，BS 6387：2013，BS 8491：2008
5.3	烟密度	GB/T 17651.2—2021
5.4	酸气含量	GB/T 17650.1—2021
5.5	酸度和电导率	GB/T 17650.2—2021
6	气密性试验	相应的产品制造标准
7	弯曲试验	相应的产品制造标准
8	压扁试验	相应的产品制造标准
9	标识	GB/T 6995—2008
10	交货长度	计米器

1.3　国内外试验标准的主要差异

1.3.1　国内外现行的适用标准

耐火电缆的电气性能、机械性能等常规性能的试验标准与普通电缆相同，本书不再赘述。耐火电缆燃烧特性（阻燃特性、耐火特性、无卤特性和低烟特性）主要的国内外现行试验标准见表 1-1-4。

表 1-1-4　耐火电缆燃烧特性主要的国内外现行试验标准

序号	标准号	标准名称
1	GB/T 17650.1—2021	取自电缆或光缆的材料燃烧时释出气体的试验方法 第 1 部分：卤酸气体总量的测定
2	GB/T 17650.2—2021	取自电缆或光缆的材料燃烧时释出气体的试验方法 第 2 部分：酸度（用 pH 测量）和电导率的测定
3	GB/T 17651.2—2021	电缆或光缆在特定条件下燃烧的烟密度测定 第 2 部分：试验程序和要求
4	GB/T 18380.11—2022	电缆和光缆在火焰条件下的燃烧试验 第 11 部分：单根绝缘电线电缆火焰垂直蔓延试验 试验装置
5	GB/T 18380.12—2022	电缆和光缆在火焰条件下的燃烧试验 第 12 部分：单根绝缘电线电缆火焰垂直蔓延试验 1kW 预混合型火焰试验方法
6	GB/T 18380.31—2022	电缆和光缆在火焰条件下的燃烧试验 第 31 部分：垂直安装的成束电线电缆火焰垂直蔓延试验 试验装置
7	GB/T 18380.33—2022	电缆和光缆在火焰条件下的燃烧试验 第 33 部分：垂直安装的成束电线电缆火焰垂直蔓延试验 A 类
8	GB/T 18380.34—2022	电缆和光缆在火焰条件下的燃烧试验 第 34 部分：垂直安装的成束电线电缆火焰垂直蔓延试验 B 类
9	GB/T 18380.35—2022	电缆和光缆在火焰条件下的燃烧试验 第 35 部分：垂直安装的成束电线电缆火焰垂直蔓延试验 C 类
10	GB/T 19216.11—2003	在火焰条件下电缆或光缆的线路完整性试验 第 11 部分：试验装置——火焰温度不低于 750℃ 的单独供火
11	GB/T 19216.21—2003	在火焰条件下电缆或光缆的线路完整性试验 第 21 部分：试验步骤和要求——额定电压 0.6/1.0kV 及以下电缆
12	GB/T 19216.1—2021	在火焰条件下电缆或光缆的线路完整性试验 第 1 部分：火焰温度不低于 830℃ 的供火并施加冲击振动，额定电压 0.6/1kV 及以下外径超过 20mm 电缆的试验方法
13	GB/T 19216.2—2021	在火焰条件下电缆或光缆的线路完整性试验 第 2 部分：火焰温度不低于 830℃ 的供火并施加冲击振动，额定电压 0.6/1kV 及以下外径不超过 20mm 电缆的试验方法
14	GB/T 19216.3—2021	在火焰条件下电缆或光缆的线路完整性试验 第 3 部分：火焰温度不低于 830℃ 的供火并施加冲击振动，额定电压 0.6/1kV 及以下电缆穿在金属管中进行的试验方法

（续）

序号	标准号	标准名称
15	IEC 60331 – 1：2018	在火焰条件下测试电缆维持线路完整性的能力　第 1 部分：供火时施加冲击，温度不低于 830℃，额定电压不超过 0.6/1.0kV、外径超过 20mm 的电缆（Tests for electric cables under fire conditions – Circuit integrity – Part 1：Test method for fire with shock at a temperature of at least 830℃ for cables of rated voltage up to and including 0.6/1.0kV and with an overall diameter exceeding 20mm）
16	IEC 60331 – 2：2018	在火焰条件下测试电缆维持线路完整性的能力　第 2 部分：供火时施加冲击，温度不低于 830℃，额定电压不超过 0.6/1.0kV、外径不超过 20mm 的电缆（Tests for electric cables under fire conditions – Circuit integrity – Part 2：Test method for fire with shock at a temperature of at least 830℃ for cables of rated voltage up to and including 0.6/1.0kV and with an overall diameter not exceeding 20mm）
17	IEC 60331 – 3：2018	在火焰条件下测试电缆维持线路完整性的能力　第 3 部分：额定电压不超过 0.6/1.0kV 的电缆在金属外壳内、温度不低于 830℃ 的冲击火焰下的试验方法（Tests for electric cables under fire conditions – Circuit integrity – Part 3：Test method for fire with shock at a temperature of at least 830℃ for cables of rated voltage up to and including 0.6/1.0kV tested in a metal enclosure）
18	IEC 60332 – 1 – 1：2004	着火条件下电缆和光缆的试验　第 1 – 1 部分：单根绝缘电线或电缆垂直火焰蔓延的试验　装置（Tests on electric and optical fibre cables under fire conditions – Part 1 – 1：Test for vertical flame propagation for a single insulated wire or cable – Apparatus）
19	IEC 60332 – 1 – 2：2004	着火条件下电缆和光缆的试验　第 1 – 2 部分：单根绝缘电线或电缆垂直火焰蔓延的试验　1kW 预混合火焰规程（Tests on electric and optical fibre cables under fire conditions – Part 1 – 2：Test for vertical flame propagation for a single insulated wire or cable – Procedure for 1kW pre – mixed flame）
20	IEC 60332 – 3 – 10：2018	着火条件下电缆和光缆的试验　第 3 – 10 部分：垂直安装的成束电线或电缆的垂直火焰蔓延的试验　装置（Tests on electric and optical fibre cables under fire conditions – Part 3 – 10：Test for vertical flame spread of vertically – mounted bunched wires or cables – Apparatus）
21	IEC 60332 – 3 – 22：2018	着火条件下电缆和光缆的试验　第 3 – 22 部分：垂直安装的成束电线或电缆的垂直火焰蔓延的试验　A 类（Tests on electric and optical fibre cables under fire conditions – Part 3 – 22：Test for vertical flame spread of vertically – mounted bunched wires or cables – Category A）

（续）

序号	标准号	标准名称
22	IEC 60332 - 3 - 23：2018	着火条件下电缆和光缆的试验 第 3 - 23 部分：垂直安装的成束电线或电缆的垂直火焰蔓延的试验 B 类（Tests on electric and optical fibre cables under fire conditions - Part 3 - 23：Test for vertical flame spread of vertically - mounted bunched wires or cables - Category B）
23	IEC 60332 - 3 - 24：2018	着火条件下电缆和光缆的试验 第 3 - 24 部分：垂直安装的成束电线或电缆的垂直火焰蔓延的试验 C 类（Tests on electric and optical fibre cables under fire conditions - Part 3 - 24：Test for vertical flame spread of vertically - mounted bunched wires or cables - Category C）
24	BS 6387：2013	在火焰条件下电缆线路完整性试验耐火试验方法（Test method for resistance to fire of cables required to maintain circuit integrity under fire conditions）
25	BS 8491：2008	用作烟和热控制系统及其他现役消防安全系统部件的大直径电力电缆的耐火完整性评估方法（Method for assessment of fire integrity of large diameter power cables for use as compo - nents for smoke and heat systems and certain other active fire safety systems）
26	BS EN 50200：2015	紧急线路用非保护型小电缆的耐火性试验方法（Method of test for resistance to fire of unprotected small cables for use in emergency circuits）
27	ANSI/UL 2196：2006	防火电缆的试验标准（Standard for Tests for Fire Resistive Cables）

1.3.2 国内外适用标准的比较

我国常用的耐火试验标准有国家标准（以下简称国标）、英国标准和 IEC 标准，各标准对试验条件（试验温度和试验时间）的要求见表1-1-5。

表 1-1-5 各耐火试验标准对试验条件的要求

标准号	试验条件		
	试验温度	试验时间	其他说明
GB/T 19216. 21—2003	≥750℃	推荐供火时间 90min，冷却时间 15min	单纯耐火
GB/T 19216. 1—2021	830 ~ 870℃	可选择 30min、60min、90min 或 120min	耐火加机械冲击（适用于电缆外径 $D > 20mm$）
GB/T 19216. 2—2021	830 ~ 870℃	可选择 30min、60min、90min 或 120min	耐火加机械冲击（适用于电缆外径 $D \leq 20mm$）
GB/T 19216. 3—2021	830 ~ 870℃	可选择 30min、60min、90min 或 120min	耐火加机械冲击且穿在金属管中（适用于电缆外径 $D \leq 20mm$）

（续）

标准号	试验条件		
	试验温度	试验时间	其他说明
IEC 60331 - 1：2018	830~870℃	可选择 30min、60min、90min 或 120min	耐火加机械冲击（适用于电缆外径 $D > 20mm$）
IEC 60331 - 2：2018	830~870℃	可选择 30min、60min、90min 或 120min	耐火加机械冲击（适用于电缆外径 $D \leqslant 20mm$）
BS EN 50200：2015	830℃	最长时间 120min	该标准中规定了燃烧、撞击和喷淋三种环境条件同时存在时的试验要求
BS 6387：2013	950℃ ±40℃	3h	协议 C，单纯耐火（适用于电缆外径 $D \leqslant 20mm$）
	650℃ ±40℃	施加火焰 15min，喷水 15min	协议 W，耐火加水（适用于电缆外径 $D \leqslant 20mm$）
	950℃ ±40℃	15min	协议 Z，耐火加机械冲击（适用于电缆外径 $D \leqslant 20mm$）
BS 8491：2008	830~870℃	30min、60min 或 120min	该标准中规定了在同一根试样上燃烧、撞击和喷淋三种环境条件同时存在时的试验要求（适用于电缆外径 $D > 20mm$）

GB/T 19216—2003 规定了"单纯耐火"试验项目；GB/T 19216—2021 等同于 IEC 60331：2018，两者均规定了"耐火加机械冲击"试验项目；英国标准 BS 6387：2013（适用于电缆外径 $D \leqslant 20mm$）规定了"单纯耐火（C）""耐火加水（W）""耐火加机械冲击（Z）"3 个试验项目，BS 8491：2008（适用于电缆外径 $D > 20mm$）规定了"耐火加水并施加冲击"试验项目。

国标和英国标准对"单纯耐火"试验的要求见表 1-1-6。

表 1-1-6　国标和英国标准对"单纯耐火"试验的要求

项目	GB/T 19216. 21—2003	BS 6387：2013
电缆外径	—	不大于 20mm
样品长度	约 1200mm	不小于 1200mm
喷灯类型	带型喷灯	管式燃气燃烧器
试验温度	≥750℃	950℃ ±40℃
喷灯与试样的位置	水平距离：45mm；垂直距离：（70 ± 10）mm	试样正下方 75mm

（续）

项目	GB/T 19216.21—2003	BS 6387：2013
流速	空气：（80±5）L/min；丙烷：（5±0.25）L/min	—
试验时间	供火时间90min，冷却时间15min	供火时间3h
电压	额定电压	额定电压
熔断器	2A	2A

IEC标准和英国标准对"耐火加机械冲击"试验的要求见表1-1-7。

表1-1-7　IEC标准和英国标准对"耐火加机械冲击"试验的要求

项目	IEC 60331-1：2018	BS 8491：2008
电缆外径	大于20mm	大于20mm
样品长度	不小于1500mm	不小于1500mm
喷灯类型	带型喷灯	带型喷灯
试验温度	830~870℃	830~870℃
喷灯与试样的位置	水平距离：（110±12）mm；垂直距离：（50±12）mm	水平距离：（110±12）mm；垂直距离：（50±12）mm
流速	空气：（160±10）L/min；丙烷：（10±0.4）L/min	空气：（160±10）L/min；丙烷：（10±0.4）L/min
试验时间	30min、60min、90min、120min	30min、60min、120min
冲击时间间隔	5min±10s	10min±10s
电压	额定电压	额定电压
熔断器	2A	2A

两个标准的区别主要是冲击发生装置所在的部位不同：IEC标准要求冲击发生装置冲击梯架，而英国标准要求直接冲击电缆。另外，英国标准BS 8491：2008规定，在供火冲击试验结束前5min需喷水。

IEC标准和英国标准对"耐火加机械冲击"试验的要求见表1-1-8。

表1-1-8　IEC标准和英国标准对"耐火加机械冲击"试验的要求

项目	IEC 60331-2：2018	BS 6387：2013
电缆外径	不大于20mm	不大于20mm
样品长度	不小于1200mm	不小于1200mm
喷灯类型	带型喷灯	带型喷灯
试验温度	830~870℃	协议C：950℃±40℃；协议W：650℃±40℃；协议Z：950℃±40℃

（续）

项目	IEC 60331－2：2018	BS 6387：2013
喷灯与试样的位置	水平距离：（110±12）mm；垂直距离：（50±12）mm	在相应的协议中有规定
流速	空气：（160±10）L/min；丙烷：（10±0.4）L/min	没有规定
试验时间	30min、60min、90min、120min	15min
冲击时间间隔	5min±10s	30s±2s
电压	额定电压	额定电压
熔断器	2A	2A

IEC 标准比英国标准规定得更详细，试验时间有 4 种可选，均比英国标准规定的 15min 长；但英国标准规定火焰温度为 950℃±40℃，比 IEC 标准规定的温度（830~870℃）高。

1.4 产品种类和型号

1.4.1 产品种类

耐火电缆的种类见表 1-1-9。

表 1-1-9 耐火电缆的种类

序号	电压等级	中文名称	执行标准	标准名称
1	额定电压 750V 及以下	氧化镁矿物绝缘铜护套电缆	GB/T 13033—2007	额定电压 750V 及以下矿物绝缘电缆及终端
2	额定电压 0.6/1kV 及以下	云母带矿物绝缘波纹铜护套电缆	GB/T 34926—2017	额定电压 0.6/1kV 及以下云母带矿物绝缘波纹铜护套电缆及终端
			JG/T 313—2014	额定电压 0.6/1kV 及以下金属护套无机矿物绝缘电缆及终端
		云母带矿物绝缘波纹钢护套电缆	企业标准	—
3	额定电压 0.6/1kV 及以下	陶瓷化硅橡胶（矿物）绝缘耐火电缆	T/ASC 11—2020	额定电压 0.6/1kV 及以下陶瓷化硅橡胶（矿物）绝缘耐火电缆

（续）

序号	电压等级	中文名称	执行标准	标准名称
4	额定电压 0.6/1kV	隔离型矿物绝缘铝金属套耐火电缆	T/ZZB 0407—2018	额定电压 0.6/1kV 矿物绝缘连续挤包铝护套电缆
5	额定电压 0.6/1kV	隔离型塑料绝缘耐火电缆	企业标准	—
6	额定电压 6kV 到 35kV	隔离型塑料绝缘中压耐火电缆	TICW 8—2012	额定电压 6kV（U_m = 7.2kV）到 35kV（U_m = 40.5kV）挤包绝缘耐火电力电缆
7	额定电压 0.6/1kV 及以下	塑料绝缘耐火电缆	相应的基础电缆标准（如 GB/T 19666—2019）	—

1.4.2　命名方式

1. 氧化镁矿物绝缘铜护套电缆

氧化镁矿物绝缘铜护套电缆的代号及其含义见表 1-1-10。

表 1-1-10　氧化镁矿物绝缘铜护套电缆的代号及其含义

名称	代号	含义
系列代号	B	布线用矿物绝缘电缆
导体代号	T	铜导体
护套代号	T	铜护套
	TH	铜合金护套
外套代号	V	聚氯乙烯外套
	Y	聚烯烃外套
结构特征代号	Q	轻型
	Z	重型
阻燃特性代号	WD	无卤低烟

氧化镁矿物绝缘铜护套电缆产品的表示方法如图 1-1-1 所示。

产品表示示例：

1）轻型铜芯铜护套矿物绝缘电缆，额定电压为 500V，单芯，1.5mm²，表示为

BTTQ－500 1×1.5 GB/T 13033.1—2007

2）重型铜芯铜护套矿物绝缘无卤低烟聚烯烃外套电缆，额定电压为 750V，单

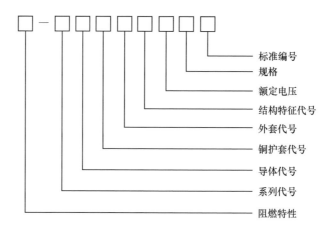

图 1-1-1　氧化镁矿物绝缘铜护套电缆产品的表示方法

芯，120mm²，表示为

WD – BTTYZ – 750 1×120 GB/T 13033. 1—2007

2. 云母带矿物绝缘波纹铜护套电缆

云母带矿物绝缘波纹铜护套电缆（GB/T 34926—2017）的代号及其含义见表 1-1-11。

表 1-1-11　云母带矿物绝缘波纹铜护套电缆（GB/T 34926—2017）的代号及其含义

名称	代号	含义
系列代号	R	云母带矿物绝缘波纹铜护套电缆
导体材料代号	T	铜导体
绝缘材料代号	Z	云母带
金属护套材料代号	T	铜护套
非金属外护套材料代号	V	聚氯乙烯外护套
	Y	聚烯烃外护套
燃烧特性代号	W	无卤
	D	低烟
	U	低毒
	（省略）	有卤
	ZA	阻燃 A 类
	ZB	阻燃 B 类
	ZC（C 可省略）	阻燃 C 类

云母带矿物绝缘波纹铜护套电缆（GB/T 34926—2017）产品的表示方法如图 1-1-2所示。

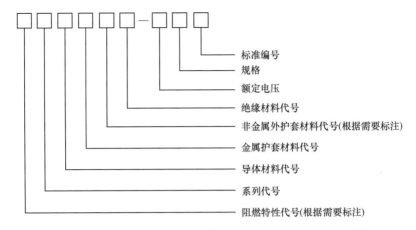

图 1-1-2　云母带矿物绝缘波纹铜护套电缆（GB/T 34926—2017）产品的表示方法

产品表示示例：

1）铜芯云母带矿物绝缘波纹铜护套控制电缆，额定电压为 450/750V，规格为 $7 \times 1.5\mathrm{mm}^2$，表示为

RTTZ－450/750V 7×1.5 GB/T 34926—2017

2）铜芯云母带矿物绝缘波纹铜护套聚烯烃外护套无卤低烟阻燃 B 类电力电缆，额定电压为 0.6/1kV，规格为 $3 \times 70\mathrm{mm}^2 + 1 \times 35\mathrm{mm}^2$，表示为

WDZB－RTTYZ－0.6/1kV 3×70＋1×35 GB/T 34926—2017

云母带矿物绝缘波纹铜护套电缆（JG/T 313—2014）的代号及其含义见表 1-1-12。

表 1-1-12　云母带矿物绝缘波纹铜护套电缆（JG/T 313—2014）的代号及其含义

名称	代号	含义
系列代号	Y	金属护套无机矿物绝缘电缆
导体材料代号	T	铜导体
绝缘材料代号	W	无机矿物绝缘
护套材料代号	T	铜护套
护套外表面形式代号	G	光面
	ZW（可省略）	轧纹
外护套材料代号	V	聚氯乙烯外套
	Y	聚烯烃外套
外护套燃烧特性代号	W	无卤
	D	低烟

云母带矿物绝缘波纹铜护套电缆（JG/T 313—2014）产品的表示方法如图 1-1-3 所示。

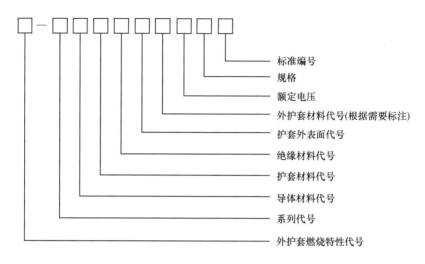

图 1-1-3　云母带矿物绝缘波纹铜护套电缆（JG/T 313—2014）产品的表示方法

产品表示示例：

1）铜芯轧纹铜护套无机矿物绝缘聚氯乙烯外套电缆，额定电压为 0.6/1kV，规格为 $4 \times 95 mm^2$，表示为

$$YTTWV - 0.6/1kV - (4 \times 95) - JG/T \ 313—2014$$

2）铜芯轧纹铜护套无机矿物绝缘无卤低烟聚烯烃外套电缆，额定电压为 0.6/1kV，规格为 $3 \times 70 mm^2 + 1 \times 35 mm^2$，表示为

$$WD - YTTWY - 0.6/1kV - (3 \times 70 + 1 \times 35) - JG/T \ 313—2014$$

3. 陶瓷化硅橡胶（矿物）绝缘耐火电缆

陶瓷化硅橡胶（矿物）绝缘耐火电缆的代号及其含义见表 1-1-13。

表 1-1-13　陶瓷化硅橡胶（矿物）绝缘耐火电缆的代号及其含义

名称	代号	含义
系列代号	W	矿物绝缘耐火电缆
导体	T	铜导体
绝缘	G	陶瓷化硅橡胶绝缘
金属护层	T	铜带联锁铠装护层
	H	铝合金带联锁铠装护层
	G	不锈钢带联锁铠装护层
非金属外护套	E	无卤低烟阻燃聚烯烃外护套
燃烧性能等级	B1	燃烧性能 B_1 级

陶瓷化硅橡胶（矿物）绝缘耐火电缆产品的表示方法如图 1-1-4 所示。

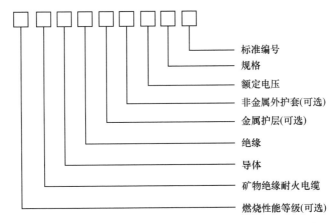

图 1-1-4 陶瓷化硅橡胶（矿物）绝缘耐火电缆产品的表示方法

产品表示示例：

1）铜芯陶瓷化硅橡胶绝缘无卤低烟阻燃聚烯烃外护套耐火控制电缆，额定电压为 450/750V，7 芯，标称截面积为 1.5mm²，表示为

WTGE – 450/750 7 × 1.5 T/ASC 11—2020

2）铜芯陶瓷化硅橡胶绝缘铝合金带联锁铠装护层无卤低烟阻燃聚烯烃外护套耐火电力电缆，额定电压为 0.6/1kV，4 + 1 芯，标称截面积为 120mm²，接地保护线截面积为 70mm²，表示为

WTGHE – 0.6/1 4 × 120 + 1 × 70 T/ASC 11—2020

4. 隔离型矿物绝缘铝金属套耐火电缆

隔离型矿物绝缘铝金属套耐火电缆的代号及其含义见表 1-1-14。

表 1-1-14　隔离型矿物绝缘铝金属套耐火电缆的代号及其含义

名称	代号	含义
特性代号	N	耐火
	A	950 ~ 1000℃、180min
	W	无卤
	D	低烟
	U	低毒
	ZA	阻燃 A 类
	ZB	阻燃 B 类
	ZC	阻燃 C 类
	ZB1	燃烧性能 B₁ 级
系列代号	G	隔离
	B	电力安装、布线系列
导体材料代号	T	铜导体
金属护层材料代号	L	铝金属套
非金属外护层材料代号	Y	聚烯烃外护层

隔离型矿物绝缘铝金属套耐火电缆产品的表示方法如图 1-1-5 所示。

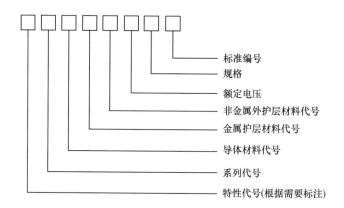

图 1-1-5　隔离型矿物绝缘铝金属套耐火电缆产品的表示方法

产品表示示例：

1）隔离型矿物绝缘铝金属套耐火电缆，额定电压为 0.6/1kV，规格为 $4 \times 120mm^2 + 1 \times 70mm^2$，表示为

$$NG - A（BTLY） - 0.6/1 \ 4 \times 120 + 1 \times 70 \ * \ * \ *$$

2）隔离型矿物绝缘铝金属套聚烯烃外护层无卤低烟燃烧性能 B_1 级耐火电缆，额定电压为 0.6/1kV，规格为 $4 \times 35mm^2 + 1 \times 16mm^2$，表示为

$$WDZB1 - NG - A（BTLY） - 0.6/1 \ 4 \times 35 + 1 \times 16 \ * \ * \ *$$

5. 隔离型塑料绝缘耐火电缆

隔离型塑料绝缘耐火电缆的代号及其含义见表 1-1-15。

表 1-1-15　隔离型塑料绝缘耐火电缆的代号及其含义

名称	代号	含义
系列代号	B	布电线、电力安装电缆系列
耐火层	B	矿物质耐火层
导体	T	铜导体
结构特征代号	R	柔软型
	Z	重型
燃烧特性代号	W	无卤
	D	低烟
	U	低毒
	ZA	阻燃 A 类
	ZB	阻燃 B 类
	ZC	阻燃 C 类

隔离型塑料绝缘耐火电缆产品的表示方法如图 1-1-6 所示。

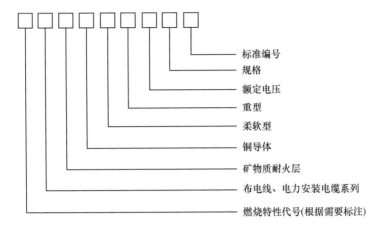

图 1-1-6　隔离型塑料绝缘耐火电缆产品的表示方法

产品表示示例：

隔离型塑料绝缘耐火电缆，额定电压为 0.6/1kV，规格为 $4 \times 120mm^2 + 1 \times 70mm^2$，表示为

$$BBTRZ - 0.6/1\ 4 \times 120 + 1 \times 70\ \ *\ *\ *$$

6. 隔离型塑料绝缘中压耐火电缆

隔离型塑料绝缘中压耐火电缆的代号及其含义见表 1-1-16。

表 1-1-16　隔离型塑料绝缘中压耐火电缆的代号及其含义

名称	代号	含义
特性代号	N	耐火
	Z	阻燃（单根阻燃）
	ZA	阻燃 A 类
	ZB	阻燃 B 类
	ZC	阻燃 C 类
	W	无卤
	D	低烟
导体代号	T（省略）	铜导体
绝缘代号	YJ	交联聚乙烯绝缘
金属屏蔽代号	D（省略）	铜带屏蔽
	S	铜丝屏蔽
护套代号	V	聚氯乙烯护套
	Y	聚乙烯或聚烯烃护套

（续）

名称	代号	含义
铠装代号	2	双钢带铠装
	3	圆钢丝铠装
	6	（双）非磁性金属带铠装
	7	非磁性金属丝铠装
外护套代号	2	聚氯乙烯外护套
	3	聚乙烯或聚烯烃外护套

隔离型塑料绝缘中压耐火电缆产品表示方法如图1-1-7所示。

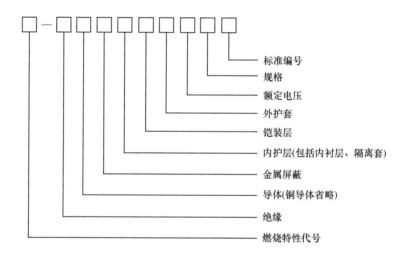

图1-1-7　隔离型塑料绝缘中压耐火电缆产品的表示方法

产品表示示例：

铜芯交联聚乙烯绝缘铜丝屏蔽聚烯烃内护套钢带铠装聚烯烃护套无卤低烟阻燃A类耐火电力电缆，额定电压为26/35kV，3芯，标称截面积为240mm^2，铜丝屏蔽标称截面积为25mm^2，表示为

WDZAN – YJSY23 – 26/35 3 × 240/25 TICW 8—2012

7. 塑料绝缘耐火电缆

塑料绝缘耐火电缆型号的代号及其含义与相应的普通电缆一致，其燃烧特性代号见表1-1-17。

表1-1-17 塑料绝缘耐火电缆的燃烧特性代号及其含义

名称	代号	含义
燃烧特性代号	Z	单根阻燃
	ZA	阻燃A类
	ZB	阻燃B类
	ZC	阻燃C类
	ZD	阻燃D类
	W	无卤
	D	低烟
	U	低毒
	N	单纯供火的耐火
	NJ	供火加机械冲击的耐火
	NS	供火加机械冲击和喷水的耐火

塑料绝缘耐火电缆产品的表示方法如图1-1-8所示。

产品表示示例：

1）铜芯交联聚乙烯绝缘聚氯乙烯护套电力电缆，阻燃B类，单纯供火的耐火，额定电压为0.6/1kV，规格为4×120mm² + 1×70mm²，表示为

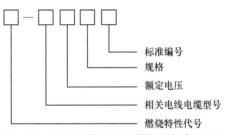

图1-1-8 塑料绝缘耐火电缆产品的表示方法

ZBN - YJV - 0.6/1　4×120+1×70　GB/T 19666—2019/GB/T 12706.1—2020

2）铜芯交联聚乙烯绝缘聚烯烃护套控制电缆，无卤低烟，阻燃C类，供火加机械冲击的耐火，额定电压为450/750V，规格为7×2.5mm²，表示为

WDZCNJ - KYJY - 450/750　7×2.5　GB/T 19666—2019/GB/T 9330—2020

1.4.3 常用型号

1. 氧化镁矿物绝缘铜护套电缆

氧化镁矿物绝缘铜护套电缆的常用型号及其名称见表1-1-18。

表1-1-18 氧化镁矿物绝缘铜护套电缆的常用型号及其名称

型号	名称
BTTQ	轻型铜芯铜护套矿物绝缘电缆
BTTVQ	轻型铜芯铜护套矿物绝缘聚氯乙烯外套电缆
BTTYQ	轻型铜芯铜护套矿物绝缘聚烯烃外套电缆
WD - BTTYQ	轻型铜芯铜护套矿物绝缘无卤低烟聚烯烃外套电缆

（续）

型号	名　　称
BTTZ	重型铜芯铜护套矿物绝缘电缆
BTTVZ	重型铜芯铜护套矿物绝缘聚氯乙烯外套电缆
BTTYZ	重型铜芯铜护套矿物绝缘聚烯烃外套电缆
WD – BTTYZ	重型铜芯铜护套矿物绝缘无卤低烟聚烯烃外套电缆

2. 云母带矿物绝缘波纹铜护套电缆

云母带矿物绝缘波纹铜护套电缆的常用型号及其名称见表1-1-19。

表 1-1-19　云母带矿物绝缘波纹铜护套电缆的常用型号及其名称

型号	额定电压	名称
RTTZ	450/750V	铜芯云母带矿物绝缘波纹铜护套控制电缆
RTTVZ	450/750V	铜芯云母带矿物绝缘波纹铜护套聚氯乙烯外护套控制电缆
RTTYZ	450/750V	铜芯云母带矿物绝缘波纹铜护套聚烯烃外护套控制电缆
RTTZ	0.6/1kV	铜芯云母带矿物绝缘波纹铜护套电力电缆
RTTVZ	0.6/1kV	铜芯云母带矿物绝缘波纹铜护套聚氯乙烯外护套电力电缆
RTTYZ	0.6/1kV	铜芯云母带矿物绝缘波纹铜护套聚烯烃外护套电力电缆
WDZA – RTTYZ	0.6/1kV	铜芯云母带矿物绝缘波纹铜护套聚烯烃外护套无卤低烟阻燃 A 类电力电缆
YTTW	0.6/1kV	铜芯轧纹铜护套无机矿物绝缘聚氯乙烯外套电缆
WD – YTTWY	0.6/1kV	铜芯轧纹铜护套无机矿物绝缘无卤低烟聚烯烃外套电缆

3. 陶瓷化硅橡胶（矿物）绝缘耐火电缆

陶瓷化硅橡胶（矿物）绝缘耐火电缆的常用型号及其名称见表1-1-20。

表 1-1-20　陶瓷化硅橡胶（矿物）绝缘耐火电缆的常用型号及其名称

型号	额定电压	名称
WTGE		铜芯陶瓷化硅橡胶绝缘无卤低烟阻燃聚烯烃外护套耐火电缆
WTGG		铜芯陶瓷化硅橡胶绝缘不锈钢带联锁铠装护层耐火电缆
WTGGE		铜芯陶瓷化硅橡胶绝缘不锈钢带联锁铠装护层无卤低烟阻燃聚烯烃外护套耐火电缆
WTGH	0.6/1kV、450/750V	铜芯陶瓷化硅橡胶绝缘铝合金带联锁铠装护层耐火电缆
WTGHE		铜芯陶瓷化硅橡胶绝缘铝合金带联锁铠装护层无卤低烟阻燃聚烯烃外护套耐火电缆
WTGT		铜芯陶瓷化硅橡胶绝缘铜带联锁铠装护层耐火电缆
WTGTE		铜芯陶瓷化硅橡胶绝缘铜带联锁铠装护层无卤低烟阻燃聚烯烃外护套耐火电缆

（续）

型号	额定电压	名称
B1 – WTGE		铜芯陶瓷化硅橡胶绝缘无卤低烟阻燃聚烯烃外护套 B_1 级耐火电缆
B1 – WTGG		铜芯陶瓷化硅橡胶绝缘不锈钢带联锁铠装护层 B_1 级耐火电缆
B1 – WTGGE		铜芯陶瓷化硅橡胶绝缘不锈钢带联锁铠装护层无卤低烟阻燃聚烯烃外护套 B_1 级耐火电缆
B1 – WTGH	0.6/1kV、450/750V	铜芯陶瓷化硅橡胶绝缘铝合金带联锁铠装护层 B_1 级耐火电缆
B1 – WTGHE		铜芯陶瓷化硅橡胶绝缘铝合金带联锁铠装护层无卤低烟阻燃聚烯烃外护套 B_1 级耐火电缆
B1 – WTGT		铜芯陶瓷化硅橡胶绝缘铜带联锁铠装护层 B_1 级耐火电缆
B1 – WTGTE		铜芯陶瓷化硅橡胶绝缘铜带联锁铠装护层无卤低烟阻燃聚烯烃外护套 B_1 级耐火电缆

4. 隔离型矿物绝缘铝金属套耐火电缆

隔离型矿物绝缘铝金属套耐火电缆的常用型号及其名称见表 1-1-21。

表 1-1-21　隔离型矿物绝缘铝金属套耐火电缆的常用型号及其名称

型号	额定电压	名称
NG – A（BTLY）	0.6/1kV	隔离型矿物绝缘铝金属套聚烯烃外护层无卤低烟耐火电缆
WDZB1 – NG – A（BTLY）		隔离型矿物绝缘铝金属套聚烯烃外护层无卤低烟燃烧性能 B_1 级耐火电缆

5. 隔离型塑料绝缘耐火电缆

隔离型塑料绝缘耐火电缆的常用型号及其名称见表 1-1-22。

表 1-1-22　隔离型塑料绝缘耐火电缆的常用型号及其名称

型号	额定电压	名称
BBTRZ	0.6/1kV	隔离型塑料绝缘耐火电缆

6. 隔离型塑料绝缘中压耐火电缆

隔离型塑料绝缘中压耐火电缆的常用型号及其名称见表 1-1-23。

表 1-1-23　隔离型塑料绝缘中压耐火电缆的常用型号及其名称

型号	额定电压	名称
N - YJV		铜芯交联聚乙烯绝缘铜带屏蔽聚氯乙烯护套隔离型塑料绝缘中压耐火电缆
N - YJY		铜芯交联聚乙烯绝缘铜带屏蔽聚乙烯护套隔离型塑料绝缘中压耐火电缆
N - YJV62		铜芯交联聚乙烯绝缘铜带屏蔽非磁性钢带铠装聚氯乙烯护套隔离型塑料绝缘中压耐火电缆
N - YJV22	3.6/6kV、 6/6kV、 6/10kV、 8.7/10kV、	铜芯交联聚乙烯绝缘铜带屏蔽钢带铠装聚氯乙烯护套隔离型塑料绝缘中压耐火电缆
N - YJY63	8.7/15kV、 12/20kV、 18/20kV、	铜芯交联聚乙烯绝缘铜带屏蔽非磁性钢带铠装聚乙烯护套隔离型塑料绝缘中压耐火电缆
N - YJY23	18/30kV、 21/35kV、 26/35kV	铜芯交联聚乙烯绝缘铜带屏蔽钢带铠装聚乙烯护套隔离型塑料绝缘中压耐火电缆
N - YJV72		铜芯交联聚乙烯绝缘铜带屏蔽非磁性钢丝铠装聚氯乙烯护套隔离型塑料绝缘中压耐火电缆
N - YJV32		铜芯交联聚乙烯绝缘铜带屏蔽钢丝铠装聚氯乙烯护套隔离型塑料绝缘中压耐火电缆
N - YJY73		铜芯交联聚乙烯绝缘铜带屏蔽非磁性钢丝铠装聚乙烯护套隔离型塑料绝缘中压耐火电缆
N - YJY33		铜芯交联聚乙烯绝缘铜带屏蔽钢丝铠装聚乙烯护套隔离型塑料绝缘中压耐火电缆
N - YJSV		铜芯交联聚乙烯绝缘铜丝屏蔽聚氯乙烯护套隔离型塑料绝缘中压耐火电缆
N - YJSY		铜芯交联聚乙烯绝缘铜丝屏蔽聚乙烯护套隔离型塑料绝缘中压耐火电缆
N - YJSV62		铜芯交联聚乙烯绝缘铜丝屏蔽非磁性钢带铠装聚氯乙烯护套隔离型塑料绝缘中压耐火电缆
N - YJSV22		铜芯交联聚乙烯绝缘铜丝屏蔽钢带铠装聚氯乙烯护套隔离型塑料绝缘中压耐火电缆
N - YJSY63	21/35kV、 26/35kV	铜芯交联聚乙烯绝缘铜丝屏蔽非磁性钢带铠装聚乙烯护套隔离型塑料绝缘中压耐火电缆
N - YJSY23		铜芯交联聚乙烯绝缘铜丝屏蔽钢带铠装聚乙烯护套隔离型塑料绝缘中压耐火电缆
N - YJSV72		铜芯交联聚乙烯绝缘铜丝屏蔽非磁性钢丝铠装聚氯乙烯护套隔离型塑料绝缘中压耐火电缆
N - YJSV32		铜芯交联聚乙烯绝缘铜丝屏蔽钢丝铠装聚氯乙烯护套隔离型塑料绝缘中压耐火电缆
N - YJSY73		铜芯交联聚乙烯绝缘铜丝屏蔽非磁性钢丝铠装聚乙烯护套隔离型塑料绝缘中压耐火电缆
N - YJSY33		铜芯交联聚乙烯绝缘铜丝屏蔽钢丝铠装聚乙烯护套隔离型塑料绝缘中压耐火电缆

注：1. 表中型号未包含除耐火特性外的燃烧特性（即未包含阻燃特性、无卤特性、低烟特性和低毒特性）。

2. 表中未列出的型号可按 1.4.2 节中隔离型塑料绝缘中压耐火电缆的规定组合。

1.4.4 常用规格

1. 氧化镁矿物绝缘铜护套电缆

氧化镁矿物绝缘铜护套电缆的规格见表1-1-24。

表1-1-24 氧化镁矿物绝缘铜护套电缆的规格

常用型号	额定电压	芯数	导体标称截面积/mm²
BTTQ、BTTVQ、BTTYQ、WD – BTTYQ	500V	1、2	1 ~ 4
		3、4、7	1 ~ 2.5
BTTZ、BTTVZ、BTTYZ、WD – BTTYZ	750V	1	1 ~ 400
		2、3、4	1 ~ 25
		7	1 ~ 4
		12	1 ~ 2.5
		19	1 ~ 1.5

2. 云母带矿物绝缘波纹铜护套电缆

云母带矿物绝缘波纹铜护套电缆的规格见表1-1-25。

表1-1-25 云母带矿物绝缘波纹铜护套电缆的规格

型号	额定电压	芯数	导体标称截面积/mm²
RTTZ、RTTVZ、RTTYZ……	450/750V	2	2.5 ~ 4
		3、4、7、12	1 ~ 2.5
		19	1 ~ 1.5
	0.6/1kV	1	1 ~ 630
		2、3	1 ~ 150
		4	1 ~ 120
		5	1 ~ 25
		3 + 1	10 ~ 120
		3 + 2、4 + 1	10 ~ 95
YTTW、WD – YTTWY	0.6/1kV	1	1 ~ 630
		2	1 ~ 240
		3	1 ~ 150
		4	1 ~ 120
		3 + 1	25 ~ 240
		3 + 2	25 ~ 70
		4 + 1	16 ~ 70

3. 陶瓷化硅橡胶（矿物）绝缘耐火电缆

陶瓷化硅橡胶（矿物）绝缘耐火电缆的规格见表1-1-26。

表 1-1-26　陶瓷化硅橡胶（矿物）绝缘耐火电缆的规格

型号	额定电压	芯数	导体标称截面积/mm²
WTGE、B1 - WTGE， WTGG、B1 - WTGG， WTGGE、B1 - WTGGE， WTGH、B1 - WTGH， WTGHE、B1 - WTGHE， WTGT、B1 - WTGT， WTGTE、B1 - WTGTE	0.6/1kV	1	1.5 ~ 800
		2、3、4、3 + 1、 3 + 2、4 + 1	1.5 ~ 240
		5	1.5 ~ 120
WTGE、B1 - WTGE， WTGG、B1 - WTGG， WTGGE、B1 - WTGGE， WTGH、B1 - WTGH， WTGHE、B1 - WTGHE， WTGT、B1 - WTGT， WTGTE、B1 - WTGTE	450/750V	2 ~ 16	1.5 ~ 6
		19 ~ 61	1.5、2.5

4. 隔离型矿物绝缘铝金属套耐火电缆

隔离型矿物绝缘铝金属套耐火电缆的规格见表1-1-27。

表 1-1-27　隔离型矿物绝缘铝金属套耐火电缆的规格

型号	额定电压	芯数	导体标称截面积/mm²
NG - A（BTLY）、WDZB1 - NG - A （BTLY）……	0.6/1kV	1	10 ~ 630
		2、3、4、5	1.5 ~ 400

5. 隔离型塑料绝缘耐火电缆

隔离型塑料绝缘耐火电缆的规格见表1-1-28。

表 1-1-28　隔离型塑料绝缘耐火电缆的规格

型号	额定电压	芯数	导体标称截面积/mm²
BBTRZ……	0.6/1kV	1	1.5 ~ 630
		2、3、4、5	1.5 ~ 300

6. 隔离型塑料绝缘中压耐火电缆

隔离型塑料绝缘中压耐火电缆的规格见表1-1-29。

表 1-1-29　隔离型塑料绝缘中压耐火电缆的规格

型号	额定电压	芯数	导体标称截面积/mm²
N - YJV、N - YJY、 N - YJV62、N - YJV22、 N - YJY63、N - YJY23、 N - YJV72、N - YJV32、 N - YJY73、N - YJY33……	3.6/6kV	1、3	25～500
	6/6kV、6/10kV	1、3	25～500
	8.7/10kV、8.7/15kV	1、3	25～500
	12/20kV	1、3	35～500
	18/20kV、18/30kV、 21/35kV、26/35kV	1、3	50～500
N - YJSV、N - YJSY、 N - YJSV62、N - YJSV22、 N - YJSY63、N - YJSY23、 N - YJSV72、N - YJSV32、 N - YJSY73、N - YJSY33……	21/35kV、26/35kV	1、3	50～500

第2章 产品的结构与材料性能

2.1 典型产品的结构

1. 氧化镁矿物绝缘铜护套电缆

氧化镁矿物绝缘铜护套电缆由铜导体、紧密压实的氧化镁粉绝缘层和铜（或铜合金）护套三部分组成。当电缆用于对铜有腐蚀的场所时最外层可挤一层塑料护套。其结构示意图如图1-2-1和图1-2-2所示。

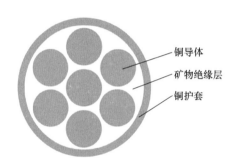

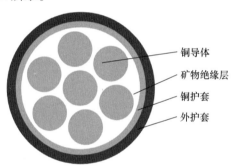

图1-2-1 氧化镁矿物绝缘铜护套电缆（无外护套）的结构示意图

图1-2-2 氧化镁矿物绝缘铜护套电缆（有外护套）的结构示意图

2. 云母带矿物绝缘波纹铜护套电缆

云母带矿物绝缘波纹铜护套电缆由导体、云母带绝缘层、填充层、保护层、金属护套及非金属外护套等部分组成。可根据使用要求选择外护套。其结构示意图如图1-2-3和图1-2-4所示。

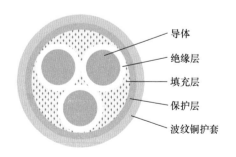

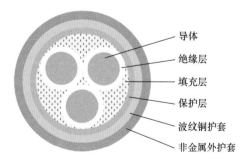

图1-2-3 云母带矿物绝缘波纹铜护套电缆（无外护套）的结构示意图

图1-2-4 云母带矿物绝缘波纹铜护套电缆（有外护套）的结构示意图

3. 陶瓷化硅橡胶（矿物）绝缘耐火电缆

陶瓷化硅橡胶（矿物）绝缘耐火电缆由导体、陶瓷化硅橡胶绝缘层、金属护层及外护套等部分组成。可根据使用要求选择金属护层和外护套。其结构示意图如图 1-2-5、图 1-2-6 和图 1-2-7 所示。

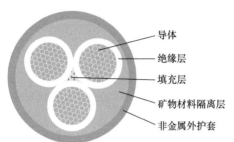

图 1-2-5 陶瓷化硅橡胶（矿物）绝缘耐火电缆（多芯无铠装有外护套）的结构示意图

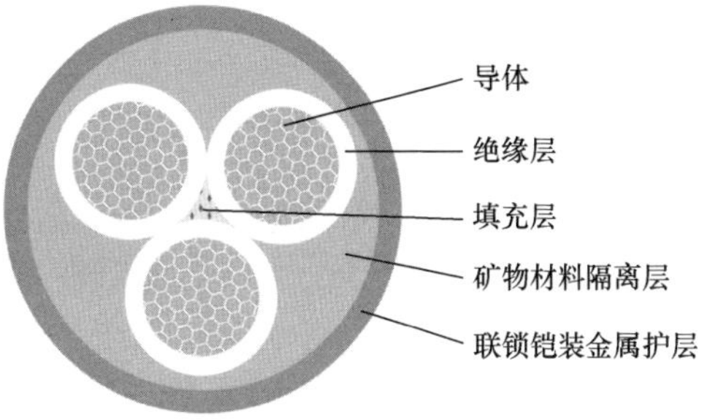

图 1-2-6 陶瓷化硅橡胶（矿物）绝缘耐火电缆（多芯有铠装无外护套）的结构示意图

4. 隔离型矿物绝缘铝金属套耐火电缆

隔离型矿物绝缘铝金属套耐火电缆由导体、绝缘层、金属护套及外护套等部分组成。可根据使用要求选择外护套。其结构示意图如图 1-2-8、图 1-2-9 和图 1-2-10所示。

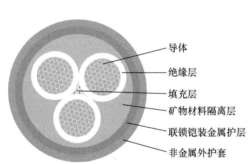
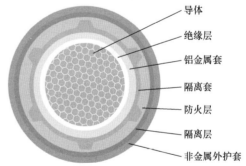

图 1-2-7 陶瓷化硅橡胶（矿物）绝缘耐火电缆（多芯有铠装有外护套）的结构示意图

图 1-2-8 隔离型矿物绝缘铝金属套耐火电缆（单芯统包）的结构示意图

5. 隔离型塑料绝缘耐火电缆

隔离型塑料绝缘耐火电缆由导体、耐火层、绝缘层、外护套等部分组成。其结构示意图如图 1-2-11 和图 1-2-12 所示。

6. 隔离型塑料绝缘中压耐火电缆

隔离型塑料绝缘中压耐火电缆由导体、绝缘层、隔氧层、耐火层、铠装层及外护层等部分组成。其结构示意图如图 1-2-13 和图 1-2-14 所示。

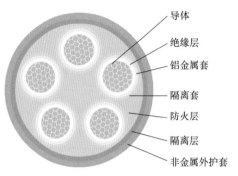

图 1-2-9　隔离型矿物绝缘铝金属套耐火
电缆（多芯分包）的结构示意图

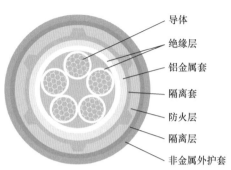

图 1-2-10　隔离型矿物绝缘铝金属套耐火
电缆（多芯统包）的结构示意图

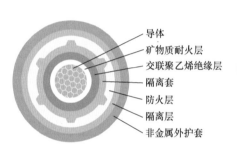

图 1-2-11　单芯隔离型塑料绝缘耐火
电缆的结构示意图

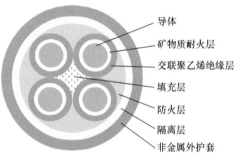

图 1-2-12　多芯隔离型塑料绝缘耐火
电缆的结构示意图

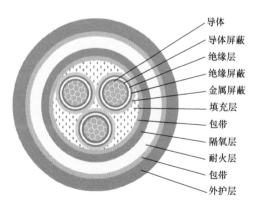

图 1-2-13　隔离型塑料绝缘中压耐火
电缆（非铠装）的结构示意图

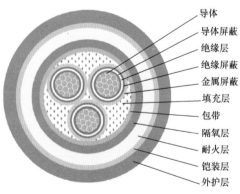

图 1-2-14　隔离型塑料绝缘中压耐火
电缆（铠装）的结构示意图

2.2 主要原材料的性能

2.2.1 绝缘材料的性能

1. 氧化镁粉

氧化镁粉是白色或微黄色立方结晶状颗粒，化学式为 MgO，熔点为 2852℃，沸点为 3600℃，具有良好的流动性与热传导性，以及高的绝缘和抗击穿性，无毒，无臭，有涩味，难溶于水及有机溶剂，微溶于富含二氧化碳的水，能溶于酸。其晶体经高温灼烧由白色变为浅黄，存放在潮湿空气中有吸潮结块现象，遇二氧化碳即生成碳酸镁复盐。由于氧化镁粉在空气中能逐渐吸收水分和二氧化碳，故应密封贮存并保持干燥。

目前用于矿物绝缘电缆的氧化镁粉主要有两类：常规氧化镁粉和防潮氧化镁粉。

（1）常规氧化镁粉　这种氧化镁粉通常为菱镁矿高温煅烧后，经电熔再结晶后破碎、分拣、筛分、磁选后制取的氧化镁粉，属于氧化镁原粉。也有采用化学方法从海水中制取氢氧化镁 [Mg（OH）$_2$] 后再经煅烧或电熔制取的氧化镁粉，该方法制取的氧化镁粉纯度可达 99.5% 以上。

（2）防潮氧化镁粉　菱镁矿煅烧后再经电熔制取氧化镁粉，经过烘制去杂质后加入高岭土、二氧化硅等无机物，搅拌均匀后，再加入适量有机硅偶联剂等有机溶剂提高产品的防潮性能，将镀硅后的产品进行筛分、磁选（再次去除机械铁）、包装，最后成为成品防潮氧化镁粉。防潮氧化镁粉又分为高防潮性能（HFC）和低防潮性能（FC）两种。

防潮氧化镁粉相对于常规氧化镁粉，其吸潮性能明显改善，但也并非完全防潮，用其生产的矿物绝缘电缆在贮存、安装和使用过程中也要注意电缆的防潮处理。

氧化镁粉的化学成分、粒度分布、机械性能和电气性能见表1-2-1～表1-2-4。

表 1-2-1　氧化镁粉的化学成分

化学成分名称	CAS No.	EC#	参考值（%）	测试方法与标准
氧化镁（MgO）	1309 – 48 – 4	215 – 171 – 9	≥93	
氧化钙（CaO）	1305 – 78 – 8	215 – 138 – 9	≤2.5	
氧化铁（Fe$_2$O$_3$）	1309 – 37 – 1	215 – 168 – 2	≤0.8	
二氧化硅（SiO$_2$）	60676 – 86 – 0	262 – 373 – 8	≤3.0	JB/T 8508—1996
氧化铝（Al$_2$O$_3$）	1344 – 28 – 1	215 – 691 – 6	≤0.5	
烧失量（LOI）			≤0.5	

表 1-2-2　氧化镁粉的粒度分布

粒度/目	粒径/mm	含量参考值（%）			测试方法与标准
		常规氧化镁粉	HFC	FC	
+ 60	0.250	—	—	—	
+ 80	0.180	≤10	30 ± 5	30 ± 5	
+ 100	0.150	25 ± 5	10 ± 5	10 ± 5	
+ 140	0.106	30 ± 10	25 ± 5	25 ± 5	JB/T 8508—1996
+ 200	0.075	25 ± 5	20 ± 5	20 ± 5	
+ 325	0.045	10 ± 5	15 ± 5	15 ± 5	
− 325	− 0.045	≤4	4 ± 2	≤0.5	

注：HFC 表示高防潮性能氧化镁粉，FC 表示低防潮性能氧化镁粉，下同。

表 1-2-3　氧化镁粉的机械性能

项目类别	常规氧化镁粉参考值	HFC参考值	FC参考值	测试方法与标准
轻拍振实密度（T. D）/(g/cm^3)	≥2.30	2.18 ~ 2.25	2.10 ~ 2.17	ASTM D3347 – 94
流率（F. R）/(s/100g)	≤ 150	≤ 150	≤ 150	
磁性物含量/ppm	≤ 100	≤ 100	≤ 100	JB/T 8508—1996

注：1. ppm 为 10^{-6}。

2. ASTM D3347 – 94 已作废，但可作为试验参照标准。

表 1-2-4　氧化镁粉的电气性能

类别	测试项目	保证值	测试方法与条件
常态	绝缘电阻	≥ 1000MΩ	测试方法：直管通电测试
	耐压	≥ 2500V	
热态	通电时间	15min	空管：$\phi8 \times 0.4$；$L = 420mm$；304 不锈钢 缩管后：$\phi6.6$；$L = 500mm$ 电热丝：$\phi0.35$；Ni80Cr20 芯棒：$\phi1.6$；不锈钢棒材
	表面负荷	5W/cm^2	
	测试电压	110V	
	功率	445W	
	泄漏电流	≤ 0.1mA	
	绝缘电阻	> 3MΩ	
	耐压	≥ 2500V	

　　氧化镁粉在 300℃ 下烘烤 1h，冷却后测试常态下的击穿电压，其应符合表 1-2-5 的规定。

表 1-2-5　氧化镁粉常态下的击穿电压

测试项目	保证值	测试方法与条件
绝缘电阻	≥ 1000MΩ	管材：304B 无缝钢管 压缩前：$L = 1165$mm, $\phi7.8$ 压缩后：$L = (1366 \pm 5)$ mm, $\phi6.6$
击穿电压	≥ 3000V	导体材料：Ni80Cr20, $\phi0.3$ 电阻丝 冷端区：$\phi2$ 导体，(80 ± 5) mm

2. 耐火云母带

耐火云母带是用有机硅胶黏合合成云母纸或金云母纸，双面或单面分别以电工用无碱玻璃布或有机薄膜为补强材料，经上胶、复合、烘焙、分切而成。云母纸应符合 GB/T 5019.4—2009 的要求。玻璃布应是由无碱玻璃制成的连续长丝玻璃纤维，应是织物状态，其浆剂含量按质量计不应大于 2%。所涉及的薄膜应符合 GB/T 13542.6—2006 的要求，而且只要薄膜性能符合其要求，可使用不同类型的薄膜。

耐火云母带材质间应黏合均匀，无诸如气泡、针孔、云母纸断裂之类的缺陷。若为玻璃布补强，不允许有玻璃布抽丝；若为薄膜补强，不允许有撕裂、折皱的现象。

成卷供应的材料应能连续开卷而不引起损伤，开卷所需的力应大致均匀。

耐火云母带的厚度及允许偏差应符合表 1-2-6 的规定。

表 1-2-6　耐火云母带的厚度及允许偏差　　　　　（单位：mm）

标称厚度	允许偏差	
	中值偏差	个别值偏差
0.10	± 0.02	± 0.03
0.11	± 0.02	± 0.03
0.14	± 0.02	± 0.03
0.18	± 0.03	± 0.04

注：其他厚度可由供需双方协商生产。

耐火云母带的推荐宽度为 6mm、8mm、10mm、12mm、15mm 和 20mm，标称宽度及偏差见表 1-2-7，其他宽度可由供需双方商定。全幅宽材料及片状材料修整后的最大宽度通常为 860mm。

表 1-2-7　耐火云母带的标称宽度及偏差　　　　　（单位：mm）

标称宽度	偏差
≤20	± 0.5
>20, ≤500	± 1.0
>500	± 5.0

耐火云母带的机械性能和介电性能应符合表 1-2-8 的规定。

表 1-2-8　耐火云母带的机械性能和介电性能

序号	性能	单位	补强形式	要求		
				玻璃布补强	薄膜补强	玻璃布/薄膜补强
1	拉伸强度	N/cm	单面补强	≥60		
			双面补强	≥80		
2	挺度	N/m	单、双面补强	按合同规定		
3	工频电气强度（常态下）	MV/m		≥10		
4	体积电阻率（常态下）	Ω·m		$\geq 1.0 \times 10^{10}$		
5	绝缘电阻（耐火试验温度下）	Ω		$> 1.0 \times 10^{6}$		

3. 陶瓷化硅橡胶

陶瓷化硅橡胶是以硅橡胶为基材，加入成瓷助剂和功能填料，经一定加工工序制成的特种硅橡胶耐火材料。陶瓷化硅橡胶在常温下具有普通硅橡胶材料的一般属性，在 600℃ 及以上高温或火焰下可迅速烧结成坚硬的"陶瓷化"壳体，从而赋予材料优异的耐火、隔热、抗冲击等特性。

与无机耐火材料相比，陶瓷化硅橡胶具有成型工艺简单多样、防水防潮、无毒无害、环保等优点，在耐火性能方面也毫不逊色，并具有更优的隔热效果。

陶瓷化硅橡胶中主要包含了生胶和填料等，由于填料填充量较高，因此填料的种类、粒径等对最终陶瓷体的形成有决定作用，并决定了陶瓷体的微观结构和其他性能。

1）生胶。主要使用甲基乙烯基硅橡胶（例如国产 110 – 2 硅橡胶）；也可使用高温硫化乙烯基封端的甲基乙烯基硅橡胶，即二甲基乙烯基硅氧烷基封端的二甲基硅氧烷 – 甲基乙烯基硅氧烷共聚物（例如国产 110 – 4S 硅橡胶），这种硅橡胶可以用加成硫化体系硫化，硫化胶的撕裂强度高、压缩永久变形低，适用于耐火硅橡胶密封条。若需要耐烧蚀性更好的材料，可选用苯基硅橡胶，也可选用甲基苯基乙烯基硅橡胶（例如国产 120 – 2 苯基硅橡胶）。苯基硅橡胶的烧蚀率约为乙烯基硅橡胶的 1/2，但因价格高昂，仅用于特殊用途。

2）补强填料。陶瓷化硅橡胶的补强填料采用白炭黑，主要采用气相法白炭黑，也可采用沉淀法白炭黑。经过表面处理（表面处理剂有硅烷偶联剂、八甲基环四硅氧烷）的白炭黑可以有效改善硅橡胶硫化胶的强度，提高其疏水性。

3）增量填料。增量填料对硅橡胶只起很弱的补强作用，一般与白炭黑并用，以调节硅橡胶硫化胶的硬度、改善胶料的工艺性能（如挤出性能）和降低成本。

常见的增量填料有石英粉、硅藻土、氧化锌、钛白粉、滑石粉和碳酸钙等。用硅烷偶联剂处理的石英粉，不但提高了补强性，还能起烧结黏结剂的作用，利于陶瓷化。

4）成瓷填料。目前陶瓷化硅橡胶添加的成瓷填料一般是层状硅酸盐类矿物填料，呈晶体结构，具有高熔点（高耐火度）和高烧结度，且具有优良的电绝缘性能，代表性品种有以下几种。

① 云母。云母是一种复杂的硅酸盐，种类众多，系层状晶体，晶系多样，熔点约为1800℃，甚至更高。用于陶瓷化硅橡胶的云母主要包括白云母和金云母。白云母是双八面体碱性硅酸铝，是通过钾离子层彼此弱黏结的硅酸铝片的层状结构，成分为 $KAl_3Si_3O_{10}(OH)_2$。金云母是三八面体碱性硅酸铝，是通过钾离子层彼此弱黏结的硅酸铝镁片的层状结构，成分为 $KMg_3AlSi_3O_{10}(OH)_2$。与金云母相比，白云母有较好的电绝缘性和耐火性，烧结体尺寸稳定性和电性能较好，因此电缆之类的电气制品常用白云母。但是金云母在1000℃高温下烧结体的强度比白云母高。

② 硅灰石。硅酸钙填充剂也是硅橡胶重要的成瓷填料，主要有硅灰石、硬硅钙石、雪硅钙石、针钠钙石、锰硅灰石等，其中以硅灰石应用最多。硅灰石是天然的偏硅酸钙（$CaSiO_3$），三斜晶系，熔点为1540℃。用于陶瓷化硅橡胶的硅灰石为 $\alpha-CaSiO_3$，以长径比2:1~5:1为宜（过高时挤出品的表面会失去平滑性）。

③ 高岭土。高岭土是以天然高岭石为主要成分的黏土，化学成分为水合硅酸铝（$Al_2O_3·2SiO_2·2H_2O$），晶体为假六方片状，熔点约为1785℃。使用表面处理的煅烧高岭土更有利，可改善成品的物理强度和电绝缘性能。

陶瓷化硅橡胶的技术性能应符合表1-2-9的规定。

表1-2-9 陶瓷化硅橡胶的技术性能

序号	试验项目	单位	技术指标	试验方法
1	老化前机械性能			GB/T 2951.11—2008
1.1	抗张强度	N/mm²	≥6.5	
1.2	断裂伸长率	%	≥200	
2	空气烘箱老化后性能			GB/T 2951.12—2008
2.1	老化条件			
2.1.1	温度（偏差为±2℃）	℃	200	
2.1.2	持续时间	h	168	
2.2	老化后抗张强度	N/mm²	≥5	
2.3	老化后断裂伸长率	%	≥120	

（续）

序号	试验项目	单位	技术指标	试验方法
3	热延伸试验			
3.1	试验条件			
3.1.1	温度（偏差为 ±3℃）	℃	200	GB/T 2951.21—2008
3.1.2	负荷时间	min	15	
3.1.3	机械应力	N/mm²	0.2	
3.2	试验结果			
3.2.1	载荷下的伸长率	%	≤175	
3.2.2	冷却后永久伸长率	%	≤25	
4	绝缘高温燃烧残余物试验			
4.1	温度（偏差为 ±3℃）	℃	950	高温燃烧残余物试验①
4.2	燃烧时间	h	3	
4.3	试验结果	%	≥80	
5	电气性能			
5.1	体积电阻率	Ω·cm	≥1×10^{15}	IEC 62631-3-1：2016
5.2	击穿强度	kV/mm	≥22	IEC 60243-1：2013
6	烟密度（比光密度）			
6.1	有焰燃烧（25kW/m²）		≤100	GB/T 8323.2—2008
6.2	无焰燃烧（25kW/m²）		≤250	
7	燃烧释放气体酸性			
7.1	卤酸气体含量	%	≤0.5	IEC 60754-1：2011
7.2	pH 值		≥4.3	IEC 60754-2：2011
7.3	电导率	μS/mm	≤10	
8	产烟毒性	—	ZA₁ 级	GB/T 20285—2006
9	环保性能	—	符合 RoHS	

① 取 5g 待测样品，用分析天平精确称重后放入坩埚中，再次称重后，放入已加热到（950±40）℃的马弗炉中，继续保温 3h，关闭马弗炉温度控制系统，用火钳取出坩埚，置于干燥环境下冷却至室温，用分析天平精确称重，按照下面公式计算灼烧后残留量（以百分数形式表示）。

$$灼烧后残留量 = \frac{灼烧后质量}{灼烧前质量} \times 100\%$$

2.2.2 隔离材料的性能

1. 陶瓷化硅橡胶

陶瓷化防火耐火隔热硅橡胶是以硅橡胶为基材，加入功能填料进行耐火、阻燃、隔热改性而成的一种特种硅橡胶材料。其在常温下具有良好的柔弹性和优异的阻燃性，可容纳压缩变形，密封、缓冲效果好；在高温下具有良好的成瓷性、耐火性和隔热性，可降低元件间的热传导，延缓热量扩散速率。

陶瓷化硅橡胶隔离料的技术性能应符合表1-2-10的规定。

表1-2-10　陶瓷化硅橡胶隔离料的技术性能

性能	单位	指标	测试方法与标准
硬度	Shore A	75 ± 5	GB/T 531.1—2008
密度	g/cm³	1.60 ± 0.05	GB/T 533—2008
体积电阻率	Ω·cm	≥10^{14}	GB/T 31838.2—2019
拉伸强度	MPa	≥4.0	GB/T 528—2009
断裂伸长率	%	≥150	GB/T 528—2009
导热系数	W/(m·K)	0.4 ± 0.05（成瓷前），0.1 ± 0.03（成瓷后）	ASTM – D5470
阻燃等级	—	V – 0	UL 94
环保	—	通过	RoHS

2. 陶瓷化聚烯烃

陶瓷化聚烯烃是以聚烯烃树脂为基料，加入高效成瓷填料、阻燃剂及其他功能助剂，经混炼、塑化、造粒而成的。与聚烯烃料相比，其优点如下：在650℃以上高温或火焰条件下，能够迅速生成完整的陶瓷状壳体，该壳体不开裂、不熔融，可抗水喷淋和机械振动，除了具有优异的电隔离性能，还具有极好的隔氧隔热效果，能够有效隔离高温火焰对线路内部的侵害，延缓内部材料的分解，避免导体在火焰中熔断，可以保证火灾情况下电力和信息控制的畅通，为人员逃生和消防救援争取宝贵的时间。

陶瓷化聚烯烃的技术性能应符合表1-2-11的规定。

表1-2-11　陶瓷化聚烯烃的技术性能

性能	单位	TCPE6990	TCPE6790	TCPE6590	测试方法与标准
密度	g/cm³	1.50 ± 0.05	1.60 ± 0.05	1.55 ± 0.05	ISO 1183 – 1：2019
拉伸强度	MPa	≥9.0	≥8.0	≥6.0	IEC 60811 – 512：2012
断裂伸长率	%	≥200	≥200	≥150	IEC 60811 – 512：2012
体积电阻率	Ω·cm	≥10^{14}	≥10^{14}	≥10^{13}	IEC 62631 – 3 – 1：2016
介电强度	kV/mm	≥26	≥26	≥20	IEC 60243
介电常数	—	≥2.3	≥2.3	≥2.3	IEC 62631 – 2 – 1：2018
熔融指数	g/10min	≥0.5	≥0.5	≥0.2	ISO 1133 – 2：2011
烟密度（透光率）	%	≥80	≥80	≥60	IEC 61034 – 2：2005

第3章 产品制造

3.1 氧化镁矿物绝缘铜护套电缆

氧化镁矿物绝缘铜护套电缆由铜导体、氧化镁粉绝缘和铜（或铜合金）护套组合并加工而成，该电缆在防火、耐高温、抗辐射等方面具有普通高聚物材料加工而成的电缆所无法相比的优越性能，因而被人们誉为"永久性电缆"，在我国国民经济建设各个领域中的应用大幅度上升。氧化镁矿物绝缘铜护套电缆的生产工艺有预制氧化镁瓷柱法、氧化镁粉自动灌装法和氩弧焊连续焊接法三种。

1. 预制氧化镁瓷柱法

首先将磁选好的氧化镁粉（目的是清除磁性金属夹杂物）烘干后加入特殊黏结剂，使其成糊状。该黏结剂一方面要保证预制氧化镁瓷柱管坯压制成型，另一方面要使压制的氧化镁瓷柱管坯易于脱模。常用的黏结剂有纤维素、石蜡等。经过处理后的粉料送到压机上压制成瓷柱状，压好的氧化镁瓷柱放进贮料箱或由传送带输送到电炉内煅烧（煅烧温度约为1200℃）。氧化镁瓷柱的生产工艺有两种：一种是热压成型法（又称为注浆成型法），另一种是干压成型法。其工艺流程分别如图1-3-1和图1-3-2所示。

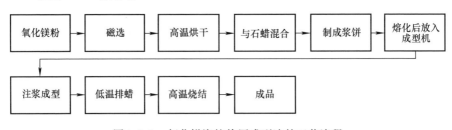

图1-3-1　氧化镁瓷柱热压成型法的工艺流程

图1-3-2　氧化镁瓷柱干压成型法的工艺流程

与热压成型法相比，干压成型法的优点如下：氧化镁瓷柱结构尺寸易控制，氧化镁瓷柱内没有气孔缺陷，生产效率高等。煅烧后的瓷柱送到装配台，为了杜绝装配时弄脏瓷柱，可先将它装入管坯（长度约9m）内，由专用芯杆定位，然后穿入所需的芯坯（长度约 10m）。为了避免装配时瓷柱吸潮，氧化镁瓷柱应采用热装配，温度不低于 100℃。装配完毕后进行反复拉拔和退火加工直至成为成品。

预制氧化镁瓷柱法生产矿物绝缘电缆的工艺流程如图 1-3-3 所示。

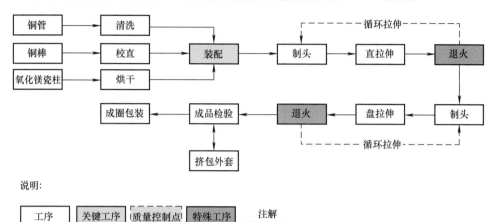

图 1-3-3　预制氧化镁瓷柱法生产矿物绝缘电缆的工艺流程

随着装备技术的进步，为降低该工艺过程的劳动强度和提高生产效率，在电缆装配工序已开始采用机械装配技术替代人工装配。电缆装配好经冷拔密实后采用大功率的高效冷轧工艺替代传统的反复冷拔、退火工艺，使这些工序环节的劳动强度大大降低，生产效率提升了 50% 以上，能耗则下降了 50% 以上。

预制氧化镁瓷柱法生产矿物绝缘电缆的工艺控制要点主要在于装配。在保证预制氧化镁瓷柱管坯压制成型的同时也要使其易于脱模，还要防止其在装配过程中吸潮，所以氧化镁瓷柱装配时采用的方式、温度的控制以及装配后的退火工序显得极为重要。同时，瓷柱和导体之间、导体与金属护套之间需要保证合适的间隙，否则无法装配。

2. 氧化镁粉自动灌装法

为了解决矿物绝缘电缆氧化镁瓷柱法劳动强度大的缺点，英国的 BICC 的 Pyotenax 公司成功开发了氧化镁粉自动灌装法。

该工艺首先将经过处理的管坯（长度约为 9754mm）和线芯（长度约为 9804mm）材料送到装配台，进行坯料装配，即将所需线芯坯料放入管坯中，并用装置将管坯的一端固定，然后将氧化镁粉灌入管内压紧。为了避免在填充时氧化镁粉受潮，氧化镁粉在灌装前先进行高温排潮处理：将氧化镁粉先送入电加热滚筒炉内煅烧（煅烧温度一般在 850～950℃）后装箱并送入保温炉（保温温度一般在 250～350℃）。灌粉时将保温箱内的氧化镁粉加到加料漏斗内，而后通过磁力分选器清除磁性金属夹杂物，粉料通过捣装工具的导向杆和管坯之间的间隙进入护套管坯内。填充氧化镁粉这一工序主要是用捣装杆上的冲头进行压紧。冲头上面有导向阀门，它不仅起捣固作用，而且可以起到线芯坯定位作用。夹具每沿着捣杆向下移动一个填充节距，捣装杆向上提升一个填充节距，并如此循环反复进行，捣装过程一直进行到气动杆摩擦压力和作用在氧化镁粉上的压力达到平衡为止。通过调节氧化镁粉的供料量、捣装杆的压力及冲击频率可得到最佳填充速度和填充密度。为了检测氧化镁粉的密实度，灌粉前对装配好的铜管和铜棒进行称重，灌粉后再进行称重，从而判断每根管坯内所装的氧化镁粉的质量是否在工艺控制范围内。

氧化镁粉自动灌装法生产矿物绝缘电缆的工艺流程如图 1-3-4 所示。

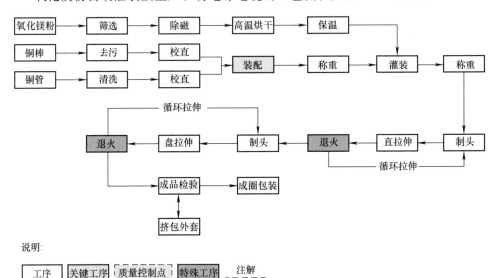

图 1-3-4　氧化镁粉自动灌装法生产矿物绝缘电缆的工艺流程

氧化镁粉自动灌装法生产矿物绝缘电缆的工艺控制要点在于装配和灌装。装配时需用装置将一端固定，而灌装时则需要不断调整以获得最佳填充密实度。灌装的氧化镁粉必须经过高温烘干，避免填充时受潮；灌装的捣装过程是循环往复的，一直进行到气动杆摩擦压力和作用在氧化镁粉上的压力达到平衡为止。氧化镁粉的供料量、捣装杆的压力及冲击频率直接影响灌装的填充速度和填充密实度，因此需要在实际生产过程中不断优化调节。与预制氧化镁瓷柱法相似，使用氧化镁粉自动灌装法时，铜护套和导体之间需要保证足够的间隙，否则无法装配。此外，电缆的拉拔过程容易造成偏芯，需要良好把控。

3. 氩弧焊连续焊接法

世界上第一条矿物绝缘电缆铜带连续氩弧焊接生产线由英国 TT 的 AEI 公司于 1980 年成功研制。

铜带氩弧焊连续焊接生产线由垂直和水平两部分组成，垂直部分包括成型辊轮、氧化镁粉料斗、焊接机头、压轮、轧机和感应退火箱等，水平部分包括冷却槽、轧机、感应退火箱和收线装置等。其主要生产过程如下：

首先，将厚度为 0.85~1.8mm 的铜带通过放线装置、储线器送到铜带清洗烘干机进行喷射清洗和烘干，经过成型辊轮连续纵包成型后形成圆柱体，铜带边相互对齐及紧贴，采用氩弧焊接方法进行焊接（采用电极棒）。焊接机头与铜护套中心之间的倾斜角为 110°，以便对铜带边进行预热。在电极棒外套管内部的焊接部位上不断地供给保护气体（氩气）。焊接速度为 1.0~3.0m/s，焊接电流在 270A 左右，焊接电压为 12.5V 左右。成品电缆收线速度为 2~30m/min。

其次，按工艺要求选择合适的不锈钢定芯管（长度约为 3940mm），将其从氧化镁粉料斗入口处装入铜护套内，定芯管位于氧化镁粉料斗出口处至 1 号轧机第二轧辊处之间。定芯管的作用主要是保证线芯与铜护套及线芯与线芯之间的绝缘厚度均匀，且将其固定到氧化镁粉料斗下支架上，并用"喇叭"型橡胶套与料斗及定芯导杆上的进料口连接，且将上下口用管卡收紧密封。同时，将硅油导管装入定芯管中。

为了减小导电线芯在铜护套内的偏心度，线芯通过张力模（线芯定径模）垂直进入定芯管内。张力模放入模套中，并将之放置在线芯导向轮与氧化镁粉料斗支架上，要求张力模的模孔与线芯的导向杆管口成一直线。同时，定径模定径区直径比铜线芯坯料直径小 0.1~0.5mm，从而起到定径、校直和产生垂直张力的作用。接着将一根或数根导电线芯通过用张力模拉伸、固定的定芯管子送入铜护套内，氧化镁粉从料斗灌入铜护套内。为了保证氧化镁粉顺利灌粉及氧化镁粉在铜护套内填充密实，在焊枪和铜管定径轮之间有一对小锤对铜管进行一定频率的敲击，敲击频率为 20~80 次/min。料斗内的氧化镁粉供送量可借助料斗和贮存器内粉位传感器的信号来控制。当然，氧化镁粉的流速一定要适当，一般要求不高于 180s/100g。

半成品经过轧机连续轧制和中间感应退火，即可获得所需的成品电缆直径。感应退火的主要原理如下：高频大电流流向被绕制成环状或其他形状的加热线圈（通常用纯铜管制作），由此在线圈内产生极性瞬间变化的强磁束，将金属等被加热物质放置在线圈内，磁束就会贯通整个被加热物质，在被加热物质内部与加热电流相反的方向产生很大的涡流，由于被加热物质内的电阻产生焦耳热，使物质自身的温度迅速上升。每个轧机机座上都装有若干对轧辊，将氧化镁粉绝缘压实，同时将电缆直径轧细，轧制后电缆通过中间感应退火（功率为 50~110kW）并经过冷却水槽进行淬火。

护套管的移动速度和退火炉功率由控制装置预先设定好的工艺技术参数进行控制。为了防止水分渗入绝缘内，可在生产过程中向氧化镁粉中滴入 0.08%~0.1%（按质量分数）的疏水硅有机液体——聚二甲基硅氧烷。用这种方法制成的电缆，即使电缆两端不用临时密封，也可长期贮存，绝缘吸潮不会太深。

在电缆成品收线前通过在线检测装置对成品电缆的质量情况进行在线跟踪。扫描测径仪主要在线检测成品电缆的直径及椭圆度，而涡流测试仪主要在线检测铜护套的焊接质量和铜护套沙眼等缺陷。

铜带氩弧焊连续焊接生产线生产矿物绝缘电缆的工艺流程主要有两种：

1）轻型电缆生产线的工艺流程如图 1-3-5 所示。

2）重型电缆生产线的工艺流程与轻型电缆基本上相同，仅省略了第 4 次轧制工序。

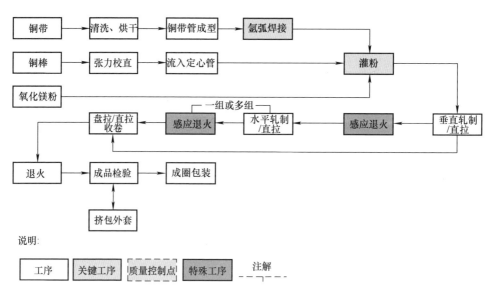

图 1-3-5　铜带氩弧焊连续焊接生产线生产矿物绝缘电缆的工艺流程（轻型电缆）

铜带氩弧焊连续焊接法生产矿物绝缘电缆的工艺控制要点主要在于铜带的焊接和氧化镁粉的灌装。铜带的焊接采用氩弧焊接方式，氩气的选择、焊接的速度、铜带边相互对齐及紧贴的程度都直接影响成品的质量；氧化镁粉灌装时如何保证导电线芯在铜护套内不偏心以及氧化镁粉灌装的密实度是工艺的关键；灌装完成后通过连续轧制拉伸及感应退火以获得所需的成品电缆直径。

预制氧化镁瓷柱法、氧化镁粉自动灌装法和氩弧焊连续焊接法相比较而言各有特点。预制氧化镁瓷柱法的优点是设备比较简单，产品的结构和尺寸容易保证，更换产品规格比较容易，不足之处则是劳动强度大，但采用机械装配和冷拔、冷轧组合工艺后，生产过程的劳动强度大大降低。氧化镁粉自动灌装法劳动强度低，在产品品种不经常更换且大批量生产的情况下具有明显的优势。氩弧焊连续焊接法则由于电缆生产长度不受管坯限制，适宜大长度电缆的生产制造。此外，预制氧化镁瓷柱法和氧化镁粉自动灌装法可通过加粗或加长原材料铜管的方式，进一步提高成品电缆的单根制造直径或长度。

3.2 云母带矿物绝缘波纹铜护套电缆

云母带矿物绝缘波纹铜护套电缆由铜导体、云母带绝缘和铜护套组合加工而成，具有防火性能较好、连续长度长、过载能力大、经济性好等特点。

云母带矿物绝缘波纹铜护套电缆的制造工艺如下：首先将铜丝或铜杆拉丝连续退火，多股铜丝绞合成型，导体外绕包耐高温合成云母带（无卤低烟和低毒类产品可采用煅烧云母带），绝缘层外再用无碱玻璃纤维密实填充，成缆时采用耐高温合成云母带绕包形成保护层，铜护套采用铜带纵包后焊接成铜管，再经连续滚轧波纹成型。若用于特定要求金属护套不能裸露的场合，可以在外面加一层聚烯烃（低烟无卤）护套。

云母带矿物绝缘波纹铜护套电缆与氧化镁矿物绝缘电缆相比，除防火性能比较接近外，可以做到连续大长度，$95mm^2$ 以内也可以做成多芯成组电缆，克服了大规格电缆接头较多的缺点。但是，波纹铜管焊缝容易开裂、挤压变形且单一云母绝缘，也成为先天性的结构缺陷，对安装工艺的要求仍然很高。

云母带矿物绝缘波纹铜护套电缆的工艺流程如图1-3-6所示。

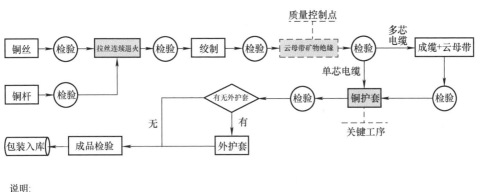

图1-3-6 云母带矿物绝缘波纹铜护套电缆的工艺流程

云母带矿物绝缘波纹铜护套电缆的工艺控制要点在于耐高温云母带材料的选用和铜护套的焊接与轧纹。耐高温云母带材料的选用直接影响产品的防火性能，云母带用量过多会造成材料的浪费，过少则达不到防火性能要求。铜护套的焊接如果不牢固，波纹铜管焊缝容易开裂。同时，轧纹的深度也是工艺控制的关键，铜护套的轧纹深度和节距的差别会导致实际铜护套截面积的不同，从而影响铜护套的电阻。

3.3　陶瓷化硅橡胶（矿物）绝缘耐火电缆

陶瓷化硅橡胶（矿物）绝缘耐火电缆是一种新型的耐火电缆，其绝缘和隔氧层采用陶瓷化硅橡胶复合材料，该材料在常温条件下如普通硅橡胶一样柔软，在500℃及以上高温条件下会结成陶瓷化的硬壳，同时保持绝缘性能。在火灾发生时，该电缆线路仍能够保持一定时间的正常运行，以便为救援工作带来帮助，最大可能地减少人员伤亡和财物损失。

陶瓷化硅橡胶（矿物）绝缘耐火电缆以包覆有耐火绝缘层（陶瓷化硅橡胶复合材料）的导体为缆芯，各缆芯之间设置耐高温填充层（如陶瓷化硅橡胶复合材料），并外加保护层，电缆的外表为外护套层。该类产品的特点为耐火绝缘层是以陶瓷化耐火硅橡胶为材质，被烧蚀后形成的坚硬壳体仍具有电绝缘性，可保护输配电线路不受火焰侵蚀，从而保证电力、通信的畅通，为火灾情况下人员的疏散和抢救赢得宝贵的时间。陶瓷化防火耐火产品主要有陶瓷化防火耐火硅橡胶、陶瓷化防火耐火复合带和陶瓷化防火耐火填充绳。

陶瓷化硅橡胶在常温下无毒、无味，具有良好的柔软性和弹性，在500℃以上的高温下，其有机成分在极短时间内转化为硬性陶瓷状物质，形成具有良好绝缘性的阻隔层，并随着灼烧时间延长、温度升高，其坚硬程度越高。陶瓷化硅橡胶还具有良好的工艺基础性能，可在常规的连续硫化生产线进行生产。电缆的缝隙和绝缘层都使用陶瓷化硅橡胶，从根本上阻断氧气，再加上采用了联锁铠装护套，形成具有柔韧性的蛇纹管状护套，可承受径向压力，保护电缆免受外界机械损伤。

陶瓷化硅橡胶（矿物）绝缘耐火电缆的工艺流程如图 1-3-7 所示。

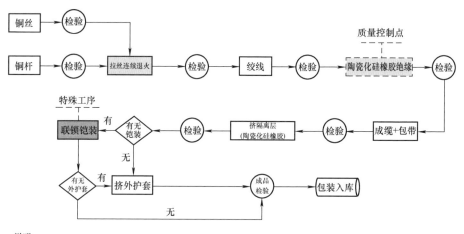

图 1-3-7　陶瓷化硅橡胶（矿物）绝缘耐火电缆的工艺流程

　　陶瓷化硅橡胶（矿物）绝缘耐火电缆的工艺控制要点在于陶瓷化硅橡胶的硫化和联锁铠装。

　　陶瓷化硅橡胶是在主体材料高温硅橡胶（HTV）——110 - 2 甲基乙烯基硅橡胶中加入白炭黑、硅油、瓷化粉等助剂，经过混炼后再加入双二四硫化剂而制成的。其在未硫化时为白色膏状固体，成型性较差，要求挤出机各段温度保持一定的低温，一旦高于此温度，就会产生熟胶的现象，造成脱胶使绝缘层损坏。另外，由于陶瓷化硅橡胶的韧性差，不能由螺杆携带自主进胶，否则会导致螺杆内胶料中有空隙，也会造成脱胶的现象。为了避免上述问题，如何对挤出机配置相应工装，如何保持挤出机的低温状态，如何使螺杆内胶料不产生空隙，都成为保证绝缘层质量的关键。

　　联锁铠装由不规格的边缘挂扣形成的螺旋管构成，因此在生产中如何根据不同规格配置一系列合适的模具、联锁铠装用带材的宽度和厚度都是避免产生联锁铠装搭扣不紧密等工艺问题的关键。

3.4　隔离型矿物绝缘铝金属套耐火电缆

　　隔离型矿物绝缘铝金属套耐火电缆以高导电率绞合铜导体、耐高温云母带外加陶瓷化硅橡胶复合带绝缘层、铝金属套、聚乙烯隔离套、防火层〔无机物，一般为氢氧化镁或氢氧化铝（Al（OH）$_3$）混合物〕、高阻燃绕包隔离层、无卤低烟阻燃聚烯烃外护套为基本结构组成。铝金属套有铝带绕包和连续挤管两种结构，其中连续挤管的铝金属套为无缝结构，可以阻隔水分渗透进入导体绝缘层。

　　隔离型矿物绝缘铝金属套耐火电缆的主要特征就是采用铝材为绝缘导体的防护层和均热层，铝金属套外再包覆氢氧化镁或氢氧化铝混合物作为防火层，在火焰侵袭下吸热释放出水分而降低电缆本体温度，并膨胀发泡固化，形成厚厚的屏障，阻隔火焰对铝管的伤害，不但使铝管的完整性得以保存，而且使云母带受热温度降低至 600 ℃ 以下，云母带可保持较好的绝缘性能。用铝作为电缆的金属护层，材料成本较低。

　　隔离型矿物绝缘铝金属套耐火电缆的导体采用符合 GB/T 3956—2008 规定的第 1 种或第 2 种镀金属或不镀金属退火铜线；绝缘采用合适的云母带、陶瓷化硅橡胶复合带绕包在导体上，可以采用云母带单种绝缘材料，也可采用两种材料的组合；铝金属套采用绕包或连续无缝挤包工艺生产，导体标称截面积 16mm^2 及以下多芯电缆的铝金属套采用统包金属套，单芯和 25mm^2 及以上多芯电缆采用分相铝金属套，铝金属套外包覆隔离套（单芯和 16mm^2 及以下的多芯电缆采用齿形隔离套；25mm^2 以及上多芯电缆采用圆形隔离套）；隔离套外挤覆氢氧化镁或氢氧化铝混合物后再绕包高阻燃带，最后挤包外护套。

　　隔离型矿物绝缘铝金属套耐火电缆的工艺流程如图 1-3-8 所示。

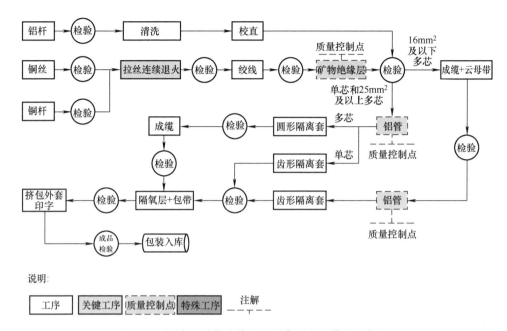

图 1-3-8　隔离型矿物绝缘铝金属套耐火电缆的工艺流程

隔离型矿物绝缘铝金属套耐火电缆的工艺控制要点在于耐火绝缘层、铝金属套的连续挤出和防火层挤包。

耐火绝缘层材料的选用直接影响产品绝缘性能的稳定性，材料用量过多会造成材料的浪费，过少则无法满足绝缘性能要求。

在挤出铝套时，若模具控制不当会造成铝套厚度不均匀，容易产生微孔和砂眼等缺陷。另外，铝杆的放线是实现连续护层的关键，因此铝杆放线前需进行清洗和校直。生产速度和挤出温度的控制能够有效地保证护套机械性能的均匀性。需要注意的是，熔融铝的温度在500℃左右，为了防止电缆线芯被烫伤，电缆线芯在进入模具时必须有可靠的热保护，铝管形成后应立即进行冷却。

防火层挤包时需要根据电缆规格控制好配胶比例和挤包厚度，配胶过多则胶泥过软，挤包后易产生偏心；配胶过少则胶泥过硬，挤包时易产生裂纹。这都将直接影响电缆成品后的防火性能。胶泥挤包厚度过小则将降低电缆的防火性能，过大则使电缆的结构尺寸变大而造成材料的浪费。

3.5　隔离型塑料绝缘耐火电缆

隔离型塑料绝缘耐火电缆的导体采用符合 GB/T 3956—2008 规定的第 1 种或第 2 种镀金属或不镀金属退火铜线；采用合适的云母带绕包在导体上作为耐火层；耐火层外挤包交联聚乙烯绝缘，绝缘层外挤包聚乙烯隔离套，单芯电缆采用齿形隔离套，多芯电缆采用圆形隔离套；防火层应采用以氢氧化铝或氢氧化镁为主要材料的混合物，而且应具有隔火、隔热功能，在燃烧后能结成坚固的壳状，降低缆芯温度，以保护内部结构；防火层外使用无卤低烟高阻燃带绕包，最后挤包无卤低烟聚烯烃外护套。

隔离型塑料绝缘耐火电缆的工艺流程如图 1-3-9 所示。

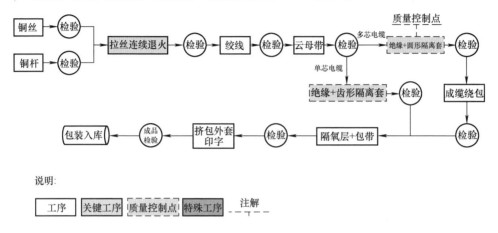

图 1-3-9　隔离型塑料绝缘耐火电缆的工艺流程

隔离型塑料绝缘耐火电缆的工艺结构与传统电缆类似，主要区别在于采用了与隔离型矿物绝缘铝金属套耐火电缆相同的金属氢氧化物防火胶泥作为防火层。该类产品的工艺控制要点在于绝缘和防火层的挤包，其影响与隔离型矿物绝缘铝金属套耐火电缆相同。

3.6　隔离型塑料绝缘中压耐火电缆

隔离型塑料绝缘中压耐火电缆的组成包括绝缘线芯以及从内至外依次包裹在绝缘线芯外侧面的内阻燃层、高氧指数隔氧层、陶瓷化聚烯烃耐火层、玻璃纤维包带层、钢带铠装层及外护套。内阻燃层与绝缘线芯之间空隙处填充有无碱玻璃纤维，绝缘线芯由内至外依次为导电线芯、导体屏蔽层、交联聚乙烯绝缘层、绝缘屏蔽层及金属屏蔽层。

导体采用符合 GB/T 3956—2008 规定的第 2 种镀金属或不镀金属退火铜线，并经正规绞合后紧压。圆形紧压导体具有结构稳定、抗拉强度高、不易松散、圆整度好等优点。线芯经紧压后，单线变形，减小了单线之间的间隙和导线的外径，进一步提高了导线表面的圆整度，使其表面电场更加均匀，能够增强电缆绝缘的电气特性，同时节约后续工序中绝缘、填充、耐火材料等的用量，从而降低生产成本。

导体外采用导体屏蔽、绝缘、绝缘屏蔽的形式，利用三层共挤工艺一次挤出成型。金属屏蔽采用铜带绕包屏蔽，能屏蔽电场干扰，作为接地线保障接地故障电流通过，同时保证与其接触的绝缘半导电屏蔽层为零电位。

绝缘线芯成缆时采用无碱玻璃纤维进行填充。无碱玻璃纤维的耐热温度可达660℃以上，受热后不会产生有害烟气。填充成缆后每根玻璃纤维间都有空隙，能起到散热作用，遇到火灾时外部传导进来的热量可以通过这些空隙传导出去。

阻燃层采用玻璃纤维，具有良好的耐高温和防火性能，阻燃效果好，并能形成三维立体网状结构，可以提高电缆的韧性和抗张性，所以电缆具有更高的耐冲击强度。

隔氧层采用氧指数不小于45的无卤低烟隔氧层护套料。

耐火层材料采用可陶瓷化的耐火矿物隔离层挤包材料或类似混合物。该耐火层在火灾情况下，被灼烧后会形成坚硬的陶瓷化壳体，结壳速度快，壳体坚硬、密实，隔氧、隔热效果好。该壳体在350～1600℃有焰或无焰燃烧的情况下不熔融、不滴落，不会造成二次火灾，烧蚀后的壳体弯曲断裂强度可达5MPa左右，耐喷淋，燃烧后发烟量少，烟气毒性小，大大减小了对人体的二次伤害。

金属带铠装采用镀锌钢带或不锈钢带（非磁性）双层间隙绕包，金属丝铠装采用镀锌钢丝或不锈钢丝（非磁性）。钢丝铠装应紧密。必要时可在铠装外疏绕一条最小标称厚度为0.3mm的镀锌钢带，能明显阻挡火焰，有效杜绝火焰直接接触绝缘层，而且利于增强电缆的整体结构强度。

外护套根据应用场景需要可采用聚氯乙烯、聚乙烯或低烟无卤聚烯烃护套料。

隔离型塑料绝缘中压耐火电缆的工艺流程如图1-3-10所示。

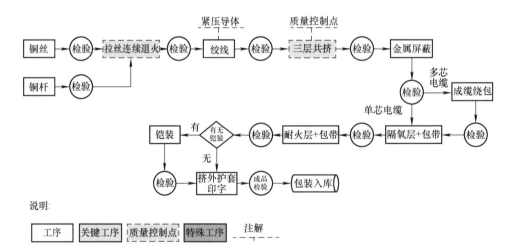

图1-3-10　隔离型塑料绝缘中压耐火电缆的工艺流程

隔离型塑料绝缘中压耐火电缆的工艺控制要点在于单线绞合、三层共挤、隔氧层绕包和耐火层挤出。

为保证绞线外形圆整和结构稳定，要求相邻绞线方向相反，外层的节径比不大于相邻内层。绞合后导体表面应光洁，无油污，无损伤屏蔽和绝缘的毛刺、锐边以及凸起或断裂的单线等缺陷存在，紧压后填充系数为 0.87 ~ 0.90。

三层共挤的工艺控制主要采用挤压式模具，应做到厚度均匀、挤包紧密、表面圆整光滑，任一点的最小测量厚度不应小于标称厚度的 90% 减 0.1mm。任一断面的偏心率 [（最大测量厚度 − 最小测量厚度）/最大测量厚度] 不应大于 15%。

隔氧层的绕包则需要注意绕包角度、绕包张力等参数的调整，同时调整绕包设备，避免断带和漏包等现象的发生。

耐火层挤出时要求各区温度稳定，以减少挤塑过程中产生的内应力，防止护套开裂。

第4章　产 品 附 件

氧化镁矿物绝缘铜护套电缆、云母带矿物绝缘波纹铜护套电缆和隔离型矿物绝缘铝金属套耐火电缆的附件主要包括接地终端附件、中间连接附件、专用接线端子、密封绝缘附件和安装敷设附件等。

（1）接地终端附件　用于线路两端的铜护套接地固定，其规格应根据所使用的电缆规格进行选用。每条线路需要两套接地终端附件，一端一套，根据电缆铜护套外径来配货。

（2）中间连接附件　用于在电缆不够长或者电缆断了时做中间对接和分接，包括中间连接管组件、中间接线箱（盒）和分支箱（盒）。中间连接管组件的规格应根据相应的电缆规格选用，中间接线箱（盒）与分支箱（盒）则根据所使用的电缆规格和电气回路数选用。一条线路有几处需要对接或分接的地方就需要几套中间连接附件。

（3）专用接线端子　用于电缆导线线芯与电气箱、柜、盒及其他电气设备接线端头的连接。

（4）密封绝缘附件　包括密封填料和密封罐。密封填料有热熔胶、密封胶等多种。密封罐通常用于多芯电缆，主要作用是分线。单芯电缆根据使用需要使用或不使用密封罐；密封填料用于电缆端头的绝缘和密封（即封端），以防止电缆的绝缘材料吸潮而使其绝缘性能降低或失效。封端制作的好坏直接影响电缆绝缘电阻的大小。

（5）安装敷设附件　包括电缆固定时所用的电缆卡子和架空敷设时所用的电缆挂钩。电缆卡子可以采用固定其他电缆时所用的电缆卡子，也可以采用铜卡子，还可以用塑料铜线或铁丝绑扎固定。铜卡子采用扁铜带制成，厚度视电缆截面积大小而定，有 1~2mm 等多种，可由电缆供应商配套供应，也可自制。安装敷设附件的数量可根据电缆的固定间距及固定方式估算。

其他类型耐火电缆的附件与常规塑料绝缘电缆相同，无特殊或专用附件，在此不再赘述。

4.1　氧化镁矿物绝缘铜护套电缆

1. 终端

终端是安装在电缆端部的完整组件，宜由电缆制造商配套提供。一套终端包括一个封端和一个填料函，又或者是一个组合的封端/填料函装置，但锁紧螺母或者其他相关的接线盒和附件除外。矿物绝缘电缆终端组件示意图如图1-4-1所示。氧化镁矿物绝缘铜护套电缆终端选型表见表1-4-1。

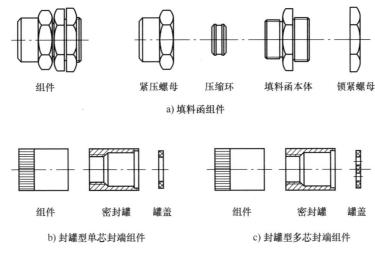

组件　　　紧压螺母　压缩环　填料函本体　锁紧螺母

a) 填料函组件

组件　　密封罐　罐盖　　　　组件　　密封罐　罐盖

b) 封罐型单芯封端组件　　　　c) 封罐型多芯封端组件

图 1-4-1　矿物绝缘电缆终端组件示意图

表 1-4-1　氧化镁矿物绝缘铜护套电缆终端选型表　　（单位：mm^2）

规格	型号	适用电缆规格
ZA–Ⅰ	M20	1 芯：1~35；2 芯：1~6；3 芯：1~4；4 芯：1~2.5；7 芯：1~2.5
ZA–Ⅱ	M25	1 芯：50~95；2 芯：10~16；3 芯：6~16；4 芯：4~10
ZA–Ⅲ	M32	1 芯：120~150；2 芯：25；3 芯：25；4 芯：16
ZA–Ⅳ	M40	1 芯：185~240；4 芯：25
ZA–Ⅴ	M42	1 芯：300~400

封端由一种隔潮密封的部件构成，必要时，装置内可采用一个适当的密封罐对电缆导体提供电气绝缘。将保护导体用适当的方法（如熔接、铜焊或钎焊）连接到金属密封罐上，或将它连接到能在电缆护套上直接使用的其他形式的金属配件上（如夹子或接线端子）。提供机械保护时，保护导体的截面积不应小于 $2.5mm^2$；不提供机械保护时，保护导体的截面积不应小于 $4mm^2$。同时配件应满足 GB/T 13033.2—2007 第6.4.1条中电气连续性试验的要求，封端应按 GB/T 13033.2—2007 第6.2条的规定进行相关试验。

填料函由类似于固定在电缆护套上的密封罐，或外壳应用类似于电缆护套的材料，或能确保无电化学腐蚀的材料制成，并符合 GB/T 13033.2—2007 第6.3.1条中机械性能试验的要求。

终端密封完后应符合 GB/T 13033.2—2007 第6.2.1条中电压试验和第6.2.2条中绝缘电阻试验的要求，且导体外露绝缘套管材料的最高工作温度不应低于封端的最高工作温度。

2. 中间连接器

当电缆长度不够长时，需采用中间连接器。中间连接器是能将两种相同规格的电缆连接起来成为一根电缆的装置，包括但不限于中间封套、中间连接铜管、两套终端密封罐、热缩套管以及中间连接端子，宜由电缆制造商配套提供。图 1-4-2、图 1-4-3 和图 1-4-4 所示为几种中间连接器的示意图。氧化镁矿物绝缘铜护套电缆中间连接器选型表见表 1-4-2。

组件　　压装螺母　　斜垫　　连接管本体　　斜垫　　压装螺母

a) 压装型导体连接管组件　　　　　　　b) 螺钉压紧型导体连接管

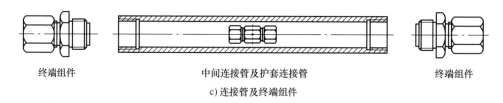

终端组件　　　　中间连接管及护套连接管　　　　终端组件

c) 连接管及终端组件

图 1-4-2　矿物绝缘电缆直通式中间连接器示意图

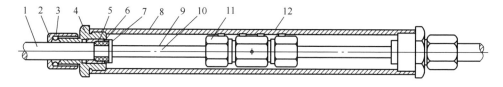

图 1-4-3　单芯电缆直通式中间连接器示意图

1—电缆　2—填料函螺母　3—压缩环　4—填料函本体　5—密封罐　6—密封料　7—罐盖
8—连接套管　9—导体绝缘套管　10—导体　11—导体连接管（压装型）　12—导体连接管套管

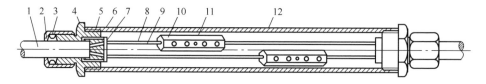

图 1-4-4　多芯电缆直通式中间连接器示意图

1—电缆　2—填料函螺母　3—压缩环　4—填料函本体　5—密封罐　6—密封料　7—罐盖
8—导体绝缘套管　9—导体　10—导体连接管（螺钉压紧型）　11—导体连接管套管　12—连接套管

表 1-4-2　氧化镁矿物绝缘铜护套电缆中间连接器选型表 （单位：mm²）

规格	型号	适用电缆规格
ZJ - Ⅰ	M25	1 芯：1～35；2 芯：1～6；3 芯：1～4；4 芯：1～2.5；7 芯：1～2.5
ZJ - Ⅱ	M32	1 芯：50～95；2 芯：10～16；3 芯：6～16；4 芯：4～10；7 芯：1～4
ZJ - Ⅲ	M40	1 芯：120～150；2 芯：25；3 芯：25；4 芯：16
ZJ - Ⅳ	M46	1 芯：185～240；4 芯：25
ZJ - Ⅴ	M54	1 芯：300～400

　　单芯电缆直通式中间连接器能应用于各种场合，但应根据电缆截面积大小选用，同时为保证铜护套的电气连续性，必须将两端的填料函连接件拧紧。导线连接可采用压装型、压接型及螺钉压紧型等。直通式中间连接器安装时，中间连接器中的芯线和导线连接管不采用任何绝缘套管，是直接裸露的。

3. 接线端子

　　接线端子用于矿物绝缘电缆和电气设备的电气连接，可分为压接型（DT 型）、插压型、压装型等，根据实际需要选配。压装型及插压型接线端子宜由电缆制造商配套提供。矿物绝缘电缆压装型接线端子的结构示意图如图 1-4-5 所示。

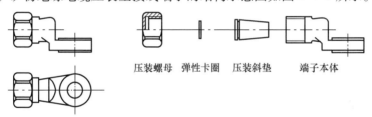

压装螺母　弹性卡圈　压装斜垫　　端子本体

图 1-4-5　矿物绝缘电缆压装型接线端子的结构示意图

4. 分支盒

　　分支盒在多芯小截面电缆控制线路中可以实现放射状布线。它不仅可以将相同规格的电缆进行连接，还可以将不同规格、不同类别的电缆进行转换，宜由电缆制造商配套提供。

　　矿物绝缘电缆的十字或 T 形连接采用分支箱或分支盒来完成。根据防火等级要求有铸铁和钢板两种分支盒。分支盒适用于 6mm² 及以下多芯矿物绝缘电缆的分接。矿物绝缘电缆分支盒示意图如图 1-4-6 所示。

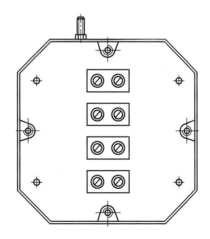

图 1-4-6　矿物绝缘电缆分支盒示意图

5. 分支箱

分支箱仅在电缆分支时使用，主要起电缆分接和转接作用，宜由电缆制造商配套提供。矿物绝缘电缆分支箱示意图如图1-4-7所示。

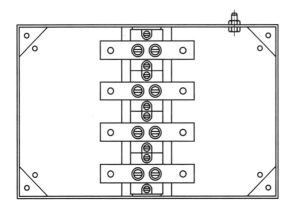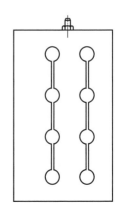

图 1-4-7　矿物绝缘电缆分支箱示意图

电缆分接作用：当一条配送电线路距离比较长时，如果选择很多根小截面电缆进行送电，那就会浪费很多的电缆，于是在出线到用电负荷时，我们通常选择主干大截面电缆出线，然后在接近负荷时，再使用电缆分支箱对主干电缆进行分支，将主干电缆分成许多小截面电缆，由小截面电缆接入负荷。

电缆转接作用：当配送电线路距离比较长时，由于受限于电缆自身的长度，无法满足长距离的要求，那就必须使用电缆接头进行连接，或者使用电缆转接箱进行连接。通常情况下，当配送电距离不超过3000m时，采用电缆中间接头；但在距离超过3000m以上的电缆线路上，如果采用很多中间接头进行连接，就会增加安全隐患，所以为了确保供电安全，我们通常采用电缆分支箱来进行转接。

电缆分支箱可实现不同截面电缆的便利对接，舍弃了电缆中间接头的繁杂工艺，改善了电缆连接环境，有利于保证对接质量，便于后续运行的常规检验和维护。

分支箱应与对应规格的矿物绝缘电缆终端机专用的接线端子配套使用。矿物绝缘电缆必须采用终端固定在分支箱上，电缆导体将对应规格的专用接线端子与箱体内的铜母线排分相进行连接。矿物绝缘电缆分支箱接线图如图1-4-8所示。

分支箱箱体必须接地，可利用矿物绝缘电缆的铜护套进行接地，接地钢片与箱体接地螺栓之间采用镀锡编织带连接。分支箱在进行单芯电缆分支连接时，设计开孔时应充分考虑电缆涡流的损耗，再结合现场实际情况采用开槽或消磁垫圈等方式进行处理。

矿物绝缘电缆的十字或T形连接采用分支箱或分支盒来完成。根据防火等级要求有铸铁和钢板两种分支箱。分支箱可安装固定在建筑物墙上或钢支架上，也可

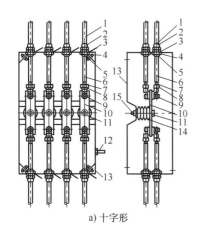
a) 十字形

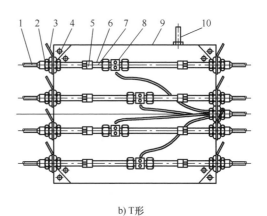
b) T形

图 1-4-8 矿物绝缘电缆分支箱接线图

1—矿物绝缘电缆 2—填料函 3—接地铜片 4—锁紧螺母 5—封端 6—导线绝缘套管 7—电缆芯线
8—压紧型铜接线端子 9—接线端子连接螺栓 10—铜母线 11—铜母线固定螺栓
12—接地螺栓 13—分支箱 14—绝缘子 15—绝缘子固定螺栓

安装在经许可的电气箱（柜）等设备的外壁上，要求安装牢固可靠。

分支箱内的电缆芯线连接根据芯线截面积的大小，可分别采用铜母线、定制的铜连接器、铜连接管或瓷接头等形式进行连接。

矿物绝缘电缆经分支箱完成连接后，应从每根电缆或多芯电缆的接地铜片处和分支箱的接地螺栓处再分别引出一根符合截面积要求的接地线至设备或建筑物的专用接地处（如接地母线等），直接进行可靠的接地连线。

4.2 云母带矿物绝缘波纹铜护套电缆

1. 终端

云母带矿物绝缘波纹铜护套电缆终端是安装在云母带矿物绝缘波纹铜护套电缆端部的完整组件，包括接线端子、终端本体和接地连接片等组件。

（1）接线端子 用于云母带矿物绝缘波纹铜护套电缆和电气设备的电气连接，如无特殊要求，一般采用压接型（DT 型）。接线端子的规格、尺寸等参数由接线端子供应商或制造商提供。为保证接线端子的连接准确可靠，一般建议接线端子和电缆由相同的供应商或制造商提供。

（2）终端本体 云母带矿物绝缘波纹铜护套电缆的终端本体安装在云母带矿物绝缘波纹铜护套电缆端部。终端本体的规格、尺寸等参数由云母带矿物绝缘波纹铜护套电缆供应商或制造商提供，且应保证其适合安装且具有符合 GB/T 34926—2017 规定的相关性能。

电缆终端通常包括一个封端和一个填料函或一个组合的封端/填料函部件。RTT 系列电缆的封罐型封端有密封罐和组合式填料函两种结构。密封罐结构的封端与 BTT 系列电缆的密封罐组件相似，由密封罐和罐盖构成。组合式填料函为封端与填料函结合成一体的结构，由封套螺母、压缩环、终端本体、锁紧螺母和密封圈组成，如图 1-4-9 所示。

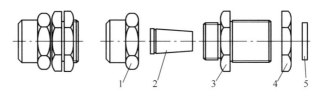

图 1-4-9　RTT 系列电缆的组合式填料函组件示意图

1—封套螺母　2—压缩环　3—终端本体　4—锁紧螺母　5—密封圈

（3）接地连接片　宜采用 1～4mm 厚的铜带制成，应保证其接地可靠性。接地连接片的连接孔尺寸可依据用方需求制定。

2. 中间连接器

RTT 系列电缆通常无需中间接头，只在电缆中间截断或需拼接接长时使用。其中间连接有直通式中间连接器连接和接线盒连接两种形式。当电缆需中间分支时，宜采用电缆制造商配套提供的分支箱进行分接。

RTT 系列电缆的直通式中间连接器与 BTT 系列电缆的直通式中间连接器相同，由填料函、封端、导体连接管、导体绝缘套管和中间连接套管等部件构成。

直通式中间连接器应用于各种场合，根据所使用密封料的不同，可用于不同的使用温度。导线连接管可采用压装型连接管，也可采用压接型或螺钉压紧型连接管。单芯电缆直通式中间连接器示意图如图 1-4-10 所示。多芯电缆直通式中间连接器示意图如图 1-4-11 所示。

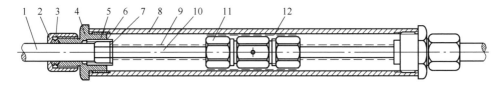

图 1-4-10　单芯电缆直通式中间连接器示意图

1—电缆　2—填料函螺母　3—压缩环　4—填料函本体　5—密封罐　6—密封料　7—罐盖
8—连接套管　9—导体绝缘套管　10—导体　11—导体连接管（压装型）　12—导体连接管套管

直通式中间连接套管应根据电缆截面积的大小选用。为保证铜护套的电气连续性，必须将两端的填料函连接件拧紧。在安装时，中间连接器中的芯线和导线连接管可不采用任何绝缘套管而直接裸露，但要在电缆芯线压装型连接管外的瓷套管上用无碱玻璃丝带绕包固定。

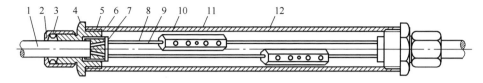

图 1-4-11　多芯电缆直通式中间连接器示意图

1—电缆　2—填料函螺母　3—压缩环　4—填料函本体　5—密封罐　6—密封料　7—罐盖
8—导体绝缘套管　9—导体　10—导体连接管（螺钉压紧型）　11—导体连接管套管　12—连接套管

当连接器用于直埋，以及电缆沟或电缆隧道等潮湿有水的场所时，在中间连接器及两端电缆部分套上锥形封套后，整个外层应再加一层热缩外护套管（内有密封胶）。直埋敷设时，电缆的中间连接器安装处应设检查井。

3. 接线箱（盒）及分支箱

分支箱宜由电缆制造商配套提供，其制作和安装方法与电缆终端接头相同。接线箱（盒）及分支箱的安装位置应符合设计要求，可直接安装在墙上、支架上、电缆井内或桥架内，具体安装位置应根据现场的实际状况确定，并考虑电缆进出线的方便，以利于电缆终端接头的制作与安装。

接线箱（盒）及分支箱应安装有良好的、直接可靠的接地，同时各连接电缆也应可靠接地，以保证整个电缆线路接地系统的完整性。

4.3 陶瓷化硅橡胶（矿物）绝缘耐火电缆

陶瓷化硅橡胶（矿物）绝缘耐火电缆无专用附件。WTG 系列电缆采用陶瓷化硅橡胶或陶瓷化聚烯烃材料绝缘，可以归于塑料绝缘电缆的范畴。其终端和中间接头的制作可按照具有带状金属屏蔽层或铠装层的常规塑料绝缘电缆实施，无其他特殊要求。

4.4 隔离型矿物绝缘铝金属套耐火电缆

1. 终端

BTLY 系列单芯电缆及统包铝套多芯电缆终端接头的制作可参照 RTT 系列电缆终端接头的做法。

具有独立铝套的 BTLY 系列多芯电缆终端接头的制作包括填料函安装、电缆封端制作、导体封端制作、导体绝缘、导体压接端子制作及铝套接地等，各部分的组件宜由制造商配套提供。

2. 中间连接器

BTLY 系列电缆通常无需中间接头，只在电缆中间截断或需拼接接长时使用。

其中间连接有直通式中间连接器连接与接线盒连接两种形式。

BTLY 系列电缆或线芯的直通式中间连接器与 BTT 系列电缆的直通式中间连接器相同，由填料函、封端、导体连接管、导体绝缘套管和中间连接套管等部件构成。

3. 接线箱（盒）及分支箱

接线箱（盒）及分支箱宜由电缆制造商配套提供，其制作和安装方法与电缆终端接头相同。接线箱（盒）及分支箱应安装有良好的、直接可靠的接地，同时各连接电缆的铝套也应可靠接地，以保证整个电缆线路接地系统的完整性。

4.5　隔离型塑料绝缘耐火电缆

隔离型塑料绝缘耐火电缆通常无需中间接头，也不需要专用终端接头。BBTRZ系列电缆除采用硅酸钠与无机阻燃材料加水混炼而成的腻子状混合物作为防火层外，其余结构与常规耐火电缆基本一致，因此其终端和中间接头的制作和安装方法也与常规耐火电缆基本相同，区别在于 BBTRZ 系列电缆端头除制作导体与绝缘层的热缩密封外，还需采用带热熔胶的热缩套管制作防火层封端。

4.6　隔离型塑料绝缘中压耐火电缆

隔离型塑料绝缘中压耐火电缆无专用附件。隔离型塑料绝缘中压耐火电缆的结构及材料的安装特性与常规中压电缆基本一致，其终端、接头的制作和安装方法与常规中压电缆一致。

第2篇　设计选型篇

第1章　应用场景

据统计，我国发生的火灾中，电气原因引起的火灾占 1/2 左右。在发生火灾时，火焰可能会引燃电线电缆中的绝缘和护套等材料，导致火灾事故进一步扩大。特别是火焰将消防设备的控制线路、火灾自动报警系统的信号传输线路、消防广播线路和消防电话线路等的电缆损坏后，会延误救援时间，从而造成更大的生命财产损失。因此，世界各国对重要建筑物中的关键线路用电缆都提出了线路完整性要求，即要求这些线路的电缆具有耐火特性。

随着我国经济社会的发展和对建筑物安全的重视，耐火电缆也得到更加广泛的应用，其主要应用场景如下：

1）相对封闭或人员集中的重要建筑和设施：公共建筑，如高层建筑、古建筑、图书馆、学校、医院、商场和剧场等；地下场所，如地铁、地下广场、隧道和地下仓库等；交通枢纽，如机场、汽车站、火车站等。

2）工业领域：煤炭采掘、煤炭化工、油田开采、石油化工、炼油厂、冶金工业、钢铁工业、船舶工业、航空航天、电力工业、医药工业、玻璃工业、造纸工业、军事系统和核工业等。

3）防火、防爆、高温场所：石油库及加油站、天然气输送及压缩站、园林景观、名胜古迹和木结构建筑等。

在上述部分场所中，耐火电缆应用的线路和系统见表 2-1-1。

表 2-1-1　耐火电缆应用的线路和系统

序号	场所	线路和系统
1	高层建筑	应急照明、火灾报警、消防电气线路、应急电梯和升降设备线路、计算机房控制线路、主干分干配电系统线路、双电源控制线路
2	图书馆	火灾报警控制线路、消防电气线路
3	商场	应急照明、应急广播、应急电梯和升降设备线路
4	地铁和隧道	应急照明、火灾监测系统、消防电气线路、烟气排放和通风线路
5	机场	应急照明、火灾监测系统、火灾报警系统

（续）

序号	场所	线路和系统
6	石油化工	应急照明、具有潜在爆炸危险的线路
7	钢铁和冶金工业	动力和控制线路、应急电源（EPS）、大动力线路、不能断电的供电线路、发电机房输电线路
8	船舶工业	发电机房输电线路、火灾监测系统、火灾报警系统、烟气排放和通风线路、厨房用电线路、大动力线路、双电源控制线路、应急照明与应急广播线路、计算机房控制线路
9	航空航天	普通照明、应急照明、计算机房控制线路、大动力线路、高温环境动力和控制线路、具有潜在爆炸危险的线路
10	电力工业	重要双电源回路、保安电源、应急照明、火灾报警系统、消防电气线路
11	核工业	应急照明、计算机房控制线路、大动力线路、高温环境动力和控制线路、具有潜在爆炸危险的线路
12	名胜古迹	普通照明、应急照明、火灾报警系统、消防电气线路

第2章 相关规范标准与选用原则

2.1 行业设计规范

1994 年，我国电缆设计规范中开始出现关于耐火电缆的规定。此后，陆续有一些规范对消防设备配电线路使用的电缆有了耐火性能的规定，并且有部分条款还是强制性条款。2016 年，一些规范开始对消防线路上电缆的耐火温度及持续供电时间给出了明确的规定。

主要的相关设计规范见表 2-2-1。

表 2-2-1　主要的相关设计规范

序号	标准号	标准或规范名称	设计要求	条款号	备注
1	GB 50217—2018	电力工程电缆设计标准	100℃以上高温环境宜选用矿物绝缘电缆	3.3.5	1994 年发布第一版，是最早有使用耐火电缆规定的设计规范
			在外部火势作用一定时间内需维持通电的下列场所或回路，明敷的电缆应实施防火分隔或采用耐火电缆……	7.0.7	
2	GB 50333—2013	医院洁净手术部建筑技术规范	洁净手术部的电源线缆应采用阻燃产品，有条件的宜采用相应的低烟无卤型或矿物绝缘型	11.2.8	
3	GB 50067—2014	汽车库、修车库、停车场设计防火规范	消防用电的配电线路应满足火灾时连续供电的要求，其敷设应符合现行国家标准《建筑设计防火规范》GB 50016 的有关规定	9.0.3	
4	GB 50157—2013	地铁设计规范	火灾时需要保证供电的配电线路应采用耐火铜芯电缆或矿物绝缘耐火铜芯电缆	15.4.2	强制性条款

（续）

序号	标准号	标准或规范名称	设计要求	条款号	备注
5	GB 51298—2018	地铁设计防火标准	消防用电设备的电线电缆选择和敷设应满足火灾时连续供电的需要……	11.3.1	
			中压电缆宜采用耐火电缆	11.3.3	
			消防用电设备的配电线路应采用耐火电线电缆……	11.3.4	
6	GB 50116—2013	火灾自动报警系统设计规范	火灾自动报警系统的供电线路、消防联动控制线路应采用耐火铜芯电线电缆，报警总线、消防应急广播和消防专用电话等传输线路应采用阻燃或阻燃耐火电线电缆	11.2.2	强制性条款
7	GB 50016—2014	建筑设计防火规范	消防配电线路应满足火灾时连续供电的需要，其敷设应符合下列规定……	10.1.10	本条第 1.2 款为强制性条款
8	GB 51348—2019	民用建筑电气设计标准	机房配电线缆选择及敷设应符合下列规定……	6.1.5	
			火灾自动报警系统的导线选择及其敷设，应满足火灾时连续供电或传输信号的需要。所有消防线路，应采用铜芯电线或电缆	13.8.1	
			消防配电线路的选择与敷设，应满足消防用电设备火灾时持续运行时间的要求，并应符合下列规定……	13.8.4	
9	DGJ 08—2048—2016	民用建筑电气防火设计规程	耐火电线电缆应根据消防用电设备火灾发生期间的最少持续供电时间选择，并应符合下列规定……	8.3.3	强制性条款
10	公消〔2018〕57 号	建筑高度大于 250 米民用建筑防火设计加强性技术要求（试行）	消防供配电线路应符合下列规定……	第二十五条	

（续）

序号	标准号	标准或规范名称	设计要求	条款号	备注
11	JGJ 243—2011	交通建筑电气设计规范	交通建筑中除直埋敷设的电缆和穿管暗敷的电线电缆外，其他成束敷设的电线电缆应采用阻燃电线电缆；用于消防负荷的应采用阻燃耐火电线电缆或矿物绝缘（MI）电缆	6.4.3	
			与建筑内应急发电机组或 EPS 装置连接、用于消防设施的配电线路，应采用阻燃耐火电线电缆或封闭母线……	6.4.10	
12	GB 50694—2011	酒厂设计防火规范	消防控制室、消防水泵房、消防电梯等重要消防用电设备的供电应在最末一级配电装置或配电箱处实现自动切换，其配电线路宜采用铜芯耐火电缆	9.1.4	
13	JGJ 333—2014	会展建筑电气设计规范	会展建筑中除直埋敷设的电缆和穿导管暗敷的电线电缆外，成束敷设的电缆应采用阻燃型或阻燃耐火型电缆……	6.3.2	
14	JGJ 284—2012	金融建筑电气设计规范	特级金融设施的应急发电机组至主机房的供电干线应采用 A I 级耐火电缆或采取性能相当的防护措施	8.2.1	
			一级金融设施的应急发电机组至主机房的供电干线应采用 A II 级耐火电缆或采取性能相当的防护措施	8.2.2	
15	T/CEC 373—2020	预制舱式磷酸铁锂电池储能电站消防技术规范	火灾自动报警系统、固定式自动灭火系统等重要消防用电设备的电线电缆选择和敷设应满足火灾时连续供电的要求，电线电缆均应选用铜芯耐火或阻燃电缆	4.10.2	

（续）

序号	标准号	标准或规范名称	设计要求	条款号	备注
16	GB 51309—2018	消防应急照明和疏散指示系统技术标准	集中控制型系统中，除地面上设置的灯具外，系统的配电线路应选择耐火线缆，系统的通信线路应选择耐火线缆或耐火光纤	3.5.4	
			非集中控制型系统中，除地面上设置的灯具外，系统配电线路的选择应符合下列规定……	3.5.5	
17	GB 50183—2015	石油天然气工程设计防火规范	消防用电应采用专用的供电回路，当生产、生活用电被切断时，应能保证消防用电；配电线路应采用耐火电缆	9.1.3	
			装于钢制储罐上的信息系统装置，其金属外壳应与罐体作电气连接，配线电缆宜采用铠装屏蔽电缆，电缆外皮及所穿钢管应与罐体作电气连接	9.2.5	
18	GB/T 22158—2021	核电厂防火设计规范	核安全重要建（构）筑物内所有电缆应为阻燃或耐火电缆，应符合 GB/T 18380（所有部分）中规定的至少一项阻燃试验要求或 GB/T 19216（所有部分）规定的至少一项耐火试验要求	6.3.1.2	
			消防专用电话的通信电缆应采用阻燃电缆或耐火电缆	8.4.3	
19	GB 50745—2012	核电厂常规岛设计防火规范	下列场所或回路的明敷电缆应为耐火电缆或采取防火防护措施，其他电缆可采用阻燃电缆……	6.4.1	

（续）

序号	标准号	标准或规范名称	设计要求	条款号	备注
20	甘建消〔2020〕383号	甘肃省建设工程消防设计技术审查要点（水利、水电、电力工程）	下列场所或回路宜采用阻燃或耐火电缆： 1 消防（疏散）电梯、应急照明、火灾自动报警、自动灭火装置、防排烟设施、消防水泵等联动系统……	水电工程第四章4.0.1	
21	赣建设协〔2020〕15号	江西省建筑工程消防技术相关问题意见	火灾自动报警系统的报警总线具有联动功能时，应采用阻燃耐火铜芯电线电缆	第四部分第10条	
22	JGJ 242—2011	住宅建筑电气设计规范	建筑高度为100m或35层及以上的住宅建筑，用于消防设施的供电干线应采用矿物绝缘电缆；建筑高度为50～100m且19～34层的一类高层住宅建筑，用于消防设施的供电干线应采用阻燃耐火线缆……	6.4.4	
23	GB 50838—2015	城市综合管廊工程技术规范	非消防设备的供电电缆、控制电缆应采用阻燃电缆，火灾时需继续工作的消防设备应采用耐火电缆或不燃电缆……	7.3.6	
23	GB 50838—2015	城市综合管廊工程技术规范	监控与报警系统中的非消防设备的仪表控制电缆、通信线缆应采用阻燃线缆。消防设备的联动控制线缆应采用耐火线缆	7.5.12	
24	GB 50613—2010	城市配电网规划设计规范	电缆防火应执行现行国家标准《火力发电厂与变电站设计防火规范》GB 50229和《电力工程电缆设计规范》GB 50217的有关规定，阻燃电缆和耐火电缆的应用应符合下列规定……	6.1.6	

（续）

序号	标准号	标准或规范名称	设计要求	条款号	备注
25	T/CECS 884—2021	自然排烟窗技术规程	电动排烟窗配电线路应使用阻燃或耐火电缆，配电线路的敷设应符合现行国家标准……	4.1.4	
26	JGJ 392—2016	商店建筑电气设计规范	商店建筑物内配变电所之间的电力电缆联络线应采用耐火电缆	6.2.3	
27	GB 51283—2020	精细化工企业工程设计防火标准	消防用电设备应采用专用的供电回路。配电线路应采用阻燃或耐火电缆埋地敷设；当确需架空敷设时应采用矿物绝缘类不燃性电缆并敷设在专用桥架内，该桥架不应穿过储罐区、生产设施区	11.1.3	
28	GB 51102—2016	压缩天然气供应站设计规范	压缩天然气供应站内供配电及控制电缆的选择与敷设应符合现行国家标准《电力工程电缆设计规范》GB 50217 的有关规定。配电电缆应采用阻燃型，控制电缆宜采用阻燃型；消防系统的配电及控制电缆宜采用耐火型	9.1.5	
29	GB 50630—2010	有色金属工程设计防火规范	消防控制室、消防电梯、防烟与排烟设施、消防水泵房等消防用电设备的供电，应在最末一级配电装置处实现自动切换。其供电线路宜采用耐火电缆或经耐火处理的阻燃电缆	10.1.3	
30	NB 31089—2016	风电场设计防火规范	动力电缆和控制电缆应采用阻燃或耐火电缆。应采用耐火电缆的回路有应急照明、火灾自动报警、自动灭火装置、防排烟设施、消防水泵、联动系统等	5.5.1	

（续）

序号	标准号	标准或规范名称	设计要求	条款号	备注
31	JTS 158—2019	油气化工码头设计防火规范	消防配电线路应采用耐火铜芯电线电缆，其他配电线路宜采用阻燃或耐火铜芯电线电缆	8.1.5	
			消防控制和火灾报警系统的线缆应选用耐火铜芯电线电缆。线缆的敷设应符合第8.1.7条的规定	8.2.6	
			油气化工码头消防通信电缆或光缆应采用耐火型线缆，线缆的敷设应符合第8.1.7条的规定	8.5.7	
32	DB11/T 791—2011	文物建筑消防设施设置规范	文物建筑室内外的配线应采用耐火阻燃型线缆。信号线缆宜采用屏蔽线或光纤	5.2.3	
33	GB 51427—2021	自动跟踪定位射流灭火系统技术标准	系统的供电电缆和控制线缆应采用耐火铜芯电线电缆，系统的报警信号线缆应采用阻燃或阻燃耐火电线电缆	4.7.4	
34	GB 55025—2022	宿舍、旅馆建筑项目规范	宿舍和旅馆内明敷设的电气线缆燃烧性能不应低于 B_1 级	2.0.14	
35	GB 51142—2015	液化石油气供应工程设计规范	消防水泵房及其配电室应设置应急照明，应急照明的备用电源可采用蓄电池，且连续供电时间不应少于0.5h。重要消防用电设备的供电，应在最末一级配电装置或配电箱处实现自动切换。消防系统的配电及控制线路应采用耐火电缆	12.1.2	
36	XF 602—2013	干粉灭火装置	发动机舱专用灭火装置的连接、控制导线应采用符合 XF 306.2—2007 规定的耐火级别不低于 II 级的耐火电缆	6.26.2.1	
			风电机舱专用灭火装置的连接、控制导线应采用符合 XF 306.2—2007 规定的耐火级别不低于 II 级的耐火电缆	6.27.2	
37	GB 36726—2018	舞台机械刚性防火隔离幕	刚性防火隔离幕的动力和控制电缆宜采用符合 GB/T 19666—2019 中 6.2 规定的耐火电缆	5.4.8	

上述部分标准或规范中对耐火电缆的详细设计要求如下：

GB 50217—2018《电力工程电缆设计标准》第7.0.7条规定如下：

7.0.7 在外部火势作用一定时间内需维持通电的下列场所或回路，明敷的电缆应实施防火分隔或采用耐火电缆：

1 消防、报警、应急照明、断路器操作直流电源和发电机组紧急停机的保安电源等重要回路；

2 计算机监控、双重化继电保护、保安电源或应急电源等双回路合用同一电缆通道又未相互隔离时的其中一个回路；

3 火力发电厂水泵房、化学水处理、输煤系统、油泵房等重要电源的双回供电回路合用同一电缆通道又未相互隔离时的其中一个回路；

4 油罐区、钢铁厂中可能有熔化金属溅落等易燃场所；

5 其他重要公共建筑设施等需有耐火要求的回路。

GB 50333—2013《医院洁净手术部建筑技术规范》第11.2.7、11.2.8条规定如下：

11.2.7 洁净手术部配电管线应采用金属管敷设。穿过墙和楼板电线管应加套管，并应用不燃材料密封。进入手术室内的电线管管口不得有毛刺，电线管在穿线后应采用无腐蚀和不燃材料密封。

11.2.8 洁净手术部的电源线缆应采用阻燃产品，有条件的宜采用相应的低烟无卤型或矿物绝缘型。

GB 50157—2013《地铁设计规范》第15.4.2条规定如下：

15.4.2 火灾时需要保证供电的配电线路应采用耐火铜芯电缆或矿物绝缘耐火铜芯电缆。

GB 51298—2018《地铁设计防火标准》第11.3.1、11.3.3、11.3.4条规定如下：

11.3.1 消防用电设备的电线电缆选择和敷设应满足火灾时连续供电的需要，所有电线电缆均应为铜芯。

11.3.3 中压电缆宜采用耐火电缆。

11.3.4 消防用电设备的配电线路应采用耐火电线电缆，由变电所引至重要消防电设备的电源主干线及分支干线，宜采用矿物绝缘类不燃性电缆。

GB 50116—2013《火灾自动报警系统设计规范》第11.2.2条规定如下：

11.2.2 火灾自动报警系统的供电线路、消防联动控制线路应采用耐火铜芯电线电缆，报警总线、消防应急广播和消防专用电话等传输线路应采用阻燃或阻燃耐火电线电缆。

GB 50016—2014《建筑设计防火规范》第10.1.10条规定如下：

10.1.10 消防配电线路应满足火灾时连续供电的需要，其敷设应符合下列规定：

1 明敷时（包括敷设在吊顶内），应穿金属导管或采用封闭式金属槽盒保护，金属导管或封闭式金属槽盒应采取防火保护措施；当采用阻燃或耐火电缆并敷设在电缆井、沟内时，可不穿金属导管或采用封闭式金属槽盒保护；当采用矿物绝缘类不燃性电缆时，可直接明敷。

2 暗敷时，应穿管并应敷设在不燃性结构内且保护层厚度不应小于 30mm。

3 消防配电线路宜与其他配电线路分开敷设在不同的电缆井、沟内；确有困难需敷设在同一电缆井、沟内时，应分别布置在电缆井、沟的两侧，且消防配电线路应采用矿物绝缘类不燃性电缆。

GB 51348—2019《民用建筑电气设计标准》第 6.1.5、13.8.1、13.8.4 条规定如下：

6.1.5 机房配电线缆选择及敷设应符合下列规定：

2 发电机配电屏的引出线宜采用耐火型铜芯电缆、耐火型母线槽或矿物绝缘电缆。

13.8.1 火灾自动报警系统的导线选择及其敷设，应满足火灾时连续供电或传输信号的需要。所有消防线路，应采用铜芯电线或电缆。

13.8.4 消防配电线路的选择与敷设，应满足消防用电设备火灾时持续运行时间的要求，并应符合下列规定：

1 在人员密集场所疏散通道采用的火灾自动报警系统的报警总线，应选择燃烧性能 B1 级的电线、电缆；其他场所的报警总线应选择燃烧性能不低于 B2 级的电线、电缆。消防联动总线及联动控制线应选择耐火铜芯电线、电缆。电线、电缆的燃烧性能应符合现行国家标准《电缆及光缆燃烧性能分级》GB 31247 的规定。

2 消防控制室、消防电梯、消防水泵、水幕泵及建筑高度超过 100m 民用建筑的疏散照明系统和防排烟系统的供电干线，其电能传输质量在火灾延续时间内应保证消防设备可靠运行。

3 高层建筑的消防垂直配电干线计算电流在 400A 及以上时，宜采用耐火母线槽供电。

4 消防用电设备火灾时持续运行的时间应符合国家现行有关标准的规定。

5 为多台防火卷帘、疏散照明配电箱等消防负荷采用树干式供电时，宜选择预分支耐火电缆和分支矿物绝缘电缆。

6 超高层建筑避难层（间）与消控中心的通信线路、消防广播线路、监控摄像的视频和音频线路应采用耐火电线或耐火电缆。

7 当建筑物内设有总变电所和分变电所时，总变电所至分变电所的 35kV、20kV 或 10kV 的电缆应采用耐火电缆和矿物绝缘电缆。

8 消防负荷的应急电源采用 10kV 柴油发电机组时，其输出的配电线路应采用耐压不低于 10kV 的耐火电缆和矿物绝缘电缆。

DGJ 08—2048—2016《民用建筑电气防火设计规程》第 8.3.3 条规定如下：

8.3.3 耐火电线电缆应根据消防用电设备火灾发生期间的最少持续供电时间选择，

并应符合下列规定：

1　消防电源的主干线，消防水泵、消防控制室、防烟和排烟设备及消防电梯的电源线路应采用耐火温度950℃、持续供电时间180min的耐火电缆；

2　消防联动控制线路、火灾自动报警系统的报警总线以及消防疏散应急照明、防火卷帘等其他消防用电设备的电源线路应采用耐火温度不低于750℃、持续供电时间不少于90min的耐火电线电缆；

3　消防控制线路、火灾自动报警系统的报警总线应采用耐火温度不低于750℃、持续供电时间不少于90min的耐火电线电缆。

《建筑高度大于250米民用建筑防火设计加强性技术要求（试行）》（公消〔2018〕57号）第二十五条规定如下：

第二十五条　消防供配电线路应符合下列规定：

1　消防电梯和辅助疏散电梯的供电电线电缆应采用燃烧性能为A级、耐火时间不小于3.0h的耐火电线电缆，其他消防供配电电线电缆应采用燃烧性能不低于B1级、耐火时间不小于3.0h的耐火电线电缆。电线电缆的燃烧性能分级应符合现行国家标准《电缆及光缆燃烧性能分级》GB 31247的规定。

JGJ 243—2011《交通建筑电气设计规范》第6.4.3、6.4.10条规定如下：

6.4.3　交通建筑中除直埋敷设的电缆和穿管暗敷的电线电缆外，其他成束敷设的电线电缆应采用阻燃电线电缆；用于消防负荷的应采用阻燃耐火电线电缆或矿物绝缘（MI）电缆。

6.4.10　与建筑内应急发电机组或EPS装置连接、用于消防设施的配电线路，应采用阻燃耐火电线电缆或封闭母线，其火灾条件下通电时间应满足相应的消防供电时间要求；由EPS装置配出的线路，其在火灾条件下的连续工作时间应满足EPS持续工作时间要求。

GB 50694—2011《酒厂设计防火规范》第9.1.4条规定如下：

9.1.4　消防控制室、消防水泵房、消防电梯等重要消防用电设备的供电应在最末一级配电装置或配电箱处实现自动切换，其配电线路宜采用铜芯耐火电缆。

JGJ 333—2014《会展建筑电气设计规范》第6.3.2条规定如下：

6.3.2　会展建筑中除直埋敷设的电缆和穿导管暗敷的电线电缆外，成束敷设的电缆应采用阻燃型或阻燃耐火型电缆，在人员密集场所明敷的配电电缆应采用无卤低烟的阻燃或阻燃耐火型电缆。

JGJ 284—2012《金融建筑电气设计规范》第8.2.1、8.2.2条规定如下：

8.2.1　特级金融设施的应急发电机组至主机房的供电干线应采用AＩ级耐火电缆或采取性能相当的防护措施。

8.2.2　一级金融设施的应急发电机组至主机房的供电干线应采用AＩＩ级耐火电缆或采取性能相当的防护措施。

T/CEC 373—2020《预制舱式磷酸铁锂电池储能电站消防技术规范》第4.10.2

条规定如下：

4.10.2　火灾自动报警系统、固定式自动灭火系统等重要消防用电设备的电线电缆选择和敷设应满足火灾时连续供电的要求，电线电缆均应选用铜芯耐火或阻燃电缆。

GB 51309—2018《消防应急照明和疏散指示系统技术标准》第 3.5.4、3.5.5 条规定如下：

3.5.4　集中控制型系统中，除地面上设置的灯具外，系统的配电线路应选择耐火线缆，系统的通信线路应选择耐火线缆或耐火光纤。

3.5.5　非集中控制型系统中，除地面上设置的灯具外，系统配电线路的选择应符合下列规定：

　　1　灯具采用自带蓄电池供电时，系统的配电线路应选择阻燃或耐火线缆；

　　2　灯具采用集中电源供电时，系统的配电线路应选择耐火线缆。

GB 50183—2015《石油天然气工程设计防火规范》第 9.1.3、9.2.5 条规定如下：

9.1.3　消防用电应采用专用的供电回路，当生产、生活用电被切断时，应能保证消防用电；配电线路应采用耐火电缆。

9.2.5　装于钢制储罐上的信息系统装置，其金属外壳应与罐体作电气连接，配线电缆宜采用铠装屏蔽电缆，电缆外皮及所穿钢管应与罐体作电气连接。

GB/T 22158—2021《核电厂防火设计规范》第 6.3.1.2、8.4.3 条规定如下：

6.3.1.2　核安全重要建（构）筑物内所有电缆应为阻燃或耐火电缆，应符合 GB/T 18380（所有部分）中规定的至少一项阻燃试验要求或 GB/T 19216（所有部分）规定的至少一项耐火试验要求。

8.4.3　消防专用电话的通信电缆应采用阻燃电缆或耐火电缆。

GB 50745—2012《核电厂常规岛设计防火规范》第 6.4.1 条规定如下：

6.4.1　下列场所或回路的明敷电缆应为耐火电缆或采取防火防护措施，其他电缆可采用阻燃电缆：

　　1　消防、报警、应急照明和直流电源等重要回路；

　　2　计算机监控、应急电源、不停电电源等双回路合用同一电缆通道且未相互隔离时的其中一个回路；

　　3　油脂库、危险品库、供氢站、油泵房、气体储存区等易燃、易爆场所；

　　4　循环水泵房、除盐水生产厂房等重要电源的双回供电回路合用同一电缆通道未相互隔离的其中一个回路。

JGJ 242—2011《住宅建筑电气设计规范》第 6.4.4 条规定如下：

6.4.4　建筑高度为 100m 或 35 层及以上的住宅建筑，用于消防设施的供电干线应采用矿物绝缘电缆；建筑高度为 50m ~ 100m 且 19 层 ~ 34 层的一类高层住宅建筑，用于消防设施的供电干线应采用阻燃耐火线缆，宜采用矿物绝缘电缆；10 层 ~ 18

层的二类高层住宅建筑，用于消防设施的供电干线应采用阻燃耐火类线缆。

GB 50838—2015《城市综合管廊工程技术规范》第 7.3.6、7.5.12 条规定如下：

7.3.6　非消防设备的供电电缆、控制电缆应采用阻燃电缆，火灾时需继续工作的消防设备应采用耐火电缆或不燃电缆。天然气管道舱内的电气线路不应有中间接头，线路敷设应符合现行国家标准《爆炸危险环境电力装置设计规范》GB 50058 的有关规定。

7.5.12　监控与报警系统中的非消防设备的仪表控制电缆、通信线缆应采用阻燃线缆。消防设备的联动控制线缆应采用耐火线缆。

GB 50613—2010《城市配电网规划设计规范》第 6.1.6 条规定如下：

6.1.6　电缆防火应执行现行国家标准《火力发电厂与变电站设计防火规范》GB 50229 和《电力工程电缆设计规范》GB 50217 的有关规定，阻燃电缆和耐火电缆的应用应符合下列规定：

1　敷设在电缆防火重要部位的电力电缆，应选用阻燃电缆；

2　自变、配电站终端引出的电缆通道或电缆夹层内的出口段电缆，应选用阻燃电缆或耐火电缆；

3　重要的工业与公共设施的供配电电缆宜采用阻燃电缆；

4　经过易燃、易爆场所、高温场所的电缆和用于消防、应急照明、重要操作直流电源回路的电缆应选用耐火电缆。

T/CECS 884—2021《自然排烟窗技术规程》第 4.1.4 条规定如下：

4.1.4　电动排烟窗配电线路应使用阻燃或耐火电缆，配电线路的敷设应符合现行国家标准《建筑设计防火规范》GB 50016 对消防配电线路的规定。

JGJ 392—2016《商店建筑电气设计规范》第 6.2.3 条规定如下：

6.2.3　商店建筑物内配变电所之间的电力电缆联络线应采用耐火电缆。

GB 51283—2020《精细化工企业工程设计防火标准》第 11.1.3 条规定如下：

11.1.3　消防用电设备应采用专用的供电回路。配电线路应采用阻燃或耐火电缆埋地敷设；当确需架空敷设时应采用矿物绝缘类不燃性电缆并敷设在专用桥架内，该桥架不应穿过储罐区、生产设施区。

GB 51102—2016《压缩天然气供应站设计规范》第 9.1.5 条规定如下：

9.1.5　压缩天然气供应站内供配电及控制电缆的选择与敷设应符合现行国家标准《电力工程电缆设计规范》GB 50217 的有关规定。配电电缆应采用阻燃型，控制电缆宜采用阻燃型；消防系统的配电及控制电缆宜采用耐火型。

GB 50630—2010《有色金属工程设计防火规范》第 10.1.3 条规定如下：

10.1.3　消防控制室、消防电梯、防烟与排烟设施、消防水泵房等消防用电设备的供电，应在最末一级配电装置处实现自动切换。其供电线路宜采用耐火电缆或经耐火处理的阻燃电缆。

NB 31089—2016《风电场设计防火规范》第5.5.1条规定如下:

5.5.1　动力电缆和控制电缆应采用阻燃或耐火电缆。应采用耐火电缆的回路有应急照明、火灾自动报警、自动灭火装置、防排烟设施、消防水泵、联动系统等。

JTS 158—2019《油气化工码头设计防火规范》第8.1.5、8.2.6、8.5.7条规定如下:

8.1.5　消防配电线路应采用耐火铜芯电线电缆,其他配电线路宜采用阻燃或耐火铜芯电线电缆。

8.2.6　消防控制和火灾报警系统的线缆应选用耐火铜芯电线电缆。线缆的敷设应符合第8.1.7条的规定。

8.5.7　油气化工码头消防通信电缆或光缆应采用耐火型线缆,线缆的敷设应符合第8.1.7条的规定。

GB 51427—2021《自动跟踪定位射流灭火系统技术标准》第4.7.4条规定如下:

4.7.4　系统的供电电缆和控制线缆应采用耐火铜芯电线电缆,系统的报警信号线缆应采用阻燃或阻燃耐火电线电缆。

GB 55025—2022《宿舍、旅馆建筑项目规范》第2.0.14条规定如下:

2.0.14　宿舍和旅馆内明敷设的电气线缆燃烧性能不应低于B_1级。

GB 51142—2015《液化石油气供应工程设计规范》第12.1.2条规定如下:

12.1.2　消防水泵房及其配电室应设置应急照明,应急照明的备用电源可采用蓄电池,且连续供电时间不应少于0.5h。重要消防用电设备的供电,应在最末一级配电装置或配电箱处实现自动切换。消防系统的配电及控制线路应采用耐火电缆。

XF 602—2013《干粉灭火装置》第6.26.2.1、6.27.2条规定如下:

6.26.2.1　耐火级别

　　发动机舱专用灭火装置的连接、控制导线应采用符合XF 306.2—2007规定的耐火级别不低于Ⅱ级的耐火电缆。

6.27.2　连接、控制导线耐火级别

　　风电机舱专用灭火装置的连接、控制导线应采用符合XF 306.2—2007规定的耐火级别不低于Ⅱ级的耐火电缆。

GB 36726—2018《舞台机械刚性防火隔离幕》第5.4.8条规定如下:

5.4.8　刚性防火隔离幕的动力和控制电缆宜采用符合GB/T 19666—2019中6.2规定的耐火电缆。

　　我国设计规范对耐火电缆的规定经历了以下3个过程:①开始选用耐火电缆;②将有关耐火电缆的部分条款作为强制性条款;③明确规定耐火电缆的耐火温度和持续供电时间。从这3个过程可以看出,我国对建筑消防设备及电气线路的防火安全性的要求越来越高,设计规范对耐火电缆的规定越来越细、越来越明确。

2.2　检测方法标准及主要检验项目

电缆常用的检测方法标准见表2-2-2。

表2-2-2　电缆常用的检测方法标准

序号	标准编号	标准名称
1	GB/T 31248—2014	电缆或光缆在受火条件下火焰蔓延、热释放和产烟特性的试验方法
2	GB/T 3048.1—2007	电线电缆电性能试验方法 第1部分：总则
3	GB/T 3048.2—2007	电线电缆电性能试验方法 第2部分：金属材料电阻率试验
4	GB/T 3048.3—2007	电线电缆电性能试验方法 第3部分：半导电橡塑材料体积电阻率试验
5	GB/T 3048.4—2007	电线电缆电性能试验方法 第4部分：导体直流电阻试验
6	GB/T 3048.5—2007	电线电缆电性能试验方法 第5部分：绝缘电阻试验
7	GB/T 3048.7—2007	电线电缆电性能试验方法 第7部分：耐电痕试验
8	GB/T 3048.8—2007	电线电缆电性能试验方法 第8部分：交流电压试验
9	GB/T 3048.9—2007	电线电缆电性能试验方法 第9部分：绝缘线芯火花试验
10	GB/T 3048.10—2007	电线电缆电性能试验方法 第10部分：挤出护套火花试验
11	GB/T 3048.11—2007	电线电缆电性能试验方法 第11部分：介质损耗角正切试验
12	GB/T 3048.12—2007	电线电缆电性能试验方法 第12部分：局部放电试验
13	GB/T 3048.13—2007	电线电缆电性能试验方法 第13部分：冲击电压试验
14	GB/T 3048.14—2007	电线电缆电性能试验方法 第14部分：直流电压试验
15	GB/T 3048.16—2007	电线电缆电性能试验方法 第16部分：表面电阻试验
16	JB/T 10696.1—2007	电线电缆机械和理化性能试验方法 第1部分：一般规定
17	JB/T 10696.2—2007	电线电缆机械和理化性能试验方法 第2部分：软电线和软电缆曲挠试验
18	JB/T 10696.3—2007	电线电缆机械和理化性能试验方法 第3部分：弯曲试验
19	JB/T 10696.4—2007	电线电缆机械和理化性能试验方法 第4部分：外护层环烷酸铜含量试验
20	JB/T 10696.5—2007	电线电缆机械和理化性能试验方法 第5部分：腐蚀扩展试验
21	JB/T 10696.6—2007	电线电缆机械和理化性能试验方法 第6部分：挤出外套刮磨试验
22	JB/T 10696.7—2007	电线电缆机械和理化性能试验方法 第7部分：抗撕试验
23	JB/T 10696.8—2007	电线电缆机械和理化性能试验方法 第8部分：氧化诱导期试验
24	JB/T 10696.9—2011	电线电缆机械和理化性能试验方法 第9部分：白蚁试验
25	JB/T 10696.10—2011	电线电缆机械和理化性能试验方法 第10部分：大鼠啃咬试验
26	GB/T 12666.1—2008	单根电线电缆燃烧试验方法 第1部分：垂直燃烧试验
27	GB/T 12666.2—2008	单根电线电缆燃烧试验方法 第2部分：水平燃烧试验
28	GB/T 12666.3—2008	单根电线电缆燃烧试验方法 第3部分：倾斜燃烧试验

（续）

序号	标准编号	标准名称
29	GB/T 18380.11—2022	电缆和光缆在火焰条件下的燃烧试验 第 11 部分：单根绝缘电线电缆火焰垂直蔓延试验 试验装置
30	GB/T 18380.12—2022	电缆和光缆在火焰条件下的燃烧试验 第 12 部分：单根绝缘电线电缆火焰垂直蔓延试验 1kW 预混合型火焰试验方法
31	GB/T 18380.13—2022	电缆和光缆在火焰条件下的燃烧试验 第 13 部分：单根绝缘电线电缆火焰垂直蔓延试验 测定燃烧的滴落（物）/微粒的试验方法
32	GB/T 18380.21—2008	电缆和光缆在火焰条件下的燃烧试验 第 21 部分：单根绝缘细电线电缆火焰垂直蔓延试验 试验装置
33	GB/T 18380.22—2008	电缆和光缆在火焰条件下的燃烧试验 第 22 部分：单根绝缘细电线电缆火焰垂直蔓延试验 扩散型火焰试验方法
34	GB/T 18380.31—2022	电缆和光缆在火焰条件下的燃烧试验 第 31 部分：垂直安装的成束电线电缆火焰垂直蔓延试验 试验装置
35	GB/T 18380.32—2022	电缆和光缆在火焰条件下的燃烧试验 第 32 部分：垂直安装的成束电线电缆火焰垂直蔓延试验 AF/R 类
36	GB/T 18380.33—2022	电缆和光缆在火焰条件下的燃烧试验 第 33 部分：垂直安装的成束电线电缆火焰垂直蔓延试验 A 类
37	GB/T 18380.34—2022	电缆和光缆在火焰条件下的燃烧试验 第 34 部分：垂直安装的成束电线电缆火焰垂直蔓延试验 B 类
38	GB/T 18380.35—2022	电缆和光缆在火焰条件下的燃烧试验 第 35 部分：垂直安装的成束电线电缆火焰垂直蔓延试验 C 类
39	GB/T 18380.36—2022	电缆和光缆在火焰条件下的燃烧试验 第 36 部分：垂直安装的成束电线电缆火焰垂直蔓延试验 D 类
40	GB/T 17651.1—2021	电缆或光缆在特定条件下燃烧的烟密度测定 第 1 部分：试验装置
41	GB/T 17651.2—2021	电缆或光缆在特定条件下燃烧的烟密度测定 第 2 部分：试验程序和要求
42	GB/T 19216.1—2021	在火焰条件下电缆或光缆的线路完整性试验 第 1 部分：火焰温度不低于 830℃ 的供火并施加冲击振动，额定电压 0.6/1kV 及以下外径超过 20mm 电缆的试验方法
43	GB/T 19216.2—2021	在火焰条件下电缆或光缆的线路完整性试验 第 2 部分：火焰温度不低于 830℃ 的供火并施加冲击振动，额定电压 0.6/1kV 及以下外径不超过 20mm 电缆的试验方法
44	GB/T 19216.3—2021	在火焰条件下电缆或光缆的线路完整性试验 第 3 部分：火焰温度不低于 830℃ 的供火并施加冲击振动，额定电压 0.6/1kV 及以下电缆穿在金属管中进行的试验方法

（续）

序号	标准编号	标准名称
45	GB/T 19216.11—2003	在火焰条件下电缆或光缆的线路完整性试验 第 11 部分：试验装置——火焰温度不低于 750℃ 的单独供火
46	GB/T 19216.21—2003	在火焰条件下电缆或光缆的线路完整性试验 第 21 部分：试验步骤和要求——额定电压 0.6/1.0kV 及以下电缆
47	GB/T 19216.23—2003	在火焰条件下电缆或光缆的线路完整性试验 第 23 部分：试验步骤和要求——数据电缆
48	GB/T 19216.25—2003	在火焰条件下电缆或光缆的线路完整性试验 第 25 部分：试验步骤和要求——光缆
49	GB/T 18890.1—2015	额定电压 220kV（$U_m = 252kV$）交联聚乙烯绝缘电力电缆及其附件 第 1 部分：试验方法和要求
50	GB/T 18890.2—2015	额定电压 220kV（$U_m = 252kV$）交联聚乙烯绝缘电力电缆及其附件 第 2 部分：电缆
51	GB/T 18890.3—2015	额定电压 220kV（$U_m = 252kV$）交联聚乙烯绝缘电力电缆及其附件 第 3 部分：电缆附件
52	JB/T 4278.1—2011	橡皮塑料电线电缆试验仪器设备检定方法 第 1 部分：总则
53	JB/T 4278.2—2011	橡皮塑料电线电缆试验仪器设备检定方法 第 2 部分：低温冲击试验装置
54	JB/T 4278.3—2011	橡皮塑料电线电缆试验仪器设备检定方法 第 3 部分：曲挠试验装置
55	JB/T 4278.4—2011	橡皮塑料电线电缆试验仪器设备检定方法 第 4 部分：耐磨试验装置
56	JB/T 4278.5—2011	橡皮塑料电线电缆试验仪器设备检定方法 第 5 部分：单根绝缘电线电缆垂直燃烧试验装置
57	JB/T 4278.6—2011	橡皮塑料电线电缆试验仪器设备检定方法 第 6 部分：自然通风热老化试验箱
58	JB/T 4278.7—2011	橡皮塑料电线电缆试验仪器设备检定方法 第 7 部分：恒温水浴
59	JB/T 4278.8—2011	橡皮塑料电线电缆试验仪器设备检定方法 第 8 部分：低温试验箱
60	JB/T 4278.9—2011	橡皮塑料电线电缆试验仪器设备检定方法 第 9 部分：氧弹、空气弹老化试验箱
61	JB/T 4278.10—2011	橡皮塑料电线电缆试验仪器设备检定方法 第 10 部分：火花试验机
62	JB/T 4278.11—2011	橡皮塑料电线电缆试验仪器设备检定方法 第 11 部分：低温卷绕试验机
63	JB/T 4278.12—2011	橡皮塑料电线电缆试验仪器设备检定方法 第 12 部分：高温压力试验装置
64	JB/T 4278.13—2011	橡皮塑料电线电缆试验仪器设备检定方法 第 13 部分：强迫通风热老化试验箱
65	JB/T 4278.14—2011	橡皮塑料电线电缆试验仪器设备检定方法 第 14 部分：耐火试验装置
66	JB/T 4278.15—2011	橡皮塑料电线电缆试验仪器设备检定方法 第 15 部分：成束燃烧试验装置
67	JB/T 4278.16—2011	橡皮塑料电线电缆试验仪器设备检定方法 第 16 部分：烟密度试验装置

（续）

序号	标准编号	标准名称
68	JB/T 4278.17—2011	橡皮塑料电线电缆试验仪器设备检定方法 第 17 部分：炭黑含量试验装置
69	JB/T 4278.18—2011	橡皮塑料电线电缆试验仪器设备检定方法 第 18 部分：单根铜芯绝缘细电线电缆垂直燃烧试验装置
70	JB/T 4278.19—2011	橡皮塑料电线电缆试验仪器设备检定方法 第 19 部分：绝缘耐刮磨试验仪

检测耐火电缆是否合格可能需要检测二十几个项目，而对一根线缆而言，以下 6 个重要的测量项目对判定其质量的好坏起着关键的衡量作用。

1. 导线直流电阻的测量

对电缆而言，导体部分是其重要的组成部分。电线电缆的导电线芯主要传输电能或电信号，导线的电阻是其电气性能的主要指标。现行标准中规定，需检测线芯的直流电阻是否超过标准中规定的值。此项检测的主要目的是发现生产工艺中的某些缺陷，如导线断裂或其中部分单线断裂、导线截面积不符合标准、产品的长度不正确等。

2. 绝缘电阻的测量

绝缘电阻是反映电线电缆产品绝缘特性的重要指标，它与该产品的绝缘材料的绝缘特性、产品结构以及电缆长期工作后绝缘材料的逐渐劣化等均有密切的关系。测量绝缘电阻可以发现工艺中的缺陷，如绝缘干燥不透或护套损伤受潮、绝缘受到污染或有导电杂质混入，以及各种原因引起的绝缘层开裂等。

3. 电容的测量

给电缆加上交流电压，就会有电容电流流过，当电压的幅值和频率一定时，电容电流的大小正比于电缆的电容。对于中压电缆，这种电容的电流可能达到可以与额定电流相比拟的数值，成为限制电缆容量和传输距离的重要因素。因此，电缆的电容也是电缆的主要电性能参数之一。

4. 绝缘强度试验

电缆的绝缘强度反映了绝缘结构和绝缘材料承受电场作用而不发生击穿破坏的能力。为了检验电线电缆产品的质量，保证产品能正常运行，所有绝缘类型的电线电缆一般都要进行绝缘强度试验。

5. 局部放电测量

局部放电测量主要针对的是挤塑型中压耐火电缆。充油电缆基本上没有局部放电，油纸电缆即使有局部放电，通常也很微弱，因此这些电缆在出厂试验中可以不测局部放电。而挤塑型中压耐火电缆却相反，不但产生局部放电的可能性大，而且局部放电对塑料、橡皮的破坏也比较严重，随着电压等级和工作场强的提高，这个问题就显得更加严重。因此，挤塑型中压耐火电缆在出厂试验中都要做局部放电测量。

6. 老化试验

老化试验就是在热应力作用下，产品能否保持性能稳定的稳定性试验。简单的老化试验可考验试品在热的作用下发生老化的特性：把试品放在高于额定工作温度的环境中，经历规定时间后，测量材料的抗张强度和断裂伸长率，根据其在老化前后的变化来评定试品的老化特性。

不同类别耐火电缆的全性能检验项目、常规检验项目、特殊性能检验项目和关键检验项目见表 2-2-3 ~ 表 2-2-6。

表 2-2-3　不同类别耐火电缆的全性能检验项目

检验项目分类	检验项目	BTT 系列	RTT 系列	BBTRZ 系列	BTLY 系列	WTG 系列	中压耐火电缆系列
电气性能	20℃导体直流电阻	○	○	○	○	○	○
	4h 电压试验		○	○	○	○	○
	tanδ 测量						○
	半导电屏蔽电阻率						○
	铜护套直流电阻	○					
	成品电缆电压试验	○	○	○	○	○	○
	冲击电压试验及随后的工频电压试验						○
	加热循环试验及随后的局部放电试验						○
	弯曲试验及随后的局部放电试验						○
	绝缘电阻	○					
	工作温度下绝缘电阻		○	○	○	○	
	环境温度下绝缘电阻		○		○	○	
	护套直流电阻		○				
结构尺寸	导体结构		○	○	○	○	○
	绝缘厚度		○	○	○	○	○
	绝缘最薄处厚度	○				○	○
	非金属护套厚度的测量					○	○
	绝缘和铜护套的完整性	○					
	铜护套平均厚度、最薄处厚度	○					
	铜护套外径和椭圆度	○					
	外套平均厚度、最薄处厚度	○					

（续）

检验项目分类	检验项目	BTT 系列	RTT 系列	BBTRZ 系列	BTLY 系列	WTG 系列	中压耐火电缆系列
结构尺寸	外护套厚度		○	○	○		○
	外护套最小厚度					○	○
	保护层厚度		○				
	成品电缆椭圆度					○	
	隔离层最小厚度					○	
	金属护层平均厚度					○	
	金属铜护层厚度		○				
	铠装金属丝和金属带的测量						○
	铝金属套厚度				○		
	绕包搭盖率和间隙率						○
	外径测量						○
	电缆外径		○	○	○		
绝缘性能	机械性能			○		○	○
	原始拉伸性能			○		○	○
	绝缘热延伸试验			○		○	○
	绝缘收缩试验			○			○
	绝缘吸水试验			○			○
	空气烘箱老化试验			○		○	○
	成品电缆段的附加老化试验						○
外套性能	机械性能		○	○	○	○	○
	原始拉伸性能		○	○	○	○	○
	空气烘箱老化试验		○	○	○	○	○
	成品电缆段的附加老化试验						○
	挤包外护套刮磨试验						
	低温冲击试验	○		○		○	○
	低温拉伸试验					○	
	低温弯曲试验						○
	高温压力试验			○		○	
	抗开裂试验		○	○	○	○	
	热冲击试验	○					○
	热失重试验						○

（续）

检验项目分类	检验项目	BTT系列	RTT系列	BBTRZ系列	BTLY系列	WTG系列	中压耐火电缆系列
外套性能	收缩试验						○
	酸性腐蚀性气体试验	○					
	炭黑含量试验						○
	外套火花试验	○					
	吸水试验					○	
燃烧性能	单根垂直燃烧试验	○					○
	成束阻燃试验		○	○	○		○
	酸度和电导率试验		○	○	○	○	○
	燃烧性能分级 B_1 级试验				○	○	
	阻燃 A 类试验						
	氟含量试验		○	○	○		○
	酸气含量试验		○	○	○		
	烟密度试验	○	○	○	○	○	○
	耐火试验	○	○	○	○	○	○
特殊性能	气密性试验		○		○		
	弯曲试验					○	
	压扁试验	○	○			○	
电缆标志	标志间距			○			○
	成品电缆表面标志			○	○		○

注：表中的检验项目与具体的产品型号有关，不是所有的型号都要进行表中的这些检测项目。

表 2-2-4　不同类别耐火电缆的常规检验项目

检验项目分类	检验项目	BTT系列	RTT系列	BBTRZ系列	BTLY系列	WTG系列	NG-B系列
电气性能	导体直流电阻	○	○	○	○	○	○
	电压试验（5min）		○	○	○	○	○
	绝缘电阻	○					
	环境温度下绝缘电阻		○	○		○	
结构尺寸	绝缘和护套尺寸		○	○	○	○	○
	绝缘和铜护套完整性	○					
绝缘性能	绝缘老化前机械性能			○		○	○
	绝缘老化后机械性能			○		○	○
外套性能	护套老化前机械性能		○		○		
	护套老化后机械性能		○	○	○	○	○

表 2-2-5 不同类别耐火电缆的特殊性能检验项目

检验项目分类	检验项目	BTT 系列	RTT 系列	BBTRZ 系列	BTLY 系列	WTG 系列	NG–B 系列
燃烧性能	成束阻燃试验		○	○	○		○
	酸度和电导率试验		○	○	○	○	○
	单根阻燃试验						○
	燃烧性能分级 B_1 级				○	○	
	阻燃 A 类试验					○	
	氟含量试验		○	○	○	○	○
	酸气含量试验		○	○	○	○	○
	烟密度试验		○	○	○	○	○
	耐火试验		○	○	○	○	○

表 2-2-6 不同类别耐火电缆的关键检验项目

检验项目分类	检验项目	BTT 系列	RTT 系列	BBTRZ 系列	BTLY 系列	WTG 系列	NG–B 系列
电气性能	电压试验（1min）	○					
	工作温度下绝缘电阻		○	○	○	○	
结构尺寸	铝金属套厚度				○		
	铜护套厚度		○				
绝缘性能	绝缘热收缩试验						○
	绝缘热延伸试验						○
外套性能	护套低温冲击试验					○	
	护套抗开裂试验					○	
	护套热失重试验						○
	铝金属套生产方式				○		
	外套低温冲击试验	○					
	外套热冲击试验	○					
燃烧性能	单根垂直燃烧试验	○					
	酸性腐蚀性气体试验	○					
	耐火试验	○					
特殊性能	弯曲试验	○	○				
	压扁试验	○	○				

2.3 选用原则

耐火电缆属于特种电缆，火灾条件下应能在规定时间内保持线路完整性。

耐火电缆的选用应遵循以下原则：

1）耐火电缆应按使用场所选择相应的阻燃类别和燃烧性能。不同场所对应的耐火电缆阻燃等级见表 2-2-7。

2）消防设备配电线路的耐火性能，应满足建筑物内消防用电设备在火灾发生期间的持续供电时间要求（见表 2-2-8）。

3）成束敷设时，应选用符合相应成束阻燃等级的耐火电缆。

表 2-2-7　不同场所对应的耐火电缆阻燃等级

建筑类别	非消防设备干线与分支干线	非消防设备支线
建筑高度大于 100m 的公共建筑、建筑面积超 10 万 m^2 的单栋高层公共建筑、建筑面积超 2 万 m^2 的地下或半地下人员密集场所、特大型体育场馆、特大型展览场馆、Ⅱ类以上航站楼、特大型铁旅车站、大型体育场馆	WDZA + B_1 级试验	WDZC
一类高层民用建筑、Ⅰ类汽车库、任一层建筑面积大于 3000m^2 的商业楼或办公楼、重要的科研楼和实验室、重要的图书馆和档案馆、重点文物保护建筑、单栋建筑面积大于 5 万 m^2 的公共建筑、建筑面积大于 1000m^2 的公共娱乐场所或餐饮场所、特大型或大型影院类建筑、建筑面积大于 1000m^2 的人员密集场所	WDZB（人员密集场所要通过 B_1 级试验）	WDZC
二类高层民用建筑、Ⅱ类汽车库、任一层建筑面积 1500～3000m^2 的商业楼或办公楼、中型影院、图书馆、档案楼、建筑面积 500～1000m^2 的公共娱乐场所	WDZC	WDZD
其他中小型民用建筑	WDZC 或 ZC	

注：医疗、体育等建筑需在符合阻燃等级的基础上满足低毒要求。

表 2-2-8　消防用电设备在火灾发生期间的持续供电时间要求

消防用电设备名称	持续供电时间/min
火灾自动报警装置	≥180（120）
消火栓、消防泵及水幕泵	≥180（120）
自动喷水系统	≥60
水喷雾和泡沫灭火系统	≥30
CO_2 灭火和干粉灭火系统	≥90/60/30
防、排烟设备	≥90/60/30
火灾应急广播	≥90/60/30
消防电梯	≥180（120）

注：表中的 120min 为建筑火灾延续时间 2h 的参数。

第3章　型号的选择

3.1　额定电压

耐火电缆的额定电压见表 2-3-1。

表 2-3-1　耐火电缆的额定电压

序号	额定电压	产品种类
1	500V	氧化镁矿物绝缘铜护套电缆
2	750V	氧化镁矿物绝缘铜护套电缆
3	450/750V	云母带矿物绝缘波纹铜护套电缆
		云母带矿物绝缘波纹钢护套电缆
		陶瓷化硅橡胶（矿物）绝缘耐火电缆
4	0.6/1kV	云母带矿物绝缘波纹铜护套电缆
		云母带矿物绝缘波纹钢护套电缆
		陶瓷化硅橡胶（矿物）绝缘耐火电缆
		隔离型矿物绝缘铝金属套耐火电缆
		隔离型塑料绝缘耐火电缆
5	3.6/6kV	隔离型塑料绝缘中压耐火电缆
6	6/6kV	
7	6/10kV	
8	8.7/10kV	
9	8.7/15kV	
10	12/20kV	
11	18/20kV	
12	18/30kV	
13	21/35kV	
14	26/35kV	

3.2　耐火级别

电缆的耐火级别见表 2-3-2。

表 2-3-2　电缆的耐火级别

序号	试验温度/℃	试验时间	试验项目	试验标准	备注
1	≥750	供火时间 90min，冷却时间 15min	单独供火	GB/T 19216. 21—2003	
2	830~870	30min、60min、90min、120min	供火并施加冲击	IEC 60331-1：2018	电缆外径大于 20mm
				IEC 60331-2：2018	电缆外径不大于 20mm
3	950±40	3h	单独供火	BS 6387：2013	电缆外径不大于 20mm
4	650±40	施加火焰 15min，喷水 15min	供火喷水		
5	950±40	15min	供火并施加冲击		
6	830~870	30min、60min、120min	供火喷水并施加冲击	BS 8491：2008	电缆外径大于 20mm

关于 GB 50217—2018 中耐火电缆 750~1000℃的试验温度，国内外曾进行实体模拟工程条件的电缆群燃烧试验，现将测试结果简述如下：

按照一般工程隧道或大厅条件，依照 4~9 层支架配置数十至上百根电缆，进行过多次系列燃烧试验，测得火焰高温达 875~990℃，每区段电缆火焰高温在 800℃以上的持续时间均未超过 0.5h，接近 1000℃的持续时间约在 10min 内。

苏联在隧道中 3~5 层支架上配置多根电缆做过燃烧试验，测得高温多在 850~1100℃，且 800℃以上持续时间 12min，隧道中空气高温达 975℃。

美国在大厅条件下 7 层电缆托架上配置多根电缆做过燃烧试验，测得高温多在 850~930℃。

综上可知，按 750℃试验考核对于多根电缆条件显然是不够的，需取 950~1000℃较安全。此外，高温作用时间持续 3h 没必要，采取 1~1.5h 应足够。

3.3　阻燃级别和燃烧性能等级

电缆的阻燃级别和燃烧性能等级分别见表 2-3-3 和表 2-3-4。

表 2-3-3　电缆的阻燃级别

序号	代号	含义
1	Z	单根阻燃
2	ZA	阻燃 A 类
3	ZB	阻燃 B 类
4	ZC	阻燃 C 类

注：摘自 GB/T 19666—2019。

表 2-3-4　电缆的燃烧性能等级

序号	代号	含义
1	A	不燃电缆
2	B_1	阻燃 1 级电缆
3	B_2	阻燃 2 级电缆
4	B_3	普通电缆

注：摘自 GB 31247—2014。

3.4　导体的选择

常用的电缆导体可选用铜导体、铝导体或铝合金导体。GB 50217—2018《电力工程电缆设计标准》第 3.1.1 条规定，耐火电缆应采用铜导体。耐火电缆需具有在经受 750～1000℃高温作用下维持通电的功能。铝的熔点为 685℃，而铜的熔点达到 1080℃，根据电缆制造标准，220kV 及以上高压电缆推荐采用铜导体。

在相同条件下，铜导体和铜导体连接比铝导体和铜导体连接的接触电阻要小很多。另据美国消费品安全委员会（CPCS）统计，铜导体电缆的火灾事故率只有铝导体电缆的 1/55，铜导体电缆比铝导体电缆的连接可靠性和安全性高。我国的工程实践也在一定程度上反映了铝导体电缆比铜导体电缆的事故率高。电缆导体的结构和性能参数应符合以下标准的规定：GB/T 3956《电缆的导体》、GB/T 3953《电工圆铜线》、GB/T 3952《电工用铜线坯》、GB/T 11019《镀镍圆铜线》、GB/T 4910《镀锡圆铜线》和 JB/T 3135《镀银软圆铜线》等。

耐火电缆导体的材质及结构见表 2-3-5。

表 2-3-5　耐火电缆导体的材质及结构

序号	导体材质	导体结构
1	铜	第 1 种（实心导体）
2		第 2 种（绞合导体）
3	镀金属铜	第 1 种（实心导体）
4		第 2 种（绞合导体）

3.5　绝缘的选择

常见的电缆绝缘材质见表 2-3-6。

表 2-3-6　常见的电缆绝缘材质

序号	绝缘材质	序号	绝缘材质
1	氧化镁粉	7	聚乙烯
2	云母带	8	聚氯乙烯
3	陶瓷化硅橡胶复合带	9	氟塑料
4	陶瓷化硅橡胶	10	硅橡胶绝缘料
5	陶瓷化聚烯烃	11	橡皮料
6	交联聚乙烯	12	乙丙橡胶料

注：根据需要可选用组合绝缘，如"云母带 + 陶瓷化硅橡胶复合带"组合的绝缘。

3.6　隔离层的选择

电缆隔离层材质见表 2-3-7。

表 2-3-7　电缆隔离层材质

序号	隔离层材质	序号	隔离层材质
1	防火泥（氢氧化铝 + 硅酸钠）	4	陶瓷化聚烯烃
2	防火泥（氢氧化镁 + 硅酸钠）	5	无卤低烟阻燃聚烯烃
3	陶瓷化硅橡胶		

3.7　金属护套/护层的选择

电缆金属护套/护层的材质及工艺见表 2-3-8。

表 2-3-8　电缆金属护套/护层的材质及工艺

序号	金属护套/护层材质	金属护套/护层工艺
1	铜	无缝管冷拔或冷轧
2		氩弧焊接
3		氩弧焊接轧纹
4		联锁铠装
5	铜合金	无缝管冷拔或冷轧
6		氩弧焊接
7	铝	连续挤包或绕包
8	铝合金	联锁铠装
9	不锈钢	氩弧焊接轧纹
10		联锁铠装

3.8　外护套的选择

电缆外护套材质见表2-3-9。

表 2-3-9　电缆外护套材质

序号	外护套材质
1	聚氯乙烯
2	聚烯烃
3	无卤低烟阻燃聚烯烃
4	陶瓷化聚烯烃

第4章 芯数与截面积的选择

4.1 额定电压 0.6/1kV 及以下电缆

额定电压 0.6/1kV 及以下电缆的芯数及截面积见表 2-4-1。

表 2-4-1 额定电压 0.6/1kV 及以下电缆的芯数及截面积

产品种类	常用型号	额定电压	芯数	导体标称截面积 /mm²
氧化镁矿物绝缘铜护套电缆	BTTQ、BTTVQ、BTTYQ、WD – BTTYQ	500V	1、2	1 ~ 4
			3、4、7	1 ~ 2.5
	BTTZ、BTTVZ、BTTYZ、WD – BTTYZ	750V	1	1 ~ 400
			2、3、4	1 ~ 25
			7	1 ~ 4
			12	1 ~ 2.5
			19	1 ~ 1.5
云母带矿物绝缘波纹铜护套电缆	RTTZ、RTTVZ、RTTYZ	450/750V	2	2.5 ~ 4
			3、4、7、12	1 ~ 2.5
			19	1 ~ 1.5
		0.6/1kV	1	1 ~ 630
			2、3	1 ~ 150
			4	1 ~ 120
			5	1 ~ 25
			3 + 1	10 ~ 120
			3 + 2、4 + 1	10 ~ 95
	YTTW、WD – YTTWY	0.6/1kV	1	1 ~ 630
			2	1 ~ 240
			3	1 ~ 150
			4	1 ~ 120
			3 + 1	25 ~ 240
			3 + 2	25 ~ 70
			4 + 1	16 ~ 70

（续）

产品种类	常用型号	额定电压	芯数	导体标称截面积 /mm²
陶瓷化硅橡胶（矿物）绝缘耐火电缆	WTGE、B1 – WTGE，WTGG、B1 – WTGG，WTGGE、B1 – WTGGE，WTGH、B1 – WTGH，WTGHE、B1 – WTGHE，	0.6/1kV	1	1.5 ~ 800
			2、3、4	1.5 ~ 240
			3 + 1、3 + 2、4 + 1	
			5	1.5 ~ 120
	WTGT、B1 – WTGT，WTGTE、B1 – WTGTE	450/750V	2 ~ 16	1.5 ~ 6
			19 ~ 61	1.5、2.5
隔离型矿物绝缘铝金属套耐火电缆	NG – A（BTLY）、WDZB1 – NG – A（BTLY）	0.6/1kV	1	10 ~ 630
			2、3、4、5	1.5 ~ 400
隔离型塑料绝缘耐火电缆	BBTRZ	0.6/1kV	1	1.5 ~ 630
			2、3、4、5	1.5 ~ 300

4.2　额定电压 6kV ~ 35kV 电缆

额定电压 6kV ~ 35kV 电缆的芯数及截面积见表 2-4-2。

表 2-4-2　额定电压 6kV ~ 35kV 电缆的芯数及截面积

型号	额定电压	芯数	导体标称截面积/mm²
N – YJV、N – YJY、N – YJV62、N – YJV22、N – YJY63、N – YJY23、N – YJV72、N – YJV32、N – YJY73、N – YJY33……	3.6/6kV	1、3	25 ~ 500
	6/6kV、6/10kV	1、3	25 ~ 500
	8.7/10kV、8.7/15kV	1、3	25 ~ 500
	12/20kV	1、3	35 ~ 500
	18/20kV、18/30kV、21/35kV、26/35kV	1、3	50 ~ 500
N – YJSV、N – YJSY、N – YJSV62、N – YJSV22、N – YJSY63、N – YJSY23、N – YJSV72、N – YJSV32、N – YJSY73、N – YJSY33……	21/35kV、26/35kV	1、3	50 ~ 500

第 5 章　典型设计案例

■ 案例一：盐城市铁路综合客运枢纽西广场工程

项目名称：盐城市铁路综合客运枢纽西广场工程

项目简介：

盐城市铁路综合客运枢纽项目占地 633 亩（1 亩 ＝666.6m²），计划投资 80 亿元人民币，主要分为三个部分，即高铁站场、高铁站房和地方配套工程。其中，地方配套工程主要包括东、西广场和集疏运道路，总建筑面积约 28 万 m²，配置社会车辆停车位 2750 个。

盐城市铁路综合客运枢纽西广场项目是高铁枢纽的重要组成部分，是汇集了长途客运、城市公交、出租、旅游集散等多种功能的主广场，总建筑面积约为 204332m²，于 2020 年年底运营。

本案例的标的物为隔离型塑料绝缘耐火电缆。

设计方案：

序号	名称	规格型号	单位	数量	产品标准
1	隔离型塑料绝缘耐火电缆	BBTRZ－3×25＋1×16	m	78	企业标准
2	隔离型塑料绝缘耐火电缆	BBTRZ－3×70＋1×35	m	126	企业标准
3	隔离型塑料绝缘耐火电缆	BBTRZ－4×2.5	m	333	企业标准
4	隔离型塑料绝缘耐火电缆	BBTRZ－4×4	m	70	企业标准
5	隔离型塑料绝缘耐火电缆	BBTRZ－4×6	m	1185	企业标准
6	隔离型塑料绝缘耐火电缆	BBTRZ－4×10	m	573	企业标准
7	隔离型塑料绝缘耐火电缆	BBTRZ－4×16	m	399	企业标准
8	隔离型塑料绝缘耐火电缆	BBTRZ－4×25＋1×16	m	21128	企业标准
9	隔离型塑料绝缘耐火电缆	BBTRZ－4×35＋1×16	m	5447	企业标准
10	隔离型塑料绝缘耐火电缆	BBTRZ－4×50＋1×25	m	4525	企业标准
11	隔离型塑料绝缘耐火电缆	BBTRZ－4×70＋1×35	m	2940	企业标准
12	隔离型塑料绝缘耐火电缆	BBTRZ－4×95＋1×50	m	3191	企业标准
13	隔离型塑料绝缘耐火电缆	BBTRZ－4×120＋1×70	m	5316	企业标准
14	隔离型塑料绝缘耐火电缆	BBTRZ－5×4	m	18673	企业标准
15	隔离型塑料绝缘耐火电缆	BBTRZ－5×6	m	391	企业标准
16	隔离型塑料绝缘耐火电缆	BBTRZ－5×10	m	31000	企业标准
17	隔离型塑料绝缘耐火电缆	BBTRZ－5×16	m	9090	企业标准
	总计			104465	

■ 案例二：哈尔滨市轨道交通 3 号线二期工程

项目名称：哈尔滨市轨道交通 3 号线二期工程

项目简介：

哈尔滨市轨道交通 3 号线二期工程为哈尔滨市轨道交通网络中的环形线路，最高设计时速 80km/h。正线全长共计 32.18km，全线共设车站 31 座（东南段车站 19 座，西北段车站 12 座），均为地下车站，设安通街车辆基地 1 座。哈尔滨市轨道交通 3 号线二期工程机电工程分两阶段实施，第一阶段（东南段）为体育公园至太平桥站，于 2018 年 10 月开工，2021 年 3 月底建成试运营。

本案例的标的物为第一阶段（东南段）19 座车站用云母带矿物绝缘波纹铜护套电缆。

设计方案：

序号	名称	规格	单位	数量	产品标准
1	云母带矿物绝缘波纹铜护套电缆	WDZA－RTTYZ－1×35	m	416	GB/T 34926—2017
2	云母带矿物绝缘波纹铜护套电缆	WDZA－RTTYZ－3×10	m	150	GB/T 34926—2017
3	云母带矿物绝缘波纹铜护套电缆	WDZA－RTTYZ－3×120+2×70	m	9443	GB/T 34926—2017
4	云母带矿物绝缘波纹铜护套电缆	WDZA－RTTYZ－3×150+2×70	m	200	GB/T 34926—2017
5	云母带矿物绝缘波纹铜护套电缆	WDZA－RTTYZ－3×150+2×95	m	14569	GB/T 34926—2017
6	云母带矿物绝缘波纹铜护套电缆	WDZA－RTTYZ－3×185+2×95	m	12164	GB/T 34926—2017
7	云母带矿物绝缘波纹铜护套电缆	WDZA－RTTYZ－3×240+2×120	m	10116	GB/T 34926—2017
8	云母带矿物绝缘波纹铜护套电缆	WDZA－RTTYZ－3×25+1×16	m	100	GB/T 34926—2017
9	云母带矿物绝缘波纹铜护套电缆	WDZA－RTTYZ－3×25+2×16	m	3356	GB/T 34926—2017
10	云母带矿物绝缘波纹铜护套电缆	WDZA－RTTYZ－3×35+1×16	m	50	GB/T 34926—2017
11	云母带矿物绝缘波纹铜护套电缆	WDZA－RTTYZ－3×35+2×16	m	3028	GB/T 34926—2017
12	云母带矿物绝缘波纹铜护套电缆	WDZA－RTTYZ－3×50+1×25	m	200	GB/T 34926—2017
13	云母带矿物绝缘波纹铜护套电缆	WDZA－RTTYZ－3×50+2×25	m	1041	GB/T 34926—2017
14	云母带矿物绝缘波纹铜护套电缆	WDZA－RTTYZ－3×70+1×35	m	520	GB/T 34926—2017
15	云母带矿物绝缘波纹铜护套电缆	WDZA－RTTYZ－3×70+2×35	m	2199	GB/T 34926—2017
16	云母带矿物绝缘波纹铜护套电缆	WDZA－RTTYZ－3×95+2×50	m	1446	GB/T 34926—2017
17	云母带矿物绝缘波纹铜护套电缆	WDZA－RTTYZ－4×10	m	2451	GB/T 34926—2017
18	云母带矿物绝缘波纹铜护套电缆	WDZA－RTTYZ－4×16	m	3392	GB/T 34926—2017
19	云母带矿物绝缘波纹铜护套电缆	WDZA－RTTYZ－4×25	m	995	GB/T 34926—2017
20	云母带矿物绝缘波纹铜护套电缆	WDZA－RTTYZ－4×25+1×16	m	3764	GB/T 34926—2017
21	云母带矿物绝缘波纹铜护套电缆	WDZA－RTTYZ－4×35	m	447	GB/T 34926—2017
22	云母带矿物绝缘波纹铜护套电缆	WDZA－RTTYZ－4×35+1×16	m	7783	GB/T 34926—2017
23	云母带矿物绝缘波纹铜护套电缆	WDZA－RTTYZ－4×4	m	5147	GB/T 34926—2017

（续）

序号	名称	规格	单位	数量	产品标准
24	云母带矿物绝缘波纹铜护套电缆	WDZA – RTTYZ – 4 × 50	m	200	GB/T 34926—2017
25	云母带矿物绝缘波纹铜护套电缆	WDZA – RTTYZ – 4 × 50 + 1 × 25	m	480	GB/T 34926—2017
26	云母带矿物绝缘波纹铜护套电缆	WDZA – RTTYZ – 4 × 6	m	5122	GB/T 34926—2017
27	云母带矿物绝缘波纹铜护套电缆	WDZA – RTTYZ – 4 × 70	m	959	GB/T 34926—2017
28	云母带矿物绝缘波纹铜护套电缆	WDZA – RTTYZ – 4 × 70 + 1 × 35	m	50	GB/T 34926—2017
29	云母带矿物绝缘波纹铜护套电缆	WDZA – RTTYZ – 5 × 16	m	238	GB/T 34926—2017
30	云母带矿物绝缘波纹铜护套电缆	WDZA – RTTYZ – 5 × 6	m	5121	GB/T 34926—2017
	总计			95147	

■ 案例三：北京 2022 年冬奥会奥运村及场馆群工程项目

项目名称：北京 2022 年冬奥会奥运村及场馆群工程项目

项目简介：

北京 2022 年冬奥会和冬残奥会张家口赛区奥运村及古杨树场馆群建设项目分为奥运村、冬季两项中心滑雪场、北欧中心跳台滑雪场和北欧中心越野滑雪场四个建设群落，总占地 337.76hm²。其中，奥运村及其配套设施占地 21.9hm²，建筑面积约为 25 万 m²，地下二层，地上三至六层，地上采用钢框架结构体系，地下一层为钢骨混凝土柱钢框架体系，地下二层为钢筋混凝土框架体系，共 9 个组团；冬季两项中心滑雪场及其配套设施占地 11.22hm²，场馆技术中心 5200m²，看台区 1324m²，设备存放区 1113m²，地下通道 604m²，结构类型为钢筋混凝土结构，技术中心加设钢桁架屋盖；北欧中心跳台滑雪场及其配套设施占地 40.4hm²，顶部建筑面积 13204.5m²，滑道区室内建筑面积 936.8m²，看台区建筑面积 10068m²，顶部为钢筋混凝土 – 钢结构体系，滑道及看台为混凝土结构加钢结构维护体系；北欧中心越野滑雪场及其配套设施占地 99.4hm²，越野滑雪中心场馆建筑面积 5372.79m²，地下一层，地上四层，地上采用钢框架 – 中心支撑结构体系，地下一层为钢筋混凝土结构。

本案例的标的物为冬奥会三场一村项目部用云母带矿物绝缘波纹铜护套电缆。

设计方案：

序号	名称	规格型号	单位	数量	产品标准
1	云母带矿物绝缘波纹铜护套电缆	WDZA – RTTYZ – 2 × 10	m	10	GB/T 34926—2017
2	云母带矿物绝缘波纹铜护套电缆	WDZA – RTTYZ – 3 × 2.5	m	500	GB/T 34926—2017
3	云母带矿物绝缘波纹铜护套电缆	WDZA – RTTYZ – 4 × 16	m	736	GB/T 34926—2017
4	云母带矿物绝缘波纹铜护套电缆	WDZA – RTTYZ – 3（1 × 240）+ 1 × 120	m	96	GB/T 34926—2017
5	云母带矿物绝缘波纹铜护套电缆	WDZA – RTTYZ – 3（1 × 35）+ 1 × 16	m	107	GB/T 34926—2017

（续）

序号	名称	规格型号	单位	数量	产品标准
6	云母带矿物绝缘波纹铜护套电缆	WDZA - RTTYZ - 3(1×50) + 1×25	m	195	GB/T 34926—2017
7	云母带矿物绝缘波纹铜护套电缆	WDZA - RTTYZ - 3(1×70) + 1×35	m	172	GB/T 34926—2017
8	云母带矿物绝缘波纹铜护套电缆	WDZA - RTTYZ - 3×120 + 1×70	m	457	GB/T 34926—2017
9	云母带矿物绝缘波纹铜护套电缆	WDZA - RTTYZ - 3×25 + 1×16	m	1597	GB/T 34926—2017
10	云母带矿物绝缘波纹铜护套电缆	WDZA - RTTYZ - 4(1×25) + 1×16	m	1837	GB/T 34926—2017
11	云母带矿物绝缘波纹铜护套电缆	WDZA - RTTYZ - 4(1×35) + 1×16	m	845	GB/T 34926—2017
12	云母带矿物绝缘波纹铜护套电缆	WDZA - RTTYZ - 4(1×70) + 1×35	m	16956	GB/T 34926—2017
13	云母带矿物绝缘波纹铜护套电缆	WDZA - RTTYZ - 4×10	m	480	GB/T 34926—2017
14	云母带矿物绝缘波纹铜护套电缆	WDZA - RTTYZ - 4×25	m	2670	GB/T 34926—2017
15	云母带矿物绝缘波纹铜护套电缆	WDZA - RTTYZ - 4×4	m	1028	GB/T 34926—2017
16	云母带矿物绝缘波纹铜护套电缆	WDZA - RTTYZ - 5×10	m	30149	GB/T 34926—2017
17	云母带矿物绝缘波纹铜护套电缆	WDZA - RTTYZ - 5×4	m	6732	GB/T 34926—2017
18	云母带矿物绝缘波纹铜护套电缆	WDZA - RTTYZ - 5×6	m	2672	GB/T 34926—2017
	总计			67239	

■案例四：新建成都至兰州铁路成都至川主寺段"四电"系统集成及相关工程

项目名称：新建成都至兰州铁路成都至川主寺段"四电"系统集成及相关工程

项目简介：

成都至川主寺（黄胜关）段位于四川省境内，起于成都铁路局青白江站，经茂县到川主寺（黄胜关），正线全长 275.8km，含本线与成绵乐客运专线联络线（三星堆站至青白江东站），上行线长 5.242km，下行线长 5.523km。本段线路含隧道 18 座，共 175.914km，占正线长度 63.78%；正线桥梁 53 座，共 44.008km，占正线长度 15.96%；正线路基长 55.878km，占正线长度 20.26%。全线新设车站 12 个，分别为三星堆、什邡西、绵竹南、安县、高川、茂县、龙塘、太平、镇江关、松潘、川主寺和黄胜关。本线向北连通兰渝铁路，与既有宝成铁路、在建兰渝线及规划的川青线、川藏线共同构建沟通西北与西南及华南沿海的区际干线铁路通道，是承担开发川西大九寨旅游资源，推进四川省实现从旅游资源大省向旅游经济强省跨越的重要基础设施。

计划工期：32 个月；计划开工日期：2018 年 3 月 25 日；计划竣工日期：2020 年 11 月 30 日。

本案例的标的物为成都至川主寺段"四电"系统集成及相关工程用金属护套无机矿物绝缘电缆。

设计方案：

序号	名称	规格型号	单位	数量	产品标准
1	金属护套无机矿物绝缘电缆	YTTW－750 3×10	m	510	JG/T 313—2014
2	金属护套无机矿物绝缘电缆	YTTW－750 3×25＋1×16	m	1870	JG/T 313—2014
3	金属护套无机矿物绝缘电缆	YTTW－750 3×50＋1×25	m	950	JG/T 313—2014
4	金属护套无机矿物绝缘电缆	YTTW－0.6/1kV 3×50＋1×25	m	770	JG/T 313—2014
5	金属护套无机矿物绝缘电缆	YTTW－750 3×95＋1×50	m	1580	JG/T 313—2014
	总计			5680	

■**案例五：南通市城市轨道交通 1 号线一期工程机电安装项目**

项目名称：南通市城市轨道交通 1 号线一期工程机电安装项目

项目简介：

南通市轨道交通 1 号线是线网中一条西北至东南向的主干线，一期工程线路由西北向东南连接平潮、市北新城、旧城区、中央商务区、中央创新区、能达商务区等城市组团，途径通州区、港闸区、崇川区、南通经济技术开发区等行政区，经过铁路南通西站、永兴和唐闸居住区、市北科技城、汽车站、濠河风景区、中央商务区、科技创业园区、能达商务区等城市主要的客流点，与轨道交通规划线网中其他 3 条线形成 6 次换乘，建成后将成为沿城市沿江发展主轴布置的轨道交通骨干线路。南通市城市轨道交通 1 号线一期工程由平潮站至振兴路站，沿平潮—南通西站—长泰路—永和路—纬六路—人民路—工农路—崇川路—新开路通盛大道走行，全长 39.182km，均为地下线，设站 28 座，设主变电所 2 座，分别为深南路站附近的永和路主变电所和世纪大道站附近的世纪大道主变电所。设崇川路控制中心 1 座。本线速度目标值为 80km/h，采用 B 型车 6 辆编组、直流 1500V 架空接触网受电。

本案例的标的物为南通市城市轨道交通 1 号线一期工程机电安装项目 6 标用矿物绝缘电缆。

设计方案：

序号	名称	规格型号	单位	数量	产品标准
1	矿物绝缘电缆	WD－BTTYZ－1×16	m	1550	GB/T 13033—2007
2	矿物绝缘电缆	WD－BTTYZ－1×25	m	14910	GB/T 13033—2007
3	矿物绝缘电缆	WD－BTTYZ－1×35	m	6520	GB/T 13033—2007
4	矿物绝缘电缆	WD－BTTYZ－4×6	m	1280	GB/T 13033—2007
5	矿物绝缘电缆	WD－BTTYZ－4×10	m	1030	GB/T 13033—2007
6	矿物绝缘电缆	WD－BTTYZ－2×4	m	1600	GB/T 13033—2007
7	矿物绝缘电缆	WD－BTTYZ－2×6	m	500	GB/T 13033—2007
8	矿物绝缘电缆	WD－BTTYZ－2×10	m	500	GB/T 13033—2007

（续）

序号	名称	规格型号	单位	数量	产品标准
9	矿物绝缘电缆	WD – BTTYZ – 2 × 16	m	1060	GB/T 13033—2007
10	矿物绝缘电缆	WD – BTTYZ – 3 × 6	m	200	GB/T 13033—2007
11	矿物绝缘电缆	WD – BTTYZ – 3 × 10	m	280	GB/T 13033—2007
12	矿物绝缘电缆	WD – BTTYZ – 3 × 16	m	200	GB/T 13033—2007
13	矿物绝缘电缆	WD – BTTYZ – 3(1 × 25) + 1(1 × 16)	m	1220	GB/T 13033—2007
14	矿物绝缘电缆	WD – BTTYZ – 3(1 × 35) + 1(1 × 16)	m	1290	GB/T 13033—2007
15	矿物绝缘电缆	WD – BTTYZ – 4 × 4	m	300	GB/T 13033—2007
16	矿物绝缘电缆	WD – BTTYZ – 4 × 16	m	15970	GB/T 13033—2007
17	矿物绝缘电缆	WD – BTTYZ – 4(1 × 25)	m	370	GB/T 13033—2007
18	矿物绝缘电缆	WD – YTTWY – 3 × 50 + 1 × 25	m	200	JG/T 313—2014
19	矿物绝缘电缆	WD – YTTWY – 3 × 50 + 2 × 25	m	455	JG/T 313—2014
20	矿物绝缘电缆	WD – YTTWY – 3 × 70 + 2 × 35	m	1340	JG/T 313—2014
21	矿物绝缘电缆	WD – YTTWY – 3 × 95 + 2 × 50	m	2870	JG/T 313—2014
22	矿物绝缘电缆	WD – YTTWY – 3 × 120 + 2 × 70	m	985	JG/T 313—2014
23	矿物绝缘电缆	WD – YTTWY – 3 × 150 + 1 × 70	m	200	JG/T 313—2014
24	矿物绝缘电缆	WD – YTTWY – 3 × 150 + 2 × 95	m	6450	JG/T 313—2014
25	矿物绝缘电缆	WD – YTTWY – 3 × 185 + 1 × 95	m	900	JG/T 313—2014
26	矿物绝缘电缆	WD – YTTWY – 3 × 185 + 2 × 95	m	5850	JG/T 313—2014
27	矿物绝缘电缆	WD – YTTWY – 3 × 240 + 1 × 120	m	700	JG/T 313—2014
28	矿物绝缘电缆	WD – YTTWY – 3 × 240 + 2 × 120	m	5520	JG/T 313—2014
29	矿物绝缘电缆	WD – YTTWY – 4 × 50 + 1 × 25	m	480	JG/T 313—2014
	总计			74730	

■ 案例六：中国牙谷科创园区项目

项目名称：中国牙谷科创园区项目

项目简介：

中国牙谷科创园区项目位于资阳市成渝高速公路以东，城南大道成渝高速公路连接段以南，外环路西三段以西，项目用地约 45 万 m²，项目总投资约 13.64 亿元人民币。

本案例的标的物为中国牙谷科创园区项目用矿物绝缘电缆。

设计方案：

序号	名称	规格型号	单位	数量	备注
1	矿物绝缘电缆	BTTZ – 1 × 120	m	5070.471	GB/T 13033—2007
2	矿物绝缘电缆	BTTZ – 1 × 150	m	6055.438	GB/T 13033—2007

（续）

序号	名称	规格型号	单位	数量	备注
3	矿物绝缘电缆	BTTZ -1×185	m	558.246	GB/T 13033—2007
4	矿物绝缘电缆	BTTZ -1×35	m	1880.783	GB/T 13033—2007
5	矿物绝缘电缆	BTTZ -1×50	m	2690.192	GB/T 13033—2007
6	矿物绝缘电缆	BTTZ -1×70	m	6094.407	GB/T 13033—2007
7	矿物绝缘电缆	BTTZ -1×16	m	220	GB/T 13033—2007
8	矿物绝缘电缆	BTTZ -1×95	m	7095.42	GB/T 13033—2007
9	矿物绝缘电缆	BTTZ $-4(1 \times 50)$	m	800	GB/T 13033—2007
10	矿物绝缘电缆	BTTZ $-4(1 \times 70)$	m	156	GB/T 13033—2007
11	矿物绝缘电缆	BTTZ -4×10	m	3392.687	GB/T 13033—2007
12	矿物绝缘电缆	BTTZ -4×16	m	4096.45	GB/T 13033—2007
13	矿物绝缘电缆	BTTZ -4×25	m	6752.788	GB/T 13033—2007
14	矿物绝缘电缆	BTTZ -4×35	m	581.604	GB/T 13033—2007
15	矿物绝缘电缆	BTTZ -4×4	m	9580.792	GB/T 13033—2007
16	矿物绝缘电缆	BTTZ -4×6	m	1644.275	GB/T 13033—2007
17	隔离型矿物绝缘铝金属套耐火电缆	NG $-$ A -3×2.5	m	400	企业标准
18	隔离型矿物绝缘铝金属套耐火电缆	NG $-$ A $-4 \times 150 + 1 \times 70$	m	350	企业标准
19	隔离型矿物绝缘铝金属套耐火电缆	NG $-$ A -4×2.5	m	150	企业标准
20	隔离型矿物绝缘铝金属套耐火电缆	NG $-$ A $-4 \times 35 + 1 \times 16$	m	240	企业标准
21	隔离型矿物绝缘铝金属套耐火电缆	NG $-$ A -5×10	m	1300	企业标准
22	隔离型矿物绝缘铝金属套耐火电缆	NG $-$ A -5×16	m	720	企业标准
23	隔离型矿物绝缘铝金属套耐火电缆	NG $-$ A -5×4	m	650	企业标准
24	隔离型矿物绝缘铝金属套耐火电缆	NG $-$ A -5×6	m	2000	企业标准
	总计			62479.553	

第3篇 敷设运维篇

氧化镁矿物绝缘铜护套电缆（以下简称 BTT 系列电缆）、云母带矿物绝缘波纹铜护套电缆（以下简称 RTT 系列电缆）、隔离型矿物绝缘铝金属套耐火电缆（以下简称 BTLY 系列电缆）、隔离型塑料绝缘耐火电缆（以下简称 BBTRZ 系列电缆）、陶瓷化硅橡胶（矿物）绝缘耐火电缆（以下简称 WTG 系列电缆）等低压耐火电缆，以及额定电压 6kV 到 35kV 隔离型塑料绝缘中压耐火电缆（以下简称中压耐火电缆）具有良好的阻燃及耐火性能，在高层建筑、候机楼、地铁站、电视塔、博物馆、银行、商业中心、会展中心、大剧院、体育馆等重要人员密集场所应用广泛，对于提高这些场所的电气防火安全等级、减少电气火灾事故的发生及降低火灾发生后的人身伤亡和财产损失具有重大意义。但是，由于这些产品结构及材料的特殊性，其敷设安装及运行维护的要求与常规塑料绝缘电缆有所区别，应依据相关标准、规范及本手册的规定严格落实，以确保其良好的电气安全及防火性能。

第1章 产品的结构特性及施工特点

1.1 BTT系列电缆的结构特性及施工特点

1）电缆由铜导体、紧密压实的矿物氧化镁粉末绝缘层和铜护套构成。组成材料全部为耐高温、不燃的无机物，具有优良的阻燃、耐火、耐高温性能，可以沿支（吊）架、墙面、顶板等直接明敷。

2）电缆的导体为实心铜导体（GB/T 3956—2008规定的第1种导体），其中间连接及与电气设备的连接需采用制造商配套提供的专用连接附件进行连接，以保证连接的可靠性。

3）电缆各组成材料在加工过程中形成了密实的一体，与常规塑料绝缘非铠装电缆相比，具有较高的刚性。电缆在敷设、安装过程中进行矫直和弯曲作业时，宜采用制造商配套提供的专用矫直、弯曲器具和作业规范实施，以防电缆损伤；遇伸缩、沉降缝及振动使用环境，应按本手册规定采取相应的消减措施。

4）电缆的矿物氧化镁粉末绝缘材料具有较好的吸水性，曝露在空气中时易吸收空气中的水分，从而降低其绝缘性能，因此电缆完成切割或发现破损时应立即采取临时绝缘密封措施，以防电缆吸潮。电缆敷设完毕进行电气安装时，两端应采用制造商配套提供的专用终端组件和作业规范进行封端和电气连接。

5）铜护套导电性能良好且符合GB/T 13033.1—2007规定的BTT系列电缆构成电气回路时，若铜护套的综合截面积完全满足电气回路的接地导体最小截面积要求，可作为输配电线路的接地导体（PE线）使用。当铜护套不作为PE线使用时，应可靠接地，且宜单端接地；当设计为两端接地时，两端的接地点应等电位。

6）电缆的铜护套机械强度较低，易因机械损伤和电弧灼伤而破损失效。敷设过程中应做好电缆防机械损伤及防焊渣、电弧灼伤措施，不得将铜护套作为电焊机的地线或其搭接线使用，并应避免带电的电焊钳及焊丝触碰电缆铜护套，且应避免对任何与电缆铜护套有接触的金属件施焊。

1.2 RTT系列电缆的结构特性及施工特点

1）电缆由单股或多股绞合铜导体、云母带绕包绝缘层、阻燃填充与保护层及波纹铜护套构成，具有良好的阻燃和耐火性能，可以沿支（吊）架、墙面、顶板等直接明敷。

2）电缆绝缘层为云母带绕包结构，由于云母带内部存在微气隙和绕包层间气隙，曝露在空气中时，易吸潮而使其绝缘性能下降。电缆完成切割或发现破损时应立即采取临时绝缘密封措施，以防电缆吸潮。电缆敷设完毕进行电气安装时，两端应采用制造商配套提供的专用终端组件和作业规范进行封端和电气连接。

3）电缆的波纹铜护套导电性能良好，但厚度较小，且波纹结构会使铜护套的展平长度远大于波纹管长度。当需要将铜护套作为接地导体使用时，应测量其电阻以确认是否满足电气回路对接地导体的要求。当铜护套不作为 PE 线使用时，应可靠接地且宜单端接地；当设计为两端接地时，两端的接地点应等电位。

4）电缆的波纹铜护套采用铜带卷管纵焊成型，焊缝是其最为薄弱的部位，敷设过程中应严格按照制造商提供的作业规范进行作业和防护，否则可能会产生挤压开裂或弯裂。

5）电缆的波纹铜护套机械强度较低，易因机械损伤和电弧灼伤而破损失效。敷设过程中应做好电缆防机械损伤及防焊渣、电弧灼伤措施，不得将铜护套作为电焊机的地线或其搭接线使用，并应避免带电的电焊钳及焊丝触碰电缆铜护套，且应避免对任何与电缆铜护套有接触的金属件施焊。

6）电缆的波纹铜护套与缆芯之间存在间隙，在敷设过程中缆芯与护套应同时受力、同步牵引，当受力不协调、牵引不同步时，会产生缩芯或缩壳现象而影响后续安装。

7）电缆的波纹铜护套与缆芯之间、绝缘导体与绝缘导体之间有间隙，敷设或弯曲过程中易产生相对运动而使缆芯与保护层之间、内部绝缘导体之间相互摩擦，严重时会导致保护层和云母绝缘层受损失效。因此在敷设和安装过程中，宜连续慢速、匀速牵引，并应避免在同区段多次扭转、弯曲电缆。

1.3 BTLY 系列电缆的结构特性及施工特点

1）电缆由单股或多股绞合铜导体、耐火绝缘层、铝套、防火层和外护套构成，除小截面绝缘导体成缆后统包铝套外，其余绝缘导体采用独立的铝套。其具有较好的阻燃、耐火性能，用于消防配电线路时不宜直接明敷。

2）电缆的耐火绝缘层为绕包或挤包结构，绕包结构采用单一的云母带、陶瓷化硅橡胶复合带或两种耐火包带的组合，挤包结构的耐火材料为陶瓷化硅橡胶。云母带绕包绝缘的电缆，由于云母带内部存在微气隙和绕包层间气隙，曝露在空气中时，容易吸潮而使其绝缘性能下降，因此电缆切割后应立即对绝缘曝露端头进行临时密封处理，以防云母绝缘层吸潮。电缆敷设完毕进行电气安装时，应根据制造商配套提供的终端组件和作业规范进行封端和电气连接。

3）电缆的独立铝套和绝缘导体之间、统包铝套与缆芯之间，以及统包铝套的绝缘导体之间存在间隙，弯曲时易产生相对运动而使铝套与绝缘导体之间、绝缘导体之间相互摩擦，严重时可能会导致绕包结构的耐火绝缘层受损失效。在敷设和安装过程中，应避免在同区段多次弯曲电缆。

4）电缆的防火层为硅酸钠与无机阻燃材料加水混炼而成的腻子状混合物，曝露状态下将随水分流失而逐步硬化，最终失去柔性甚至开裂。电缆切割后应按照制造商提供的作业规范及时做好封端，以防电缆防火隔离层材料的水分流失。由于混合物的塑性较差，在敷设和安装过程中，应避免在同区段多次弯曲电缆而使电缆的防火层失效。

1.4　BBTRZ 系列电缆的结构特性及施工特点

1）电缆的结构与常规耐火电缆类似，主要由单股或多股绞合铜导体、耐火层、绝缘层、防火层和外护套构成。其中，防火层为硅酸钠与无机阻燃材料加水混炼而成的腻子状混合物，遇高温或明火时因吸热分解为金属氧化物和水而带走大量的热量，从而减缓电缆温升，同时形成较硬的壳体阻隔外部高温和火焰进入电缆内部，因而具有明显优于常规耐火电缆的耐火和阻燃性能。其敷设安装及运行维护要求与常规耐火电缆基本相同，用于消防配电线路时不宜直接明敷。

2）电缆的防火层材料与 BTLY 系列电缆相同。电缆切割后应按照制造商提供的作业规范及时做好封端，以防电缆防火隔离层材料的水分流失。敷设和安装时应避免在同区段多次弯曲电缆，以防电缆的防火层失效。

1.5　WTG 系列电缆的结构特性及施工特点

1）电缆主要由单股或多股绞合铜导体、陶瓷化硅橡胶绝缘层、矿物隔离层、金属护层和非金属外护套构成，而无云母带耐火层。其耐火机理为陶瓷化硅橡胶及矿物隔离材料在高温或火焰条件下有机材料产生裂解或烧失，并使剩下的矿物粉末材料烧结成具有一定强度的硬壳，阻隔高温和火焰进入其内部，从而具有较好的阻燃、耐火性能。该类型电缆的结构与具有金属护层的常规塑料绝缘电缆类似，其敷设安装及运行维护要求也与其相同且无其他特殊要求，用于消防配电线路时不宜直接明敷。

2）当电缆的矿物隔离层采用与 BTLY 系列电缆及 BBTRZ 系列电缆防火层相同或类似的材料时，电缆切割后应按照制造商提供的作业规范及时做好封端，以防电缆防火隔离层材料的水分流失。敷设和安装时应避免在同区段多次弯曲电缆，以防电缆的防火层失效。

1.6　中压耐火电缆的结构特性及施工特点

此电缆与常规中压电缆相比，在结构上采用了氧指数不低于 45 的高阻燃低烟无卤聚烯烃材料，以及与 WTG 系列电缆矿物隔离层材料类似的耐火层，其耐火机理与 WTG 系列电缆相同：在高温或火焰条件下有机材料产生裂解或烧失，并使剩下的矿物粉末材料烧结成具有一定强度的硬壳，从而阻隔高温和火焰进入内部。当耐火层材料采用硅酸钠与氢氧化镁或氢氧化铝的腻子状混合物时，电缆切割后应按照制造商提供的作业规范及时做好封端，以防电缆防火隔离层材料中的水分流失。敷设和安装时应避免在同区段多次弯曲电缆，以防电缆的防火层失效。

第 2 章 产品施工的一般规定

2.1 对施工作业人员的要求

1）电缆施工管理和作业人员应具备基本的电工知识，并具有相应电缆的施工作业经验。对于无任何经验的施工作业人员，应经电缆施工作业技术培训并掌握基本的施工作业知识和技能后，在相应电缆施工作业经验丰富的熟练工人或技术人员的指导下进行作业。BTT 系列电缆、RTT 系列电缆及 BTLY 系列电缆的施工作业人员宜接受电缆制造商提供的专业培训。

2）施工人员应熟悉工程中的电气设计施工图样，并应熟悉施工场所，了解施工现场的各种实际状况。工程技术人员应根据图样及现场实际情况制定电缆施工方案和安全技术措施，安装施工人员应按照施工方案进行电缆及其附件的敷设安装。

3）施工人员应全面了解电缆的结构、性能和特点，了解电缆的型号、规格、种类及其适用的场所，并应了解和掌握电缆的敷设方式与方法、电缆及其附件的安装技术与要求、专用工具的使用方法，掌握电缆施工中的注意事项和安装技能，以确保电缆敷设、安装施工的良好质量。

2.2 电缆、附件及其运输与保管

1）电缆、附件及附属设备均应符合产品技术文件的要求，并有产品标识及合格证件（如产品合格证、产品检测报告等）。

2）紧固件的机械强度、耐腐蚀、阻燃等性能应符合相关标准规定。当采用钢制紧固件时，除地脚螺栓外，应采用热镀锌或等同热镀锌性能的制品。

3）电缆及其附件的运输、保管应符合产品技术文件的要求，应采取合适的防护措施，避免强烈的振动、倾倒、受潮、腐蚀，应确保不损坏电缆盘、包装箱、最外层包装以及内部电缆与附件。

4）在运输装卸过程中，应避免电缆及电缆盘受到损伤。除成圈包装的电缆外，盘装电缆不应平放运输、平放贮存。

5）运输或滚动电缆盘前，应保证电缆盘牢固，电缆应绕紧。滚动电缆盘时，应顺着电缆盘上的箭头指示或电缆的缠紧方向。成圈包装的电缆应避免滚动作业。

6）电缆及其附件到达现场后，应按下列规定进行检查：

① 产品的技术文件应齐全，电缆及其附件应有产品标识、合格证及试验报告

等，并明确出厂批次。

② 电缆的结构、材料、额定电压、型号规格、长度和包装应符合订货合同或订单所指明的标准要求。

③ 电缆外观应光滑、圆整，无破皮、锈蚀、裂纹、变形、凹陷等明显缺陷，电缆封端应严密。当外观检查有怀疑时，应进行受潮判断或试验。

④ 附件部件应齐全，型号规格、数量应符合订货要求，材质质量应符合产品技术要求。

7）电缆及其附件的贮存应符合下列规定：

① 电缆应根据其结构特点集中分类存放，并标明额定电压、型号规格、长度；电缆盘之间、成圈电缆堆垛之间或包装箱之间应建有通道。地基应坚实，当受条件限制时，盘下应加垫。BTT 系列电缆、RTT 系列电缆及 BBTRZ 系列电缆应存放于干燥、通风、避雨、无积水及腐蚀物的室内，其他类型电缆的存放场地应保持通风、干燥、无积水。

② 电缆终端、密封绝缘料、套管等附件应包装良好，根据材料性能和保管要求贮存和保管，宜存放于干燥、通风、避光、避雨、无积水及腐蚀物的室内，并采取防机械损伤的措施。保管期限应符合产品技术文件要求。

③ 保管期间电缆盘及包装应完好，标志应齐全，电缆的封端应严密。当有缺陷时，应及时处理。BTT 系列电缆、RTT 系列电缆及 BTLY 系列电缆应定期检查绝缘，并做好记录。

2.3　电缆线路防护设施与构筑物

1）建（构）筑物的施工质量应符合现行国家标准 GB 50300—2013《建筑工程施工质量验收统一标准》的有关规定。

2）电缆线路安装前，建筑工程应具备下列条件：

① 预埋件应符合设计要求，安置应牢固。

② 电缆沟、隧道、竖井及人孔等处的地坪及抹面工作应结束，人孔爬梯的安装应完成。

③ 电缆层、电缆沟、隧道等处施工时所用的临时设施、模板及建筑废料等应清理干净，施工用道路应畅通，盖板应齐全。

④ 电缆沟排水应畅通，电缆室的门窗应安装完毕；电缆线路相关构筑物的防水性能应满足设计要求。

3）电缆线路安装完毕后投入运行前，建筑工程应完成装饰工作。

4）电缆工作井的尺寸应满足电缆最小弯曲半径的要求。电缆井内应设有集水坑，上盖算子。

5）城市电缆线路通道的标识应按设计要求设置。当设计无要求时，应在电缆

通道直线段每隔 15～50m 处、转弯处、T 形口、十字口和进入建（构）筑物等处
设置明显的标志或标桩。

2.4　电缆导管的加工与敷设

1）电缆导管不应有穿孔、裂纹和显著的凹凸不平，内壁应光滑；金属电缆导
管不应有严重锈蚀；塑料电缆导管的性能应满足设计要求。

2）电缆导管的加工应符合下列规定：

① 管口应无毛刺和尖锐棱角。

② 电缆导管弯制后，不应有裂纹和明显的凹瘪，弯曲程度不宜大于管子外径
的 10%；电缆导管的弯曲半径不应小于所穿入电缆的最小允许弯曲半径。

③ 无防腐措施的金属电缆导管应在外表面涂防腐漆，镀锌管锌层剥落处也应
涂防腐漆。

3）电缆导管明敷时应符合下列规定：

① 电缆导管的走向宜与地面平行或垂直，并排敷设的电缆导管应排列整齐。

② 电缆导管应安装牢固，不应受到损伤；电缆导管支点间的距离应符合设计
要求，当设计无要求时，金属管支点间距不宜大于 3m，非金属管支点间距不宜大
于 2m。

③ 当塑料管的直线长度超过 30m 时，宜加装伸缩节；伸缩节应避开塑料管的
固定点。

4）敷设混凝土类电缆导管时，其地基应坚实、平整，不应有沉陷。敷设低碱
玻璃钢管等抗压不抗拉的电缆管材时，宜在其下部设置钢筋混凝土垫层。

5）电缆导管直埋敷设应符合下列规定：

① 电缆导管的埋设深度应符合设计要求，当设计无要求时，埋设深度不宜小
于 0.5m；在排水沟下方通过时，距排水沟底不宜小于 0.3m。

② 电缆导管宜有不小于 0.2% 的排水坡度，最小坡度应在 0.1% 及以上。

6）电缆导管的连接应符合下列规定：

① 相连接两电缆导管的材质、规格宜一致。

② 金属电缆导管不应直接对焊，应采用螺纹接头连接或套管密封焊接方式；
连接时应两管口对准、连接牢固、密封良好；螺纹接头或套管的长度不应小于电缆
导管外径的 2.2 倍。采用金属软管及合金接头作为电缆保护连续管时，其两端应牢
固可靠、密封良好。

③ 硬质塑料管在插接或套接时，其插入深度宜为管子内径的 1.1～1.8 倍。采
用插接时，在插接面上应涂以胶合剂粘牢密封；采用套接时，套管两端应采取密封
措施。

④ 水泥管连接宜采用管箍或套接方式，管孔应对准，接缝应严密，管箍应有

防水垫密封圈，以防止地下水和泥浆渗入。

⑤ 电缆导管与桥架连接时，宜由桥架的侧壁引出，连接部位宜采用管接头固定。

7）引至设备的电缆导管管口位置，应便于与设备连接且不妨碍设备拆装和进出。并列敷设的电缆导管管口应排列整齐。

8）利用电缆保护钢管作为接地线时，应先安装好接地线，再敷设电缆；有螺纹连接的电缆导管，管接头处应焊接跳线，跳线截面积应不小于 $30mm^2$。

9）钢制保护管应可靠接地；钢管与金属软管之间、金属软管与设备之间宜使用金属管接头连接，并保证电气连接可靠。

2.5　电缆支架的配制与安装

1）电缆支架的加工应符合下列规定：

① 钢材应平直，应无明显扭曲；下料偏差应在 5mm 以内，切口应无卷边、毛刺，靠通道侧应有钝化处理。

② 支架焊接应牢固，应无明显变形；各横撑间的垂直净距与设计偏差不应大于 5mm。

③ 金属电缆支架应进行防腐处理。位于湿热、盐雾以及有化学腐蚀地区时，应根据设计要求做特殊的防腐处理。

2）电缆支架的层间允许最小距离应符合设计要求，当设计无要求时，可符合表 3-2-1 的规定，且层间净距不应小于 2 倍电缆外径加 10mm。

表 3-2-1　电缆支架的层间允许最小距离　　　　（单位：mm）

电缆的电压等级和类型、敷设特征		普通支架、吊架	桥架
控制电缆明敷		120	200
电力电缆明敷	6kV 以下	150	250
	6~10kV	200	300
	20~35kV 单芯	250	300
	20~35kV 三芯	300	350
电缆敷设于槽盒中		$h+80$	$h+100$

注：h 表示槽盒外壳高度值。

3）电缆支架应安装牢固。托架、支吊架的固定方式应符合设计要求，并应符合下列规定：

① 水平安装的电缆支架，各支架的同层横档应在同一水平面上，偏差不应大于 5mm。

② 电缆沟内或建筑物上安装的电缆支架，应有与电缆沟或建筑物相同的坡度。

③ 托架、支吊架沿桥架走向偏差不应大于10mm。

④ 电缆支架最上层及最下层至沟顶、楼板或沟底、地面的距离应符合设计要求，当设计无要求时，不宜小于表3-2-2的规定。

表3-2-2　电缆支架最上层及最下层至沟顶、楼板或沟底、地面的距离

电缆的敷设场所及其特征		垂直净距/mm
电缆沟		50
隧道		100
电缆夹层	非通道处	200
	至少在一侧不小于800mm宽通道处	1400
公共廊道中电缆支架无围栏防护		1500
厂房内		2000
厂房外	无车辆通过	2500
	有车辆通过	4500

4）组装后的钢结构竖井，其垂直偏差不应大于其长度的0.2%，支架横撑的水平误差不应大于其宽度的0.2%；竖井对角线的偏差不应大于其对角线长度的0.5%。钢结构竖井全长应具有良好的电气导通性，全长不少于两点与接地网可靠连接，全长大于30m时，应每隔20~30m增设明显接地点。

5）电缆桥架的规格、支吊跨距、防腐类型应符合设计要求。

6）电缆桥架在每个支吊架上的固定应牢固，连接板的螺栓应紧固，螺母应位于电缆桥架的外侧。电缆托盘应有可供电缆绑扎的固定点，铝合金梯架在钢制支吊架上固定时，应有防电化腐蚀的措施。

7）两相邻电缆桥架的接口应紧密、无错位。

8）当直线段钢制电缆桥架超过30m、铝合金或玻璃钢制电缆桥架超过15m时，应有伸缩装置，其连接宜采用伸缩连接板；电缆桥架跨越建筑物伸缩缝处应设置伸缩装置。

9）电缆桥架转弯处的转弯半径，不应小于该桥架上的电缆最小允许弯曲半径的最大者。

10）金属电缆支架、桥架及竖井全长均必须有可靠的接地。

2.6　电缆的敷设与安装

1）具有塑料结构层或防护层的电缆，敷设及安装时的环境温度不应低于0℃；无塑料结构层或防护层的电缆，敷设及安装时的环境温度不宜低于-20℃。

2）电缆敷设前应按下列规定进行检查：

① 电缆沟、电缆隧道、电缆导管、电缆井、交叉跨越管道、直埋电缆沟的深

度、宽度、弯曲半径等，以及电缆支（吊）架的制作、间距应符合设计要求，电缆通道应畅通，排水应良好，金属部分的防腐层应完整，隧道内的照明、通风应符合设计要求。

② 电缆的结构与材料、额定电压、型号规格应符合设计要求，并与产品标识一致。

③ 电缆外观应无刮擦、撞击、挤压变形、开裂等损伤，当对电缆的外观和密封状态有怀疑时，应进行受潮判断。

④ 测试电缆的导体电阻以及电缆金属护套设计作为接地线使用的 BTT 系列电缆与 RTT 系列电缆的护套电阻，并校正为 20℃时的电阻值，导体电阻校正值和铜护套电阻校正值应符合产品所对应的国家标准或行业标准的要求。

⑤ 对于低压耐火电缆，用 1000V 绝缘电阻表测试电缆的绝缘电阻，测得的绝缘电阻不应小于 100MΩ；对于中压耐火电缆，用 2500V 绝缘电阻表或 5000V 绝缘电阻表测试主绝缘，用 500V 绝缘电阻表测试外护套与内衬层绝缘，测得的绝缘电阻值应符合相关标准的规定。

⑥ 电缆放线架应放置平稳，钢轴的强度和长度应与电缆盘（卷）的质量和宽度相适应，敷设电缆的机具应检查并调试正常，电缆盘应有可靠的制动措施。

⑦ 敷设前应按设计和实际路径计算每根电缆的长度，合理安排每盘（卷）电缆，减少电缆接头；中间接头位置应避免设置在倾斜处、转弯处、交叉路口、建筑物门口、与其他管线交叉处或通道狭窄处。

⑧ 在带电区域内敷设电缆，应有可靠的安全措施。

⑨ 采用机械敷设电缆时，牵引机和导向机构应调试完好，并应有防止机械力损伤电缆的措施。

3）电缆敷设时，不应损坏电缆沟、隧道、电缆井和人井的防水层。

4）三相四线制系统可采用四芯电力电缆或四根单芯电缆，不允许采用三芯电缆另加一根单芯电缆或以导线、电缆金属护套作为中性线。BTT 系列电缆及 RTT 系列电缆的金属护套仅可设计作为接地线使用。

5）并联使用的电力电缆，其额定电压、型号规格和长度应相同。

6）计算敷设电缆所需长度时，应留适当余量。电缆终端头与接头附近宜留有备用长度。

7）BTT 系列电缆及 RTT 系列电缆敷设在对其金属护套有腐蚀作用的环境中，或在潮湿、易受水浸泡的环境中，以及部分埋地、穿金属管或混凝土类电缆导管敷设时，应采用具有塑料外套的电缆；有阻燃要求的场合，宜采用低烟无卤塑料外套电缆。

8）敷设电缆时，应根据具体的工程施工情况有序地进行施工，宜先远后近、先大后小、先长后短地进行敷设施工，尽量避免电缆的相互交叉、相互重叠。

9）BTT 系列电缆及 RTT 系列电缆宜单独敷设，如无法与其他类型电缆分开敷设时，宜采用隔板分隔。当 BTT 系列电缆或 RTT 系列电缆与其他类型电缆使用温度不一致时，应单独敷设或隔板分隔。

10）单芯电缆按紧贴品字形（三叶形）或田字形排列时，除固定位置外，其余应每隔一定的距离用电缆夹具、扎丝或扎带扎牢，以免松散。

11）电缆在支架上垂直敷设或超过 30°倾斜敷设时，在每个支架上应固定牢固；水平敷设时，在电缆首末两端及转弯处、电缆接头的两端处应固定牢固；当对电缆间距有要求时，每隔 5～10m 处应固定牢固。

12）单芯电缆的固定应符合设计要求；交流系统的单芯电缆或三芯电缆分相后，固定夹具不得构成闭合磁路，宜采用非铁磁性材料。

13）裸金属护套的单芯 BTT 系列电缆或单芯 RTT 系列电缆并联敷设时，每组单芯电缆敷设矫直后，宜采用直径不小于 2.5mm 的裸铜线以 1～1.5m 的间距绑扎牢固；如是平行电缆，也宜按 1～1.5m 间距用卡子或裸铜线绑扎固定，并使相邻两根电缆的铜护套都紧密靠近接触。

14）沿电气化铁路或有电气化铁路通过的桥梁明敷电缆的金属护层或金属穿线管时，应沿其全长与金属支架或桥梁的金属构件绝缘。

15）电缆的敷设应顺直、排列整齐，不宜交叉。电缆各支点间的距离应符合设计要求，当设计无要求时，应不大于表 3-2-3 中的规定。在电缆明敷时，如果相同走向的电缆大、中、小规格都有，从整齐、美观方面考虑，宜按最小规格电缆要求固定，也可分档距固定。若电缆倾斜敷设，当电缆与垂直方向成 30°及以下时，应按垂直间距固定；大于 30°时，应按水平间距固定。

表 3-2-3　电缆各支点间的最大距离　　　　　　（单位：mm）

电缆种类		敷设方式	
		水平	垂直
BTT 系列电缆、 RTT 系列电缆及 BTLY 系列电缆	$D < 9$	600	800
	$9 \leqslant D < 15$	900	1200
	$15 \leqslant D < 20$	1500	2000
	$D \geqslant 20$	2000	2500
BBTRZ 系列电缆		400	1000
WTG 系列电缆及中压耐火电缆		800	1500

注：表中 D 为电缆外径。

16）电缆弯曲时应确保不损害电缆，弯曲后表面应光滑、平整，没有明显褶皱或鼓包。电缆最小弯曲半径应符合表 3-2-4 的规定。对于 BTT 系列电缆，当同一部位需来回多次弯曲时，其最小弯曲半径不应小于电缆外径的 6 倍。

17）电缆敷设时，应做好防止电缆损伤的措施；遇硬质锐边、尖凸、转角及狭窄通道部位，应做好防止机械损伤的措施，并安排专人监护。电缆应从电缆盘的上端或电缆卷的外端引出，不应使电缆在支架及地面上摩擦拖拉，严禁坚硬、尖锐的物体撞击电缆或在电缆上碾压、拖动。电缆上不得有金属护套或铠装压扁、电缆拧绞、护层折裂等未消除的机械损伤。

表 3-2-4　电缆最小弯曲半径

电缆种类		电缆最小弯曲半径	
		多芯	单芯
BTT 系列电缆	$D < 7\text{mm}$	$2D$	
	$7\text{mm} \leqslant D < 12\text{mm}$	$3D$	
	$12\text{mm} \leqslant D < 15\text{mm}$	$4D$	
	$D \geqslant 15\text{mm}$	$6D$	
RTT 系列电缆	$D \leqslant 12\text{mm}$	$6D$	
	$12\text{mm} < D \leqslant 20\text{mm}$	$10D$	
	$20\text{mm} < D \leqslant 40\text{mm}$	$15D$	
	$D > 40\text{mm}$	$20D$	
WTG 系列电缆	无金属护层	$15D$	$20D$
	有金属护层	$12D$	$15D$
中压耐火电缆	无铠装	$15D$	$20D$
	有铠装	$12D$	$15D$
BTLY 系列电缆		$12D$	$15D$
BBTRZ 系列电缆		$15D$	$20D$

注：1. 表中 D 为电缆外径。

　　2. RTT 系列电缆靠近连接盒和终端时，电缆最小弯曲半径可按表中所列数据减去 $2D$，且弯曲时还应小心控制，如采用成型导板等。

18）BTT 系列电缆及 RTT 系列电缆宜采用人工敷设，以防止损坏电缆的金属护层，使绝缘受潮或失效，从而给施工带来不必要的麻烦。

19）电缆应有可靠的防潮封端，用机械敷设电缆时，宜采用牵引头牵引。BTT 系列电缆每根导体的牵引强度不应大于 $50\text{N}/\text{mm}^2$，总拉力不应超过 1000N。其他类型电缆每根导体的牵引强度不应大于 $70\text{N}/\text{mm}^2$，铝套牵引强度不应大于 $40\text{N}/\text{mm}^2$，在其塑料护套上采用钢丝网套牵引时牵引强度不应大于 $7\text{N}/\text{mm}^2$。

20）机械敷设电缆的速度不应超过 $15\text{m}/\text{min}$，在较复杂路径上敷设时，其速度应适当放慢。

21）机械敷设大截面电缆时，应在施工措施中确定敷设方法、线盘架设位置和方法、电缆牵引方向，还应校核牵引力和侧压力，配备充足的敷设人员、机具和通信设备。

① 侧压力应按下式计算：

$$P = T/R$$

式中，P 为侧压力（N/m）；T 为牵引力（N）；R 为弯曲半径（m）。

② 水平直线牵引力应按下式计算：

$$T = 9.8\mu WL$$

式中，μ 为摩擦系数，按表 3-2-5 取值；W 为电缆单位长度的质量（kg/m）；L 为电缆长度（m）。

表 3-2-5　各种牵引件下的摩擦系数

牵引件	摩擦系数
钢管内	0.17 ~ 0.19
塑料管内	0.4
混凝土管，无润滑剂	0.5 ~ 0.7
混凝土管，有润滑	0.3 ~ 0.4
混凝土管，有水	0.2 ~ 0.4
滚轮上牵引	0.1 ~ 0.2
砂中牵引	1.5 ~ 3.5

注：混凝土管包括石棉水泥管。

③ 倾斜直线牵引力应按下列公式计算：

$$T_1 = 9.8WL(\mu\cos\theta_1 + \sin\theta_1)$$
$$T_2 = 9.8WL(\mu\cos\theta_2 + \sin\theta_1)$$

式中，T_1 为弯曲前牵引力（N）；T_2 为弯曲后牵引力（N）；θ_1 为电缆做直线倾斜牵引时的倾斜角（rad）；θ_2 为弯曲部分的圆心角（rad）。

④ 水平弯曲牵引力应按下式计算：

$$T_2 = T_{1e^{\mu\theta}}$$

⑤ 垂直弯曲牵引力应按下列公式计算：

凸曲面：

$$T_2 = 9.8WR[(1-\mu^2)\sin\theta + 2\mu(e^{\mu\theta} - \cos\theta)]/(1+\mu^2) + T_{1e^{\mu\theta}}$$
$$T_2 = 9.8WR[2\mu\sin\theta + (1-\mu^2)(e^{\mu\theta} - \cos\theta)]/(1+\mu^2) + T_{1e^{\mu\theta}}$$

凹曲面：

$$T_2 = T_{1e^{\mu\theta}} - 9.8WR[(1-\mu^2)\sin\theta + 2\mu(e^{\mu\theta} - \cos\theta)]/(1+\mu^2)$$
$$T_2 = T_{1e^{\mu\theta}} - 9.8WR[2\sin\theta + (1+\mu^2)/\mu(e^{\mu\theta} - \cos\theta)]/(1+\mu^2)$$

式中，R 为电缆弯曲时的半径（m）；θ 为弯曲部分的圆心角（rad）。

22）机械敷设电缆时，应在牵引头或钢丝网套与牵引钢缆之间装设防捻器。

23）当电缆敷设在温度变化大的场所（如北方地区室内外穿越敷设）、作为有振动源的设备布线（如电动机进线或发电机出线）或穿越建筑物的沉降缝和伸缩缝时，由于环境条件可能造成电缆振动或伸缩，应考虑将电缆敷设成 S 或 Ω 形弯，如图 3-2-1 所示。BTT 系列电缆的最小弯曲半径不应小于电缆外径的 6 倍，其余电缆的最小弯曲半径应符合表 3-2-4 的规定。

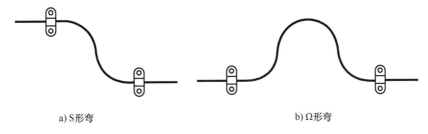

a) S 形弯　　　　　　　　　　　b) Ω 形弯

图 3-2-1　沉降/伸缩弯示意图

24）无塑料外套的 BTT 系列电缆及 RTT 系列电缆敷设在有周期性振动的场所时，应在支撑及固定电缆的部位设置由橡胶等弹性材料制成的衬垫。

25）电缆敷设及安装过程中，电缆割断后应立即对其端部采用涂胶热收缩套管、自粘性橡胶带或其他合适的方法进行临时性密封。

26）电缆接头布置应符合下列规定：

① 并列敷设的电缆，其接头位置宜相互错开。

② 电缆明敷接头，应用托板托置固定；电缆共通道敷设存在接头时，接头宜采用防火隔板或防爆盒进行隔离。

③ 直埋电缆接头应有防止机械损伤的保护结构或外设保护盒，位于冻土层内的保护盒，盒内宜注入沥青。

27）单芯电缆的敷设应按表 3-2-6 所列的电缆相序排列方法分回路绑扎成束，且每个回路电缆的间距不应小于电缆外径的 2 倍，如不留间隙，则应考虑载流量减少系数。敷设时，应逐根敷设，待每组布齐并矫直后，再做电缆相序排列与成束绑扎，绑扎间距以 1～1.5m 为宜。绑扎材料宜采用直径不小于 2.5mm 的裸铜线。

表 3-2-6　单芯电缆敷设时的相序排列方法

回路形式	敷设形式		
	单路电缆	两路平行或两拼电缆	三路及以上平行或多拼电缆
两相三线	Ⓝ Ⓛ1Ⓛ2 ／ Ⓛ1Ⓛ2Ⓝ		
三相三线	Ⓛ1 Ⓛ2Ⓛ3 ／ Ⓛ1Ⓛ2Ⓛ3		

（续）

回路形式	敷设形式		
	单路电缆	两路平行或两拼电缆	三路及以上平行或多拼电缆
三相四线	(L1)(N) (L2)(L3) (L1)(L2)(L3)(N)	⊢d⊣⊢2d⊣⊢d⊣ (L1)(N)　(L1)(N) (L2)(L3)　(L2)(L3) ⊢d⊣⊢2d⊣⊢d⊣ (L1)(L2)(L3)(N)(N)(L3)(L2)(L1)	⊢d⊣⊢2d⊣⊢d⊣⊢2d⊣⊢d⊣ (L1)(N)　(L1)(N)　(L1)(N) (L2)(L3)　(L2)(L3)　(L2)(L3) ⊢d⊣⊢2d⊣⊢d⊣⊢2d⊣⊢d⊣ (L1)(L2)(L3)(N)　(L1)(L2)(L3)(N)　(L1)(L2)(L3)(N)

28）无塑料外护套的 BTT 系列电缆和 RTT 系列电缆在敷设过程中及敷设完毕后，不应将电缆的铜护套作为电焊机的地线或其搭接线使用，并应避免带电的电焊钳及焊丝触碰电缆的铜护套或在电缆上拖动，且应避免对任何与电缆的铜护套有接触的金属件施焊。

29）电缆敷设完毕后，在其敷设路径可能对电缆造成机械损伤的部位，应采取适当的保护措施。

30）电缆进入电缆沟、隧道、竖井、建筑物、盘（柜）以及穿入管子时，出入口应封闭，管口应密封。

31）电缆在接续端子前应可靠固定，元器件或设备端子不得承受电缆载荷。

32）当无塑料外套的 BTT 系列电缆及 RTT 系列电缆敷设在潮湿环境时，支（吊）架与电缆铜护套直接接触的部位应采取防电化腐蚀措施。

33）交流系统单芯电缆敷设应采取下列防涡流措施：

① 电缆应分回路进出钢制配电箱（柜）、桥架。

② 电缆应采用金属件固定或金属线绑扎，且不得形成闭合铁磁回路。

③ 当电缆穿过钢管（钢套管）或钢筋混凝土楼板、墙体的预留孔洞时，电缆应分回路敷设。

34）电缆敷设安装完毕后应对绝缘电阻进行测试，低压耐火电缆的绝缘电阻值不应小于 20MΩ；中压耐火电缆的主绝缘、护套绝缘及内衬层绝缘的绝缘电阻应符合相关验收规范的规定。

35）电缆敷设完毕应及时装设标识牌，标识牌装设应符合下列规定：

① 电缆首末端、分支处及中间连接处装设电缆标识牌。

② 电缆导管两端人孔及工作井处。

③ 电缆隧道内转弯处、T 形口、十字口、电缆分支处、直线段每隔 50 ～ 100m 处。

④ 标识牌上应注明线路编号，且宜写明电缆型号、规格、起讫地点；并联使用的电缆应有顺序号，单芯电缆应有相序或极性标识；标识牌的字迹应清晰、耐久、不易脱落。

⑤ 标识牌规格宜统一，标识牌应防腐，挂装应牢固。

2.7　电缆专用附件的安装

1) 电缆终端与接头的制作，应由具有相应电缆配件安装经验或培训合格的熟练工人进行。

2) BTT 系列电缆、RTT 系列电缆及 BTLY 系列电缆的终端、中间连接器、分支接线箱（盒）、施工专用工具及敷设用配件等宜由电缆制造商配套供应，并应按照电缆制造商的技术文件要求使用和安装。

3) 电缆终端与接头制作前，应核对电缆相序或极性。

4) 制作电缆终端和接头前，应按设计文件和产品技术文件要求做好检查，并符合下列规定：

① 电缆绝缘状况应良好，无受潮；电缆内不得进水。

② 附件规格应与电缆一致，型号符合设计要求。零部件应齐全无损伤，绝缘材料不得受潮；附件材料应在有效贮存期内。壳体结构附件应预先组装、清洁内壁、密封检查，结构尺寸应符合产品技术文件要求。

③ 施工用机具齐全、清洁，便于操作；消耗材料齐备，塑料绝缘表面的清洁材料应符合产品技术文件的要求。

5) 在室内、隧道内或林区等有防火要求的场所进行电缆终端与接头制作，应备有足够的消防器材。

6) 电缆的终端及中间接头应随电缆敷设及时安装，安装终端及接头前应对电缆进行绝缘测试。低压耐火电缆的绝缘电阻值不应小于 $100M\Omega$；中压耐火电缆的主绝缘、外护套与内衬层的绝缘电阻应符合相关施工及验收规范的规定。当测得的绝缘电阻低于规定要求时，应处理至符合要求后方可安装终端及接头。对于 BTT 系列电缆、RTT 系列电缆及 BTLY 系列电缆，可将受潮段加热驱潮或剪除受潮段。BTT 系列电缆的驱潮可采用喷灯或加强型电吹风，其他采用云母带作耐火层的电缆应采用加强型电吹风进行驱潮。

7) 电缆终端与接头制作时，施工现场温度、湿度与清洁度应符合产品技术文件要求，不得直接在雾、雨或五级以上大风环境中施工。制作中压耐火电缆终端与接头时，其空气相对湿度宜为 70% 及以下；当湿度大时，应进行空气湿度调节，降低环境湿度。

8) 电缆终端与接头制作时，应遵守制作工艺规程及电缆制造商提供的技术文件的要求。

9) 附加绝缘材料除电气性能应满足要求外，尚应与电缆本体绝缘具有相容性。两种材料的硬度、膨胀系数、抗张强度和断裂伸长率等物理性能指标应接近。塑料绝缘电缆附加绝缘应采用弹性大、粘接性能好的材料。

10）BTT 系列电缆的导体中间连接应采用压装型、压接型、螺钉连接型接线端子连接；导体标称截面积 35mm² 以上的 BTT 系列电缆终端的导体连接必须采用压装型接线端子。其他类型防护电缆及中压耐火电缆的线芯连接金具，应采用符合相应国家标准或行业标准的铜连接管和铜接线端子，其内径应与电缆线芯匹配，间隙不应过大；截面积宜为线芯截面积的 1.2 ~ 1.5 倍。采取压接时，压接钳和模具应符合规定要求。

11）三芯中压耐火电缆在电缆中间接头处，其电缆铠装、金属屏蔽层应各自有良好的电气连接并相互绝缘；在电缆终端头处，电缆铠装、金属屏蔽层应用接地线分别引出，并应接地良好。交流系统单芯电力电缆金属层接地方式和回流线的选择应符合设计要求。

12）电缆的导体中间连接应牢固可靠，在全负荷运行时，接头部位的外护套温度不应高于电缆本体温度。

13）制作电缆终端及接线端子时，裸露的导体应采用绝缘套管保护，套管材料应与其使用温度、运行环境相匹配。BTT 系列电缆、RTT 系列电缆与 BTLY 系列电缆终端的密封料、密封罐盖及绝缘套管等应选用电缆制造商推荐的材料。

14）电缆终端与电气装置的连接，应符合国家标准 GB 50149—2010《电气装置安装工程 母线装置施工及验收规范》的有关规定及制造商提供的产品技术文件的要求。

15）BTT 系列电缆封端及导体接线端子应采用电缆制造商提供的专用附件，当采用热收缩套管作为封端时，应添加专用密封胶；导体接线端子应与电缆导体可靠连接。

16）制作电缆终端与中间接头，从剥切电缆开始应连续操作直至完成，应缩短绝缘曝露时间。剥切电缆时不应损伤线芯和需保留的绝缘层、保护层、半导电屏蔽层，外护套层、金属屏蔽层、铠装层、半导电屏蔽层和绝缘层剥切尺寸应符合产品技术文件要求。附加绝缘的包绕、填充、装配、热缩等应保持清洁。

17）电缆终端的制作安装应按电缆制造商提供的技术文件要求做好导体连接部件、终端、中间连接部件、接地等的安装，并应做好密封防潮、机械保护等措施。电缆终端安装应确保外绝缘相间和对地距离满足现行国家标准 GB 50149—2010《电气装置安装工程 母线装置施工及验收规范》的有关规定。

18）中压耐火电缆终端和接头制作时，电缆绝缘处理后的绝缘厚度及偏心度应符合产品技术文件要求，绝缘表面应光滑、清洁，防止灰尘和其他污染物黏附。绝缘处理后的工艺过盈配合应符合产品技术文件要求，绝缘屏蔽断口应平滑过渡。

19）中压耐火电缆终端和接头制作时，预制件安装定位尺寸应符合产品技术文件要求，在安装过程中内表面应无异物、损伤、受潮；橡胶预制件采用机械现场扩张时，扩张持续时间和温度应符合产品技术文件要求。

20）电缆导体连接时，应除去导体和连接管内壁油污及氧化层。采用压接时，压接模具与金具应配合恰当，压缩比应符合产品技术文件要求。压接后应将端子或连接管上的凹痕修理光滑，不得残留毛刺。低压耐火电缆采用电缆制造商配套提供的非压接型端子或连接管时，其安装应符合电缆制造商提供的技术文件的要求。

21）电缆的终端应牢固可靠地固定在电缆和电气设备上，分支接线箱（盒）中的电缆也应牢固可靠地固定。

22）电缆终端及中间连接的封端制作完毕后，均应测试电缆的绝缘电阻，测得的绝缘电阻值不应小于 20MΩ，在 24h 之后复测绝缘电阻应无明显变化。

23）电缆的中间连接附件安装位置应便于检修，并排敷设电缆的中间接头位置应相互错开且不得被其他物体遮盖。

24）同一回路的单芯电缆有中间接头时，其中间接头的数量宜一致，位置应相互错开。

25）除在水平桥架内敷设外，电缆中间连接附件及其两侧 300mm 内的电缆均应进行可靠固定，并做好标识。水平敷设在桥架内的电缆应顺直，中间连接附件不得承受外力。

26）具有塑料外套的 BTT 系列电缆及 RTT 系列电缆与其终端、中间连接器及分支接线箱（盒）等的结合端，宜采柔性塑料锥形保护套对电缆封端及端头裸露的金属护套进行保护，以防腐蚀。

27）电缆终端以及分支接线箱（盒）内的芯线相序应连接正确，应有明显的相位（极性）标识，且应与系统的相位（极性）一致。

28）电缆的中间连接附件安装完毕后应设置明显的连接附件位置标识，并在竣工图中标明具体位置。

2.8　接地

1）电缆的金属护套（金属套）、中间接线盒和分支箱（盒）应可靠接地；电缆使用的金属穿线管、保护管、支吊架、托架、桥架、梯架、竖井等金属外构件全长均必须有可靠的接地。接地连接线应采用铜绞线或镀锡铜编织线。

2）当 BTT 系列电缆及 RTT 系列电缆的铜护套作为保护导体使用时，终端接地铜片的最小截面积不应小于电缆铜护套截面积，电缆接地连接线允许的最小截面积应符合表 3-2-7 的规定。

表 3-2-7　电缆接地连接线允许的最小截面积　　　　（单位：mm^2）

电缆芯线的截面积 S	接地连接线允许的最小截面积
$S \leqslant 16$	S
$16 < S \leqslant 35$	16
$35 < S \leqslant 400$	$S/2$

3）当 BTT 系列电缆及 RTT 系列电缆的铜护套不作为保护导体使用时，铜护套以及其他类型电缆的金属套应可靠接地，接地连接线的截面积不应小于表 3-2-8 的规定。

表 3-2-8　接地连接线的截面积　　　　　　　　（单位：mm²）

电缆芯线的截面积 S	接地连接线允许的最小截面积
$S \leqslant 16$	S
$16 < S \leqslant 120$	16
$S \geqslant 150$	25

4）电缆的金属护套或金属套宜单端接地，必须两端接地时，其两端的接地点应等电位。

5）并联使用的单芯电缆除每根单独接地外，还应采用相同截面积的接地铜线将每根电缆的接地铜片之间进行可靠的连接。

6）当无塑料外护套的 BTT 系列电缆及 RTT 系列电缆敷设于人体易触及的部位或潮湿环境时，在人能同时接触到的外露可导电部分和装置外可导电部分之间应做辅助等电位联结。

7）低压耐火电缆直通接头两侧电缆的金属护套或金属套应各自进行可靠的电气连接，不得中断。在电缆终端头、分支接线箱（盒）处，电缆的金属护套或金属套应用接地线分别引出，并应接地良好，引出的接地线的截面积应根据设计用途符合相应要求。

8）中压耐火电缆中三芯电缆接头及单芯电缆直通接头两侧的金属屏蔽层、金属护层、铠装层应分别连接良好，不得中断，跨接线的截面积应符合产品技术文件要求，且不应小于表 3-2-8 规定的接地连接线截面积。

9）直埋电缆接头的金属外壳及电缆的金属护层应做防腐、防水处理。

10）电缆金属护套或金属套接地线未随电缆芯线穿过互感器时，接地线应直接接地；随电缆芯线穿过互感器时，接地线应穿回互感器后接地。

11）单芯中压耐火电缆的交叉互联箱、接地箱、护层保护器等安装应符合设计要求；箱体应安装牢固、密封良好，标识应正确、清晰。

12）单芯中压耐火电缆金属护层采取交叉互联方式时，应逐相进行导通测试，确保连接方式正确；护层保护器在安装前应检测合格。

2.9　电缆线路防火阻燃设施施工

1）对爆炸和火灾危险环境、电缆密集场所或可能着火蔓延而酿成严重事故的电缆线路，防火阻燃措施必须符合设计要求。

2）应在下列孔洞处采用防火封堵材料密实封堵：

① 在电缆贯穿墙壁、楼板的孔洞处。

② 在电缆进入盘、柜、箱、盒的孔洞处。

③ 在电缆进出电缆竖井的出入口处。

④ 在电缆桥架穿过墙壁、楼板的孔洞处。

⑤ 在电缆或电缆导管进入电缆桥架、电缆竖井、电缆沟和电缆隧道的端口处。

3）防火墙施工应符合下列规定：

① 防火墙设置应符合设计要求。

② 电缆沟内的防火墙底部应留有排水孔洞，防火墙上部的盖板表面宜做明显且不易褪色的标记。

③ 防火墙上的防火门应严密，防火墙两侧长度不小于 2m 内的电缆，除无塑料外套的 BTT 系列电缆和 RTT 系列电缆外，其余电缆应涂刷防火涂料或缠绕防火包带。

4）电缆线路防火阻燃应符合下列规定：

① 敷设时选用的电缆应符合设计要求。

② 报警和灭火装置设置应符合设计要求。

③ 已投入运行的电缆孔洞、防火墙，临时拆除后应及时恢复封堵。

④ 防火重点部位的出入口，防火门或防火卷帘设置应符合设计要求。

⑤ 除无塑料外套的 BTT 系列电缆和 RTT 系列电缆外，电缆中间接头宜采用电缆用阻燃包带或电缆中间接头保护盒封堵，接头两侧及相邻电缆长度不小于 2m 内的电缆应涂刷防火涂料或缠绕防火包带。

⑥ 防火封堵部位应便于增补或更换电缆，紧贴电缆部位宜采用柔性防火材料。

5）防火阻燃材料应具备下列质量证明文件：

① 具有资质的第三方检测机构出具的检验报告。

② 出厂质量检验报告。

③ 产品合格证。

6）防火阻燃材料施工措施应按设计要求和材料使用工艺确定，材料质量与外观应符合下列规定：

① 有机封堵不应氧化、冒油，软硬应适度，应具备一定的柔韧性。

② 无机堵料应无结块、杂质。

③ 防火隔板应平整、厚薄均匀。

④ 防火包遇水或受潮后不应结块。

⑤ 防火涂料应无结块、能搅拌均匀。

⑥ 阻火网网孔尺寸应均匀，经纬线粗细应均匀，附着防火复合膨胀料厚度应一致。阻火网弯曲时不应变形、脱落，并应易于曲面固定。

7）缠绕防火包带或涂刷防火涂料施工应符合产品技术文件要求。

8）电缆孔洞封堵应严实可靠，不应有明显的裂缝和可见的孔隙，堵体表面平整，孔洞较大者应加耐火衬板后再进行封堵。有机防火堵料封堵不应有透光、漏风、龟裂、脱落、硬化现象；无机防火堵料封堵不应有粉化、开裂等缺陷。防火包的堆砌应密实牢固，外观整齐，不应透光。

9）电缆线路防火阻燃设施应保证必要的强度，封堵部位应能长期使用，不应发生破损、散落、坍塌等现象。

第3章 产品敷设方式及要求

3.1 隧道或电缆沟敷设方式

1）当隧道或电缆沟内有多种电缆敷设时，电缆排列应符合下列要求：

① 电力电缆和控制电缆不宜配置在同一层支架上，设计为不同运行温度的电缆也不宜配置在同一层支架上。

② 高低压电力电缆，强电、弱电控制电缆应按顺序分层配置，宜由上而下配置；但在含有 35kV 以上高压电缆引入盘柜时，可由下而上配置。

③ 同一重要回路的工作与备用电缆实行耐火分隔时，应配置在不同侧或不同层的支架上。

④ BTT 系列电缆及 RTT 系列电缆宜敷设于其他电缆上方。

2）隧道或电缆沟内支（吊）架设置及排列间距应符合现行国家标准 GB 50168—2018《电气装置安装工程 电缆线路施工及验收标准》的规定及设计要求。

3）并列敷设的电缆净距应符合设计要求。

4）无塑料外护套的 BTT 系列电缆及 RTT 系列电缆沿隧道或电缆沟敷设时，电缆铜护套与其直接接触的金属物体间应采取防电化腐蚀措施。

5）当无塑料外护套的 BTT 系列电缆及 RTT 系列电缆沿支架敷设时，电缆与支架应做辅助等电位联结，其间距不应大于 25m。

6）电缆敷设完毕后，应及时清除杂物、盖好盖板。当盖板上方需回填土时，宜将盖板缝隙密封。

7）当敷设的电缆在隧道井口处有被落物砸伤的可能时，宜对电缆进行保护。

3.2 桥架敷设方式

1）当电缆沿桥架敷设时，电缆在桥架横断面的填充率应符合下列规定：

① 电力电缆不应大于 40%。

② 控制电缆不应大于 50%。

2）控制电缆在桥架上敷设不宜超过三层，交流三芯电力电缆在桥架上敷设不宜超过两层。

3）当电缆沿桥架敷设时，分支处应单独设置分支箱且安装位置应便于检修。

4）桥架应可靠接地。

5）并列敷设的电缆净距应符合设计要求。

3.3　穿管及直埋敷设方式

1）在易受机械损伤的地方和在受力较大处直埋电缆导管时，应采用足够强度的管材。在下列地点，电缆应有足够机械强度的保护管或加装保护罩：

① 电缆进入建筑物、隧道，穿过楼板及墙壁处。

② 从沟道引至杆塔、钢索、设备、墙外表面或屋内行人容易接近处，距地面高度 2m 以下的部分。

③ 有载重设备移经电缆上面的区段。

④ 其他可能受到机械损伤的地方。

2）BTT 系列电缆及 RTT 系列电缆穿管敷设时宜穿直通管，长度超过 30m 的直通管应增设检修井或接线箱；其他类型的电缆穿管敷设时，每根电缆导管的弯头不应超过 3 个，直角弯不应超过两个。

3）电缆导管的内径不大于电缆外径（包括单芯成束的每路电缆外径之和）的1.5 倍。

4）管道内部应无积水，且应无杂物堵塞。穿电缆时应有防电缆护层损伤的措施，不得损伤护层，可采用无腐蚀性的润滑剂（粉）。

5）电缆穿管的位置及穿入管中电缆的数量应符合设计要求，单芯电缆应按回路成束穿管敷设，不应单独穿入钢管内。

6）电缆导管在敷设电缆前，应进行疏通，清除杂物。电缆敷设到位后应做好电缆固定和管口封堵，并应做好管口与电缆接触部分的保护措施。

7）在 10% 以上的斜坡排管中，应在标高较高一端的工作井内设置防止电缆因热伸缩和重力作用而滑落的构件。

8）工作井中电缆导管口应按设计要求做好防水措施。

9）当电缆穿管敷设需接头时，接头部位应设置检修井或接线箱。

10）电缆直埋敷设路径上有可能使电缆受到机械性损伤、化学作用、地下电流、振动、热影响、腐蚀物质、虫鼠等危害的地段，应采取保护措施。

11）电缆直埋敷设应符合下列规定：

① 电缆应埋置于壕沟内，埋设深度应符合设计要求；当设计无要求时，埋设深度不应小于 0.7m；穿越农田或在车行道下敷设时埋设深度不应小于 1m；在引入建筑物、与地下建筑物交叉及绕过地下建筑物处可浅埋，但应采取保护措施。

② 电缆应埋设于冻土层以下，当受条件限制时，应采取防止电缆受到损伤的措施。

③ 室外直埋电缆的接头部位应设置检修井。

12）直埋敷设的电缆，不得平行敷设于管道的正上方或正下方；高电压等级的电缆宜敷设在低电压等级电缆的下面。

13）电缆之间，电缆与其他管道、道路、建筑物之间平行和交叉时的最小净距，应符合设计要求。当设计无要求时，应符合下列规定：

① 未采取隔离或防护措施时，应符合表 3-3-1 中的规定。

表 3-3-1　电缆之间，电缆与其他管道、道路、建筑物之间平行和交叉时的最小净距

（单位：m）

项目		最小净距	
		平行时	交叉时
电力电缆间及其与控制电缆间	10kV 及以下	0.10	0.50
	10kV 以上	0.25	0.50
不同部门使用的电缆间		0.50	0.50
热管道（管沟）及热力设备		2.00	0.50
油管道（管沟）		1.00	0.50
可燃气体及易燃液体管道（管沟）		1.00	0.50
其他管道（管沟）		0.50	0.50
铁路路轨		3.00	1.00
电气化铁路路轨	非直流电气化铁路路轨	3.00	1.00
	直流电气化铁路路轨	10.00	1.00
电缆与公路边		1.00	—
城市街道路面		1.00	—
电缆与 1kV 以下架空线电杆		1.00	—
电缆与 1kV 以上架空线电杆塔基础		4.00	—
建筑物基础（边线）		0.60	—
排水沟		1.00	0.50

② 当采取隔离或防护措施时，可按下列规定执行：

a. 电力电缆间及其与控制电缆间或不同部门使用的电缆间，当电缆穿管或用隔板隔开时，平行净距可为 0.1m。

b. 电力电缆间及其与控制电缆间或不同部门使用的电缆间，在交叉点前后 1m 范围内，当电缆穿入管中或用隔板隔开时，其交叉净距可为 0.25m。

c. 电缆与热管道（管沟）、油管道（管沟）、可燃气体及易燃液体管道（管沟）、热力设备或其他管道（管沟）之间，虽净距能满足要求，但检修管路可能伤及电缆时，在交叉点前后 1m 范围内，尚应采取保护措施；当交叉净距不能满足要求时，应将电缆穿入管中，其净距可为 0.25m。

d. 电缆与热管道（管沟）及热力设备平行、交叉时，应采取隔热措施，使电缆周围土壤的温升不超过 10℃。

e. 当直流电缆与电气化铁路路轨平行、交叉净距不能满足要求时，应采取防电化腐蚀措施。

f. 直埋电缆穿越城市街道、公路、铁路，或穿过有载重车辆通过的大门，进入建筑物的墙角处，进入隧道、人井，或从地下引出到地面时，应将电缆敷设在满足强度要求的管道内，并将管口封堵好。

g. 当电缆穿管敷设时，与公路、街道路面、杆塔基础、建筑物基础、排水沟等的平行最小间距可按表 3-3-1 中的数据减半。

14）电缆与铁路、公路、城市街道、厂区道路交叉时，应敷设于坚固的保护管或隧道内。电缆导管的两端宜伸出道路路基两边 0.5m 以上，伸出排水沟 0.5m，在城市街道应伸出车道路面。

15）直埋电缆上下部应铺不小于 100mm 厚的软土砂层，并应加盖保护板，其覆盖宽度应超过电缆两侧各 50mm，保护板可采用混凝土盖板或同等强度、具有防腐性能的其他盖板。软土或砂子中不应有石块或其他硬质杂物。

16）直埋电缆在直线段每隔 50～100m 处、电缆接头处、转弯处、进入建筑物等处，应设置明显的方位标志或标桩。

17）直埋电缆回填前，应经隐蔽工程验收合格，回填料应分层夯实。

18）直埋及室外穿管敷设的电缆在拐弯、接头、终端和进出建筑物等部位，应设置明显的方位标志。直线段上应每 25m 设置标桩，标桩露出地面宜为 150mm。

3.4 沿钢索架空敷设方式

1）钢索架空敷设电缆的钢索及其配件均应采取热镀锌处理。电缆沿钢索架空敷设固定间距不得大于 1m，遇转弯时，除弯曲半径应符合表 3-2-4 的规定外，在其弯曲部位两侧的 100mm 内尚应做可靠固定。

2）电缆与铁路、公路、架空线路交叉跨越时，最小允许距离应符合表 3-3-2 中的规定。

表 3-3-2　电缆与铁路、公路、架空线路交叉跨越时的最小允许距离

交叉设施	最小允许距离/m	备　　注
铁路	3/6	至承力索或接触线/至轨顶
公路	6	—
电车路	3/9	至承力索或接触线/至路面
弱电流线路	1	—
电力线路	1/2/3/4/5	电压 1kV 以下/6～10kV/35～110kV/ 154～220kV/330kV
河道	6/1	五年一遇洪水位/至最高航行水位的最高船桅顶
索道	1.5	—

3）当沿钢索架空敷设的电缆需穿墙时，在穿墙处应预埋内径大于电缆外径1.5 倍的穿墙套管，并应做好管口封堵。

4）当电缆沿钢索架空敷设时，电缆在钢索的两端固定处应做减振膨胀环。

5）电缆沿钢索架空敷设应按回路敷设，并采用金属电缆挂钩固定。

6）沿钢索架空敷设的电缆金属护套、金属保护层及钢索两端应可靠接地，杆塔和配套金具均应根据电缆的结构和性能进行配套设计，且应满足规程及强度要求。

7）支撑电缆的钢索应满足荷载要求，并应全线良好接地，在转角处应打拉线或顶杆。

8）架空敷设的电缆不宜设置电缆接头。

3.5　低压耐火电缆沿墙或顶板敷设方式

1）电缆沿墙或顶板明敷设时，应先将电缆矫直，然后再用电缆卡子将电缆固定于墙面或顶板上。并排敷设的电缆应排列整齐、间距一致，固定间距和弯曲半径应符合设计要求，设计无要求时，应符合表 3-2-3 和表 3-2-4 中的规定。当有多种规格电缆一起敷设时，应做到横平竖直，所有电缆的弯曲半径均应按最大直径的电缆一起弯曲，做到弯曲形状一致。

2）沿墙或顶板敷设的单芯电缆宜分回路固定，排列方式应符合表 3-2-6 中的规定。

3）当单芯电缆沿墙采用挂钩敷设时，挂钩可使用金属制品，其上开口应大于电缆外径。

3.6　沿支（吊）架敷设方式

1）沿支（吊）架敷设的电缆应可靠固定。

2）电缆支（吊）架应符合下列规定：

① 电缆支（吊）架表面应光滑无毛刺。

② 电缆支（吊）架的固定应稳固、耐久。

③ 电缆支（吊）架应具有所需的承载能力。

④ 电缆支（吊）架应符合设计的防火要求。

3）电缆在支架上的敷设应符合下列规定：

① 控制电缆在普通支架上不宜超过两层。

② 交流三芯电力电缆在普通支架上不宜超过一层。

③ 交流单芯电力电缆应布置在同侧支架上，并应限位、固定。当按紧贴品字

形（三叶形）排列时，除固定位置外，其余应每隔一定的距离用电缆夹具、绑带扎牢，以免松散。

④ 并列敷设的电缆净距应符合设计要求。

4）电缆支（吊）架最大间距应符合表 3-2-3 中的规定。

5）电缆支（吊）架的安装位置应预留电缆敷设、固定、安装接头及检修的空间。

6）电缆支（吊）架应可靠接地。

第4章 产品敷设安装流程

4.1 进场验收

电缆及其附件到达现场后,应按本篇第2章2.2小节的规定进行验收。发现问题应及时处理,需电缆制造商协助处理时,电缆制造商应及时配合。

4.2 场内搬运及保管

电缆及其附件的搬运及保管应按本篇第2章2.2小节的规定实施。

4.3 安装前的准备工作

1)安装前应根据本篇第2章2.1小节的规定组织施工队伍、落实技术培训、熟悉施工现场情况,并制定施工方案和安全技术措施。

2)按照本篇第2章2.3小节的要求检查建筑工程条件具备情况,并做好相关检查记录。

4.4 产品的安装

按照本篇第2章第2.4~2.9小节及第3章的要求实施电缆及相关设施的敷设、安装及施工。

4.5 电缆终端及中间接头的制作方法

4.5.1 一般要求

1)电缆敷设好后制作电缆接头时,应在同一路电缆放线结束后进行,以免其他线路的施工对接头造成损坏。如果有中间接头,则应先制作电缆的中间接头,再制作电缆终端接头;如果没有中间接头,则可直接安装电缆终端。制作终端和中间接头时,应按照本手册或电缆制造商技术文件提供的安装工艺进行施工。

2)电缆终端和接头的制作应能保证整条电缆线路长期、安全、可靠地运行,应达到以下要求：

① 导体连接良好，能保证电缆线路长久、稳定地传输电流，在全负荷运行时，接头部位的温度不应明显高于电缆本体温度。

② 电缆接头部位应具有足够的绝缘强度，能承受电缆运行条件下的长期工作电压或短时过电压。

③ 电缆端头应具有良好的密封性能，能有效防止电缆运行中周围环境的水分或潮气及其他电介质侵入绝缘。

④ 电缆终端和接头应具有足够的机械强度，能满足在相应安装、运行条件下的受力要求。

⑤ 电缆终端及接头的结构设计应简单、轻巧、紧凑、合理、造型美观，便于加工制作和现场安装。

3）在电缆接头处，两端电缆应留有适当余量，并挂上电缆挂牌或做好标签，以便于后续接头的正确连接，防止错接。在电缆的起始端和终止端，应根据需要留有适当余量，以便于终端接头的安装和以后的检修备用。

4）电缆终端和接头制作时，裸露的芯线应采用绝缘套管保护，并应根据电缆设计运行温度和环境温度选择合适的填料函、密封料和导线绝缘套管。

5）电缆终端和接头制作前后及制作过程中，应多次测试低压耐火电缆的绝缘电阻以及中压耐火电缆的主绝缘、护套绝缘和内衬层绝缘，并做好测试记录。发现电缆绝缘电阻降低时，应查清原因并及时处理。

6）每根电缆的中间接头和终端接头安装完成之后，应立即测试低压耐火电缆的绝缘电阻以及中压耐火电缆的主绝缘、护套绝缘和内衬层绝缘，合格后经过24h再测试一次，复测绝缘电阻应无明显变化。若复测的绝缘电阻下降许多，则应检查找出电缆的受潮点并及时修复，修复测试合格后仍应在24h后重复测试电缆的绝缘电阻，直到合格为止。

7）电缆进配电箱（柜）、接线箱（盒）、分支接线箱（盒）或其他电气设备安装时应进行固定，保证电缆、电缆终端以及接线端子不承受任何拉力。

4.5.2 交流系统大截面单芯电缆的涡流消除措施

1）交流系统大截面单芯电缆进入铁磁性配电箱（柜）、接线箱（盒）、分支接线箱（盒）或其他电气设备时，应采取涡流消除措施，以减少电能损耗和避免涡流发热温升。

2）单芯电缆进入铁磁性电气箱、柜、盒时可采取以下消除涡流的措施：

① 在电缆进电气箱、柜、盒的面板上按图 3-4-1 所示的方式开孔和开缝，并将电缆加以固定。

② 采用非磁性材料做电缆进线板，并开安装孔将电缆安装固定。

③ 若配电箱、柜底部无底板，则可采用扁铜或铝母线做支架，并开安装孔将

电缆安装固定。

3）用非铁磁性材料做电缆进线板或固定支架时，孔与孔之间不必横向开缝。当采用扁钢或角钢等铁磁性材料做支架时，也应按图 3-4-1 所示方式开孔、开缝后连接电缆。

4）电缆安装孔的开孔孔径应以电缆供应商提供的电缆终端填料函固定端（大端）螺纹外径尺寸为准，孔间开缝宽度为 1.5mm 左右。

5）BTT 系列电缆及 RTT 系列电缆进线金属面板或金属支架开孔后，其圆孔周围的油漆应清除，以保证电缆铜护套、附件与金属电气箱、柜、盒壳体或金属支架接触良好。

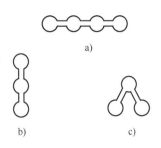

图 3-4-1　进线板开孔
和开缝示意图

4.5.3　BTT 系列电缆铜护套的剥除方法

1）BTT 系列电缆铜护套可选用下列方法之一进行剥除：

① 采用斜口钳剥除。

② 采用叉口棒剥除。

③ 采用铜皮剥切器剥除。

2）斜口钳剥除铜护套的方法如下：

① 确定需剥除的铜护套长度，将切管器（管割刀）套进电缆并置于电缆铜护套应切割处，调节好刀口的深度，然后旋转切割器一两转在铜护套上割出环口，然后再次调节刀片深度后旋转切割器，转动切割两三次之后割出一个深 0.1 ~ 0.5mm的环形切口。切管器如图 3-4-2 所示。切口的具体深度应视铜护套厚度而定，切口不能太深也不能太浅，太深了会使铜护套

图 3-4-2　切管器

向内弯边而减少切口处的绝缘厚度，甚至使铜护套与线芯接触造成短路；太浅则剥除铜护套后，会使铜皮口向外张开而无法安装附件。切口深度可通过切管器手柄上的调节螺杆进行调整。

② 切口割好后，用斜口钳在铜护套端头掰卷出一个长约 5mm 的三角斜条，如图 3-4-3a 所示。

③ 将斜口钳钳住掰出的斜条，沿与电缆铜护套成 45°的斜角旋转将铜皮以螺旋状逐段剥出，如图 3-4-3b 所示。在剥除过程中不要将剥出的铜皮沿根部剪断。

④ 即将剥至铜护套环切口时，应慢慢转动斜口钳，使铜皮缓缓剥出以保证切口的圆整、平齐、光洁，如图 3-4-3c 所示。

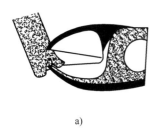 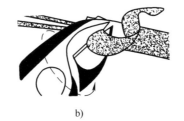 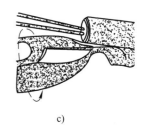

a)　　　　　　　　　b)　　　　　　　　　c)

图 3-4-3　斜口钳剥除铜护套示意图

3）叉口棒如图 3-4-4 所示，采用 φ6、φ10 的圆钢制作，可自制。其一端的三角弯用作手柄，另一端沿轴线纵向开有宽 1~2mm、深 10~20mm 的槽口。采用叉口棒剥除铜护套的方法如下：

① 采用切管器在电缆铜护套的剥除长度位置割出一个深 0.1~0.5mm 的环形切口，切割方法同 4.5.3 小节第 2 条。

② 用斜口钳在铜护套端头掰卷出一个长约 5mm 的三角斜条，如图 3-4-5a 所示。

③ 用叉口棒的槽口夹住掰出的斜条，沿与电缆铜护套成 45°的斜角旋转叉口棒，电缆铜护套剥开后就逐渐卷在叉口棒上，卷多了就剪断，再夹住铜皮继续卷，将铜皮以螺旋状逐段剥出，如图 3-4-5b 所示。剪断缠绕在叉口棒上的铜皮卷时，不要沿根部剪断。

 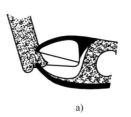 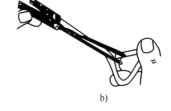

a)　　　　　　　b)

图 3-4-4　叉口棒　　　　图 3-4-5　叉口棒剥除铜护套示意图

④ 即将剥至铜护套环切口时，应慢慢转动叉口棒，使铜皮缓慢剥出以保证切口的圆整、平齐、光洁。

4）铜皮剥切器为专用工具，如图 3-4-6所示，可由电缆制造商配套供应。其剥切铜护套的方法如下：

① 选配好剥切刀具，并根据电缆直径大小调整好铜皮剥切器上的导块，然后将铜皮剥切器套进电缆，刀口对住

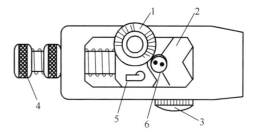

图 3-4-6　铜皮剥切器示意图

1—切割刀片　2—下导块　3—导块固定螺钉
4—导块螺杆　5—上导块　6—BTT 系列电缆

电缆端口铜皮。

② 调节导块螺杆，使刀片正好能切割电缆的铜护套，如图 3-4-7a 所示。调节刀片切入深度时，应调节到铜皮切除的合适深度，且切入深度不应超过氧化镁绝缘层厚度的 1/3，以防切割到电缆芯线。

③ 旋转铜皮剥切器，刀片的刀口切割电缆铜护套，铜皮成螺旋状卷出，如图 3-4-7b 所示。铜皮卷长了可剪断。

④ 剥除至铜护套要求的长度位置时，在铜皮剥切器下端用钢丝钳钳住电缆，原位旋转切割两圈，铜皮自行脱落，如图 3-4-7c 所示。

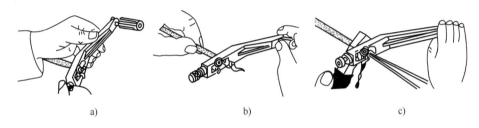

a)　　　　　　　　　　　　b)　　　　　　　　　　　　c)

图 3-4-7　铜皮剥切器剥除铜护套示意图

4.5.4　其他电缆金属护套或金属套的剥除方法

1）其他电缆金属护套或金属套的剥除可采用本章第 4 章 4.5.3 小节提供的方法实施，或按电缆制造商技术文件提供的其他方法剥除。BTLY 系列电缆挤压铝套的剥除还可采用切管器直接切断去除，去除后应采用电工刀或一字螺丝刀仔细地刮除铝套切口的毛刺并清理干净。

2）电缆的绕包或纵包金属带可用电工剪剪除。操作时应先在铝套去除位置做好标记，然后将金属带展开至标记位置用电工剪将金属带剪断并剪平，再将余留的金属带归位，最后用透明胶带或绝缘胶带环包固定以防金属带散开。

4.5.5　低压耐火电缆的驱潮方法及临时封端与密封

1）BTT 系列电缆可采用汽油喷灯、液化气喷灯或加强型电吹风进行驱潮，RTT 系列电缆及 BTLY 系列电缆应采用加强型电吹风进行驱潮，其他类型的低压耐火电缆通常无须驱潮。

2）采用汽油喷灯或液化气喷灯对 BTT 系列电缆进行驱潮时，汽油或液化气的加入量不应超过罐内容积的 3/4。喷灯使用前应盖紧罐盖，确认无误后小流量开启喷枪气阀点燃喷灯，点燃后缓慢调大气阀流量，至火焰无烟雾并呈微蓝色时即可投入使用。驱潮时，应将电缆受潮段端口向上倾斜，喷灯火焰朝端口方向且应与电缆约成 45°。根据潮气侵入电缆的深度将外焰对准电缆的铜护套缓慢地从电缆端口下方往端口方向均匀烘烤、加热受潮段。按此方法多次烘烤以驱赶进入电缆绝缘层内的潮气，期间应多次检测电缆的绝缘电阻，直至达到规定要求。测量绝缘电阻时应停止烘烤电缆并适当自然冷却。使用喷灯时，应注意周围不能有易燃物品，并应注意周围环境的通风。喷灯用完后应关紧阀门开关，熄灭火焰，并检查是否有残留明火。

3）采用电吹风对电缆进行驱潮时，应将电缆受潮段端口向上倾斜，电吹风热风出口朝电缆端口方向应与电缆约成45°，且热风出口应尽可能靠近电缆的金属护套或金属套。驱潮时，应根据潮气侵入电缆的深度缓慢地从金属护套或金属套的端口下方往端口方向均匀烘烤、加热，按此方法多次烘烤以驱赶进入电缆绝缘层内的潮气，期间应多次检测电缆的绝缘电阻，直至达到规定要求。测量绝缘电阻时应停止烘烤电缆并适当自然冷却。

4）电缆的临时封端可采用热收缩套管、热收缩封头帽或自粘性橡胶带进行封端，需测试绝缘时，应露出一段铜导体，不能将芯线全部密封，以方便绝缘测试。

① 热收缩套管临时封端的制作方法如下：

a. 单芯电缆临时封端：先将电缆端头金属护套或金属套剥除100mm左右，清除干净端口和导体表面的绝缘材料后，用喷灯或电吹风加热端头的金属护套（或金属套）和铜导体，然后在金属护套或金属套端口及两侧均匀地涂上热熔胶，套进热收缩套管，端口的金属护套（或金属套）和铜导体各套1/2，然后用喷灯文火或电吹风加热热收缩套管，使其收缩完全，紧密包覆、密封电缆端头。热收缩套管长度为60~100mm，根据电缆规格确定。

b. 多芯电缆临时封端：电缆端头剥除150mm左右的金属护套及外护套，分开芯线避免线芯相互触碰。清理干净绝缘材料或BTLY系列电缆填充材料，然后加热电缆端头，并在端口和芯线之间多涂些热熔胶，再套进热收缩套管，长度同上，同样是各套1/2，再用火焰加热热收缩套管，使之收缩，保证端末的密封。对于具有独立铝套的多芯BTLY系列电缆，还应按上一方法制作铝套端口的临时密封。

② 热收缩封头帽临时封端在无须测试绝缘电阻时使用，制作时应先将电缆端头锯切平整，然后套入适合电缆外径、内部有热熔胶的热收缩封头帽，用喷灯文火或电吹风将封头帽均匀加热使其收缩，直至完全包覆电缆端头且封头帽有少量热熔胶渗出。

③ 自粘性橡胶带临时封端的制作方法如下：

a. 单芯电缆临时封端：将电缆端头金属护套或金属套剥除100mm左右，清除干净端口和导体表面的绝缘材料，用自粘性橡胶带在金属护套（或金属套）和铜导体之间来回绕包多层，使电缆密封，最后绕包一层塑料粘胶带。

b. 多芯电缆的临时密封：电缆端头剥除150mm左右的金属护套及外护套，分开芯线，清理干净绝缘材料或BTLY系列电缆的填充材料，在电缆端口的每根上绕包两层自粘性橡胶带相互绝缘后，然后用自粘性橡胶带在铜护套口和芯线绕包处外整根绕包多层，使电缆密封，最外面再绕包一层塑料粘胶带。采用自粘性橡胶带绕包时，应将自粘性橡胶带拉伸至原来长度的两倍，并采用半搭盖的方法绕包，最外层塑料粘胶带应绕包密实。对于具有独立铝套的多芯 BTLY 系列电缆，还应按上一方法制作铝套端口的临时密封。

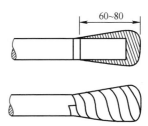

c. 若锯断后的电缆不需要测试绝缘电阻就封端，则不用剥除电缆端头的金属护套及外护套，电缆端头锯切平整即可，然后直接用自粘性橡胶带在电缆端末绕包多层，外面再绕包一层塑料粘胶带，绕包长度为 60 ~ 80mm，如图 3-4-8 所示。

图 3-4-8　自粘性橡胶带临时封端示意图

4.5.6　BTT 系列电缆终端接头的制作与安装

1）电缆终端接头的制作包括终端制作、导体绝缘、导体接线端子安装等方面的工作。

2）电缆终端通常包括一个封端和一个填料函或一个组合的封端/填料函部件。电缆封端有热缩封端和封罐型封端两种形式，其中热缩封端仅适用于长期运行温度不高于 105℃场合中的单芯电缆。

3）单芯电缆热缩封端的制作方法如下：

① 擦净电缆端末导线和铜护套，用喷灯火焰对电缆的铜导体及端口以下约 200mm 段电缆进行预热，如图 3-4-9a 所示。

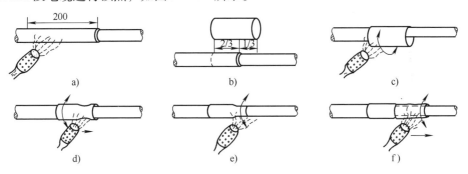

图 3-4-9　单芯电缆热缩封端制作示意图

② 在电缆端头上套入内壁涂胶的热收缩套管，把热收缩套管长度的 2/3 套在铜护套上、1/3 套在剥出的导体上后，再用喷灯火焰或电吹风沿热收缩套管的圆周烘烤加热，如图 3-4-9b、c、d 所示。采用喷灯火焰烘烤热收缩套管时，应注意控制火焰不能太大，且应从铜护套向铜导体方向沿热收缩套管横向慢慢加热，使热收缩套管均匀收缩，热收缩套管的两端管口应有少量热熔胶挤出，如图 3-4-9e 所示。如热收缩套管内壁没有涂胶，则在电缆铜护套和导体预热时，均匀地涂上一层热熔胶，热熔胶不能涂太多，但在电缆剥切口应适当多涂些，涂的长度应与热收缩套管

长度基本一致，再套进热收缩套管加热收缩即可。

③ 涂胶热收缩套管收缩后，套进另一根不涂胶的热收缩套管，1/3 套在前一根热收缩套管上，还有 2/3 套在铜导线上，如图 3-4-9f 所示。使用同样的方法加热，从 1/3 处向 2/3 段均匀加热使热收缩套管收缩固定。

如果电缆垂直或倾斜安装，则电缆端头套入热收缩套管之后，将热收缩套管下口处的电缆用尖嘴钳或夹子钳住，以防止热收缩套管下滑，然后再按上述方法加热安装热收缩套管。

4）常用的封罐型封端由密封罐和罐盖组成，如图 3-4-10 所示。其应由电缆制造商配套供应。罐盖根据电缆芯数开有相应数量的导体引出孔；密封罐内应填充密封填料，密封填料的选用应符合设计要求。常用的密封填料为腻子状密封胶和半流态状密封胶，也可采用电缆制造商推荐的其

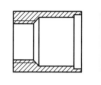

封罐型封端   密封罐   罐盖

图 3-4-10 封罐型封端示意图

他密封绝缘填料并按其提供的技术文件操作。封罐型封端的制作方法如下：

① 电缆端头剥切好后，清除铜护套端口的毛刺，并用布条或纱线将剥切端口和导线上的氧化镁粉擦除干净。

② 在电缆端口的铜护套表面轻微抹点润滑油（机油），然后将密封罐滚花端面的内螺纹孔套进电缆，手工把密封罐的内螺纹旋入电缆端口的铜护套直至旋不动为止。

注意：涂抹润滑油时应防止润滑油进入端口的绝缘粉中，以免绝缘失效。

③ 采用大力钳或鲤鱼钳钳住密封罐滚花段旋转，继续将密封罐旋入铜护套直至密封罐的内端面露出 1mm 左右的铜护套即可，如图 3-4-11a 所示；也可采用电缆制造商配套供应的封罐旋合器将密封罐旋入铜护套。旋紧密封罐时，位置要正，铜导线要居中，用力要均匀。

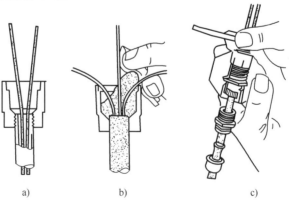

a)   b)   c)

图 3-4-11 封罐型封端制作示意图

注意：旋紧密封罐时，应检查密封罐内有无铜屑，若有则应清除干净。

④ 将密封填料从密封罐的一侧慢慢地填入密封罐内，如图 3-4-11b 所示，填料从罐底向罐口上溢时可用螺丝刀轻轻敲击密封罐将密封罐内的空气全部排出，然后继续填充密封填料直至填料与罐口相平。填充过程中不能有任何其他物质混入密封填料。

⑤ 将导体穿入罐盖预置孔，罐盖置入密封罐槽口，采用罐盖压合器将罐盖压紧固定，如图 3-4-11c 所示。

5）填料函由填料函螺母、压缩环、填料函本体和锁紧螺母构成，如图 3-4-12 所示，由电缆制造商按电缆规格配套供应，其中锁紧螺母为非必需件，仅在薄板或薄支架上安装时使用。其安装方法如下：

① 在电缆端头依次置入填料函螺母、压缩环、填料函本体，并移至电缆固定位置。

② 将填料函本体大端置入安装板或支架上相应位置的安装孔，在本体大端的穿出端套入接地片及锁紧螺母。当填料函本体大端直接旋入电气设备的安装螺纹时，应在大端旋接前将接地铜片置入，此时无需锁紧螺母。

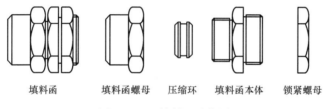

填料函　　　填料函螺母　　压缩环　　填料函本体　　锁紧螺母

图 3-4-12　填料函示意图

③ 待电缆封端、导体绝缘及接线端子制作完毕并与电气设备连接好后，依次将填料函本体、填料函螺母用扳手旋紧，使电缆与填料函、填料函与安装板（或支架）牢固固定。

6）电缆的导体接线端子常用的有压装型接线端子和压接型接线端子。压装型接线端子适用于 $35mm^2$ 及以上电缆导体的连接，由压装螺母、压装斜垫和端子本体构成，如图 3-4-13 所示，应由电缆制造商配套提供。压接型接线端子为符合国家标准 GB/T 14315—2008 的铜接线端子，宜用于 $25mm^2$ 及以下电缆导体的连接，可从市场采购。其他适用的接线端子可由电缆制造商提供，并按其技术文件要求进行可靠连接。

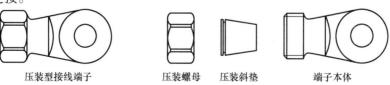

压装型接线端子　　　　压装螺母　压装斜垫　　　端子本体

图 3-4-13　压装型接线端子示意图

7）压装型接线端子的使用方法如下：

① 将电缆铜导体端头清理干净并打磨圆整，依次套入压装螺母、压装斜垫。

② 将铜导体端头置入端子本体的内孔至顶部。

③ 用扳手将压装螺母旋入端子本体，使铜导体与接线端子紧紧地连接在一起。

8）压接型接线端子应选用比电缆导体标称截面小一等级的铜接线端子。安装时，将电缆铜导体端头清理干净并打磨圆整后置入铜接线端子内孔至顶部，然后采用液压钳或手压钳按常规方法压接，压接不应少于两个点以保证端子与导体的良好连接。

9）电缆终端接头的制作步骤如下：

① 设备开进线安装孔。确定电缆在配电箱、柜、盒安装板或安装支架上的固定位置，并按本篇4.5.2小节的要求开安装固定孔。

② 核相、定位。首先核对每根电缆的相位，并做好记号，确定电缆的安装顺序。然后根据电缆的接线位置锯断多余电缆，量好电缆铜护套应剥除的长度，做好记号。若电缆带塑料外护套，则应相应剥除，剥除塑料外护套时不应伤及铜护套。

③ 测试绝缘电阻。测试终端安装前电缆导体与铜护套间的绝缘状况，若发现电缆吸潮则应按本篇4.5.5小节提供的方法进行驱潮直至绝缘电阻合格。

④ 按照终端填料函各组件及接地片的安装次序套进电缆，并临时固定电缆。

⑤ 剥除铜护套。按照本篇4.5.3小节提供的方法剥除铜护套，然后用棉纱或干布擦净导线上的氧化镁粉末。切忌用口吹电缆剥切端口，否则立即会使导体绝缘电阻下降。

⑥ 测试绝缘电阻。再次测试电缆导体与铜护套间的绝缘电阻并做好记录，以检查铜护套剥切端口是否有短路或吸潮，发现问题应及时处理，并重新测量绝缘电阻，合格后再进行后续安装。

⑦ 按本篇第4.5.6小节提供的方法制作热缩封端或封罐型封端。

⑧ 制作导体绝缘。电缆封端制作完毕后，裸露的导体应采用绝缘套管进行绝缘，绝缘套管的使用长度宜按离接线端子部位不大于20mm确定。常用的绝缘套管有热收缩套管、黄蜡管和瓷套管，应根据电缆的运行温度及防火要求进行合理选择。导体绝缘采用无胶热收缩套管时，宜采用黄、绿、红、蓝四种颜色的热收缩套管进行分相。制作时应先确定套管长度并剪下，再套入至导体封端部位，然后用喷灯火焰或电吹风均匀绕着热收缩套管加热，并逐渐往导体端头移动烘烤使热收缩套管收缩完整并可靠包覆导体。采用其他类型的绝缘套管进行导体绝缘时，在相应的导体上分别绕包两层黄、绿、红、蓝四种颜色的塑料胶带进行导体相序的区分。

⑨ 按本篇第4.5.6小节提供的方法用填料函将电缆锁紧并可靠固定在安装板或支架上。

⑩ 按本篇第4.5.6小节提供的方法安装导体接线端子。

⑪ 测试绝缘电阻。测试电缆终端安装完毕后的绝缘电阻，并做好记录。

⑫ 根据电缆回路及相位一一对应逐根将电缆规则弯曲成形，并用螺栓、螺钉将电缆连接于电气设备上。

⑬ 按本篇 2.8 小节的规定进行接地安装。

⑭ 将电缆标识牌可靠地挂在填料函处。

4.5.7　BTT 系列电缆中间接头的制作与安装

1）电缆的中间连接有直通式中间连接器与连接接线盒中间连接两种形式，当电缆需中间分支时，宜采用电缆制造商配套提供的分支接线箱进行分支连接。

2）中间接头处的电缆封端宜采用封罐型封端，只有在无特殊要求或采取了其他防火措施的中间连接部位才可以使用热缩封端。

3）直通式中间连接器由填料函、封端、导体连接管、导体绝缘套管和中间连接套管等部件构成，填料函及封端的结构与终端的填料函、封端相同，安装方法也一致。

4）直通式中间连接器的导体连接管有压装型连接管、螺钉压紧型连接管和压接型连接管三种，宜由电缆制造商配套供应。压装型连接管适用于标称截面积 $35\,mm^2$ 及以上的导体连接，螺钉压紧型连接管适用于标称截面积 $6\sim25\,mm^2$ 的导体连接，在电缆对应的规格范围内宜优先采用。标称截面积 $4\,mm^2$ 及以下导体的中间连接可直接绞接或采用陶瓷接线端子连接。绞接后应进行搪锡处理，以保证连接可靠。压接型连接管应为符合国家标准 GB/T 14315—2008 要求的铜连接管，采用压接钳压接，其安装应符合本篇第 2.7 小节的规定。连接后的导体连接管及铜导线应与电缆在同一直线，不能弯曲，如不在同一直线则应矫正。

5）制作直通式中间连接器的导体连接管时，导体连接管两端裸露的导体及导体连接管或绞接头上应施加绝缘套管。常用的绝缘套管为热收缩套管、黄蜡管及瓷套管，其选择应符合设计要求，设计无要求时，应根据电缆运行温度及防火要求选择合适的绝缘套管。导体绝缘套管应安装至导体连接管的两端面，并应在导体连接管安装前制作。导体连接管或绞接头的绝缘套管应在导体连接前套入两端的绝缘导体，待导体连接制作好后再移至连接位置制作，并包覆整个导体连接管或接头。采用热收缩套管进行导体及导体连接管或接头的绝缘时，可采用喷灯文火或电吹风均匀绕着热收缩套管烘烤，使热收缩套管收缩完整并可靠包覆导体及连接管或接头。

6）多芯电缆使用直通式中间连接器进行导体连接时，各导体连接管的安装位置应按图 3-4-14 所示均匀错开连接。

7）压装型导体连接管由压装螺母、压装斜垫和端子本体构成，如图 3-4-15 所示。其安装方法如下：

① 在中间连接的两端导线上按 1/2 连接管长度做好标记。

② 两端导体上依次套入压装螺母、压装斜垫。

③ 将一端导体置入端子本体至标记线，导体端头不应超出端子本体的中心观

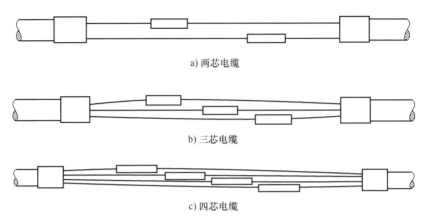

a) 两芯电缆

b) 三芯电缆

c) 四芯电缆

图 3-4-14　多芯电缆的导体中间连接示意图

察孔位，然后将该端导体上压装斜垫置入端子本体，手工旋入压装螺母，再用扳手将该压装螺母旋紧。

④ 将另一端导体置入端子本体至顶住前一根导体，置入压装斜垫，手工旋入压装螺母，而后用扳手旋紧压装螺母，使对接的导体与连接管紧密连接。

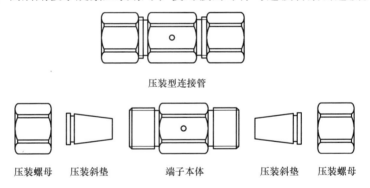

压装型连接管

压装螺母　　压装斜垫　　　　端子本体　　　　压装斜垫　　压装螺母

图 3-4-15　压装型导体连接管示意图

8）螺钉压紧型导体连接管由端子本体和紧压螺钉构成，如图 3-4-16 所示。其安装方法如下：

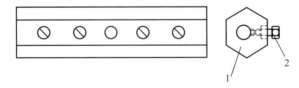

图 3-4-16　螺钉压紧型导体连接管示意图
1—端子本体　2—紧压螺钉

① 在中间连接的两端导线上按 1/2 连接管长度做好标记。

② 旋出连接管上的紧压螺钉,将一端导体置入端子本体至标记线,导体端头不应超出端子本体的中心观察孔位,然后再用螺丝刀将该端的紧压螺钉旋入,使导体与连接管紧密连接。

③ 将另一端导体置入端子本体至顶住前一根导体,用螺丝刀将该端的紧压螺钉旋入,使导体与连接管紧密连接,并检查前一根导体是否有松动,若有松动,则应再次旋紧。

9） 直通式中间连接器的安装方法如下:

① 定位。确定两端电缆的接头中心,有可能的情况下,接头后面的两端电缆弯成 S 或 Ω 形,以作检修备用。将两端电缆位置对准,在接头中心锯断两端多余的电缆。有塑料外护套的电缆则应剥除相应长度的塑料外护套。

② 测试绝缘电阻。测试两端电缆接头前的绝缘状况,只有在电缆的绝缘电阻测试合格的前提下才能进行下一步的安装、施工。若绝缘电阻不合格,则应查找原因并及时采取相应的措施处理至合格。

③ 套进中间连接附件。在一端电缆上依次套入一个锥形封端套（带塑料护套的电缆用）、一个中间连接器填料函和连接套管,在另一端电缆上套入另一个锥形封端套（带塑料护套的电缆用）和中间连接器填料函。如有防水要求,则应先将防水用的热收缩套管套入,然后再套电缆中间连接附件。

④ 剥除铜护套。根据中间连接套管长度确定两端电缆铜护套应剥除长度后,按照本篇 4.5.3 小节提供的方法剥除铜护套,然后用布或棉纱擦净芯线上的氧化镁粉层。

⑤ 测试绝缘电阻。测试电缆导体与铜护套间的绝缘电阻并做好记录,以检查铜护套剥切端口是否有短路或吸潮,发现问题应及时处理,并重新测量绝缘电阻,合格后再进行后续安装。

⑥ 制作电缆封端。按本篇第 4.5.6 小节提供的方法制作两端电缆的热缩封端或封罐型封端。

⑦ 测试绝缘电阻,以检查电缆封端制作质量,并做好记录。

⑧ 制作导体绝缘。按本篇第 4.5.7 小节的要求进行裸露导体的绝缘。

⑨ 制作导体的中间连接。按本篇第 4.5.7 小节提供的方法和要求制作导体的中间连接。

⑩ 导体连接管或接头绝缘。按本篇第 4.5.7 小节的要求进行导体连接管或接头的绝缘。

⑪ 安装中间连接器。将中间连接套管移至接头中心,再将一侧的填料函本体旋入中间连接套管的端口内螺纹并用扳手拧紧,而后保持连接套管的位置不动,将该端压缩环和填料函螺母旋入填料函本体,并用扳手拧紧,使电缆可靠固定,最后再按同样的方法安装另一端的填料函。安装好的直通式中间连接器如图 3-4-17 和图 3-4-18 所示。若电缆有塑料外护套,则应先将塑料外护套复原,并在中间连接

器两端的填料函处分别套上锥形封端套。

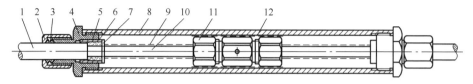

图 3-4-17　单芯电缆直通式中间连接器示意图

1—电缆　2—填料函螺母　3—压缩环　4—填料函本体　5—密封罐　6—密封料　7—罐盖

8—连接套管　9—导体绝缘套管　10—导体　11—导体连接管（压装型）　12—导体连接管套管

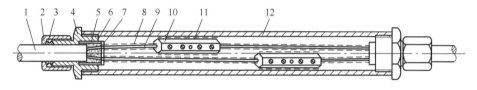

图 3-4-18　多芯电缆直通式中间连接器示意图

1—电缆　2—填料函螺母　3—压缩环　4—填料函本体　5—密封罐　6—密封料　7—罐盖

8—导体绝缘套管　9—导体　10—导体连接管（螺钉压紧型）　11—导体连接管套管　12—连接套管

⑫ 安装热收缩防水密封管（适用于有防水要求的场合）。中间接头处于容易进水的场所时，在中间接头外面应套一根内壁有热熔胶的热收缩防水密封管，经加热收缩后，起到密封防水的作用。安装时，移动热收缩防水密封管使置于接头中心，用喷灯文火或电吹风加热热收缩套管，先从中间开始加热，向一端沿横向均匀加热，使热收缩套管均匀收缩直至热收缩套管口有少量密封胶挤出为止，然后再从中间向另一端横向均匀加热，方法一样，使热收缩套管均匀收缩在电缆中间接头和两端的电缆上，以达到密封防水的要求。

⑬ 挂电缆标识牌。将标识牌分别挂于电缆中间连接器的两侧。

10）电缆采用接线箱（盒）进行中间连接或采用分支接线箱进行分支连接时：

① 接线箱（盒）及分支接线箱宜由电缆制造商配套提供，其制作与安装方法等同于电缆终端接头，按照本篇4.5.6小节提供的方法实施。

② 接线箱（盒）及分支接线箱的安装位置应符合设计要求，可直接安装在墙上、支架上、电缆井内或桥架内，具体位置应根据现场的实际状况确定，并考虑电缆进出线的方便，以利于电缆终端接头的制作与安装。

③ 接线箱（盒）及分支接线箱应安装有良好的、直接可靠的接地，同时各连接电缆也应可靠接地，以保证整个电缆线路接地系统的完整性。其接地按下列要求实施：

a. 每根电缆的接地线从接地铜片引出后，直接连接到接地干线处接地。

b. 从接线箱（盒）及分支接线箱的接地螺钉处引出的接地线也应直接连接到接地干线处接地。

4.5.8　RTT 系列电缆终端接头的制作与安装

1）RTT 系列电缆终端接头的制作包括终端制作、导体绝缘、导体接线端子安装等方面的工作。

2）电缆终端通常包括一个封端和一个填料函或一个组合的封端/填料函部件。电缆封端有热缩封端和封罐型封端两种形式，其中热缩封端仅适用于长期运行温度不高于 105℃ 场合中的单芯电缆。

3）RTT 系列电缆铜护套的剥除应采用斜口钳按本篇第 4.5.3 小节提供的方法实施，端头的驱潮应采用电吹风按本篇第 4.5.5 小节提供的方法实施。

4）RTT 系列电缆的热缩封端应根据电缆芯数及结构尺寸选用合适的单孔或指套型热收缩套管（宜由电缆制造商配套提供），其制作方法与 BTT 系列电缆热缩封端的制作方法相同，按本篇第 4.5.6 小节提供的方法实施。

5）RTT 系列电缆的封罐型封端有密封罐和组合式填料函两种结构。密封罐封端的结构与 BTT 系列电缆的封罐型封端相似，由密封罐和罐盖构成，其安装方法参照本篇第 4.5.6 小节提供的方法实施。组合式填料函封端为封端与填料函结合成一体的结构，由封套螺母、压缩环、终端本体、锁紧螺母和密封圈组成，如图 3-4-19 所示，宜由电缆制造商配套提供。组合式填料函封端不适用于填料函大端直接旋入电气设备进线孔的安装方式。组合式填料函封端的密封圈根据电缆芯数开有相应数量的导体引出孔；终端本体内应填充密封填料，密封填料为半流态状密封胶（如 704 硅胶或环氧树脂），也可采用电缆制造商推荐的其他密封绝缘填料并按其提供的技术文件操作。

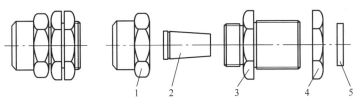

图 3-4-19　RTT 系列电缆的组合式填料函封端示意图

1—封套螺母　2—压缩环　3—终端本体　4—锁紧螺母　5—密封圈

组合式填料函封端的制作方法如下：

① 电缆端头剥切好后，清除铜护套端口的毛刺，并将剥出的云母带清理干净。

② 在电缆端头依次套入封套螺母、压缩环和终端本体，至电缆端口的铜护套露出终端本体内腔底部 1mm 左右后，将封套螺母旋入终端本体使电缆的铜护套与填料函紧密连接。

③ 按本篇第 4.5.6 小节提供的方法和要求将密封填料填满终端本体内腔。

④ 将导体穿入密封圈预置孔，密封圈置入填料函内槽口并压平。

6）RTT 系列电缆终端接头的制作步骤如下：

① 设备开进线安装孔。确定电缆在配电箱、柜、盒安装板或安装支架上的固定位置,并按本篇4.5.2小节的要求开安装固定孔。

② 核相、定位。首先核对每根电缆的相位,并做好记号,确定电缆的安装顺序。然后根据电缆的接线位置锯断多余电缆,量好电缆铜护套应剥除的长度,做好记号。若电缆带塑料外护套,则应相应剥除,剥除塑料外护套时不应伤及铜护套。

③ 测试绝缘电阻。测试终端安装前电缆导体与铜护套间的绝缘状况,若发现电缆吸潮则应按本篇4.5.5小节提供的方法采用电吹风进行驱潮直至绝缘电阻合格。

④ 按照终端填料函各组件及接地片的安装次序套进电缆。

⑤ 剥除铜护套。按照本篇第4.5.3小节提供的方法剥除铜护套,清除铜护套端口的毛刺,并将剥出的云母带清理干净。切忌用口吹电缆剥切端口,否则立即会使导体绝缘电阻下降。

⑥ 测试绝缘电阻。再次测试电缆导体与铜护套间的绝缘电阻并做好记录,以检查铜护套剥切端口是否有短路或吸潮,发现问题应及时处理,并重新测量绝缘电阻,合格后再进行后续安装。

⑦ 按本篇第4.5.8小节提供的方法制作热缩封端或封罐型封端。

⑧ 制作导体绝缘。按本篇第4.5.6小节的要求实施,热收缩套管的烘烤应采用电吹风。

⑨ 按本篇第4.5.6小节提供的方法用填料函将电缆锁紧并可靠固定在安装板或支架上。

⑩ 将导体置入压接型铜接线端子并采用压接钳压接。压接型铜接线端子应符合国家标准GB/T 14315—2008的要求,其安装应符合本篇第2.7小节的规定。

⑪ 测试绝缘电阻。测试电缆终端安装完毕后的绝缘电阻,并做好记录。

⑫ 根据电缆回路及相位一一对应逐根将电缆规则弯曲成形,并用螺栓、螺钉将电缆连接于电气设备上。

⑬ 按本篇2.8小节的规定进行接地安装。

⑭ 将电缆标识牌可靠地挂在填料函处。

4.5.9　RTT系列电缆中间接头的制作与安装

1) RTT系列电缆通常无需中间接头,只有当电缆中间剪断或拼接接长时使用。其中间连接有直通式中间连接器连接与接线盒连接两种形式,当电缆需中间分支时,宜采用电缆制造商配套提供的分支接线箱进行分支连接。

2) 中间接头处的电缆封端宜采用封罐型封端,只有在无特殊要求或采取了其他防火措施的中间连接部位才可以使用热缩封端。

3) RTT系列电缆的直通式中间连接器与BTT系列电缆的直通式中间连接器相同,也由填料函、封端、导体连接管、导体绝缘套管和中间连接套管等部件构成。

4）直通式中间连接器的导体连接管为压接型连接管。标称截面积 $6mm^2$ 及以下导体的中间连接可直接绞接或采用陶瓷接线端子连接。绞接后应进行搪锡处理，以保证连接可靠。压接型连接管应为符合国家标准 GB/T 14315—2008 要求的铜连接管，采用压接钳压接，其安装应符合本篇第 2.7 小节的规定。连接后的导体连接管及铜导线应与电缆在同一直线，不能弯曲，如不在同一直线则应矫正。

5）制作直通式中间连接器的导体连接管时，导体连接管两端的导体及导体连接管或绞接头上应安装绝缘套管。常用的绝缘套管为热收缩套管、黄蜡管及瓷套管，其选择应符合设计要求，设计无要求时，应根据电缆运行温度及防火要求选择合适的绝缘套管。导体绝缘套管应安装至导体连接管的两端面，并应在导体连接管安装前制作。导体连接管或绞接头的绝缘套管应在导体连接前套入两端的绝缘导体，待导体连接制作好后再移至连接位置制作，并包覆整个导体连接管或接头。采用热收缩套管进行导体及导体连接管或接头的绝缘时，应采用电吹风均匀绕着热收缩套管烘烤，使热收缩套管收缩完整并可靠包覆导体及连接管或接头。

6）多芯电缆使用直通式中间连接器进行导体连接时，各导体连接管的安装位置应按图 3-4-14 所示均匀错开连接。

7）直通式中间连接器的安装方法如下：

① 定位。确定两端电缆的接头中心，有可能的情况下，接头后面的两端电缆弯成 S 或 Ω 形，以作检修备用。将两端电缆位置对准，在接头中心锯断两端多余的电缆。有塑料外护套的电缆则应剥除相应长度的塑料外护套。

② 测试绝缘电阻。测试两端电缆接头前的绝缘状况，只有在电缆的绝缘电阻测试合格的前提下才能进行下一步的安装、施工。若绝缘电阻不合格，则应查找原因，并及时采取相应的措施处理至合格。

③ 套进中间连接附件。在一端电缆上依次套入一个锥形封端套（带塑料护套的电缆用）、一个中间连接器填料函和连接套管，在另一端电缆上套入另一个锥形封端套（带塑料护套的电缆用）和中间连接器填料函。如有防水要求，则应先将防水用的热收缩套管套入，然后再套电缆中间连接附件。

④ 剥除铜护套。根据中间连接套管长度确定两端电缆铜护套应剥除长度后，按照本篇第 4.5.3 小节提供的方法剥除铜护套。

⑤ 测试绝缘电阻。测试电缆导体与铜护套间的绝缘电阻并做好记录，以检查铜护套剥切端口是否有短路或吸潮，发现问题应及时处理，并重新测量绝缘电阻，合格后再进行后续安装。

⑥ 制作电缆封端。按本篇第 4.5.8 小节提供的方法制作两端电缆的热缩封端，或按本篇第 4.5.8 小节提供的方法制作两端电缆的封罐型封端。

⑦ 测试绝缘电阻，以检查电缆封端制作质量，并做好记录。

⑧ 制作导体绝缘。按本篇第 4.5.9 小节的要求进行裸露导体的绝缘。

⑨ 制作导体的中间连接。按本篇第 4.5.9 小节提供的方法和要求制作导体的

中间连接。

⑩ 导体连接管或接头绝缘。按本篇第 4.5.9 小节的要求进行导体连接管或接头的绝缘。

⑪ 安装中间连接器。将中间连接套管移至接头中心，再将一侧的填料函本体旋入中间连接套管的端口内螺纹并用扳手拧紧，而后保持连接套管的位置不动，将该端压缩环和填料函螺母旋入填料函本体，并用扳手拧紧，使电缆可靠固定，最后再按同样的方法安装另一端的填料函。若电缆有塑料外护套，则应先将塑料外护套复原，并在中间连接器两端的填料函处，分别套上锥形封端套。

⑫ 安装热收缩防水密封管（适用于有防水要求的场合）。中间接头处于容易进水的场所时，在中间接头外面应套一根内壁有热熔胶的热收缩防水密封管，经加热收缩后，起到密封防水的作用。安装时，移动热收缩防水密封管使置于接头中心，用电吹风加热热收缩套管，先从中间开始加热，向一端沿横向均匀加热，使热收缩套管均匀收缩直至热收缩套管口有少量密封胶挤出为止，然后再从中间向另一端横向均匀加热，方法一样，使热收缩套管均匀收缩在电缆中间接头和两端的电缆上，以达到密封防水的要求。

⑬ 挂电缆标识牌。将标识牌分别挂于电缆中间连接器的两侧。

8）电缆采用接线箱（盒）进行中间连接或采用分支接线箱进行分支连接时：

① 接线箱（盒）及分支接线箱宜由电缆制造商配套提供，其制作与安装方法等同于电缆终端接头，按照本篇 4.5.8 小节提供的方法实施。

② 接线箱（盒）及分支接线箱的安装位置应符合设计要求，可直接安装在墙上、支架上、电缆井内或桥架内，具体位置应根据现场的实际状况确定，并考虑电缆进出线的方便，以利于电缆终端接头的制作与安装。

③ 接线箱（盒）及分支接线箱应安装有良好的、直接可靠的接地，同时各连接电缆也应可靠接地，以保证整个电缆线路接地系统的完整性。其接地按下列要求实施：

a. 每根电缆的接地线从接地铜片引出后，直接连接到接地干线处接地。

b. 从接线箱（盒）及分支接线箱的接地螺钉处引出的接地线也应直接连接到接地干线处接地。

4.5.10 BTLY 系列电缆终端接头的制作与安装

1）BTLY 系列电缆挤压铝套的剥除可采用斜口钳，参照本篇第 4.5.3 小节。

2）BTLY 系列单芯电缆及统包铝套多芯电缆终端接头的制作可参照 RTT 系列电缆终端接头的做法，按本篇 4.5.8 小节提供的方法实施。

3）各绝缘导体具有独立铝套的 BTLY 系列多芯电缆终端接头的制作包括填料函安装、电缆封端制作、导体封端制作、导体绝缘、导体压接端子制作及铝套接地等方面的工作，各部分的组件宜由电缆制造商配套提供。其制作步骤如下：

① 设备开进线安装孔。确定电缆在配电箱、柜、盒安装板或安装支架上的固

定位置，并按本篇 4.5.2 小节的要求开安装固定孔。

② 核相、定位。首先核对每根电缆的相位，并做好记号，确定电缆的安装顺序。然后根据电缆的接线位置锯断多余电缆，量好电缆铝套应剥除的长度，做好记号。

③ 测试绝缘电阻。测试终端安装前电缆导体与铜护套间的绝缘状况，若发现电缆吸潮则应按本篇 4.5.5 小节提供的方法采用电吹风进行驱潮直至绝缘电阻合格。

④ 将填料函各部件根据其装设位置依次套入电缆。

⑤ 剥除铝套。按照本篇 4.5.4 小节提供的方法剥除铝护套，清除铝护套端口的毛刺，并将剥出的云母带清理干净。切忌用口吹电缆剥切端口，否则立即会使导体绝缘电阻下降。

⑥ 测试绝缘电阻。测试电缆导体与铝套间的绝缘电阻并做好记录，以检查铜护套剥切端口是否有短路或吸潮，发现问题应及时处理，并重新测量绝缘电阻，合格后再进行后续安装。

⑦ 制作电缆封端。按本篇第 4.5.8 小节提供的方法制作电缆热缩封端，而后套入铝套接地组件。

⑧ 测试绝缘电阻。测试电缆导体与铝套间的绝缘电阻并做好记录，以检查铝套剥切端口是否吸潮，发现吸潮应驱潮直至绝缘电阻合格。

⑨ 制作导体封端。按本篇第 4.5.8 小节提供的方法制作各线芯的热缩封端或封罐型封端。

⑩ 制作导体绝缘。按本篇第 4.5.6 小节的要求实施，热收缩套管的烘烤应采用电吹风。

⑪ 制作导体压接端子。将导体置入压接型铜接线端子并采用压接钳压接。压接型铜接线端子应符合国家标准 GB/T 14315—2008 的要求，其安装应符合本篇第 2.7 小节的规定。

⑫ 按本篇第 4.5.6 小节提供的方法用填料函将电缆锁紧并可靠固定在安装板或支架上。

⑬ 测试绝缘电阻。测试电缆终端安装完毕后的绝缘电阻，并做好记录。

⑭ 根据电缆回路及相位一一对应逐根将电缆规则弯曲成形，并用螺栓、螺钉将电缆连接于电气设备上。

⑮ 按本篇 2.8 小节的规定进行接地安装。

⑯ 将电缆标识牌可靠地挂在填料函处。

4.5.11 BTLY 系列电缆中间接头的制作与安装

1）BTLY 系列电缆通常无需中间接头，只有当电缆中间截断或需拼接接长时使用。其中间连接有直通式中间连接器连接与接线盒连接两种形式，当电缆需中间分支时，宜采用电缆制造商配套提供的分支接线箱进行分支连接。

2）中间接头处的电缆或线芯的封端宜采用封罐型封端，只有在无特殊要求或采取了其他防火措施的中间连接部位才可以使用热缩封端。

3）BTLY 系列电缆或线芯的直通式中间连接器与 BTT 系列电缆的直通式中间连接器相同，也由填料函、封端、导体连接管、导体绝缘套管和中间连接套管等部件构成。

4）直通式中间连接器的导体连接管为压接型铜连接管。标称截面积 6mm² 及以下导体的中间连接可直接绞接或采用陶瓷接线端子连接。绞接后应进行搪锡处理，以保证连接可靠。压接型连接管应为符合国家标准 GB/T 14315—2008 要求的铜连接管，采用压接钳压接，其安装应符合本篇第 2.7 小节的规定。连接后的导体连接管及铜导线应与电缆在同一直线，不能弯曲，如不在同一直线则应矫正。

5）制作直通式中间连接器的导体连接管时，导体连接管或绞接头及其两端的导体均应安装绝缘套管。常用的绝缘套管为热收缩套管、黄蜡管及瓷套管，其选择应符合设计要求，设计无要求时，应根据电缆运行温度及防火要求选择合适的绝缘套管。导体绝缘套管应安装至导体连接管的两端面，并应在导体连接管安装前制作。导体连接管或绞接头的绝缘套管应在导体连接前套入两端的绝缘导体，待导体连接制作好后再移至连接位置制作，并包覆整个导体连接管或接头。采用热收缩套管进行导体及导体连接管或接头的绝缘时，应采用电吹风均匀绕着热收缩套管烘烤，使热收缩套管收缩完整并可靠包覆导体及连接管或接头。

6）BTLY 系列统包铝套多芯电缆使用直通式中间连接器进行导体连接时，各导体连接管的安装位置应按图 3-4-14 所示均匀错开连接。各绝缘导体具有独立铝套的多芯电缆线芯使用直通式中间连接器进行导体连接时，各线芯的中间连接器也应按图 3-4-14 所示均匀错开连接。

7）BTLY 系列单芯电缆及统包铝套多芯电缆直通式中间连接器的制作与安装可参照 RTT 系列电缆直通式中间连接器按本篇第 4.5.9 小节提供的方法实施。

8）各绝缘导体具有独立铝套的 BTLY 系列多芯电缆直通式中间连接器的安装方法如下：

① 定位。剥除电缆端头的塑料护套，确定两端电缆的接头中心，有可能的情况下，接头后面的两端电缆弯成 S 或 Ω 形，以作检修备用。将两端电缆位置对准，在接头中心锯断两端多余的电缆。

② 测试绝缘电阻。测试两端电缆接头前的绝缘状况，只有在电缆的绝缘电阻测试合格的前提下才能进行下一步的安装、施工。若绝缘电阻不合格，则应查找原因并及时采取相应的措施处理至合格。

③ 套入热收缩套管及中间连接附件。在对接的两端电缆上分别套入一段内壁有热熔胶的热收缩套管，每段热收缩套管的长度应能覆盖整个中间连接剥除段，并盖住两端电缆的塑料护套不少于 30mm；然后在一端电缆剥出的各线芯铝套上依次

套入一个中间连接器填料函和连接套管，在另一端电缆剥出的各线芯铝套上套入另一个中间连接器填料函。

④ 剥除铝套。根据中间连接器连接套管长度确定两端电缆各线芯铝套应剥除长度和位置，按照本篇第 4. 5. 10 小节提供的方法和要求剥除各线芯铝套。

⑤ 测试绝缘电阻。测试电缆导体与铜护套间的绝缘电阻并做好记录，以检查铝套剥切端口是否有短路或吸潮，发现问题应及时处理，并重新测量绝缘电阻，合格后再进行后续安装。

⑥ 制作线芯封端。依次按本篇第 4. 5. 6 小节提供的方法制作两端电缆各线芯的热缩封端，或按本篇第 4. 5. 6 小节提供的方法制作两端电缆各线芯的封罐型封端。

⑦ 测试绝缘电阻，以检查线芯封端制作质量，并做好记录。

⑧ 制作导体绝缘。按本篇第 4. 5. 9 小节的要求制作各裸露导体的绝缘。

⑨ 制作导体的中间连接。按本篇第 4. 5. 9 小节提供的方法和要求制作导体的中间连接。

⑩ 导体连接管或接头绝缘。按本篇第 4. 5. 9 小节的要求进行导体连接管或接头的绝缘。

⑪ 安装线芯中间连接器。将线芯中间连接套管移至接头中心，再将一侧的填料函本体旋入中间连接套管的端口内螺纹并用扳手拧紧，而后保持连接套管的位置不动，将该端压缩环和填料函螺母旋入填料函本体，并用扳手拧紧，使线芯的铝套可靠固定，最后再按同样的方法安装另一端的填料函。

⑫ 安装电缆热收缩套管。将电缆一端预置的热收缩套管移至中间接头处，套管中心对准接头中心，用电吹风加热热收缩套管，先从中间开始加热，向一端沿横向均匀加热，使热收缩套管均匀收缩直至弯曲包覆电缆的塑料护套且有少量热熔胶挤出为止，然后采用同样的方法再从中间向另一端横向均匀加热，方法一样，使热收缩套管均匀收缩在电缆中间接头和两端的电缆上。而后将预置的另一段热收缩套管按同样的方法操作，使热收缩套管均匀收缩在电缆中间接头和两端的电缆上。

⑬ 挂电缆标识牌。将标识牌分别挂于电缆中间连接器的两侧。

9）电缆采用接线箱（盒）进行中间连接或采用分支接线箱进行分支连接时：

① 接线箱（盒）及分支接线箱宜由电缆制造商配套提供，其制作与安装方法等同于电缆终端接头，按照本篇 4. 5. 10 小节提供的方法实施。

② 接线箱（盒）及分支接线箱的安装位置应符合设计要求，可直接安装在墙上、支架上、电缆井内或桥架内，具体位置应根据现场的实际状况确定，并考虑电缆进出线的方便，以利于电缆终端接头的制作与安装。

③ 接线箱（盒）及分支接线箱应安装有良好的、直接可靠的接地，同时各连接电缆的铝套也应可靠接地，以保证整个电缆线路接地系统的完整性。其接地按下列要求实施：

a. 电缆的铝套接地线从接地部件引出后，直接连接到接地干线处接地。

b. 从接线箱（盒）及分支接线箱的接地螺钉处引出的接地线也应直接连接到接地干线处接地。

4.5.12　WTG 系列电缆终端及中间接头的制作与安装

WTG 系列电缆采用陶瓷化硅橡胶或陶瓷化聚烯烃材料绝缘，可以归属于塑料绝缘电缆范畴，其终端和中间接头的制作与安装及金属套的接地按照具有带状金属屏蔽层或铠装层的常规塑料绝缘电缆实施，无其他特殊要求。

4.5.13　BBTRZ 系列电缆终端及中间接头的制作与安装

BBTRZ 系列电缆除采用了硅酸钠与无机阻燃材料加水混炼而成的腻子状混合物作为防火层外，其余结构与常规耐火电缆基本一致。其终端和中间接头的制作与安装方法也与常规耐火电缆基本相同，区别在于 BBTRZ 系列电缆端头除制作导体与绝缘层的热缩封端外，还需采用带热熔胶的热收缩套管制作防火层的封端。

BBTRZ 系列电缆防火层封端的制作方法可参照 RTT 系列电缆热缩封端的制作方法。

4.5.14　中压耐火电缆终端及中间接头的制作与安装

中压耐火电缆的结构及材料的安装特性与常规中压电缆基本一致，其终端及中间接头的制作和安装方法与常规中压电缆一致，在此不再赘述。

4.6　接地处理

1）应根据本篇 2.8 小节的要求对电缆的金属护套或金属套、金属支架、金属桥架、金属穿线管、悬吊索具、配电箱（柜）、金属接线箱（盒）等进行可靠接地。

2）BTT 系列电缆及 RTT 系列电缆的铜护套可采用以下组件进行接地：

① 配套安装在填料函上的接地铜片，如图 3-4-20a 所示。

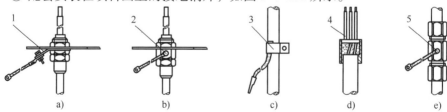

图 3-4-20　电缆金属护套或金属套接地组件示意图

1—接地铜片　2—填料函接地螺栓　3—镀锡的铜接地夹　4—密封罐接地导线　5—压装式接地连接管

② 配套安装在填料函上的接地螺栓，如图 3-4-20b 所示。

③ 镀锡的铜接地夹，如图 3-4-20c 所示。

④ 工厂预制在密封罐上的接地导线，如图 3-4-20d 所示。该方式仅适用于标称截面积 4mm² 及以下的 BTT 系列电缆。

3）BTLY 系列电缆的铝套可采用以下组件进行接地：

① 压装式接地连接管，如图 3-4-20e 所示。

② 镀锡的铜接地夹，如图 3-4-20c 所示。

③ 工厂预制在密封罐上的接地导线，如图 3-4-20d 所示。该方式仅适用于标称截面积 4mm² 及以下的电缆。

4）WTG 系列电缆的金属护套可采用以下组件进行接地：

① 镀锡的铜接地夹，如图 3-4-20c 所示。

② 压装式接地连接管，如图 3-4-20e 所示。

5）中压耐火电缆铜带屏蔽及铠装的接地与常规中压电缆的接地方法和要求一致。

4.7　安装过程中应注意的问题

1）电缆的布线应根据电缆的实际走向事先规划好，并做好施工方案及施工记录。

2）下列场所不宜选用无塑料外护套的 BTT 系列电缆及 RTT 系列电缆，以防铜护套被腐蚀，影响电缆使用寿命：

① 电缆沟、地下隧道、地下室等相对潮湿、封闭的场所。

② 穿水泥管、金属管或地下直埋敷设。

③ 沿海及潮湿地区户外。

3）电缆敷设时应依次做好识别标签，放线应从电缆盘的上端或电缆卷的外端引出，并做好防电缆损伤的措施，不应使电缆在支架上或地面上摩擦拖拉。严禁坚硬、尖锐的物体撞击电缆或在电缆上碾压、拖动。

4）电缆敷设时，遇硬质锐边、尖突、转角、狭窄通道部位应做好防机械损伤措施，并安排专人监护，以防电缆损坏。

5）敷设过程中，应避免电缆扭绞、打结，以防损坏电缆；遇卡阻时应立即停止拉动电缆，及时查找原因，处理妥当后再敷设电缆。

6）无塑料外套的 BTT 系列电缆及 RTT 系列电缆在敷设过程中及敷设好后，应避免对任何与电缆的铜护套有接触的金属件进行施焊作业，严禁将电缆的铜护套作为电焊机的地线或其搭接线使用，严禁带电的电焊钳及焊丝触碰电缆的铜护套或在电缆上拖动，以免产生的电弧损坏铜护套。

7）RTT 系列电缆放线时，牵引头的制作应确保线芯与铜护套同时受力、同步牵拉，以免产生缩芯或缩壳现象而影响电缆的安装，并做好防挤压措施，以免损坏铜护套。

8）BTLY 系列电缆与 BBTRZ 系列电缆放线时，应关注电缆内部的防火填充材料是否产生硬化，若电缆在扳直过程中产生"咔咔"的声响或无法扳直，则说明内部的防火填充料已硬化。应禁止使用已硬化的电缆，否则可能会使护套开裂失效或使防火填充料失去其应有的防火性能。

9）电缆敷设到位后，应及时整理、固定并做好保护措施，以防电缆损坏。

10）BTT 系列电缆、RTT 系列电缆及 BTLY 系列电缆遇下列情形应立即做好临时封端或密封，且做好电缆端头及临时密封部位的防潮、防淋及防浸措施，以防潮气或水分进入绝缘层，使绝缘材料受潮或吸潮，从而影响电缆的施工质量：

① 电缆在备料时、敷设前或敷设过程中被截断或割开。

② 在放线及敷设过程中，电缆的金属护套或金属套刮破、磨破或受损开裂。

③ 在安装过程中，电缆已被截断或割开，需暂停施工或要放一段时间再安装时。

④ 在安装过程中，电缆的金属护套或金属套剥开后暂时不制作封端时。

11）电缆敷设前、后以及停、复工前应做好相关绝缘测试，记录好测试数据并对比，一旦发现绝缘电阻降低，应及时查找原因并采取相应的措施妥当处理。

12）在终端、中间连接器和分支接线箱（盒）的安装过程中，要多次测量电缆的绝缘电阻。因安装不当使电缆受潮，或金属碎屑未清除干净，均可能造成绝缘不合格。

13）复测绝缘电阻时，如发现绝缘电阻明显下降，则应找出故障点。故障点大多在中间接头和终端处。寻找 BTT 系列电缆、RTT 系列电缆及 BTLY 系列电缆的故障点时，可以用电吹风在中间接头的两端、终端的下部加热，并同时测量电缆的绝缘电阻，若在加热几分钟后电缆的绝缘电阻急剧下降，则说明中间接头和终端有问题，此时应拆除中间接头或终端，继续用电吹风加热电缆直至合格，并尽快完成中间接头或终端的制作安装。若绝缘电阻值没有变化，则应检查线路上的其他部位，直至找出故障点。测试绝缘电阻时，应确保电缆回路的始、末端未与相关的电气设备连接或与金属件触碰。

14）电缆的金属护套、金属套、屏蔽层及金属材质的支架、桥架、穿线管、悬吊索具、配电箱（柜）、接线箱（盒）等必须按相关国家标准、行业标准的规定可靠接地。

第 5 章 产品投运验收

5.1 一般规定

1）隐蔽工程应在施工过程中进行中间验收，并做好记录和签证。

2）工程验收时，应提交下列资料和技术文件：

① 电缆线路路径的协议文件。

② 设计变更的证明文件和竣工图资料。

③ 直埋电缆线路的敷设位置图比例宜为 1∶500，地下管线密集的地段可为 1∶100，在管线稀少、地形简单的地段可为 1∶1000；平行敷设的电缆线路，宜合用一张图样。图样上应标明各线路的相对位置，并有标明地下管线的剖面图及其相对最小距离，提交相关管线资料，明确安全距离。

④ 制造厂提供的产品说明书、试验记录、合格证件及安装图纸等技术文件。

⑤ 电缆线路的原始记录应包括下列内容：

a. 电缆的型号、规格、实际敷设总长度及分段长度，电缆终端和接头的型式及安装日期。

b. 电缆终端和接头中填充的绝缘材料名称、型号。

⑥ 条件及接地施工记录应包括下列内容：

a. 土建、排管等竣工图纸和施工资料。

b. 土建本体质量检验及评定记录。

c. 接地系统安装记录。

⑦ 电缆线路的施工记录应包括下列内容：

a. 隐蔽工程隐蔽前检查记录或签证。

b. 电缆敷设记录。

c. 质量检验及验收记录。

⑧ 工程施工监理文件。

⑨ 电缆线路的试验记录。

5.2 产品及施工质量验收

1）电缆及附件的额定电压、型号、规格应符合设计要求。

检查数量：全数检查。

检查方法：查阅性能检测报告和物资进场检验记录等质量证明文件。

2）电缆排列应整齐，无机械损伤，标识牌应装设齐全、正确、清晰。

检查数量：全数检查。

检查方法：查阅施工记录，观察检查。

3）电缆的固定、弯曲半径、相关间距和单芯电缆的金属护层的接线等应符合设计要求和相关标准的规定，相位、极性排列应与设备连接相位、极性一致，并符合设计要求。

检查数量：全数检查。

检查方法：查阅施工记录，观察检查。

4）电缆终端、电缆接头应固定牢靠，电缆接线端子与所接设备端子应接触良好，接地箱和交叉互联箱的连接点应接触良好可靠，电缆的金属护层应接地可靠。

检查数量：全数检查。

检查方法：查阅全负荷试验中间接头及终端接头测温记录，观察检查。

5）电缆线路接地点应与接地网接触良好，接地电阻值应符合设计要求。

检查数量：全数检查。

检查方法：查阅接地电阻测试记录，观察检查。

6）电缆终端的相色或极性标识应正确。电缆支（吊）架、电缆桥架等的金属部件防腐层应完好，接地应可靠。电缆管口、洞（孔）口封堵应严密。

检查数量：全数检查。

检查方法：观察检查。

7）电缆沟内应无杂物、积水，盖板应齐全；隧道内应无杂物，消防、监控、暖通、照明、通风、给排水等设施应符合设计要求。

检查数量：全数检查。

检查方法：观察检查。

8）电缆通道路径的标志或标桩，应与实际路径相符，并应清晰、牢固。

检查数量：全数检查。

检查方法：观察检查。

9）防火措施应符合设计文件要求，且施工质量应合格。

检查数量：全数检查。

检查方法：查阅施工记录，观察检查。

10）单芯 BTT 系列电缆、RTT 系列电缆与 BTLY 系列电缆的敷设应符合 JGJ 232—2011《矿物绝缘电缆敷设技术规程》第 4.1.7 条的规定。

检查数量：全数检查。

检查方法：查阅施工记录，观察检查。

11）无塑料外套的 BTT 系列电缆及 RTT 系列电缆在潮湿场所的敷设应符合 JGJ 232—2011《矿物绝缘电缆敷设技术规程》第 4.1.13 及第 4.3.3 条的规定。

检查数量：全数检查。

检查方法：观察检查。

12）BTT 系列电缆、RTT 系列电缆与 BTLY 系列电缆的辅助等电位联结应符合 JGJ 232—2011《矿物绝缘电缆敷设技术规程》第 3.3.2 条、第 4.1.13 条及第 4.3.4 条的规定。

检查数量：全数检查。

检查方法：观察检查。

5.3　电气交接试验

1）低压耐火电缆线路的交接试验项目应包括：

① 绝缘电阻测试。

② 交流耐压试验或直流耐压试验。

2）中压耐火电缆线路的交接试验项目应包括：

① 主绝缘及外护层绝缘电阻测量。

② 主绝缘交流耐压试验。

③ 单芯电缆外护套直流耐压试验。

④ 检查电缆线路两端的相位。

⑤ 单芯电缆交叉互联系统试验。

⑥ 电缆线路局部放电测量。

3）电缆线路的交接试验，应符合下列规定：

① 当中压耐火电缆不具备交流耐压试验条件时，允许用有效值为 $3U_0$（U_0 为电缆导体对地的额定电压）的 0.1Hz 电压施加 15min 或直流耐压试验及泄漏电流测量代替交流耐压试验；如果中压耐火电缆耐的电压等级为 21/35kV 或 26/35kV 时，交接试验不允许采用直流方式进行。

② 对电缆的主绝缘做耐压试验和测量绝缘电阻时，应分别在每一相上进行。对一相进行试验或测量时，其他非被试相导体、金属屏蔽、铠装层、金属套或金属护套应一起接地。

③ 对金属屏蔽或金属套一端接地，另一端装有护层过电压保护器的单芯电缆主绝缘做耐压试验时，应将护层过电压保护器短接，使这一端的电缆金属屏蔽或金属套临时接地。

④ 低压耐火电缆应用 2500V 绝缘电阻表测量导体对地绝缘电阻代替耐压试验，试验时间应为 1min。

⑤ 对交流单芯电缆外护套应进行直流耐压试验。

4）绝缘电阻测量，应符合下列规定：

① 耐压试验前后，绝缘电阻测量应无明显变化。

② 中压耐火电缆外护套、内衬层的绝缘电阻不应低于 $0.5M\Omega/km$。

③ 测量低压耐火电缆的绝缘电阻时，应使用 60s 的绝缘电阻值（R_{60}），测得的绝缘电阻值不应低于 20MΩ。

④ 测量绝缘电阻用绝缘电阻表的额定电压，宜采用如下等级：

a. 低压耐火电缆用 1000V 绝缘电阻表。

b. 中压耐火电缆用 2500V 绝缘电阻表，也可用 5000V 绝缘电阻表。

c. 中压耐火电缆外护套、内衬层的测量用 500V 绝缘电阻表。

5）直流耐压试验，应符合下列规定：

① 直流耐压试验电压应为 $4U_0$。

② 试验时，试验电压可 4～6 阶段均匀升压，每阶段应停留 1min。试验电压升至规定值后应维持 15min。

6）交流耐压试验，应符合下列规定：

① 应优先采用 20～300Hz 交流耐压试验，试验电压为 $2U_0$，施加时间为 15min 或 60min。

② 不具备上述试验条件或有特殊规定时，可采用施加正常系统对地电压 24h 方法代替交流耐压。

7）检查电缆线路的两端相位，应一致，并与电网相位相符合。

8）进行绝缘电阻测试和耐压试验时，应将电缆与连接在其上的各种设备分离，单独试验。

9）进行电气绝缘的测量和试验时，当只有个别项目达不到规定要求时，则应根据全面的试验记录进行综合判断，为合格方可投入运行。

第6章　运行维护管理

6.1　技术资料的管理

电缆技术资料通常包括电缆原始资料、施工资料和运行资料等，是分析和处理电缆故障、检修电缆等的重要依据。这些资料应有专人管理，建立图样、资料清册，做到目录齐全、分类清晰、检索方便，并根据电缆线路的变动情况，及时动态更新相关技术资料，确保与线路实际情况相符。

1）原始资料为电缆施工前的有关文件和图样资料，包括：

① 电缆线路设计书。

② 电缆线路总图。

③ 电气系统接线图。

④ 电气管线图。

⑤ 有关土建工程的结构图，如电缆井、隧道。

⑥ 电缆及其附件的合格证和质量保证书等。

2）施工资料为敷设电缆和安装电缆中间接头或电缆终端的现场书面记录和图样。电缆线路能否安全运行，很大程度上取决于施工质量，因此要详细记录有关电缆线路安装的技术资料。施工资料包括：

① 电缆线路竣工图样。

② 电缆接头和电缆终端接头的装配图。

③ 安装工艺。

④ 施工记录和过程测试记录。

⑤ 隐蔽工程中间验收记录。

⑥ 竣工试验记录与竣工验收记录等。

3）运行资料为电缆投入运行后的运行、维护资料，包括：

① 负荷记录。

② 巡视检查记录。

③ 故障分析与维修记录。

④ 隐患排查治理及缺陷处理记录。

⑤ 电缆本体、附件、连接点等的温度测量记录。

⑥ 接地检测及单项电缆接地系统环流检测记录等。

6.2　备品的管理

1）备品的品种及数量

备品包括电缆、电缆终端与中间接头组件、接地组件，以及热收缩套管、热熔胶、704 硅胶等材料。备品的数量一般根据以下原则确定：

① 特种材料必须按规定储备，能通用的材料可以少备或不单独列备品。

② 各种不同形式的电缆专用终端与中间接头组件、接地组件的备品数量为每种规格不宜少于两套。

2）备品的贮存管理应按下述要求实施：

① 备品应验收合格后才能入库，贮存在清洁、干燥、通风的室内，备品包装箱外应标明备品材料名称、入库日期和有效期。

② 盘装的备用电缆应按电缆盘端面竖放置于坚实、平整的地面上，并在盘下两侧滚动方向的地面上紧贴盘沿垫上挡板，以防电缆盘意外滚动。

③ 贮存的备品应定期巡查，每年不少于一次。巡查内容包括电缆护套及封端的完好情况，电缆附件与安装材料的完好情况，以及是否在有效期内。发现问题应及时处理，并及时清理和补充过期或失效材料。

6.3　电缆线路的维护保养

6.3.1　一般要求

1）电缆线路投入运行后，为保持电缆设备良好的运行状态，防止电缆线路突发故障，以保证电缆线路的安全可靠运行，对运行中的电缆及其附件、备用电缆线路应制订巡视检查计划，定期开展巡视与检查，同时将电缆线路隐患排查治理纳入日常工作中，做好巡视检查与隐患排查记录并存档。

2）电缆线路巡视检查及隐患排查过程中发现的缺陷、隐患或故障应及时分析、查找原因，并及时消除或修复。

3）电缆线路带缺陷运行期间应加强监视，必要时制定相应的应急措施。

4）定期巡视周期：

① 户外、电缆沟、隧道及埋地敷设的电缆线路，每三个月至少巡视一次。

② 室内敷设的电缆线路，每半年至少巡视一次。

③ 检测并记录电缆表面温度及周围温度，以确定电缆是否过载。每年至少检测两次，一次安排在夏季高峰负荷期间，另一次安排在秋冬季高峰负荷期间。

④ 电缆金属护套或金属套接地电阻宜每年测量一次。当单芯电缆金属护套或金属套仅在一端接地时，宜每季度测量电缆金属护套或金属套的对地电压，且在电

缆负荷最高时测量。

⑤ 对于埋地敷设的电缆，当地面开挖或洪水、暴雨可能破坏其覆盖物时，应增加临时巡视检查次数。

⑥ 备用电缆线路的绝缘电阻、接地电阻及线路完好性宜每三个月检查一次并记录。

6.3.2　巡视检查与隐患排查要求

1）电缆线路：

① 检查电缆是否遭受外力挤压、损伤或破坏。

② 检查成束电缆的绑扎线有无松动或脱落。

③ 检查电缆固定卡具有无松动或脱落。

④ 检查裸金属护套电缆的金属护套是否有腐蚀现象。

⑤ 检查沿支架、桥架、隧道、电缆沟、电缆竖井敷设的电缆是否被外来物覆盖。

⑥ 检查电缆线路进出孔洞的封堵是否完好、符合要求。

⑦ 检查电缆的伸缩、减振弯是否完好，该处电缆与其支撑固定部位间的衬垫是否完好。

⑧ 检测运行中的电缆表面温度是否正常，并联运行的电流分配是否正常、无过负荷。

⑨ 检查地下室通风设备是否完善、正常，防水、防潮措施是否到位、有效。

⑩ 检查电缆及接头上的防火涂料或防护带（若有要求）是否完好。

⑪ 检查户外埋地敷设电缆线路路径表面施工是否有沉陷及挖掘的痕迹，沿线标志有无移倒，是否完整无缺。

⑫ 检查户外露天敷设的塑料外护套电缆的外护套是否有损伤、损坏或老化开裂，钢索、桥架、支（托）架等金属件的接地是否符合要求，引出管管口封堵是否完善、符合要求。

2）电缆终端及接头：

① 清扫电缆终端头。

② 检查电缆终端的封端、绝缘套管是否完好、有效。

③ 检查中间连接器、中间接线盒、分支接线箱等的外观、支撑固定及相关防护措施是否完好、有效，是否有水渍水痕，必要时停电打开箱盖检查或拆开中间连接器两端封套检查。

④ 检查电缆标识牌有无缺失，字迹是否清晰、完整。

⑤ 用红外测温仪检测导体接线端子、中间连接器、中间接线盒、分支接线箱等的表面温度是否正常。

⑥ 检查电缆金属护套或金属套、金属屏蔽、铠装及接线箱、分支接线盒的接

地情况是否符合要求。

⑦ 检测备用电缆线路的绝缘电阻、接地电阻是否符合要求。

3）电缆沟、隧道、检修井、埋地排管：

① 检测门锁是否开闭正常，门缝是否严实，进出口、通风口防小动物进入的设备是否齐全，出入通道是否畅通。

② 检查隧道、电缆沟、检修井内有无渗水、积水，有积水时要排除，并将渗漏处修复。

③ 检查隧道、电缆沟、检修井内电缆及接头的情况，确认接地是否良好，必要时测量接地电阻和电缆的电位，防止电缆腐蚀。

④ 检查隧道、电缆沟、检修井内的电缆支架上有无撞伤或擦伤，支架是否有脱落现象。

⑤ 清扫电缆沟和隧道，抽除井内积水，清除污泥及其他杂物。

⑥ 检查入井盖和井内通风情况，井体有无沉降及裂缝。

⑦ 检查隧道内防水设备、通风设备是否完善正常，并记录室温。

⑧ 检查隧道内电缆的位置是否正常，标识牌是否完好，防火设备是否完善有效，以及隧道的照明是否完善。

⑨ 检查电缆沟盖板是否完好、盖平、盖齐。

⑩ 疏通备用排管，核对线路铭牌，如发现排管有白蚁则应立即清除。

4）室内桥架、支（吊）架、穿线管、电缆井：

① 检查桥架、支（吊）架、穿线管是否遭受机械损伤而变形，支架及固定件是否有松动、脱落现象，衬垫（若有）是否失落。

② 检查桥架盖板（若有）是否盖好、盖齐、无缺损。

③ 检查桥架、支（吊）架、金属穿线管接地连接是否齐全、可靠、符合要求。

④ 检查桥架、支（吊）架、金属穿线管及其金属构件是否锈蚀，接地扁铁是否锈蚀。

⑤ 检查电缆井门锁是否开闭正常，门缝是否严实。

⑥ 检查桥架、穿线管穿越墙体、楼板等部位的孔洞封堵是否完好、符合要求。

⑦ 检查桥架、支（吊）架、穿线管的防火涂料（若有要求）是否完好无损。

6.3.3 负荷检测

电缆线路的运行维护应着重做好负荷监视、电缆金属护套（金属套）腐蚀监视、绝缘与接地监视等方面的工作，主要项目有建立电缆线路技术资料、进行电缆线路巡视检查和隐患排查、电缆线路预防性试验、防止电缆外力破坏、分析电缆故障原因。

1）电缆线路负荷监视及电缆温度测量

① 电缆线路负荷监视。

通过对电缆负荷进行监视可以掌握电缆负荷变化情况和过负荷时间长短，有利于电缆运行状况的分析。电缆线路负荷可用钳形电流表测定，每年至少检测两次，一次安排在夏季高峰负荷期间，另一次安排在秋冬季高峰负荷期间，且应选择在最有代表性的一天进行。根据测量结果进行系统分析，以便采取措施，保证电缆的安全运行。

② 电缆温度测量。

电缆能否正常、安全运行，不仅取决于电缆实际负荷的大小，还受其接头部位的接触电阻以及周围环境温度和散热条件的影响，因此还应进行电缆及其终端和中间接头部位温度的监测。

电缆及其终端和中间接头部位的表面温度宜采用手持式红外测温仪测量。测量电缆表面温度时，应选择负荷最大时散热条件最差、环境温度最高处的电缆部位。

2）电缆金属护套或金属套腐蚀监视及补救方法：巡视检查过程中应注意检查金属护套或金属套的腐蚀情况，发现腐蚀时，应及时查找原因并采取措施消除外部因素（如潮湿、滴水、通风不良、腐蚀性化学物滴落等），而后补救电缆。补救电缆时，应先将电缆表面的腐蚀产物清除干净，而后再采取相应的补救措施。腐蚀比较轻微时，将电缆腐蚀部位及周边的腐蚀产物清除干净即可，或清除干净后在此段电缆上再按50%的搭盖率包覆一层防水胶带；如果腐蚀厚度或深度超过金属护套（金属套）厚度的50%，则应根据电缆的长度余量情况，剪除腐蚀段电缆重新制作电缆接头或更换整根电缆。

① BTT 系列电缆及 RTT 系列电缆铜护套腐蚀补救方法。

若发现铜护套表面有非油漆类的绿色斑块（铜绿），则说明铜护套已腐蚀。此时先用由热水沾湿的棉布或棉纱将铜护套表面的铜绿多次来回擦拭干净，直至铜绿完全被擦除，而后查看腐蚀厚度及深度情况，按照前述方法补救电缆。

② BTLY 系列电缆铝套腐蚀补救方法。

铝套腐蚀时，在其表面通常会产生"白毛"。若铝套已腐蚀，则先用不低于500 目的细砂布将铝套表面小心地多次来回擦除，并用棉布将擦出的粉屑擦除干净，直至铝套表面的白色腐蚀物成点状或线状分布，然后再用钢针小心刮除余留的少量腐蚀物，查看腐蚀厚度及深度情况，按照前述方法补救电缆。

3）绝缘与接地监视：为及时发现电缆线路中的薄弱环节，消除可能引发电缆事故的缺陷，应按电缆线路的重要性编制预防性试验计划，进行电缆绝缘电阻和接地情况监视，发现异常应及时查找原因妥善处理，做好记录并存档。

绝缘电阻的测量：应使用 1000V 绝缘电阻表，在停电状态下拆开待检电缆始、末端的电气设备连接，然后测试绝缘电阻。

可在巡视检查过程中实施接地监视，检查接地部件（如接地片、接地线、接地螺栓、接地连接管、接地排、接地桩等）连接是否紧固、可靠、有效、符合要求，接地电流是否异常，接地导线是否发热异常，必要时测试接地电阻。接地电阻的测试应列入预防性试验计划，在停电状态下检测。接地电流可用钳形电流表测量，接地导线发热温度可用红外测温仪测量。

6.4　低压耐火电缆常见故障的处理

6.4.1　电缆线路短路跳闸

1）应首先分析短路跳闸是由电缆引起还是由与电缆末端连接的电气设备引起。故障源的分析方法如下：

① 首先检查电缆两端的封端是否有烧损痕迹，若有则为电缆短路故障，若无则进行下一步检查。

② 将故障回路电缆始、末端的电气设备连接拆开，并确保电缆导体接线端子不触碰电气设备的任何金属部件，测量电缆导体之间、导体与金属护套（金属套）间的绝缘电阻，测试过程中若出现绝缘电阻值为零的情况，则可判定为电缆短路故障，否则为末端电气设备短路故障。

2）电缆短路故障原因及故障点查找方法如下：

① 电缆端口严重吸潮或进水。在电缆首、末端电气设备连接已拆开的状态下，逐端检查电缆封端。查找时，首先拆除一端的电缆封端，查看内部是否有水汽集聚，若有，则该封端有故障。若无，则用加强型电吹风将该端口段电缆加热一段时间后，测量其绝缘的绝缘电阻，若绝缘电阻明显变化，则为该端口故障，若绝缘电阻无任何变化，则将该端口进行临时封端处理，按同样的方法查找另一端的封端是否有故障。

② 电缆中间连接部位进水或吸潮。在电缆首、末端电气设备连接已拆开的状态下，逐个查找电缆的中间接头。首先查找环境潮湿或滴水、渗水区域的中间连接，以缩短故障点查找时间。查找时，打开中间接线箱、分支接线箱或中间连接器，查看内部是否有水汽集聚，若有，则该中间连接有故障。若无，则进一步拆开该处中间连接部位的导体连接和电缆封端（注意，导体不能触碰任何金属件），用加强型电吹风将一端电缆的端口段加热一段时间后，测量其绝缘的绝缘电阻，若绝缘电阻明显变化，则该端口有故障，若绝缘电阻无任何变化，则将该端口进行临时封端处理，按同样的方法查找另一端的封端是否有故障。若该中间连接的两端电缆均无故障，则将两端口临时封端处理后，继续查找另一中间连接，直至查出故障点。

③ 电缆破损进水或吸潮。沿电缆敷设路径找出故障电缆，从一端往另一端仔细查找出电缆开裂、破损部位。

此外，电缆故障点的查找也可借助电缆故障追踪仪按其制造商提供的方法查找。

3）故障修复

对电缆短路原因①和②造成的故障，对于 BTT 系列电缆、RTT 系列电缆和 BTLY 系列电缆，在对吸潮段进行驱潮处理后，按本篇 4.5.6 ~ 4.5.12 小节提供的方法制作和安装相应电缆的终端或中间连接；对电缆短路原因③造成的故障，将破损或开裂部位截断，对电缆吸潮段进行驱潮处理后，按本篇 4.5.7、4.5.9、4.5.11 和 4.5.12 小节提供的方法制作和安装相应电缆的中间连接。

BBTRZ 系列电缆和 WTG 系列电缆按常规电缆故障修复方法修复。

6.4.2　电缆线路断相运行

1）应首先分析回路断相是由电缆引起还是由与电缆末端连接的电气设备引起。将故障回路电缆始、末端的电气设备连接拆开，将该回路电缆一端的全部导体电气连接在一起，在另一端用万用表测量导体间的通断情况，若测出有导体断路，则可判定为电缆断路故障，否则为末端电气设备断路故障。

2）电缆断路故障原因及故障点查找方法如下：

① 电缆中间接头处个别导体未连接或虚接。逐个打开中间接线箱、分支接线盒或中间连接器，直至找出中间连接未连接或虚接点。

② 电缆断芯。拆开电缆始、末端的电气设备连接，若有中间连接则还应拆开中间连接部位的导体连接。用电容表从电缆两端测量故障导体与电缆金属护套（金属套）间的电容，测得的两端电容的比值即为导体故障点对应电缆两端头的大致距离比值，根据电缆敷设路径查找出电缆故障点区域范围，检查该区域电缆有无严重的机械挤压、撞击损伤，若有则截断损伤部位检查两端导体的连续性，对仍存在断芯的一端再按同样的方法查找直至找出故障点。

此外，电缆故障点的查找也可借助电缆故障追踪仪按其制造商提供的方法查找。

3）故障修复：对于 BTT 系列电缆、RTT 系列电缆和 BTLY 系列电缆，应视电缆预留余量情况分别处理。当电缆预留长度足够弥补截除的电缆长度时，对电缆吸潮段进行驱潮处理后，按本篇 4.5.7、4.5.9、4.5.11 和 4.5.12 小节提供的方法制作和安装相应电缆的中间连接；当预留长度不足时，宜更换电缆，按本篇 4.5.6 ~ 4.5.12 小节提供的方法制作相应电缆的终端与中间连接。

BBTRZ 系列电缆和 WTG 系列电缆按常规电缆故障修复方法修复。

6.4.3　电缆终端导体接线端子温度过高

1）应首先判断接线端子温度过高是由导体接线端子接触不良引起还是由电缆末端连接的电气设备过载引起或周围环境温度过高引起。

2）电缆导体接线端子接触不良的原因及处理方法如下：

① 导体接线端子与电气设备间的连接不良。断电状态下，检查电气设备上的

接线螺栓（螺钉）是否松动，若有松动则旋紧松动的接线螺栓（螺钉）。

② 导体接线端子与导体的连接不良。断电状态下，拆开导体接线端子与电气设备的连接，检查导体与导体接线端子的连接应有松动，若为压装型接线端子，则用扳手旋紧压装螺母，使导体与接线端子可靠连接；若为压接型接线端子，则应更换压接型接线端子，并用压接钳可靠压接。

6.4.4　电缆中间连接部位温度过高

1）应首先判断中间连接部位温度过高是由导体中间连接不良引起还是由与电缆末端连接的电气设备过载引起或周围环境温度过高引起。

2）电缆导体中间连接不良的原因及处理方法如下：

① 中间（分支）接线箱或内导体接线端子与接线箱内的铜排或端子排连接不良。断电状态下，打开箱盖，检查导体接线端子与铜排或端子排连接的螺栓（螺钉）是否有松动，若有松动则旋紧连接螺栓（螺钉）。

② 中间（分支）接线箱处导体接线端子与导体的连接不良。断电状态下拆开导体接线端子与铜排的连接，检查导体与导体接线端子的接线应有松动，若为压装型接线端子，则用扳手旋紧压装螺母，使导体与接线端子可靠连接；若为压接型接线端子，则应更换并重新压接接线端子。

③ 中间连接管内两端导体的连接不良。对于 BTT 系列电缆、RTT 系列电缆和 BTLY 系列电缆，在断电状态下，拆开中间连接器两端的填料函，去除中间连接管的绝缘套管。若为压装型导体连接管或螺钉压紧型导体连接管，则导体连接管的压装螺母或压紧螺钉应有松动，此时拆开并取出导体连接管，按本篇 4.5.7、4.5.9、4.5.11 和 4.5.12 小节提供的方法重新制作相应电缆的中间连接；若为压接型导体连接管，则导体与压接管的连接应有松动，此时剪除该连接部位的全部导体压接管，按本篇 4.5.7、4.5.9、4.5.11 和 4.5.12 小节提供的方法重新制作相应电缆的中间连接。对于 BBTRZ 系列电缆和 WTG 系列电缆，按常规电缆中间连接制作方法重新制作。

6.4.5　单芯电缆金属护套或金属套接地线发热异常

① 接地线与电缆接地组件以及外部保护接地体或等电位接地体的连接不良。检查接地线与电缆接地组件、接地线与保护接地导线或等电位接地体的连接螺栓（螺钉）是否有松动，旋紧有松动的接地螺栓。

② 同一回路成束敷设的单芯电缆未按规定要求进行相序排列或绑扎。检查电缆线路的相序排列或绑扎情况，按规定要求重新排列及绑扎固定电缆。

6.4.6　电缆绝缘电阻低

① 电缆终端或中间接头的封端制作质量未满足长久性的要求，致使电缆端头

的绝缘受潮。尽管电缆线路竣工时进行了绝缘电阻测量，但由于验收时间距离电缆终端或中间接头制作完成时间较短，电缆终端或中间接头的封端制作时的轻微缺陷有时需要经过较长的一段时间或周围环境作用使内部的电缆绝缘材料缓慢吸潮才能逐步反映出来。在此种情况下，需重新制作终端或中间连接。对于 BTT 系列电缆、RTT 系列电缆和 BTLY 系列电缆，按本篇第 6.4.1 小节提供的方法找出吸潮部位并驱潮处理，然后按本篇 4.5.6 ~ 4.5.12 小节提供的方法制作和安装相应电缆的终端或中间连接。

　　② 电缆的金属护套或金属套有破损或开裂。按本篇第 6.4.1 小节提供的方法找出破损或开裂部位，然后将破损或开裂部位截断，对电缆吸潮段进行驱潮处理后，BTT 系列电缆、RTT 系列电缆和 BTLY 系列电缆按本篇 4.5.7、4.5.9、4.5.11和 4.5.12 小节提供的方法制作相应电缆的中间连接，BBTRZ 系列电缆和 WTG 系列电缆按常规电缆中间连接制作方法重新制作。

6.5　中压耐火电缆常见故障的处理

　　中压耐火电缆的常见故障及其处理方法与常规中压电缆一致，在此不再赘述。

第4篇 电缆价格篇

第1章 产品价格的构成要素及测算办法

一般地，电线电缆企业在相同或相似的工艺条件下生产符合标准规定的通用电线电缆时，其产品结构、材料与材料消耗定额是基本相同的。另一方面，电线电缆的主要基础材料铜、铝、PVC 等都是大宗商品，其价格随国际市场实时波动，是不受电线电缆制造企业控制的。也就是说，各企业制造通用电线电缆合格产品的"个别成本"，虽然需要视具体情况而区别对待确认，但作为"个别成本"组成要素的直接材料成本，各企业之间差异不大。结合电线电缆产品合理价格的构成要素给出下列产品招标控制价核算办法供参考。

1. 导体费用

导体费用即电缆产品"导体"的同期市场价格。1#铜、A00 铝的材料价格一般采用上海有色、长江有色等期货或现货市场的成交价格，可根据自身实际核算需要去选择原材料的采购价格。导体费用的计算公式如下：

$$P_{导体} = \frac{C_{导体} P_1}{1000}$$

式中，$P_{导体}$ 为导体费用（元/m）；$C_{导体}$ 为铜、铝、铝合金等导体的材料消耗（kg/km）；P_1 为铜、铝、铝合金等导体材料的单价（元/kg）。

2. 原材料费用

原材料费用是指严格按照标准生产的线缆产品的所有直接构成材料的市场价格总和，是电缆产品价格构成的最基本单元，其计算公式如下：

$$P_{原材料} = \frac{\sum C_i P_i}{1000}$$

式中，$P_{原材料}$ 为原材料费用（元/m）；C_i 为电缆各工艺结构的材料消耗，即导体、耐火层、绝缘层、填充层、隔离套、铠装、金属护层、外护层等各结构耗费的原材料重量（kg/km），$i=1$，2，3，4，…；P_i 为电缆各工艺结构所使用原材料的单价（元/kg）。

例如型号为 BTTZ 的产品，其产品结构由导体、绝缘、铜护套三部分构成，那么 BTTZ 产品的原材料费用计算方式如下：

原材料费用 =（导体铜重量×铜材单价 + 绝缘氧化镁重量×氧化镁单价 +
铜护套重量×铜材单价）/1000

3. 完全成本

完全成本包含生产电缆所需料、工、费及期间费用，即完全成本是直接材料、直接人工、制造费用和期间费用的总和，而直接材料、直接人工和制造费用又构成产品的制造成本。直接材料是指在生产过程中耗费的原材料的费用，即直接材料是原材料费用。直接人工是指企业在生产产品和提供劳务过程中直接从事产品生产的人员产生的费用，即直接人工是生产人员的职工工资和职工福利费。制造费用是指因生产产品和提供劳务而发生的与产品相关的各项间接费用，包括企业生产部门（如生产车间）发生的水电费、材料损耗、固定资产折旧、无形资产摊销、管理人员的薪酬、劳动保护费、国家规定的有关环保费用、季节性和修理期间的停工损失等。期间费用包括管理费用、销售费用和财务费用，它与当期产品的管理和产品销售直接相关。

由于企业间产品研发、工艺及管理水平的差异，制造费用和期间费用必然不同。为缩小价格核算的差异，可采用参考行业平均水平的方式，即采用平均人工制造费用率和平均期间费用率的方式对制造成本和完全成本进行核算，得出行业平均成本以供参考。但在实际采购活动中，企业还会综合采购数量、标的金额、付款方式等因素制定其产品销售价格，故此"个别成本"仍需视具体情况区别对待。

完全成本的计算公式如下：

$$P_{完全成本} = P_{制造成本} + PE = P_{原材料} + LC + ME + PE$$
$$P_{完全成本} = P_{制造成本}(1 + R_{pe})$$
$$P_{制造成本} = P_{原材料}(1 + R_{lc})$$

式中，$P_{原材料}$为原材料费用（元/m）；$P_{制造成本}$为制造成本（元/m）；$P_{完全成本}$为完全成本（元/m）；LC为直接人工费用（元/m）；ME为制造费用（元/m）；PE为期间费用（元/m）；R_{lc}为人工制造费用率，即人工制造费用占原材料费用的百分比，取行业平均值；R_{pe}为期间费用率，即期间费用占营业收入的百分比，取行业平均值。

4. 招标控制价

招标控制价即合理价格上限。招标控制价的制定要考虑产品的完全成本和企业必要的利润。过高的招标控制价会造成不必要的采购成本的浪费，过低的招标控制价则要承担更大的产品质量问题的风险。

招标控制价的计算公式如下：

$$P_{控制} = P_{完全成本} + R + Q$$
$$P_{控制} = P_{完全成本}(1 + R_{ep} + R_o)$$

式中，$P_{控制}$为招标控制价（元/m）；$P_{完全成本}$为完全成本（元/m）；R为企业利润（元/m）；Q为企业发生的与该产品相关的其他费用（元/m）；R_{ep}为企业利润率，取行业平均值；R_o 为其他加价率，企业可依据自身实际费用情况酌情调整。

5. 毛利率

毛利率是毛利与销售收入（或营业收入）的百分比，其中毛利是收入和与收入相对应的成本之间的差额，用公式表示如下：

$$G_m = \frac{GP}{I} \times 100\% = \frac{I - C}{I} \times 100\%$$

式中，G_m 为毛利率；GP 为毛利；I 为收入；C 为成本。

值得注意的是，上述毛利率的核算公式中，成本 C 指的是制造成本。

以 RTTVZ 0.6/1kV 1×185 的价格测算为例，其材料消耗、原材料价格、人工制造费用率、期间费用率及企业利润率见表 4-1-1 和表 4-1-2。

表 4-1-1　RTTVZ 0.6/1kV 1×185 的材料消耗及原材料价格

序号	原材料名称	材料定额/(kg/km)	材料单价/(元/kg)
1	软圆铜线	1644.65	50.75
2	双面玻璃布补强合成云母带	143.41	46.50
3	软态 T2 型铜带	384.97	55.65
4	90℃、35kV 及以下阻燃聚氯乙烯护套塑料	278.16	8.39

表 4-1-2　RTTVZ 0.6/1kV 1×185 的人工制造费用率、期间费用率及企业利润率

人工制造费用率	期间费用率	企业利润率	其他
5%	12%	11%	1%

RTTVZ 0.6/1kV 1×185 的导体费用、原材料费用、制造成本、完全成本、招标控制价及毛利率计算过程如下：

① 导体费用为

$$P_{导体} = C_{导体}P_1/1000 = 1644.65 \times 50.75 \div 1000 \ 元/m = 83.47 \ 元/m$$

② 原材料费用为

$$P_{原材料} = \sum C_i P_i/1000 = (1644.65 \times 50.75 + 143.41 \times 46.5 + 384.97 \times 55.65 + 278.16 \times 8.39) \div 1000 \ 元/m = 113.89 \ 元/m$$

③ 制造成本为

$$P_{制造成本} = P_{原材料}(1 + R_{lc}) = 113.89 \times (1 + 5\%) \ 元/m = 119.58 \ 元/m$$

④ 完全成本为

$$P_{完全成本} = P_{制造成本}(1 + R_{pe}) = 119.58 \times (1 + 12\%) \ 元/m = 133.93 \ 元/m$$

⑤ 招标控制价为

$$P_{控制价} = P_{完全成本}(1 + R_{ep} + R_o) = 133.93 \times (1 + 11\% + 1\%) \ 元/m = 150.00 \ 元/m$$

⑥ 毛利率为

$$G_m = (I - C)/I \times 100\% = (150.00 - 119.58) \div 150.00 \times 100\% = 20.28\%$$

第2章 产品结构与材料消耗定额核算

2.1 耐火电缆产品的结构

2.1.1 氧化镁矿物绝缘铜护套电缆（BTTQ/BTTZ 系列）

1. 导体

导体采用符合 GB/T 3956—2008 规定的第 1 种（A）退火铜材料，且具有近似圆形的实心截面，其参数见表 4-2-1。

表 4-2-1 氧化镁矿物绝缘铜护套电缆的导体

导体标称截面积/mm²	导体外径参考值/mm	固定敷设电缆用导体最大直径/mm	20 ℃时导体最大电阻/（Ω/km）
1	1.13	1.2	18.1
1.5	1.38	1.5	12.1
2.5	1.78	1.9	7.41
4	2.26	2.4	4.61
6	2.76	2.9	3.08
10	3.57	3.7	1.83
16	4.51	4.6	1.15
25	5.64	5.7	0.727
35	6.68	6.7	0.524
50	7.98	7.8	0.387
70	9.44	9.4	0.268
95	11.0	11.0	0.193
120	12.3	12.4	0.153
150	13.8	13.8	0.124
185	15.3	15.4	0.101
240	17.4	17.6	0.0775
300	19.5	19.8	0.062
400	22.5	22.2	0.0465

2. 绝缘

氧化镁矿物绝缘铜护套电缆的绝缘标称厚度应符合 GB/T 13033.1—2007 的规定，见表 4-2-2。

表 4-2-2　氧化镁矿物绝缘铜护套电缆的绝缘标称厚度

导体标称截面积/mm²	绝缘标称厚度/mm		
	500V		750V
	1、2 芯	3、4、7 芯	
1	0.65	0.75	1.30
1.5	0.65	0.75	1.30
2.5	0.65	0.75	1.30
4	0.65	—	1.30
6	—	—	1.30
10	—	—	1.30
16	—	—	1.30
25	—	—	1.30
35	—	—	1.30
50	—	—	1.30
70	—	—	1.30
95	—	—	1.30
120	—	—	1.30
150	—	—	1.30
185	—	—	1.40
240	—	—	1.60
300	—	—	1.80
400	—	—	2.10

3. 铜护套

（1）铜护套厚度的选取　铜护套标称厚度应符合 GB/T 13033.1—2007 的规定，见表 4-2-3。

表 4-2-3　氧化镁矿物绝缘铜护套电缆的铜护套标称厚度

电压等级	导体标称截面积/mm²	铜护套标称厚度/mm						
		1 芯	2 芯	3 芯	4 芯	7 芯	12 芯	19 芯
500V	1	0.31	0.41	0.45	0.48	0.52	—	—
	1.5	0.32	0.43	0.48	0.50	0.54	—	—
	2.5	0.34	0.49	0.50	0.54	0.61	—	—
	4	0.38	0.54	—	—	—	—	—

（续）

电压等级	导体标称截面积/mm²	铜护套标称厚度/mm						
		1 芯	2 芯	3 芯	4 芯	7 芯	12 芯	19 芯
750V	1	0.39	0.51	0.53	0.56	0.62	0.73	0.79
	1.5	0.41	0.54	0.56	0.59	0.65	0.76	0.84
	2.5	0.42	0.57	0.59	0.62	0.69	0.81	—
	4	0.45	0.61	0.63	0.68	0.75	—	—
	6	0.48	0.65	0.68	0.71	—	—	—
	10	0.50	0.71	0.75	0.78	—	—	—
	16	0.54	0.78	0.82	0.86	—	—	—
	25	0.60	0.85	0.87	0.93	—	—	—
	35	0.64	—	—	—	—	—	—
	50	0.69	—	—	—	—	—	—
	70	0.76	—	—	—	—	—	—
	95	0.80	—	—	—	—	—	—
	120	0.85	—	—	—	—	—	—
	150	0.90	—	—	—	—	—	—
	185	0.94	—	—	—	—	—	—
	240	0.99	—	—	—	—	—	—
	300	1.08	—	—	—	—	—	—
	400	1.17	—	—	—	—	—	—

（2）铜护套外径　铜护套外径应符合 GB/T 13033.1—2007 的规定，见表4-2-4。

表4-2-4　氧化镁矿物绝缘铜护套电缆的铜护套外径

电压等级	导体标称截面积/mm²	铜护套外径/mm						
		1 芯	2 芯	3 芯	4 芯	7 芯	12 芯	19 芯
500V	1	3.1	5.1	5.8	6.3	7.6	—	—
	1.5	3.4	5.7	6.4	7.0	8.4	—	—
	2.5	3.8	6.6	7.3	8.1	9.7	—	—
	4	4.4	7.7	—	—	—	—	—
750V	1	4.6	7.3	7.7	8.4	9.9	13.0	15.2
	1.5	4.9	7.9	8.3	9.1	10.8	14.1	16.6
	2.5	5.3	8.7	9.3	10.1	12.1	15.6	—
	4	5.9	9.8	10.4	11.4	13.6	—	—

(续)

电压等级	导体标称截面积/mm²	铜护套外径/mm						
		1 芯	2 芯	3 芯	4 芯	7 芯	12 芯	19 芯
750V	6	6.4	10.9	11.5	12.7	—	—	—
	10	7.3	12.7	13.6	14.8	—	—	—
	16	8.3	14.7	15.6	17.3	—	—	—
	25	9.6	17.1	18.2	20.1	—	—	—
	35	10.7	—	—	—	—	—	—
	50	12.1	—	—	—	—	—	—
	70	13.7	—	—	—	—	—	—
	95	15.4	—	—	—	—	—	—
	120	16.8	—	—	—	—	—	—
	150	18.4	—	—	—	—	—	—
	185	20.4	—	—	—	—	—	—
	240	23.3	—	—	—	—	—	—
	300	26.0	—	—	—	—	—	—
	400	30.0	—	—	—	—	—	—

4. 非金属外护套

非金属外护套标称厚度应符合 GB/T 13033.1—2007 的规定，见表 4-2-5。

表 4-2-5 氧化镁矿物绝缘铜护套电缆的非金属外护套标称厚度

铜护套外径 D/mm	非金属外护套标称厚度/mm
$D \leqslant 7$	0.65
$7 < D \leqslant 15$	0.75
$15 < D \leqslant 20$	1.00
$20 < D$	1.25

2.1.2 云母带矿物绝缘波纹铜护套电缆（RTTZ/YTTW 系列）

1. 导体

（1）导体结构　导体应是符合 GB/T 3956—2008 规定的第 1 种（A）或第 2 种（B）镀金属层或不镀金属层的退火铜导体。

（2）导体直径　当导体结构类型为 A 时，即导体根数 $n = 1$ 时，导体直径为单线直径；当导体结构类型为 B 时，即为绞合导体时，导体直径的计算公式如下：

$$D_d = dk$$

式中，D_d 为导体直径（mm）；d 为导体单丝标称直径（mm）；k 为绞合系数，取

表4-2-6中的实际外径计算成缆系数。

表 4-2-6　成缆系数

芯数	假设外径计算成缆系数 K	实际外径计算成缆系数 k	芯数	假设外径计算成缆系数 K	实际外径计算成缆系数 k
1	1	1	32	6.7	6.7
2	2	2	33	6.7	6.7
3	2.16	2.154	34	7	7
4	2.42	2.414	35	7	7
5	2.7	2.7	36	7	7
6	3	3	37	7	7
7	3	3	38	7.33	7.3
8	3.45	3.3	39	7.33	7.3
9	3.8	3.7	40	7.33	7.3
10	4	4	41	7.67	8
11	4	4.154	42	7.67	8
12	4.16	4.154	43	7.67	8
13	4.41	4.414	44	8	8
14	4.41	4.414	45	8	8.154
15	4.7	4.7	46	8	8.154
16	4.7	4.7	47	8	8.154
17	5	5	48	8.15	8.154
18	5	5	49	8.41	8.414
19	5	5	50	8.41	8.414
20	5.33	5.154	51	8.41	8.414
21	5.33	5.3	52	8.41	8.414
22	5.67	5.7	53	8.7	8.7
23	5.67	6	54	8.7	8.7
24	6	6	55	8.7	8.7
25	6	6.154	56	8.7	8.7
26	6	6.154	57	9	9
27	6.15	6.154	58	9	9
28	6.41	6.414	59	9	9
29	6.41	6.414	60	9	9
30	6.41	6.414	61	9	9
31	6.7	6.7	62	10	10

2. 绝缘

（1）绝缘厚度的选取　绝缘厚度的平均值不应小于规定的标称值。

（2）绝缘外径的计算　其计算公式如下：

$$D = D_{前} + 3nt$$

式中，D 为绝缘外径（mm）；$D_{前}$ 为前一工序的外径（mm）；n 为带材绕包的层数；t 为绝缘带材的厚度（mm）。

3. 缆芯

（1）成缆系数的选取　成缆系数选取表 4-2-6 中的实际外径计算成缆系数。

（2）成缆外径的计算

1）所有芯线导体标称截面积相同的电缆的成缆外径计算公式如下：

$$D_{f} = kD_{c} + 3nt$$

2）有一根小截面的四芯电缆的成缆外径计算公式如下：

$$D_{f} = \frac{2.414(3D_{c1} + D_{c2})}{4} + 3nt$$

3）有一根小截面的五芯电缆的成缆外径计算公式如下：

$$D_{f} = \frac{2.7(4D_{c1} + D_{c2})}{5} + 3nt$$

4）有两根小截面的五芯电缆的成缆外径计算公式如下：

$$D_{f} = \frac{2.7(3D_{c1} + D_{c2} + D_{c3})}{5} + 3nt$$

式中，D_{f} 为成缆外径（mm），此处 D_{f} 为实际值；k 为成缆系数，取表 4-2-6 中的实际外径计算成缆系数；D_{c} 为绝缘线芯的外径（mm）；D_{c1} 为相绝缘线芯的外径（mm）；D_{c2} 为小截面绝缘线芯的外径（mm）；D_{c3} 为小截面绝缘线芯的外径（mm）；n 为包带的层数，若成缆无包带，则 n 值为 0；t 为包带的厚度（mm）。

4. 保护层

（1）保护层的厚度的选取　保护层厚度的平均值不应小于规定的标称值。当缆芯假设直径不大于 20mm 时，保护层标称厚度为 0.60mm；当缆芯假设直径大于 20mm 时，保护层标称厚度为 0.80mm。

（2）保护层外径的计算　其计算公式如下：

$$D = D_{前} + 3nt$$

式中，D 为保护层外径（mm）；$D_{前}$ 为绕包保护层前的外径（mm）；n 为包带的层数；t 为包带的厚度（mm）。

5. 铜护套

（1）铜护套厚度的选取　铜护套的平均厚度不应小于规定的标称值，最薄点厚度不应小于规定标称值的 90%。

（2）铜护套外径的计算　其计算公式如下：

$$D = D_{前} + 2h + 2t$$

式中，D 为铜护套的直径（mm）；$D_{前}$ 为铜护套下的外径（mm）；h 为压纹深度（mm）；t 为铜护套厚度（mm）。

6. 外护套

（1）外护套厚度的选取　450/750V 控制电缆外护套的性能和结构尺寸应符合 GB/T 9330—2020 中第7.7 条的相关规定。其外护套标称厚度见表4-2-7。

表 4-2-7　450/750V 控制电缆的外护套标称厚度

挤包外护套前假定直径 D/mm	外护套标称厚度/mm	挤包外护套前假定直径 D/mm	外护套标称厚度/mm
$D \leqslant 10.0$	1.2	$25.0 < D \leqslant 30.0$	2.0
$10.0 < D \leqslant 16.0$	1.5	$30.0 < D \leqslant 40.0$	2.2
$16.0 < D \leqslant 25.0$	1.7	$40.0 < D$	2.5

0.6/1kV 电力电缆外护套的性能和结构尺寸应符合 GB/T 12706.1—2020 中的相关规定。挤包外护套标称厚度应按下式计算：

$$T_s = 0.035D + 1.0$$

式中，T_s 为外护套标称厚度（mm）；D 为挤包外护套前电缆的假定直径（mm）。

当单芯电缆的外护套标称厚度计算值小于 1.4mm 时，外护套标称厚度取值为 1.4mm；当多芯电缆的外护套标称厚度计算值小于 1.8mm 时，外护套标称厚度取值为 1.8mm。

（2）外护套外径的计算　其计算公式如下：

$$D = D_{前} + 2t$$

式中，$D_{前}$ 为前一工序的外径（mm）；D 为外护套的直径（mm）；t 为外护套的厚度（mm）。

2.1.3　陶瓷化硅橡胶（矿物）绝缘铜护套电缆（WTGE/WTGG/WTGT/WTGH 系列）

1. 导体

（1）导体结构　导体应是符合 GB/T 3956—2008 规定的第 1 种（A）或第 2 种（B）镀金属层或不镀金属层的退火铜导体。

（2）导体直径　当导体结构类型为 A 时，即导体根数 $n = 1$ 时，导体直径为单线直径；当导体结构类型为 B 时，即为绞合导体时，导体直径的计算公式如下：

$$D_d = dk$$

式中，D_d 为导体直径（mm）；d 为导体单丝标称直径（mm）；k 为绞合系数，取表 4-2-6 中的实际外径计算成缆系数。

2. 绝缘

（1）绝缘厚度的选取　绝缘标称厚度见表 4-2-8。

表 4-2-8　绝缘标称厚度

导体标称截面积 /mm²	绝缘标称厚度/mm		导体标称截面积 /mm²	绝缘标称厚度/mm	
	450/750V	0.6/1kV		450/750V	0.6/1kV
1.5	0.8	1.0	95	—	1.6
2.5	0.8	1.0	120	—	1.6
4	0.8	1.0	150	—	1.8
6	0.8	1.0	185	—	2.0
10	—	1.0	240	—	2.2
16	—	1.0	300	—	2.4
25	—	1.2	400	—	2.6
35	—	1.2	500	—	2.8
50	—	1.4	630	—	3.0
70	—	1.4	800	—	3.2

（2）绝缘外径的计算　其计算公式如下：

$$D = D_{前} + 2t$$

式中，D 为绝缘外径（mm）；$D_{前}$ 为前一工序的外径（mm）；t 为绝缘标称厚度（mm）。

3. 缆芯

（1）成缆系数的选取　成缆系数选取表 4-2-6 中的实际外径计算成缆系数。

（2）成缆外径的计算

1）所有芯线导体标称截面积相同的电缆的成缆外径计算公式如下：

$$D_f = kD_c + 3nt$$

2）有一根小截面的四芯电缆的成缆外径计算公式如下：

$$D_f = \frac{2.414(3D_{c1} + D_{c2})}{4} + 3nt$$

3）有一根小截面的五芯电缆的成缆外径计算公式如下：

$$D_f = \frac{2.7(4D_{c1} + D_{c2})}{5} + 3nt$$

4）有两根小截面的五芯电缆的成缆外径计算公式如下：

$$D_f = \frac{2.7(3D_{c1} + D_{c2} + D_{c3})}{5} + 3nt$$

式中，D_f 为成缆外径（mm），此处 D_f 为实际值；k 为成缆系数，取表 4-2-6 中的实际外径计算成缆系数；D_c 为绝缘线芯的外径（mm）；D_{c1} 为相绝缘线芯的外径（mm）；D_{c2} 为小截面绝缘线芯的外径（mm）；D_{c3} 为小截面绝缘线芯的外径（mm）；n 为包带的层数，若成缆无包带，则 n 值为 0；t 为包带的厚度（mm）。

4. 矿物隔离层

（1）矿物隔离层的厚度　矿物隔离层的标称厚度见表 4-2-9，其最小厚度不应小于标称值的 80% 再减 0.2mm。

表 4-2-9　矿物隔离层的标称厚度

缆芯假设直径 D/mm	矿物隔离层的标称厚度/mm	缆芯假设直径 D/mm	矿物隔离层的标称厚度/mm
$D < 10$	1.0	$40 \leq D < 50$	1.4
$10 \leq D < 20$	1.1	$50 \leq D < 60$	1.5
$20 \leq D < 30$	1.2	$60 \leq D$	1.6
$30 \leq D < 40$	1.3		

（2）矿物隔离层外径的计算　其计算公式如下：

$$D = D_{前} + 2t$$

式中，D 为矿物隔离层的外径（mm）；$D_{前}$ 为矿物隔离层下的直径（mm），此处 $D_{前}$ 为实际值；t 为矿物隔离层的标称厚度（mm）。

5. 联锁铠装金属护层

金属护层的外径应采用下式计算：

$$D = D_{前} + 2t_{A}$$

式中，D 为金属带联锁铠装后的外径（mm）；$D_{前}$ 为铠装前的直径（mm），此处 $D_{前}$ 为实际值；t_{A} 为铠装带压型后的弓形高度（mm），见表 4-2-10。

表 4-2-10　铠装带压型后的弓形高度

铠装前假设直径 D/mm	弓形高度/mm
$D \leq 38$	2.5
$D > 38$	3.5

6. 外护套

挤包外护套标称厚度应按下式计算：

$$T_{s} = 0.035D + 1.0$$

式中，T_{s} 为外护套标称厚度（mm）；D 为挤包外护套前电缆的假定直径（mm）。

无金属护层单芯电缆的外护套标称厚度不应小于 1.4mm，多芯电缆及有金属护层单芯电缆的外护套标称厚度不应小于 1.8mm。

2.1.4　隔离型矿物绝缘铝金属套耐火电缆［NG–A（BTLY）系列］

1. 导体

（1）导体结构　导体应是符合 GB/T 3956—2008 规定的第 1 种（A）或第 2 种（B）镀金属层或不镀金属层的退火铜导体。

（2）导体直径　当导体结构类型为 A 时，即导体根数 n 为 1 时，导体直径为单线直径；当导体结构类型为 B 时，即为绞合导体时，导体直径的计算公式如下：

$$D_{d} = dk$$

式中，D_d 为导体直径（mm）；d 为导体单丝标称直径（mm）；k 为绞合系数，取表 4-2-6 中的实际外径计算成缆系数。

2. 绝缘

（1）绝缘厚度的选取　绝缘标称厚度见表 4-2-11。

表 4-2-11　隔离型矿物绝缘铝金属套耐火电缆的绝缘标称厚度

导体标称截面积 /mm²	绝缘标称厚度/mm		导体标称截面积 /mm²	绝缘标称厚度/mm	
	分相铝护套电缆	统包铝护套电缆		分相铝护套电缆	统包铝护套电缆
1.5	—	0.45	95	1.2	—
2.5	—	0.45	120	1.2	—
4	—	0.45	150	1.4	—
6	—	0.45	185	1.4	—
10	—	0.50	240	1.4	—
16	1.0	0.50	300	1.6	—
25	1.0	—	400	1.6	—
35	1.1	—	500	1.8	—
50	1.2	—	630	2.0	—
70	1.2	—	—	—	—

（2）绝缘外径的计算　其计算公式如下：

$$D = D_{前} + 3nt$$

式中，D 为绝缘外径（mm）；$D_{前}$ 为前一工序的外径（mm）；n 为带材绕包的层数；t 为绝缘带材的厚度（mm）。

3. 铝金属套

（1）铝金属套厚度的选取　铝金属套标称厚度见表 4-2-12。

表 4-2-12　隔离型矿物绝缘铝金属套耐火电缆的铝金属套标称厚度

导体标称截面积 /mm²	铝金属套标称厚度/mm		导体标称截面积 /mm²	铝金属套标称厚度/mm	
	单芯	2~5 芯		单芯	2~5 芯
1.5	—	1.0	95	1.1	1.1
2.5	—	1.0	120	1.2	1.2
4	—	1.0	150	1.2	1.2
6	—	1.0	185	1.2	1.2
10	1.0	1.0	240	1.5	1.5
16	1.0	1.0	300	1.5	1.5
25	1.0	1.0	400	1.5	—
35	1.0	1.0	500	1.5	—
50	1.1	1.1	630	1.8	—
70	1.1	1.1	—	—	—

（2）铝金属套外径的计算　其计算公式如下：

$$D = D_前 + 2t$$

式中，D 为铝金属套外径（mm）；$D_前$ 为前一工序的外径（mm）；t 为铝金属套标称厚度（mm）。

4. 隔离套

隔离套的环筋厚度一般为 0.4 ~ 0.6mm。

隔离套外径的计算公式如下：

$$D = D_前 + 2t$$

式中，D 为隔离套外径估算值（mm）；$D_前$ 为前一工序的外径（mm）；t 为隔离套的环筋厚度（mm）。

5. 缆芯

（1）成缆系数的选取　成缆系数选取表 4-2-6 中的实际外径计算成缆系数。

（2）成缆外径的计算

1）所有芯线导体标称截面积相同的电缆的成缆外径计算公式如下：

$$D_f = kD_c + 3nt$$

2）有一根小截面的四芯电缆的成缆外径计算公式如下：

$$D_f = \frac{2.414(3D_{c1} + D_{c2})}{4} + 3nt$$

3）有一根小截面的五芯电缆的成缆外径计算公式如下：

$$D_f = \frac{2.7(4D_{c1} + D_{c2})}{5} + 3nt$$

4）有两根小截面的五芯电缆的成缆外径计算公式如下：

$$D_f = \frac{2.7(3D_{c1} + D_{c2} + D_{c3})}{5} + 3nt$$

式中，D_f 为成缆外径（mm），此处 D_f 为实际值；k 为成缆系数，取表 4-2-6 中的实际外径计算成缆系数；D_c 为绝缘线芯的外径（mm）：D_{c1} 为相绝缘线芯的外径（mm）；D_{c2} 为小截面绝缘线芯的外径（mm）；D_{c3} 为小截面绝缘线芯的外径（mm）；n 为包带的层数，若成缆无包带，则 n 值为 0；t 为包带的厚度（mm）。

对于分相铝金属套电缆，D_c、D_{c1}、D_{c2}、D_{c3} 为铝金属套的外径。

6. 防火层

（1）防火层厚度的选取　统包铝护套电缆防火层的挤包厚度取值为 2.0mm，分相铝护套电缆防火层的环筋厚度取值为 1.0mm。

（2）防火层外径的计算　其计算公式如下：

$$D = D_前 + 2t$$

式中，D 为防火层外径（mm）；$D_前$ 为前一工序的外径（mm）；t 为防火层的挤包厚度（环筋厚度）（mm）。

7. 隔离层

（1）隔离层厚度的选取　当缆芯假设直径不大于 20 mm 时，隔离层近似厚度为 0.6 mm；当缆芯假设直径大于 20 mm 时，隔离层近似厚度为 0.8 mm。隔离层平均厚度不宜小于规定的近似值。

（2）隔离层外径的计算　其计算公式如下：

$$D = D_{前} + 3nt$$

式中，D 为隔离层外径（mm）；$D_{前}$ 为前一工序的外径（mm）；n 为带材绕包的层数；t 为带材的厚度（mm）。

8. 外护套

挤包外护套标称厚度应按下式计算：

$$T_{s} = 0.035D + 1.0$$

式中，T_{s} 为外护套标称厚度（mm）；D 为挤包外护套前电缆的假定直径（mm）。

单芯电缆的外护套标称厚度不应小于 1.4mm，多芯电缆的外护套标称厚度不应小于 1.8mm。

2.1.5　隔离型塑料绝缘耐火电缆（BBTRZ 系列）

1. 导体

（1）导体结构　导体应是符合 GB/T 3956—2008 规定的第 1 种（A）或第 2 种（B）镀金属层或不镀金属层的退火铜导体。

（2）导体直径　当导体结构类型为 A 时，即导体根数 $n = 1$ 时，导体直径为单线直径；当导体结构类型为 B 时，即为绞合导体时，导体直径的计算公式如下：

$$D_{d} = dk$$

式中，D_{d} 为导体直径（mm）；d 为导体单丝标称直径（mm）；k 为绞合系数，取表 4-2-6 中的实际外径计算成缆系数。

2. 耐火层

（1）耐火层厚度的选取　耐火层由合适的云母带组成，绕包层数一般不应少于三层，总厚度不应小于 0.4mm。

（2）耐火层外径的计算　其计算公式如下：

$$D = D_{前} + 3nt$$

式中，D 为耐火层外径（mm）；$D_{前}$ 为前一工序的外径（mm）；n 为带材绕包的层数；t 为带材的厚度（mm）。

3. 绝缘层

（1）绝缘厚度的选取　绝缘厚度的平均值不应小于规定的标称值。绝缘标称厚度见表 4-2-13。

（2）绝缘层外径的计算　其计算公式如下：

$$D = D_{前} + 2t$$

式中，D 为绝缘层外径（mm）；$D_{前}$ 为前一工序的外径（mm）；t 为绝缘标称厚度（mm）。

表 4-2-13　隔离型塑料绝缘耐火电缆的绝缘标称厚度

导体标称截面积/mm²	绝缘标称厚度/mm	导体标称截面积/mm²	绝缘标称厚度/mm
1.5	0.7	95	1.1
2.5	0.7	120	1.2
4	0.7	150	1.4
6	0.7	185	1.6
10	0.7	240	1.7
16	0.7	300	1.8
25	0.9	400	2.0
35	0.9	500	2.2
50	1.0	630	2.4
70	1.1	—	—

4. 隔离套

隔离套的环筋厚度一般为 0.4~0.6mm。

隔离套外径的计算公式如下：

$$D = D_{前} + 2t$$

式中，D 为隔离套外径（mm）；$D_{前}$ 为前一工序的外径（mm）；t 为隔离套的环筋厚度（mm）。

5. 缆芯

（1）成缆系数的选取　成缆系数选取表 4-2-6 中的实际外径计算成缆系数。

（2）成缆外径的计算

1）所有芯线导体标称截面积相同的电缆的成缆外径计算公式如下：

$$D_f = kD_c + 3nt$$

2）有一根小截面的四芯电缆的成缆外径计算公式如下：

$$D_f = \frac{2.414(3D_{c1} + D_{c2})}{4} + 3nt$$

3）有一根小截面的五芯电缆的成缆外径计算公式如下：

$$D_f = \frac{2.7(4D_{c1} + D_{c2})}{5} + 3nt$$

4）有两根小截面的五芯电缆的成缆外径计算公式如下：

$$D_f = \frac{2.7(3D_{c1} + D_{c2} + D_{c3})}{5} + 3nt$$

式中，D_f 为成缆外径（mm），此处 D_f 为实际值；k 为成缆系数，取表 4-2-6 中的实际外径计算成缆系数；D_c 为绝缘线芯的外径（mm）；D_{c1} 为相绝缘线芯的外径（mm）；D_{c2} 为小截面绝缘线芯的外径（mm）；D_{c3} 为小截面绝缘线芯的外径（mm）；n 为包带的层数，若成缆无包带，则 n 值为 0；t 为包带的厚度（mm）。

6. 防火层

（1）防火层厚度的选取　单芯电缆防火层的近似厚度为 2.0mm，多芯电缆防火层的近似厚度为 1.0mm。

（2）防火层外径的计算　其计算公式如下：

$$D = D_前 + 2t$$

式中，D 为防火层外径（mm）；$D_前$ 为前一工序的外径（mm）；t 为防火层的挤包厚度（环筋厚度）（mm）。

7. 隔离层

（1）隔离层厚度的选取　当缆芯假设直径不大于 20mm 时，隔离层近似厚度为 0.6mm；当缆芯假设直径大于 20mm 时，隔离层近似厚度为 0.8mm。隔离层平均厚度不宜小于规定的近似值。

（2）隔离层外径的计算　其计算公式如下：

$$D = D_前 + 3nt$$

式中，D 为隔离层外径（mm）；$D_前$ 为前一工序的外径（mm）；n 为带材绕包的层数；t 为带材的厚度（mm）。

8. 外护套

挤包外护套标称厚度应按下式计算：

$$T_s = 0.035\,D + 1.0$$

式中，T_s 为外护套标称厚度（mm）；D 为挤包外护套前电缆的假定直径（mm）。

单芯电缆的外护套标称厚度不应小于 1.4mm，多芯电缆的外护套标称厚度不应小于 1.8mm。

2.1.6　隔离型塑料绝缘中压耐火电缆

1. 导体

（1）导体结构　导体应是符合 GB/T 3956—2008 规定的第 1 种（A）或第 2 种（B）镀金属层或不镀金属层的退火铜导体。

（2）导体直径　当导体结构类型为 A 时，即导体根数 $n = 1$ 时，导体直径为单线直径；当导体结构类型为 B 时，即为绞合导体时，导体直径的计算公式如下：

$$D_d = dk$$

式中，D_d 为导体直径（mm）；d 为导体单丝标称直径（mm）；k 为绞合系数，取表 4-2-6 中的实际外径计算成缆系数。

2. 绝缘线芯

（1）绝缘厚度的选取　绝缘标称厚度应满足 GB/T 12706.1—2020 的规定，任一点的最小测量厚度不应小于规定标称值的 90% 再减 0.1mm。绝缘标称厚度见表 4-2-14。

表 4-2-14　隔离型塑料绝缘中压耐火电缆的绝缘标称厚度

导体标称截面积/mm²	额定电压 U_0/U 下的绝缘标称厚度/mm						
	3.6/6kV	6/6kV，6/10kV	8.7/10kV，8.7/15kV	12/20kV	18/20kV，18/30kV	21/35kV	26/35kV
10	2.5	—	—	—	—	—	—
16	2.5	3.4	—	—	—	—	—
25	2.5	3.4	4.5	—	—	—	—
35	2.5	3.4	4.5	5.5	—	—	—
50 ~ 185	2.5	3.4	4.5	5.5	8.0	9.3	10.5
240	2.6	3.4	4.5	5.5	8.0	9.3	10.5
300	2.8	3.4	4.5	5.5	8.0	9.3	10.5
400	3.0	3.4	4.5	5.5	8.0	9.3	10.5
500 ~ 1600	3.2	3.4	4.5	5.5	8.0	9.3	10.5

注：1. 不推荐任何小于以上给出值的导体截面积。然而，如果需要更小的截面，可用导体屏蔽来增加导体的直径或增加绝缘厚度，以使在试验电压下加于绝缘的最大电场强度不超过表中给出的最小尺寸计算出的电场强度值。

　　2. 对于截面积大于 1000mm² 的导体，可以增加绝缘厚度以避免安装和运行时的机械伤害。

（2）绝缘直径的计算　其计算公式如下：

$$D_c = D_L + 2t$$

式中，D_c 为绝缘外径实际值（mm）；D_L 为导体直径（mm）；t 为绝缘厚度（mm）。

3. 缆芯

（1）成缆系数的选取　成缆系数选取表 4-2-6 中的实际外径计算成缆系数。

（2）成缆外径的计算　其计算公式如下：

$$D_f = kD_c + 3nt$$

式中，D_f 为成缆外径（mm），此处 D_f 为实际值；k 为成缆系数，取表 4-2-6 中的实际外径计算成缆系数；D_c 为绝缘线芯的外径（mm）；n 为包带的层数，若成缆无包带，则 n 值为 0；t 为包带的厚度（mm）。

4. 同心导体和金属屏蔽

对于屏蔽电缆或者同心导体的电缆，其外径按照下式计算：

$$D_t = D_h + \Delta T$$

式中，D_t 为同心导体或者屏蔽层的外径（mm）；D_h 为同心导体或者屏蔽前的外径（mm）；ΔT 为同心导体或者屏蔽层外径的增加值（mm）。

不同结构时 ΔT 取值不同，分为以下情况：

① 编织屏蔽结构时，$\Delta T = 5d$。

② 金属带材屏蔽结构时，$\Delta T = 3t$。

③ 金属丝屏蔽结构时，$\Delta T = 2d + 2nt$。

其中，d 为金属丝直径（单位为 mm），t 为绑扎带厚度（单位为 mm），n 为绑扎带层数。

5. 隔氧层

（1）隔氧层厚度的选取　挤包隔氧层的标称厚度不应小于 3.0mm，最薄点厚度不应小于规定标称厚度的 85% 再减 0.1mm。

（2）隔氧层外径的计算　其计算公式如下：

$$D = D_{前} + 2t$$

式中，D 为隔氧层外径（mm）；$D_{前}$ 为挤包前外径（mm）；t 隔氧层的厚度（mm）。

6. 耐火层

（1）耐火层厚度的选取　耐火层标称厚度不应小于 4.0mm，最薄点的厚度不小于规定标称厚度的 85% 再减 0.1mm。

（2）耐火层外径的计算　其计算公式如下：

$$D = D_{前} + 2t$$

式中，D 为耐火层的外径（mm）；$D_{前}$ 为挤包前外径（mm）；t 为耐火层的厚度（mm）。

7. 金属铠装

（1）金属丝铠装　金属丝铠装后外径按照下式计算：

$$D_x = D_a + 2t_a + 2t_w$$

式中，D_x 为金属丝铠装后的外径（mm）；D_a 为铠装前的直径（mm），此时 D_a 为实际值；t_a 为金属丝标称直径（mm），按照表 4-2-15 的规定取值；t_w 为反向扎带的厚度（mm）。

表 4-2-15　铠装圆金属丝标称直径

铠装前假设直径 D/mm	铠装圆金属丝标称直径/mm	铠装前假设直径 D/mm	铠装圆金属丝标称直径/mm
$D \leqslant 10$	0.8	$25 < D \leqslant 35$	2.0
$10 < D \leqslant 15$	1.25	$35 < D \leqslant 60$	2.5
$15 < D \leqslant 25$	1.6	$D > 60$	3.15

（2）双金属带铠装　双金属带铠装后外径按下式计算：

$$D_x = D_a + 4t_a$$

式中，D_x 为金属带铠装后的外径（mm）；D_a 为铠装前的直径（mm），此时 D_a 为实际值；t_a 为铠装金属带的厚度（mm）。

按 GB/T 12706.1～4—2020 附录 A 所给出的算法计算铠装前假设外径 $D_{a假定}$。

铠装金属带标称厚度见表 4-2-16。

表 4-2-16　铠装金属带标称厚度

铠装前假设直径 D/mm	钢带或镀锌钢带标称厚度/mm
$D \leqslant 30$	0.2
$30 < D \leqslant 70$	0.5
$D > 70$	0.8

8. 外护套

挤包外护套标称厚度应按下式计算：

$$T_s = 0.035D + 1.0$$

式中，T_s 为外护套标称厚度（mm）；D 为挤包外护套前电缆的假定直径。

当单芯电缆的外护套标称厚度计算值小于 1.4mm 时，外护套标称厚度取值为 1.4mm，当多芯电缆的外护套标称厚度计算值小于 1.8mm 时，外护套标称厚度取值为 1.8mm。

2.2　耐火电缆材料消耗定额的核算

2.2.1　导体单元的核算

实芯导体：

$$W_{导体} = \frac{\pi d^2}{4} \rho n_1 k_1$$

非紧压圆形导体：

$$W_{导体} = \frac{\pi d^2}{4} \rho n n_1 k k_1$$

圆形紧压绞合导体：

$$W_{导体} = \frac{\pi d^2}{4} \rho n n_1 k k_1 \frac{1}{\mu}$$

式中，$W_{导体}$ 为导体材料重量（g）；d 为单线直径（mm）；ρ 为导体密度（g/cm³）；n 为导线根数；n_1 为电缆芯数；k 为导体平均绞入系数；k_1 为成缆绞入系数；μ 为紧压时单线的延伸系数。

2.2.2　绝缘单元的核算

2.2.2.1　挤包绝缘层

$$W_{绝缘} = \pi t (D_{前} + t) \rho n_1 k_1$$

式中，$W_{绝缘}$ 为绝缘材料重量（g）；t 为绝缘厚度（mm）；$D_{前}$ 为挤包前外径（mm）；ρ 为绝缘密度（g/cm³）；n_1 为电缆芯数；k_1 为成缆绞入系数。

2.2.2.2 带状绕包绝缘层

$$W_{绝缘} = \frac{\pi mt(D_{前} + mt)}{1 \pm \Delta}\rho n_1 k_1$$

式中，$W_{绝缘}$ 为绝缘材料重量（g）；m 为带材绕包层数；t 为带材厚度（mm）；$D_{前}$ 为绕包前外径（mm）；Δ 为包带搭盖率（间隙率），重叠绕包时为 $-\Delta$，间隙绕包时为 $+\Delta$；ρ 为包带材料密度（g/cm³）；n_1 为电缆芯数；k_1 为成缆绞入系数。

2.2.2.3 挤压式绝缘层

绞合线芯边隙无填充物挤压绝缘层的重量计算如下：

$$W_{绝缘} = \left[\pi t(D_{前} + t) + Q_1\right]\rho n_1 k_1$$
$$Q_1 = \mu d^2$$

式中，$W_{绝缘}$ 为绝缘材料重量（g）；t 为绝缘厚度（mm）；$D_{前}$ 为单线或绞线直径（mm）；Q_1 为边隙面积（mm²），其取值见表 4-2-17；ρ 为所用材料密度（g/cm³）；n_1 为电缆芯数；k_1 为成缆绞入系数；μ 为边隙面积系数；d 为单线直径（mm）。

表 4-2-17　边隙面积

电缆芯数	边隙面积 Q_1/mm²	电缆芯数	边隙面积 Q_1/mm²	电缆芯数	边隙面积 Q_1/mm²
1	0	12	1.946	37	2.728
2	1.571	14	1.928	44	3.774
3	1.248	16	1.969	48	3.499
4	1.22	19	2.022	52	3.306
5	1.259	24	3.004	56	3.301
6	1.329	27	2.674	61	3.507
7	1.263	30	2.660		
8	1.340	33	3.075		

2.2.2.4 紧压式绝缘层

圆形实心无填充物紧压绝缘层的重量计算如下：

$$W_{绝缘} = \frac{\pi}{4}(D^2 - n_1 D_L^2)\rho$$

式中，$W_{绝缘}$ 为绝缘材料重量（g）；D 为后一工序的内径（mm）；n_1 为电缆芯数；D_L 为导体外径（mm）；ρ 为所用材料密度（g/cm³）。

2.2.3 屏蔽单元的核算

2.2.3.1 导体屏蔽层和绝缘屏蔽层

$$W = \pi t(D_{前} + t)\rho n_1 k_1$$

式中，W 为导体屏蔽层和绝缘屏蔽层所用材料重量（g）；t 为屏蔽层厚度（mm）；$D_{前}$ 为挤包前外径（mm）；ρ 为所用材料密度（g/cm³）；n_1 为电缆芯数；k_1 为成缆绞入系数。

2.2.3.2　金属屏蔽层

（1）金属带绕包屏蔽

$$W_{金属带} = \frac{\pi m t(D_{前} + mt)}{1 \pm \Delta}\rho n_1 k_1$$

式中，$W_{金属带}$ 为金属带重量（g）；m 为金属带绕包层数；t 为金属带厚度（mm）；$D_{前}$ 为铠装前外径（mm）；Δ 为金属带搭盖率（间隙率），重叠绕包时为 $-\Delta$，间隙绕包时为 $+\Delta$；ρ 为金属带密度（g/cm^3）；n_1 为电缆芯数；k_1 为成缆绞入系数。

（2）金属丝屏蔽

$$W_{金属丝} = \frac{\pi}{4}d^2 n n_1 \rho k_1 k_2$$

式中，$W_{金属丝}$ 为金属丝重量（g）；d 为金属丝直径（mm）；n 为金属丝根数；n_1 为电缆芯数；ρ 为金属丝密度（g/cm^3）；k_1 为成缆绞入系数；k_2 为金属丝疏绕系数。

2.2.4　成缆绕包单元的核算

$$W_{包带} = \frac{\pi m t(D_{前} + mt)}{1 \pm \Delta}\rho$$

式中，$W_{包带}$ 为包带重量（g）；m 为带材绕包层数；t 为带材厚度（mm）；$D_{前}$ 为绕包前外径（mm）；Δ 为包带搭盖率（间隙率），重叠绕包时为 $-\Delta$，间隙绕包时为 $+\Delta$；ρ 为包带材料密度（g/cm^3）。

2.2.5　内护单元的核算

2.2.5.1　挤包式内护层

$$W_{内护} = \pi t(D_{前} + t)\rho$$

式中，$W_{内护}$ 为内护层重量（g）；t 为内护层厚度（mm）；$D_{前}$ 为挤包前外径（mm）；ρ 为内护层密度（g/cm^3）。

2.2.5.2　带状绕包内护层

$$W_{包带} = \frac{\pi m t(D_{前} + mt)}{1 \pm \Delta}\rho$$

式中，$W_{包带}$ 为包带重量（g）；m 为带材绕包层数；t 为带材厚度（mm）；$D_{前}$ 为绕包前外径（mm）；Δ 为包带搭盖率（间隙率），重叠绕包时为 $-\Delta$，间隙绕包时为 $+\Delta$；ρ 为包带材料密度（g/cm^3）。

2.2.5.3　挤压式内护层

不填充和不包带式内护层的重量计算如下：

$$W = \left[\pi t(D_{前} + t) + Q_1 k_1\right]\rho$$

$$Q_1 = \mu d^2$$

式中，W 为内护层重量（g）；t 为内护层厚度（mm）；$D_{前}$ 为前一工序直径（mm）；

Q_1 为边隙面积（mm^2）；k_1 为成缆绞入系数；ρ 为所用材料密度（g/cm^3）；μ 为边隙面积系数；d 为绝缘线芯外径（mm）。

2.2.6　铠装单元的核算

2.2.6.1　金属带铠装

$$W_{金属带铠装} = \frac{\pi m t (D_{前} + m t)}{1 \pm \Delta_t} \rho$$

式中，$W_{金属带铠装}$ 为金属带铠装重量（g）；m 为金属带层数；t 为金属带厚度（mm）；$D_{前}$ 为铠装前外径（mm）；Δ_t 为搭盖率（间隙率），重叠绕包时为 $-\Delta_t$，间隙绕包时为 $+\Delta_t$；ρ 为金属带密度（g/cm^3）。

2.2.6.2　金属丝铠装

$$W_{金属丝铠装} = \frac{\pi d^2}{4} \rho z k$$

式中，$W_{金属丝铠装}$ 为金属丝铠装重量（g）；d 为金属丝直径（mm）；ρ 为金属丝密度（g/cm^3）；z 为金属丝根数；k 为金属丝绞入系数。

2.2.6.3　联锁铠装

$$W_{联锁铠装} = \pi (1.2D + d) \frac{1.05d}{0.55} \rho$$

式中，$W_{联锁铠装}$ 为联锁铠装重量（g）；D 为铠装前电缆外径（mm）；d 为金属带厚度（mm）；ρ 为金属带密度（g/cm^3）。

备注：此公式为经验公式，仅供参考。

2.2.7　外护单元的核算

$$W_{外护} = \pi t (D_{前} + t) \rho$$

式中：$W_{外护}$ 为外护套重量（g）；t 为护套厚度（mm）；$D_{前}$ 为挤包前外径（mm）；ρ 为护套密度（g/cm^3）。

2.3　材料密度的取值

各类别耐火电缆常用材料密度的取值见表4-2-18。

表4-2-18　常用材料密度的取值

序号	材料名称	密度/（g/cm^3）
1	软圆铜线	8.89
2	氧化镁粉	2.50
3	双面玻璃布补强合成云母带	1.50
4	单面玻璃布补强煅烧白云母带	1.50

（续）

序号	材料名称	密度/（g/cm³）
5	双面玻璃布和薄膜补强非煅烧金云母带	1.50
6	陶瓷化硅橡胶复合带	1.45
7	陶瓷化硅橡胶绝缘料	1.42
8	二步法硅烷交联聚乙烯绝缘料	0.95
9	10kV 及以下交联电缆用半导电导体屏蔽料	1.20
10	10kV 及以下过氧化物交联聚乙烯绝缘料	0.95
11	10kV 及以下交联电缆用半导电绝缘屏蔽料	1.20
12	35kV 及以下过氧化物交联电缆用半导电导体屏蔽料	1.20
13	35kV 及以下过氧化物交联聚乙烯绝缘料	0.95
14	35kV 及以下过氧化物交联电缆用半导电绝缘屏蔽料	1.20
15	A4 型电工圆铝杆	2.70
16	软态铜带	8.89
17	铝合金带	2.71
18	电缆用防火泥	1.80
19	电缆铠装用非磁性不锈钢带	7.80
20	锌层重量为 275g/m² 热镀锌低碳钢带	7.80
21	电缆铠装用非磁性不锈钢丝	7.80
22	Ⅱ型镀锌低碳钢丝	7.80
23	低密度聚乙烯料	0.93
24	聚氯乙烯护套料	1.50
25	阻燃聚氯乙烯护套料	1.50
26	高阻燃聚氯乙烯护套料	1.50
27	超高阻燃聚氯乙烯护套料	1.50
28	聚乙烯护套料	0.96
29	阻燃聚乙烯护套料	1.25
30	高阻燃聚乙烯护套料	1.25
31	超高阻燃聚乙烯护套料	1.25
32	热塑性低烟无卤聚烯烃护套料	1.60
33	热塑性低烟无卤阻燃聚烯烃护套料	1.60
34	热塑性低烟无卤高阻燃聚烯烃护套料	1.60
35	热塑性低烟无卤超高阻燃聚烯烃护套料	1.60
36	热塑性低热释放低烟无卤超高阻燃聚烯烃护套料	1.60
37	陶瓷化硅橡胶护套料	1.80
38	无碱玻璃丝包带	1.30
39	无碱玻璃丝填充绳	1.60
40	聚酯带	1.45

第3章　典型产品的结构尺寸与材料消耗

3.1　氧化镁矿物绝缘铜护套电缆的结构尺寸与材料消耗

额定电压500V轻型氧化镁矿物绝缘铜护套电缆的结构尺寸见表4-3-1。

表 4-3-1　额定电压500V轻型氧化镁矿物绝缘铜护套电缆的结构尺寸

（单位：mm）

型号	规格	导体外径	绝缘厚度	铜护套厚度	铜护套外径	外护套厚度	参考外径
BTTQ	1×1.5	1.38	0.65	0.32	3.4	—	3.4
BTTQ	1×2.5	1.78	0.65	0.34	3.8	—	3.8
BTTQ	2×1.5	1.38	0.65	0.43	5.7	—	5.7
BTTQ	2×2.5	1.78	0.65	0.49	6.6	—	6.6
BTTQ	3×1.5	1.38	0.75	0.48	6.4	—	6.4
BTTQ	3×2.5	1.78	0.75	0.50	7.3	—	7.3
BTTQ	4×1.5	1.38	0.75	0.50	7.0	—	7.0
BTTQ	4×2.5	1.78	0.75	0.54	8.1	—	8.1
BTTQ	7×1.5	1.38	0.75	0.54	8.4	—	8.4
BTTQ	7×2.5	1.78	0.75	0.61	9.7	—	9.7
BTTVQ	1×1.5	1.38	0.65	0.32	3.4	0.65	4.7
BTTVQ	1×2.5	1.78	0.65	0.34	3.8	0.65	5.1
BTTVQ	2×1.5	1.38	0.65	0.43	5.7	0.65	7.0
BTTVQ	2×2.5	1.78	0.65	0.49	6.6	0.65	7.9
BTTVQ	3×1.5	1.38	0.75	0.48	6.4	0.65	7.7
BTTVQ	3×2.5	1.78	0.75	0.50	7.3	0.75	8.8
BTTVQ	4×1.5	1.38	0.75	0.50	7.0	0.65	8.3
BTTVQ	4×2.5	1.78	0.75	0.54	8.1	0.75	9.6
BTTVQ	7×1.5	1.38	0.75	0.54	8.4	0.75	9.9
BTTVQ	7×2.5	1.78	0.75	0.61	9.7	0.75	11.2
BTTYQ	1×1.5	1.38	0.65	0.32	3.4	0.65	4.7
BTTYQ	1×2.5	1.78	0.65	0.34	3.8	0.65	5.1
BTTYQ	2×1.5	1.38	0.65	0.43	5.7	0.65	7.0
BTTYQ	2×2.5	1.78	0.65	0.49	6.6	0.65	7.9
BTTYQ	3×1.5	1.38	0.75	0.48	6.4	0.65	7.7
BTTYQ	3×2.5	1.78	0.75	0.50	7.3	0.75	8.8

（续）

型号	规格	导体外径	绝缘厚度	铜护套厚度	铜护套外径	外护套厚度	参考外径
BTTYQ	4×1.5	1.38	0.75	0.50	7.0	0.65	8.3
BTTYQ	4×2.5	1.78	0.75	0.54	8.1	0.75	9.6
BTTYQ	7×1.5	1.38	0.75	0.54	8.4	0.75	9.9
BTTYQ	7×2.5	1.78	0.75	0.61	9.7	0.75	11.2
WD-BTTYQ	1×1.5	1.38	0.65	0.32	3.4	0.65	4.7
WD-BTTYQ	1×2.5	1.78	0.65	0.34	3.8	0.65	5.1
WD-BTTYQ	2×1.5	1.38	0.65	0.43	5.7	0.65	7.0
WD-BTTYQ	2×2.5	1.78	0.65	0.49	6.6	0.65	7.9
WD-BTTYQ	3×1.5	1.38	0.75	0.48	6.4	0.65	7.7
WD-BTTYQ	3×2.5	1.78	0.75	0.50	7.3	0.75	8.8
WD-BTTYQ	4×1.5	1.38	0.75	0.50	7.0	0.65	8.3
WD-BTTYQ	4×2.5	1.78	0.75	0.54	8.1	0.75	9.6
WD-BTTYQ	7×1.5	1.38	0.75	0.54	8.4	0.75	9.9
WD-BTTYQ	7×2.5	1.78	0.75	0.61	9.7	0.75	11.2

注意：上表中规格单位不是 mm，且本章中表格所标单位均不包括规格，特此说明。

额定电压 500V 轻型氧化镁矿物绝缘铜护套电缆的材料消耗见表 4-3-2。

表 4-3-2　额定电压 500V 轻型氧化镁矿物绝缘铜护套电缆的材料消耗

（单位：kg/km）

型号	规格	导体	氧化镁绝缘	铜护套	外护套	参考重量
BTTQ	1×1.5	13.30	11.22	27.53	—	52.05
BTTQ	1×2.5	22.12	12.89	32.86	—	67.87
BTTQ	2×1.5	26.59	38.52	63.29	—	128.40
BTTQ	2×2.5	44.24	49.57	83.62	—	177.43
BTTQ	3×1.5	39.89	46.89	79.36	—	166.14
BTTQ	3×2.5	66.37	59.27	94.96	—	220.60
BTTQ	4×1.5	53.19	55.73	90.77	—	199.69
BTTQ	4×2.5	88.49	71.88	114.02	—	274.39
BTTQ	7×1.5	93.08	79.03	118.54	—	290.65
BTTQ	7×2.5	154.86	97.65	154.86	—	407.37
BTTVQ	1×1.5	13.30	11.22	27.53	12.07	64.12
BTTVQ	1×2.5	22.12	12.89	32.86	13.27	81.14
BTTVQ	2×1.5	26.59	38.52	63.29	18.93	147.33
BTTVQ	2×2.5	44.24	49.57	83.62	21.61	199.04
BTTVQ	3×1.5	39.89	46.89	79.36	21.02	187.16
BTTVQ	3×2.5	66.37	59.27	94.96	27.69	248.29

（续）

型号	规格	导体	氧化镁绝缘	铜护套	外护套	参考重量
BTTVQ	4×1.5	53.19	55.73	90.77	22.81	222.50
BTTVQ	4×2.5	88.49	71.88	114.02	30.44	304.83
BTTVQ	7×1.5	93.08	79.03	118.54	31.48	322.13
BTTVQ	7×2.5	154.86	97.65	154.86	35.95	443.32
BTTYQ	1×1.5	13.30	11.22	27.53	10.92	62.97
BTTYQ	1×2.5	22.12	12.89	32.86	11.99	79.86
BTTYQ	2×1.5	26.59	38.52	63.29	17.12	145.52
BTTYQ	2×2.5	44.24	49.57	83.62	19.54	196.97
BTTYQ	3×1.5	39.89	46.89	79.36	19.00	185.14
BTTYQ	3×2.5	66.37	59.27	94.96	25.04	245.64
BTTYQ	4×1.5	53.19	55.73	90.77	20.62	220.31
BTTYQ	4×2.5	88.49	71.88	114.02	27.53	301.92
BTTYQ	7×1.5	93.08	79.03	118.54	28.46	319.11
BTTYQ	7×2.5	154.86	97.65	154.86	32.50	439.87
WD – BTTYQ	1×1.5	13.30	11.22	27.53	12.41	64.46
WD – BTTYQ	1×2.5	22.12	12.89	32.86	13.63	81.50
WD – BTTYQ	2×1.5	26.59	38.52	63.29	19.45	147.85
WD – BTTYQ	2×2.5	44.24	49.57	83.62	22.21	199.64
WD – BTTYQ	3×1.5	39.89	46.89	79.36	21.59	187.73
WD – BTTYQ	3×2.5	66.37	59.27	94.96	28.45	249.05
WD – BTTYQ	4×1.5	53.19	55.73	90.77	23.43	223.12
WD – BTTYQ	4×2.5	88.49	71.88	114.02	31.28	305.67
WD – BTTYQ	7×1.5	93.08	79.03	118.54	32.34	322.99
WD – BTTYQ	7×2.5	154.86	97.65	154.86	36.93	444.30

额定电压 750V 重型氧化镁矿物绝缘铜护套电缆的结构尺寸见表 4-3-3。

表 4-3-3　额定电压 750V 重型氧化镁矿物绝缘铜护套电缆的结构尺寸

（单位：mm）

型号	规格	导体外径	绝缘厚度	铜护套厚度	铜护套外径	外护套厚度	参考外径
BTTZ	1×1.5	1.38	1.30	0.41	4.9	—	4.9
BTTZ	1×16	4.51	1.30	0.54	8.3	—	8.3
BTTZ	1×35	6.68	1.30	0.64	10.7	—	10.7
BTTZ	1×70	9.44	1.30	0.76	13.7	—	13.7
BTTZ	1×240	17.40	1.60	0.99	23.3	—	23.3
BTTZ	2×1.5	1.38	1.30	0.54	7.9	—	7.9
BTTZ	2×16	4.51	1.30	0.78	14.7	—	14.7
BTTZ	3×1.5	1.38	1.30	0.56	8.3	—	8.3

（续）

型号	规格	导体外径	绝缘厚度	铜护套厚度	铜护套外径	外护套厚度	参考外径
BTTZ	3×16	4.51	1.30	0.82	15.6	—	15.6
BTTZ	4×1.5	1.38	1.30	0.59	9.1	—	9.1
BTTZ	4×16	4.51	1.30	0.86	17.3	—	17.3
BTTZ	7×1.5	1.38	1.30	0.65	10.8	—	10.8
BTTZ	12×1.5	1.38	1.30	0.76	14.1	—	14.1
BTTZ	19×1.5	1.38	1.30	0.84	16.6	—	16.6
BTTVZ	1×1.5	1.38	1.30	0.41	4.9	0.65	6.2
BTTVZ	1×16	4.51	1.30	0.54	8.3	0.75	9.8
BTTVZ	1×35	6.68	1.30	0.64	10.7	0.75	12.2
BTTVZ	1×70	9.44	1.30	0.76	13.7	0.75	15.2
BTTVZ	1×240	17.40	1.60	0.99	23.3	1.25	25.8
BTTVZ	2×1.5	1.38	1.30	0.54	7.9	0.75	9.4
BTTVZ	2×16	4.51	1.30	0.78	14.7	0.75	16.2
BTTVZ	3×1.5	1.38	1.30	0.56	8.3	0.75	9.8
BTTVZ	3×16	4.51	1.30	0.82	15.6	1.00	17.6
BTTVZ	4×1.5	1.38	1.30	0.59	9.1	0.75	10.6
BTTVZ	4×16	4.51	1.30	0.86	17.3	1.00	19.3
BTTVZ	7×1.5	1.38	1.30	0.65	10.8	0.75	12.3
BTTVZ	12×1.5	1.38	1.30	0.76	14.1	0.75	15.6
BTTVZ	19×1.5	1.38	1.30	0.84	16.6	1.00	18.6
BTTYZ	1×1.5	1.38	1.30	0.41	4.9	0.65	6.2
BTTYZ	1×16	4.51	1.30	0.54	8.3	0.75	9.8
BTTYZ	1×35	6.68	1.30	0.64	10.7	0.75	12.2
BTTYZ	1×70	9.44	1.30	0.76	13.7	0.75	15.2
BTTYZ	1×240	17.40	1.60	0.99	23.3	1.25	25.8
BTTYZ	2×1.5	1.38	1.30	0.54	7.9	0.75	9.4
BTTYZ	2×16	4.51	1.30	0.78	14.7	0.75	16.2
BTTYZ	3×1.5	1.38	1.30	0.56	8.3	0.75	9.8
BTTYZ	3×16	4.51	1.30	0.82	15.6	1.00	17.6
BTTYZ	4×1.5	1.38	1.30	0.59	9.1	0.75	10.6
BTTYZ	4×16	4.51	1.30	0.86	17.3	1.00	19.3
BTTYZ	7×1.5	1.38	1.30	0.65	10.8	0.75	12.3
BTTYZ	12×1.5	1.38	1.30	0.76	14.1	0.75	15.6
BTTYZ	19×1.5	1.38	1.30	0.84	16.6	1.00	18.6
WD–BTTYZ	1×1.5	1.38	1.30	0.41	4.9	0.65	6.2
WD–BTTYZ	1×16	4.51	1.30	0.54	8.3	0.75	9.8
WD–BTTYZ	1×35	6.68	1.30	0.64	10.7	0.75	12.2

（续）

型号	规格	导体外径	绝缘厚度	铜护套厚度	铜护套外径	外护套厚度	参考外径
WD – BTTYZ	1 × 70	9.44	1.30	0.76	13.7	0.75	15.2
WD – BTTYZ	1 × 240	17.40	1.60	0.99	23.3	1.25	25.8
WD – BTTYZ	2 × 1.5	1.38	1.30	0.54	7.9	0.75	9.4
WD – BTTYZ	2 × 16	4.51	1.30	0.78	14.7	0.75	16.2
WD – BTTYZ	3 × 1.5	1.38	1.30	0.56	8.3	0.75	9.8
WD – BTTYZ	3 × 16	4.51	1.30	0.82	15.6	1.00	17.6
WD – BTTYZ	4 × 1.5	1.38	1.30	0.59	9.1	0.75	10.6
WD – BTTYZ	4 × 16	4.51	1.30	0.86	17.3	1.00	19.3
WD – BTTYZ	7 × 1.5	1.38	1.30	0.65	10.8	0.75	12.3
WD – BTTYZ	12 × 1.5	1.38	1.30	0.76	14.1	0.75	15.6
WD – BTTYZ	19 × 1.5	1.38	1.30	0.84	16.6	1.00	18.6

额定电压 750V 重型氧化镁矿物绝缘铜护套电缆的材料消耗见表 4-3-4。

表 4-3-4　额定电压 750V 重型氧化镁矿物绝缘铜护套电缆的材料消耗

（单位：kg/km）

型号	规格	导体	氧化镁绝缘	铜护套	外护套	参考重量
BTTZ	1 × 1.5	13.30	28.95	51.41	—	93.66
BTTZ	1 × 16	142.02	62.42	117.03	—	321.47
BTTZ	1 × 35	311.56	86.62	179.82	—	578.00
BTTZ	1 × 70	622.21	116.32	274.66	—	1013.19
BTTZ	1 × 240	2113.93	298.02	616.86	—	3028.81
BTTZ	2 × 1.5	26.59	83.85	111.00	—	221.44
BTTZ	2 × 16	284.04	259.14	303.24	—	846.42
BTTZ	3 × 1.5	39.89	90.01	121.05	—	250.95
BTTZ	3 × 16	426.06	262.84	338.49	—	1027.39
BTTZ	4 × 1.5	53.19	108.21	140.23	—	301.63
BTTZ	4 × 16	568.07	316.86	394.87	—	1279.80
BTTZ	7 × 1.5	93.08	151.03	184.26	—	428.37
BTTZ	12 × 1.5	159.56	265.86	283.15	—	708.57
BTTZ	19 × 1.5	252.64	366.04	369.73	—	988.41
BTTVZ	1 × 1.5	13.30	28.95	51.41	16.55	110.21
BTTVZ	1 × 16	142.02	62.42	117.03	31.13	352.60
BTTVZ	1 × 35	311.56	86.62	179.82	39.39	617.39
BTTVZ	1 × 70	622.21	116.32	274.66	49.71	1062.90
BTTVZ	1 × 240	2113.93	298.02	616.86	140.76	3169.57
BTTVZ	2 × 1.5	26.59	83.85	111.00	29.76	251.20
BTTVZ	2 × 16	284.04	259.14	303.24	53.15	899.57

（续）

型号	规格	导体	氧化镁绝缘	铜护套	外护套	参考重量
BTTVZ	3×1.5	39.89	90.01	121.05	31.13	282.08
BTTVZ	3×16	426.06	262.84	338.49	76.14	1103.53
BTTVZ	4×1.5	53.19	108.21	140.23	33.88	335.51
BTTVZ	4×16	568.07	316.86	394.87	83.94	1363.74
BTTVZ	7×1.5	93.08	151.03	184.26	39.73	468.10
BTTVZ	12×1.5	159.56	265.86	283.15	51.08	759.65
BTTVZ	19×1.5	252.64	366.04	369.73	80.73	1069.14
BTTYZ	1×1.5	13.30	28.95	51.41	14.96	108.62
BTTYZ	1×16	142.02	62.42	117.03	28.15	349.62
BTTYZ	1×35	311.56	86.62	179.82	35.61	613.61
BTTYZ	1×70	622.21	116.32	274.66	44.94	1058.13
BTTYZ	1×240	2113.93	298.02	616.86	127.26	3156.07
BTTYZ	2×1.5	26.59	83.85	111.00	26.90	248.34
BTTYZ	2×16	284.04	259.14	303.24	48.05	894.47
BTTYZ	3×1.5	39.89	90.01	121.05	28.15	279.10
BTTYZ	3×16	426.06	262.84	338.49	68.84	1096.23
BTTYZ	4×1.5	53.19	108.21	140.23	30.64	332.27
BTTYZ	4×16	568.07	316.86	394.87	75.89	1355.69
BTTYZ	7×1.5	93.08	151.03	184.26	35.92	464.29
BTTYZ	12×1.5	159.56	265.86	283.15	46.19	754.76
BTTYZ	19×1.5	252.64	366.04	369.73	72.99	1061.40
WD – BTTYZ	1×1.5	13.30	28.95	51.41	17.00	110.66
WD – BTTYZ	1×16	142.02	62.42	117.03	31.99	353.46
WD – BTTYZ	1×35	311.56	86.62	179.82	40.47	618.47
WD – BTTYZ	1×70	622.21	116.32	274.66	51.07	1064.26
WD – BTTYZ	1×240	2113.93	298.02	616.86	144.61	3173.42
WD – BTTYZ	2×1.5	26.59	83.85	111.00	30.57	252.01
WD – BTTYZ	2×16	284.04	259.14	303.24	54.60	901.02
WD – BTTYZ	3×1.5	39.89	90.01	121.05	31.99	282.94
WD – BTTYZ	3×16	426.06	262.84	338.49	78.23	1105.62
WD – BTTYZ	4×1.5	53.19	108.21	140.23	34.81	336.44
WD – BTTYZ	4×16	568.07	316.86	394.87	86.24	1366.04
WD – BTTYZ	7×1.5	93.08	151.03	184.26	40.82	469.19
WD – BTTYZ	12×1.5	159.56	265.86	283.15	52.48	761.05
WD – BTTYZ	19×1.5	252.64	366.04	369.73	82.94	1071.35

3.2　云母带矿物绝缘波纹铜护套电缆的结构尺寸与材料消耗

部分额定电压 450/750V 云母带绝缘波纹铜护套电缆的结构尺寸见表 4-3-5。

表 4-3-5　部分额定电压 450/750V 云母带绝缘波纹铜护套电缆的结构尺寸

（单位：mm）

型号	规格	导体外径	云母带厚度	铜带厚度	铜护套外径	参考外径
RTTZ	2×2.5	1.76	0.4	0.4	11.2	11.2
RTTZ	3×2.5	1.76	0.4	0.4	12.3	12.3
RTTZ	4×2.5	1.76	0.4	0.4	13.3	13.3
RTTZ	7×2.5	1.76	0.4	0.4	14.2	14.2
RTTZ	12×2.5	1.76	0.4	0.4	18.4	18.4
RTTZ	19×1.5	1.38	0.4	0.4	18.1	18.1
RTTVZ	2×2.5	1.76	0.4	0.4	11.2	13.6
RTTVZ	3×2.5	1.76	0.4	0.4	12.3	14.7
RTTVZ	4×2.5	1.76	0.4	0.4	13.3	16.3
RTTVZ	7×2.5	1.76	0.4	0.4	14.2	17.2
RTTVZ	12×2.5	1.76	0.4	0.4	18.4	21.4
RTTVZ	19×1.5	1.38	0.4	0.4	18.1	21.1
RTTYZ	2×2.5	1.76	0.4	0.4	11.2	13.6
RTTYZ	3×2.5	1.76	0.4	0.4	12.3	14.7
RTTYZ	4×2.5	1.76	0.4	0.4	13.3	16.3
RTTYZ	7×2.5	1.76	0.4	0.4	14.2	17.2
RTTYZ	12×2.5	1.76	0.4	0.4	18.4	21.4
RTTYZ	19×1.5	1.38	0.4	0.4	18.1	21.1
WDZB – RTTYZ	2×2.5	1.76	0.4	0.4	11.2	13.6
WDZB – RTTYZ	3×2.5	1.76	0.4	0.4	12.3	14.7
WDZB – RTTYZ	4×2.5	1.76	0.4	0.4	13.3	16.3
WDZB – RTTYZ	7×2.5	1.76	0.4	0.4	14.2	17.2
WDZB – RTTYZ	12×2.5	1.76	0.4	0.4	18.4	21.4
WDZB – RTTYZ	19×1.5	1.38	0.4	0.4	18.1	21.1
WDZA – RTTYZ	2×2.5	1.76	0.4	0.4	11.2	13.6
WDZA – RTTYZ	3×2.5	1.76	0.4	0.4	12.3	14.7
WDZA – RTTYZ	4×2.5	1.76	0.4	0.4	13.3	16.3
WDZA – RTTYZ	7×2.5	1.76	0.4	0.4	14.2	17.2
WDZA – RTTYZ	12×2.5	1.76	0.4	0.4	18.4	21.4
WDZA – RTTYZ	19×1.5	1.38	0.4	0.4	18.1	21.1

部分额定电压 450/750V 云母带绝缘波纹铜护套电缆的材料消耗见表 4-3-6。

表4-3-6　部分额定电压450/750V云母带绝缘波纹铜护套电缆的材料消耗

（单位：kg/km）

型号	规格	导体	云母带	聚酯带	玻璃纤维带	玻璃纤维绳	铜护套	外护套	参考重量
RTTZ	2×2.5	48.00	32.67	1.64	7.46	17.53	146.30	—	253.60
RTTZ	3×2.5	72.00	40.75	2.26	6.96	13.92	163.00	—	298.90
RTTZ	4×2.5	96.00	49.74	2.71	7.78	16.01	176.00	—	348.20
RTTZ	7×2.5	168.00	74.72	3.89	10.92	19.76	185.95	—	463.30
RTTZ	12×2.5	288.00	118.43	8.13	13.15	16.01	237.21	—	681.00
RTTZ	19×1.5	273.60	145.90	3.38	15.68	14.94	233.09	—	686.60
RTTVZ	2×2.5	48.00	32.67	1.64	7.46	17.53	146.30	86.78	340.40
RTTVZ	3×2.5	72.00	40.75	2.26	6.96	13.92	163.00	93.96	392.90
RTTVZ	4×2.5	96.00	49.74	2.71	7.78	16.01	176.00	124.08	472.30
RTTVZ	7×2.5	168.00	74.72	3.89	10.92	19.76	185.95	130.86	594.10
RTTVZ	12×2.5	288.00	118.43	8.13	13.15	16.01	237.21	165.81	846.80
RTTVZ	19×1.5	273.60	145.90	3.38	15.68	14.94	233.09	163.00	849.60
RTTYZ	2×2.5	48.00	32.67	1.64	7.46	17.53	146.30	87.37	341.00
RTTYZ	3×2.5	72.00	40.75	2.26	6.96	13.92	163.00	94.61	393.50
RTTYZ	4×2.5	96.00	49.74	2.71	7.78	16.01	176.00	124.93	473.20
RTTYZ	7×2.5	168.00	74.72	3.89	10.92	19.76	185.95	131.76	595.00
RTTYZ	12×2.5	288.00	118.43	8.13	13.15	16.01	237.21	166.95	847.90
RTTYZ	19×1.5	273.60	145.90	3.38	15.68	14.94	233.09	164.13	850.80
WDZB – RTTYZ	2×2.5	48.00	32.67	1.64	7.46	17.53	146.30	88.57	342.20
WDZB – RTTYZ	3×2.5	72.00	40.75	2.26	6.96	13.92	163.00	95.91	394.80
WDZB – RTTYZ	4×2.5	96.00	49.74	2.71	7.78	16.01	176.00	126.64	474.90
WDZB – RTTYZ	7×2.5	168.00	74.72	3.89	10.92	19.76	185.95	133.57	596.80
WDZB – RTTYZ	12×2.5	288.00	118.43	8.13	13.15	16.01	237.21	169.24	850.80
WDZB – RTTYZ	19×1.5	273.60	145.90	3.38	15.68	14.94	233.09	166.37	853.00
WDZA – RTTYZ	2×2.5	48.00	32.67	1.64	7.46	17.53	146.30	88.57	342.20
WDZA – RTTYZ	3×2.5	72.00	40.75	2.26	6.96	13.92	163.00	95.91	394.80
WDZA – RTTYZ	4×2.5	96.00	49.74	2.71	7.78	16.01	176.00	126.64	474.90
WDZA – RTTYZ	7×2.5	168.00	74.72	3.89	10.92	19.76	185.95	133.57	596.80
WDZA – RTTYZ	12×2.5	288.00	118.43	8.13	13.15	16.01	237.21	169.24	850.20
WDZA – RTTYZ	19×1.5	273.60	145.90	3.38	15.68	14.94	233.09	166.37	853.00

部分额定电压0.6/1kV云母带绝缘波纹铜护套电缆的结构尺寸见表4-3-7。

表4-3-7　部分额定电压0.6/1kV云母带绝缘波纹铜护套电缆的结构尺寸

（单位：mm）

型号	规格	导体外径	云母带厚度	铜带厚度	铜护套外径	参考外径
RTTZ	1×2.5	1.76	0.90	0.4	7.2	7.2
RTTZ	1×16	5.10	1.10	0.4	11.3	11.3

（续）

型号	规格	导体外径	云母带厚度	铜带厚度	铜护套外径	参考外径
RTTZ	1×25	6.30	1.10	0.4	12.2	12.2
RTTZ	1×50	8.30	1.30	0.5	15.5	15.5
RTTZ	1×185	16.00	1.50	0.5	24.3	24.3
RTTZ	1×400	23.40	1.80	0.7	33.5	33.5
RTTZ	2×16	5.10	0.55	0.4	19.3	19.3
RTTZ	2×25	6.30	0.55	0.5	22.2	22.2
RTTZ	2×50	8.30	0.65	0.5	26.4	26.4
RTTZ	2×185	16.00	0.75	0.6	44.4	44.4
RTTZ	3×16	5.10	0.55	0.4	20.3	20.3
RTTZ	3×25	6.30	0.55	0.5	23.2	23.2
RTTZ	3×50	7.00	0.65	0.5	25.2	25.2
RTTZ	3×185	13.20	0.75	0.7	41.7	41.7
RTTZ	4×16	5.10	0.55	0.5	22.4	22.4
RTTZ	4×25	6.30	0.55	0.5	25.2	25.2
RTTZ	4×50	7.50	0.65	0.5	29.2	29.2
RTTZ	4×185	15.70	0.75	0.7	51.2	51.2
RTTZ	5×16	5.10	0.55	0.5	24.6	24.6
RTTZ	5×25	6.30	0.55	0.5	27.2	27.2
RTTZ	5×50	8.30	0.65	0.5	34.4	34.4
RTTZ	5×185	16.00	0.75	0.7	58.6	58.6
RTTVZ	1×2.5	1.76	0.90	0.4	7.2	10.0
RTTVZ	1×16	5.10	1.10	0.4	11.3	14.1
RTTVZ	1×25	6.30	1.10	0.4	12.2	15.0
RTTVZ	1×50	8.30	1.30	0.5	15.5	18.5
RTTVZ	1×185	16.00	1.50	0.5	24.3	27.9
RTTVZ	1×400	23.40	1.80	0.7	33.5	37.9
RTTVZ	2×16	5.10	0.55	0.4	19.3	22.9
RTTVZ	2×25	6.30	0.55	0.5	22.2	25.8
RTTVZ	2×50	8.30	0.65	0.5	26.4	30.2
RTTVZ	2×185	16.00	0.75	0.6	44.4	49.6
RTTVZ	3×16	5.10	0.55	0.4	20.3	23.9
RTTVZ	3×25	6.30	0.55	0.5	23.2	26.8
RTTVZ	3×50	7.00	0.65	0.5	25.2	29.0
RTTVZ	3×185	13.20	0.75	0.7	41.7	46.7
RTTVZ	4×16	5.10	0.55	0.5	22.4	26.0
RTTVZ	4×25	6.30	0.55	0.5	25.2	29.0
RTTVZ	4×50	7.50	0.65	0.5	29.2	33.2

（续）

型号	规格	导体外径	云母带厚度	铜带厚度	铜护套外径	参考外径
RTTVZ	4×185	15.70	0.75	0.7	51.2	56.8
RTTVZ	5×16	5.10	0.55	0.5	24.6	28.4
RTTVZ	5×25	6.30	0.55	0.5	27.2	31.2
RTTVZ	5×50	8.30	0.65	0.5	34.4	38.8
RTTVZ	5×185	16.00	0.75	0.7	58.6	64.8
RTTYZ	1×2.5	1.76	0.90	0.4	7.2	10.0
RTTYZ	1×16	5.10	1.10	0.4	11.3	14.1
RTTYZ	1×25	6.30	1.10	0.4	12.2	15.0
RTTYZ	1×50	8.30	1.30	0.5	15.5	18.5
RTTYZ	1×185	16.00	1.50	0.5	24.3	27.9
RTTYZ	1×400	23.40	1.80	0.7	33.5	37.9
RTTYZ	2×16	5.10	0.55	0.4	19.3	22.9
RTTYZ	2×25	6.30	0.55	0.5	22.2	25.8
RTTYZ	2×50	8.30	0.65	0.5	26.4	30.2
RTTYZ	2×185	16.00	0.75	0.6	44.4	49.6
RTTYZ	3×16	5.10	0.55	0.4	20.3	23.9
RTTYZ	3×25	6.30	0.55	0.5	23.2	26.8
RTTYZ	3×50	7.00	0.65	0.5	25.2	29.0
RTTYZ	3×185	13.20	0.75	0.7	41.7	46.7
RTTYZ	4×16	5.10	0.55	0.5	22.4	26.0
RTTYZ	4×25	6.30	0.55	0.5	25.2	29.0
RTTYZ	4×50	7.50	0.65	0.5	29.2	33.2
RTTYZ	4×185	15.70·	0.75	0.7	51.2	56.8
RTTYZ	5×16	5.10	0.55	0.5	24.6	28.4
RTTYZ	5×25	6.30	0.55	0.5	27.2	31.2
RTTYZ	5×50	8.30	0.65	0.5	34.4	38.8
RTTYZ	5×185	16.00	0.75	0.7	58.6	64.8
WDZB－RTTYZ	1×2.5	1.76	0.90	0.4	7.2	10.0
WDZB－RTTYZ	1×16	5.10	1.10	0.4	11.3	14.1
WDZB－RTTYZ	1×25	6.30	1.10	0.4	12.2	15.0
WDZB－RTTYZ	1×50	8.30	1.30	0.5	15.5	18.5
WDZB－RTTYZ	1×185	16.00	1.50	0.5	24.3	27.9
WDZB－RTTYZ	1×400	23.40	1.80	0.7	33.5	37.9
WDZB－RTTYZ	2×16	5.10	0.55	0.4	19.3	22.9
WDZB－RTTYZ	2×25	6.30	0.55	0.5	22.2	25.8
WDZB－RTTYZ	2×50	8.30	0.65	0.5	26.4	30.2
WDZB－RTTYZ	2×185	16.00	0.75	0.6	44.4	49.6

（续）

型号	规格	导体外径	云母带厚度	铜带厚度	铜护套外径	参考外径
WDZB - RTTYZ	3×16	5.10	0.55	0.4	20.3	23.9
WDZB - RTTYZ	3×25	6.30	0.55	0.5	23.2	26.8
WDZB - RTTYZ	3×50	7.00	0.65	0.5	25.2	29.0
WDZB - RTTYZ	3×185	13.20	0.75	0.7	41.7	46.7
WDZB - RTTYZ	4×16	5.10	0.55	0.5	22.4	26.0
WDZB - RTTYZ	4×25	6.30	0.55	0.5	25.2	29.0
WDZB - RTTYZ	4×50	7.50	0.65	0.5	29.2	33.2
WDZB - RTTYZ	4×185	15.70	0.75	0.7	51.2	56.8
WDZB - RTTYZ	5×16	5.10	0.55	0.5	24.6	28.4
WDZB - RTTYZ	5×25	6.30	0.55	0.5	27.2	31.2
WDZB - RTTYZ	5×50	8.30	0.65	0.5	34.4	38.8
WDZB - RTTYZ	5×185	16.00	0.75	0.7	58.6	64.8
WDZA - RTTYZ	1×2.5	1.76	0.90	0.4	7.2	10.0
WDZA - RTTYZ	1×16	5.10	1.10	0.4	11.3	14.1
WDZA - RTTYZ	1×25	6.30	1.10	0.4	12.2	15.0
WDZA - RTTYZ	1×50	8.30	1.30	0.5	15.5	18.5
WDZA - RTTYZ	1×185	16.00	1.50	0.5	24.3	27.9
WDZA - RTTYZ	1×400	23.40	1.80	0.7	33.5	37.9
WDZA - RTTYZ	2×16	5.10	0.55	0.4	19.3	22.9
WDZA - RTTYZ	2×25	6.30	0.55	0.5	22.2	25.8
WDZA - RTTYZ	2×50	8.30	0.65	0.5	26.4	30.2
WDZA - RTTYZ	2×185	16.00	0.75	0.6	44.4	49.6
WDZA - RTTYZ	3×16	5.10	0.55	0.4	20.3	23.9
WDZA - RTTYZ	3×25	6.30	0.55	0.5	23.2	26.8
WDZA - RTTYZ	3×50	7.00	0.65	0.5	25.2	29.0
WDZA - RTTYZ	3×185	13.20	0.75	0.7	41.7	46.7
WDZA - RTTYZ	4×16	5.10	0.55	0.5	22.4	26.0
WDZA - RTTYZ	4×25	6.30	0.55	0.5	25.2	29.0
WDZA - RTTYZ	4×50	7.50	0.65	0.5	29.2	33.2
WDZB - RTTYZ	4×185	15.70	0.75	0.7	51.2	56.8
WDZA - RTTYZ	5×16	5.10	0.55	0.5	24.6	28.4
WDZA - RTTYZ	5×25	6.30	0.55	0.5	27.2	31.2
WDZA - RTTYZ	5×50	8.30	0.65	0.5	34.4	38.8
WDZA - RTTYZ	5×185	16.00	0.75	0.7	58.6	64.8

额定电压0.6/1kV云母带绝缘波纹铜护套电缆的材料消耗见表4-3-8。

表 4-3-8　额定电压 0.6/1kV 云母带绝缘波纹铜护套电缆的材料消耗

（单位：kg/km）

型号	规格	导体	云母带	聚酯带	玻璃纤维带	玻璃纤维绳	铜护套	外护套	参考重量
RTTZ	1×2.5	22.23	11.95	—	—	—	104.38	—	138.56
RTTZ	1×16	142.24	33.46	—	—	—	151.06	—	326.75
RTTZ	1×25	222.25	39.98	—	—	—	162.38	—	424.61
RTTZ	1×50	444.50	70.36	—	—	—	249.96	—	764.82
RTTZ	1×185	1644.65	143.41	—	—	—	384.97	—	2173.03
RTTZ	1×400	3556.00	228.03	—	—	—	725.51	—	4509.54
RTTZ	2×16	285.76	82.41	3.73	42.98	89.31	242.37	—	746.55
RTTZ	2×25	446.50	97.94	4.41	51.87	124.59	341.85	—	1067.16
RTTZ	2×50	893.00	123.83	5.54	66.69	196.42	407.18	—	1692.66
RTTZ	2×185	3304.10	257.97	10.10	156.30	0.00	806.96	—	4535.45
RTTZ	3×16	428.64	106.73	5.59	64.47	70.95	260.49	—	936.86
RTTZ	3×25	669.75	127.21	6.61	77.80	98.98	360.45	—	1340.81
RTTZ	3×50	1339.50	163.60	7.21	110.02	117.48	393.94	—	2131.74
RTTZ	3×185	4956.15	350.60	12.77	257.99	367.35	885.22	—	6830.08
RTTZ	4×16	571.52	133.08	7.45	85.95	81.58	348.14	—	1227.73
RTTZ	4×25	893.00	158.90	8.81	103.74	113.81	390.13	—	1668.39
RTTZ	4×50	1786.00	252.15	10.57	186.61	163.36	453.90	—	2852.59
RTTZ	4×185	6608.20	464.41	19.87	343.98	574.11	1079.37	—	9089.95
RTTZ	5×16	714.40	159.51	9.28	107.44	101.67	386.23	—	1478.54
RTTZ	5×25	1116.25	190.71	10.98	129.67	142.00	425.77	—	2015.39
RTTZ	5×50	2232.50	291.05	14.31	212.46	240.46	534.27	—	3525.04
RTTZ	5×185	8260.25	526.86	25.22	390.76	743.68	1233.03	—	11179.80
RTTVZ	1×2.5	22.23	11.95	—	—	—	104.38	69.00	207.55
RTTVZ	1×16	142.24	33.46	—	—	—	151.06	107.41	434.16
RTTVZ	1×25	222.25	39.98	—	—	—	162.38	114.79	539.4
RTTVZ	1×50	444.50	70.36	—	—	—	249.96	159.43	924.25
RTTVZ	1×185	1644.65	143.41	—	—	—	384.97	278.16	2451.19
RTTVZ	1×400	3556.00	228.03	—	—	—	725.51	445.22	4954.76
RTTVZ	2×16	285.76	82.41	3.73	42.98	89.31	242.37	215.26	961.81
RTTVZ	2×25	446.50	97.94	4.41	51.87	124.59	341.85	244.32	1311.48
RTTVZ	2×50	893.00	123.83	5.54	66.69	196.42	407.18	314.64	2007.30
RTTVZ	2×185	3304.10	257.97	10.10	156.30	0.00	806.96	670.47	5205.91
RTTVZ	3×16	428.64	106.73	5.59	64.47	70.95	260.49	225.48	1162.34
RTTVZ	3×25	669.75	127.21	6.61	77.80	98.98	360.45	254.39	1595.20
RTTVZ	3×50	1339.50	163.60	7.21	110.02	117.48	393.94	301.66	2433.40
RTTVZ	3×185	4956.15	350.60	12.77	257.99	367.35	885.22	610.87	7440.95

（续）

型号	规格	导体	云母带	聚酯带	玻璃纤维带	玻璃纤维绳	铜护套	外护套	参考重量
RTTVZ	4×16	571.52	133.08	7.45	85.95	81.58	348.14	246.15	1473.88
RTTVZ	4×25	893.00	158.90	8.81	103.74	113.81	390.13	287.76	1956.16
RTTVZ	4×50	1786.00	252.15	10.57	186.61	163.36	453.90	361.20	3213.79
RTTVZ	4×185	6608.20	464.41	19.87	343.98	574.11	1079.37	818.67	9908.62
RTTVZ	5×16	714.40	159.51	9.28	107.44	101.67	386.23	281.30	1759.85
RTTVZ	5×25	1116.25	190.71	10.98	129.67	142.00	425.77	323.49	2338.88
RTTVZ	5×50	2232.50	291.05	14.31	212.46	240.46	534.27	456.72	3981.76
RTTVZ	5×185	8260.25	526.86	25.22	390.76	743.68	1233.03	1020.40	12200.20
RTTYZ	1×2.5	22.23	11.95	—	—	—	104.38	69.47	208.03
RTTYZ	1×16	142.24	33.46	—	—	—	151.06	108.15	434.9
RTTYZ	1×25	222.25	39.98	—	—	—	162.38	115.58	540.19
RTTYZ	1×50	444.50	70.36	—	—	—	249.96	160.53	925.35
RTTYZ	1×185	1644.65	143.41	—	—	—	384.97	280.08	2453.11
RTTYZ	1×400	3556.00	228.03	—	—	—	725.51	448.29	4957.83
RTTYZ	2×16	285.76	82.41	3.73	42.98	89.31	242.37	216.74	963.3
RTTYZ	2×25	446.50	97.94	4.41	51.87	124.59	341.85	246.01	1313.17
RTTYZ	2×50	893.00	123.83	5.54	66.69	196.42	407.18	316.80	2009.46
RTTYZ	2×185	3304.10	257.97	10.10	156.30	—	806.96	675.09	5210.54
RTTYZ	3×16	428.64	106.73	5.59	64.47	70.95	260.49	227.04	1163.90
RTTYZ	3×25	669.75	127.21	6.61	77.80	98.98	360.45	256.15	1596.95
RTTYZ	3×50	1339.50	163.60	7.21	110.02	117.48	393.94	303.74	2435.48
RTTYZ	3×185	4956.15	350.60	12.77	257.99	367.35	885.22	615.08	7445.16
RTTYZ	4×16	571.52	133.08	7.45	85.95	81.58	348.14	247.85	1475.58
RTTYZ	4×25	893.00	158.90	8.81	103.74	113.81	390.13	289.75	1958.14
RTTYZ	4×50	1786.00	252.15	10.57	186.61	163.36	453.90	363.69	3216.28
RTTYZ	4×185	6608.20	464.41	19.87	343.98	574.11	1079.37	824.32	9914.27
RTTYZ	5×16	714.40	159.51	9.28	107.44	101.67	386.23	283.24	1761.79
RTTYZ	5×25	1116.25	190.71	10.98	129.67	142.00	425.77	325.72	2341.11
RTTYZ	5×50	2232.50	291.05	14.31	212.46	240.46	534.27	459.87	3984.91
RTTYZ	5×185	8260.25	526.86	25.22	390.76	743.68	1233.03	1027.44	12207.24
WDZB – RTTYZ	1×2.5	22.23	11.95	—	—	—	104.38	70.42	208.98
WDZB – RTTYZ	1×16	142.24	33.46	—	—	—	151.06	109.63	436.39
WDZB – RTTYZ	1×25	222.25	39.98	—	—	—	162.38	117.17	541.78
WDZB – RTTYZ	1×50	444.50	70.36	—	—	—	249.96	162.73	927.55
WDZB – RTTYZ	1×185	1644.65	143.41	—	—	—	384.97	283.92	2456.95
WDZB – RTTYZ	1×400	3556.00	228.03	—	—	—	725.51	454.43	4963.97
WDZB – RTTYZ	2×16	285.76	82.41	3.73	42.98	89.31	242.37	219.71	966.27

（续）

型号	规格	导体	云母带	聚酯带	玻璃纤维带	玻璃纤维绳	铜护套	外护套	参考重量
WDZB - RTTYZ	2×25	446.50	97.94	4.41	51.87	124.59	341.85	249.38	1316.54
WDZB - RTTYZ	2×50	893.00	123.83	5.54	66.69	196.42	407.18	321.14	2013.80
WDZB - RTTYZ	2×185	3304.10	257.97	10.10	156.30	—	806.96	684.34	5219.79
WDZB - RTTYZ	3×16	428.64	106.73	5.59	64.47	70.95	260.49	230.15	1167.01
WDZB - RTTYZ	3×25	669.75	127.21	6.61	77.80	98.98	360.45	259.66	1600.46
WDZB - RTTYZ	3×50	1339.50	163.60	7.21	110.02	117.48	393.94	307.90	2439.64
WDZB - RTTYZ	3×185	4956.15	350.60	12.77	257.99	367.35	885.22	623.51	7453.59
WDZB - RTTYZ	4×16	571.52	133.08	7.45	85.95	81.58	348.14	251.24	1478.97
WDZB - RTTYZ	4×25	893.00	158.90	8.81	103.74	113.81	390.13	293.72	1962.11
WDZB - RTTYZ	4×50	1786.00	252.15	10.57	186.61	163.36	453.90	368.67	3221.26
WDZB - RTTYZ	4×185	6608.20	464.41	19.87	343.98	574.11	1079.37	835.61	9925.56
WDZB - RTTYZ	5×16	714.40	159.51	9.28	107.44	101.67	386.23	287.12	1765.67
WDZB - RTTYZ	5×25	1116.25	190.71	10.98	129.67	142.00	425.77	330.18	2345.57
WDZB - RTTYZ	5×50	2232.50	291.05	14.31	212.46	240.46	534.27	466.17	3991.21
WDZB - RTTYZ	5×185	8260.25	526.86	25.22	390.76	743.68	1233.03	1041.52	12221.31
WDZA - RTTYZ	1×2.5	22.23	11.95	—	—	—	104.38	70.42	208.98
WDZA - RTTYZ	1×16	142.24	33.46	—	—	—	151.06	109.63	436.39
WDZA - RTTYZ	1×25	222.25	39.98	—	—	—	162.38	117.17	541.78
WDZA - RTTYZ	1×50	444.50	70.36	—	—	—	249.96	162.73	927.55
WDZA - RTTYZ	1×185	1644.65	143.41	—	—	—	384.97	283.92	2456.95
WDZA - RTTYZ	1×400	3556.00	228.03	—	—	—	725.51	454.43	4963.97
WDZA - RTTYZ	2×16	285.76	82.41	3.73	42.98	89.31	242.37	219.71	966.27
WDZA - RTTYZ	2×25	446.50	97.94	4.41	51.87	124.59	341.85	249.38	1316.54
WDZA - RTTYZ	2×50	893.00	123.83	5.54	66.69	196.42	407.18	321.14	2013.80
WDZA - RTTYZ	2×185	3304.10	257.97	10.10	156.30	—	806.96	684.34	5219.79
WDZA - RTTYZ	3×16	428.64	106.73	5.59	64.47	70.95	260.49	230.15	1167.01
WDZA - RTTYZ	3×25	669.75	127.21	6.61	77.80	98.98	360.45	259.66	1600.46
WDZA - RTTYZ	3×50	1339.50	163.60	7.21	110.02	117.48	393.94	307.90	2439.64
WDZA - RTTYZ	3×185	4956.15	350.60	12.77	257.99	367.35	885.22	623.51	7453.59
WDZA - RTTYZ	4×16	571.52	133.08	7.45	85.95	81.58	348.14	251.24	1478.97
WDZA - RTTYZ	4×25	893.00	158.90	8.81	103.74	113.81	390.13	293.72	1962.11
WDZA - RTTYZ	4×50	1786.00	252.15	10.57	186.61	163.36	453.90	368.67	3221.26
WDZA - RTTYZ	4×185	6608.20	464.41	19.87	343.98	574.11	1079.37	835.61	9925.56
WDZA - RTTYZ	5×16	714.40	159.51	9.28	107.44	101.67	386.23	287.12	1765.67
WDZA - RTTYZ	5×25	1116.25	190.71	10.98	129.67	142.00	425.77	330.18	2345.57
WDZA - RTTYZ	5×50	2232.50	291.05	14.31	212.46	240.46	534.27	466.17	3991.21
WDZA - RTTYZ	5×185	8260.25	526.86	25.22	390.76	743.68	1233.03	1041.52	12221.31

更多规格型号产品的结构尺寸与材料消耗可关注物资云微信公众号或登录 http：//www.wuzi.cn 进行查询。

第4章 不同种类产品的材料消耗定额与经济性浅析

电缆原辅材料的消耗量主要由电缆产品的工艺结构、规格大小决定，不同种类、不同型号规格的电缆产品原材料的消耗必然不同。本手册共阐述了氧化镁矿物绝缘铜护套电缆（BTTZ/BTTQ 系列）、云母带矿物绝缘波纹铜护套电缆（RTTZ/YTTW 系列）、陶瓷化硅橡胶（矿物）绝缘铜护套耐火电缆（WTGE/WTGG/WT-GT/WTGH 系列）、隔离型矿物绝缘铝金属套耐火电缆［NG－A（BTLY）系列］、隔离型塑料绝缘耐火电缆（BBTRZ 系列）和隔离型塑料绝缘中压耐火电缆 6 类产品。因隔离型塑料绝缘中压耐火电缆的电压等级为 6kV 及以上，与其他 5 类产品无论是在产品结构还是消耗定额方面都不具有可比性，所以本章将对其他 5 类产品的结构及材料消耗定额进行对比分析。

4.1 电缆结构的对比分析

不同种类耐火电缆的结构对比见表 4-4-1。

表 4-4-1 不同种类耐火电缆的结构对比

电缆种类		氧化镁矿物绝缘铜护套电缆	云母带矿物绝缘波纹铜护套电缆	隔离型塑料绝缘耐火电缆	隔离型矿物绝缘铝金属套耐火电缆	陶瓷化硅橡胶（矿物）绝缘耐火电缆
代表型号		BTTZ、BTTQ、BTTVZ、BTTVQ、WD－BTTYZ、WD－BTTYQ	RTTZ、RTTYZ、RTTVZ、WDZA－RTTYZ、WDZB－RTTYZ	BBTRZ	NG－A（BTLY）	WTGT、WTGG、WTGH、WTGE、WTGTE、WTGGE、WTGHE、B1－WTGE、B1－WTGTE、B1－WTGGE、B1－WTGHE
电压等级		轻型：500V 重型：750V	450/750V、0.6/1kV	0.6/1kV	0.6/1kV	450/750V、0.6/1kV
导体	材质	无氧铜	无氧铜	无氧铜	无氧铜	无氧铜
	结构工艺	单根实芯	单根实芯/绞合导体	单根实芯/绞合导体	单根实芯/绞合导体	单根实芯/绞合导体
耐火层	材质	—	—	云母带	—	—
	结构工艺	—	—	绕包	—	—

（续）

电缆种类		氧化镁矿物绝缘铜护套电缆	云母带矿物绝缘波纹铜护套电缆	隔离型塑料绝缘耐火电缆	隔离型矿物绝缘铝金属套耐火电缆	陶瓷化硅橡胶（矿物）绝缘耐火电缆
绝缘层	材质	氧化镁粉	云母带	交联聚乙烯	陶瓷化耐火复合带和云母带	陶瓷化硅橡胶
	结构工艺	压缩成形	绕包	挤包	绕包	挤包
成缆保护层	材质	—	阻燃带材	—	云母带	
	结构工艺		绕包		绕包	
金属护套	材质	铜带或铜合金带	铜带		铝	铜带或不锈钢带或铝合金带（可选结构）
	结构工艺	氩弧焊焊接	氩弧焊焊接轧纹		挤包	联锁铠装
隔离套	材质	—	—	聚乙烯	聚乙烯	
	结构工艺			挤包	挤包	
防火层	材质			防火泥	防火泥	
	结构工艺			挤包	挤包	
隔离层	材质	—	—	无卤低烟高阻燃带或陶瓷化硅橡胶复合带	无卤低烟高阻燃带或陶瓷化硅橡胶复合带	陶瓷化硅橡胶或陶瓷化聚烯烃
	结构工艺			绕包	绕包	挤包
外护层	材质	无卤低烟阻燃聚烯烃或聚氯乙烯（可选结构）	聚氯乙烯或聚烯烃或无卤低烟阻燃聚烯烃（可选结构）	无卤低烟阻燃聚烯烃	无卤低烟聚烯烃	无卤低烟超高阻燃聚烯烃（可选结构）
	结构工艺	挤包	挤包	挤包	挤包	挤包

4.2　电缆材料消耗的对比分析

4.2.1　额定电压 450/750V（750V）电缆材料消耗的对比分析

以氧化镁矿物绝缘铜护套电缆（BTTZ – 750V 3×1.5）、云母带矿物绝缘波纹铜护套电缆（RTTZ – 450/750V 3×1.5）、陶瓷化硅橡胶（矿物）绝缘耐火电缆（WTGH – 450/750V 3×1.5 和 WTGT – 450/750V 3×1.5）为例，对 4 种型号的耐火电缆的材料消耗及原材料费用进行比较，见表 4-4-2。

表 4-4-2　额定电压 450/750V（750V）电缆的材料消耗及原材料费用对比

型号	电压	规格	材料名称	材料消耗/（kg/km）	材料单价/（元/kg）	单价小计/（元/m）	原材料费用/（元/m）
BTTZ	750V	3×1.5	软圆铜线	39.89	49.82	1.99	9.14
			氧化镁粉	90.01	8.50	0.77	
			软态 TP2 型铜带	121.05	52.72	6.38	
RTTZ	450/750V	3×1.5	软圆铜线	43.21	49.82	2.15	11.41
			双面玻璃布补强合成云母带	17.07	46.50	0.79	
			聚酯带	1.96	10.20	0.02	
			无碱玻璃丝包带	6.10	16.70	0.10	
			双面玻璃布补强合成云母带	18.00	46.50	0.84	
			无碱玻璃丝填充绳	10.55	5.35	0.06	
			软态 T2 型铜带	136.21	54.72	7.45	
WTGH	450/750V	3×1.5	软圆铜线	43.21	49.82	2.15	6.85
			陶瓷化硅橡胶绝缘料	23.61	35.00	0.83	
			陶瓷化硅橡胶护套料	61.88	28.00	1.73	
			铝合金带	106.71	20.02	2.14	
WTGT	450/750V	3×1.5	软圆铜线	43.21	49.82	2.15	20.53
			陶瓷化硅橡胶绝缘料	23.61	35.00	0.83	
			陶瓷化硅橡胶护套料	61.88	28.00	1.73	
			软态 T2 型铜带	289.05	54.72	15.82	

从上述电缆的材料消耗及原材料费用对比分析中可以看出，额定电压 450/750V（750V）电缆的原材料费用关系如下：陶瓷化硅橡胶（矿物）绝缘耐火电缆（WTGT－450/750V 3×1.5）＞云母带矿物绝缘波纹铜护套电缆（RTTZ－450/750V 3×1.5）＞氧化镁矿物绝缘铜护套电缆（BTTZ－750V 3×1.5）＞陶瓷化硅橡胶（矿物）绝缘耐火电缆（WTGH－450/750V 3×1.5）。

4.2.2　额定电压 0.6/1kV 电缆的材料消耗对比分析

以云母带矿物绝缘波纹铜护套电缆（WDZA－RTTYZ－0.6/1kV 1×95）、陶瓷化硅橡胶（矿物）绝缘耐火电缆（WTGTE－0.6/1kV 1×95 和 WTGHE－0.6/1kV 1×95）、隔离型矿物绝缘铝金属套耐火电缆［NG－A（BTLY）－0.6/1kV 1×95］、隔离型塑料绝缘耐火电缆（BBTRZ－0.6/1kV 1×95）为例，对 5 种型号的耐火电缆的材料消耗及原材料费用进行比较，见表4-4-3。

表 4-4-3　额定电压 0.6/1kV 电缆的材料消耗及原材料费用对比

型号	电压	规格	材料名称	材料消耗/ （kg/km）	材料单价/ （元/kg）	单价小计/ （元/m）	原材料费用/ （元/m）
WDZA – RTTYZ	0.6/1kV	1×95	软圆铜线	844.55	49.82	42.08	65.63
			单面玻璃布补强煅烧白云母带	93.57	46.50	4.35	
			软态 T2 型铜带	296.24	54.72	16.21	
			90℃热塑性低烟无卤超高阻燃聚烯烃护套塑料	212.76	14.05	2.99	
WTGTE	0.6/1kV	1×95	软圆铜线	830.10	49.82	41.36	79.73
			陶瓷化硅橡胶绝缘料	94.22	35.00	3.30	
			陶瓷化硅橡胶护套料	98.90	28.00	2.77	
			软态 TP2 型铜带	557.18	52.72	29.37	
			90℃热塑性低烟无卤超高阻燃聚烯烃护套塑料	208.61	14.05	2.93	
WTGHE	0.6/1kV	1×95	软圆铜线	830.10	49.82	41.36	54.46
			陶瓷化硅橡胶绝缘料	94.22	35.00	3.30	
			陶瓷化硅橡胶护套料	98.90	28.00	2.77	
			铝合金带	204.79	20.02	4.10	
			90℃热塑性低烟无卤超高阻燃聚烯烃护套塑料	208.61	14.05	2.93	
NG – A （BTLY）	0.6/1kV	1×95	软圆铜线	830.10	49.82	41.36	51.07
			陶瓷化硅橡胶复合带	31.40	45.00	1.41	
			双面玻璃布和薄膜补强非煅烧金云母带	48.90	29.50	1.44	
			A4 型电工圆铝杆	165.70	14.37	2.38	
			低密度聚乙烯料	89.80	9.50	0.85	
			电缆用防火泥	107.40	6.00	0.64	
			无碱玻璃丝包带	51.00	16.70	0.85	
			90℃热塑性低烟无卤阻燃聚烯烃护套塑料	178.80	11.97	2.14	
BBTRZ	0.6/1kV	1×95	软圆铜线	830.10	49.82	41.36	46.83
			双面玻璃布和薄膜补强非煅烧金云母带	27.99	29.50	0.83	
			90℃3kV 及以下二步法硅烷交联聚乙烯绝缘料	43.56	11.90	0.52	
			低密度聚乙烯料	27.87	9.50	0.26	
			电缆用防火泥	203.58	6.00	1.22	
			无碱玻璃丝包带	42.99	16.70	0.72	
			90℃热塑性低烟无卤阻燃聚烯烃护套塑料	160.46	11.97	1.92	

从上述电缆的材料消耗及原材料费用对比分析中可以看出，额定电压 0.6/1kV 电缆的原材料费用关系如下：陶瓷化硅橡胶（矿物）绝缘铜护套电缆（WTGTE – 0.6/1kV 1×95）> 云母带矿物绝缘波纹铜护套电缆（WDZA – RTTYZ – 0.6/1kV 1×95）> 陶瓷化硅橡胶（矿物）绝缘耐火电缆（WTGHE – 0.6/1kV 1×95）> 隔离型矿物绝缘铝金属套耐火电缆［NG – A（BTLY）– 0.6/1kV 1×95］> 隔离型塑料绝缘耐火电缆（BBTRZ – 0.6/1kV 1×95）。

第5章 典型产品市场价格参考

5.1 氧化镁矿物绝缘铜护套电缆价格参考

氧化镁矿物绝缘铜护套电缆价格参考见表4-5-1。

表 4-5-1 氧化镁矿物绝缘铜护套电缆价格参考

型号	电压	规格	导体费用	原材料费用	完全成本	市场参考价	招标控制价
BTTQ	500V	1×1.5	0.71	2.36	4.18	4.36	4.72
BTTQ	500V	1×2.5	1.19	3.15	5.18	5.41	5.85
BTTQ	500V	2×1.5	1.43	5.33	9.44	9.76	10.67
BTTQ	500V	2×2.5	2.37	7.52	12.37	12.86	13.98
BTTQ	500V	3×1.5	2.14	7.02	12.43	12.94	14.05
BTTQ	500V	3×2.5	3.56	9.43	15.51	16.16	17.53
BTTQ	500V	4×1.5	2.85	8.46	14.98	15.58	16.93
BTTQ	500V	4×2.5	4.75	11.80	19.41	20.21	21.93
BTTQ	500V	7×1.5	4.99	12.36	21.89	23.07	24.74
BTTQ	500V	7×2.5	8.31	17.89	29.42	31.03	33.24
BTTVQ	500V	1×1.5	0.71	2.47	4.37	4.55	4.94
BTTVQ	500V	1×2.5	1.19	3.26	5.36	5.60	6.06
BTTVQ	500V	2×1.5	1.43	5.49	9.72	10.18	10.98
BTTVQ	500V	2×2.5	2.37	7.70	12.66	13.26	14.31
BTTVQ	500V	3×1.5	2.14	7.20	12.75	13.27	14.41
BTTVQ	500V	3×2.5	3.56	9.66	15.89	16.56	17.96
BTTVQ	500V	4×1.5	2.85	8.65	15.32	16.15	17.31
BTTVQ	500V	4×2.5	4.75	12.06	19.83	20.59	22.41
BTTVQ	500V	7×1.5	4.99	12.63	22.37	23.38	25.28
BTTVQ	500V	7×2.5	8.31	18.19	29.91	30.88	33.80
BTTYQ	500V	1×1.5	0.71	2.54	4.50	4.72	5.08
BTTYQ	500V	1×2.5	1.19	3.35	5.51	5.74	6.23
BTTYQ	500V	2×1.5	1.43	5.60	9.92	10.41	11.21
BTTYQ	500V	2×2.5	2.37	7.83	12.88	13.46	14.55
BTTYQ	500V	3×1.5	2.14	7.33	12.98	13.43	14.67
BTTYQ	500V	3×2.5	3.56	9.83	16.17	16.82	18.27
BTTYQ	500V	4×1.5	2.85	8.79	15.57	16.20	17.59

（续）

型号	电压	规格	导体费用	原材料费用	完全成本	市场参考价	招标控制价
BTTYQ	500V	4×2.5	4.75	12.24	20.13	21.06	22.75
BTTYQ	500V	7×1.5	4.99	12.82	22.70	23.74	25.65
BTTYQ	500V	7×2.5	8.31	18.41	30.28	31.54	34.22
WD－BTTYQ	500V	1×1.5	0.71	2.51	4.45	4.69	5.03
WD－BTTYQ	500V	1×2.5	1.19	3.32	5.46	5.74	6.17
WD－BTTYQ	500V	2×1.5	1.43	5.56	9.85	10.30	11.13
WD－BTTYQ	500V	2×2.5	2.37	7.79	12.81	13.33	14.48
WD－BTTYQ	500V	3×1.5	2.14	7.28	12.89	13.45	14.57
WD－BTTYQ	500V	3×2.5	3.56	9.77	16.07	16.76	18.16
WD－BTTYQ	500V	4×1.5	2.85	8.74	15.48	16.18	17.49
WD－BTTYQ	500V	4×2.5	4.75	12.18	20.03	20.90	22.63
WD－BTTYQ	500V	7×1.5	4.99	12.75	22.58	23.82	25.52
WD－BTTYQ	500V	7×2.5	8.31	18.33	30.14	31.47	34.06
BTTZ	750V	1×1.5	0.71	3.87	6.85	7.13	7.74
BTTZ	750V	1×16	7.60	14.75	17.68	18.61	19.80
BTTZ	750V	1×35	16.68	27.58	33.06	34.54	37.03
BTTZ	750V	1×70	33.00	49.51	59.35	62.03	66.47
BTTZ	750V	1×240	112.10	149.51	179.23	187.40	200.74
BTTZ	750V	2×1.5	1.43	8.41	14.89	15.55	16.83
BTTZ	750V	2×16	15.20	34.55	44.89	46.72	50.28
BTTZ	750V	3×1.5	2.14	9.75	17.27	18.01	19.52
BTTZ	750V	3×16	22.81	44.18	57.40	59.84	64.29
BTTZ	750V	4×1.5	2.85	11.70	20.72	21.55	23.41
BTTZ	750V	4×16	30.41	55.42	72.00	74.28	80.64
BTTZ	750V	7×1.5	4.99	16.69	29.56	30.90	33.40
BTTZ	750V	12×1.5	8.56	26.82	47.50	49.51	53.68
BTTZ	750V	19×1.5	13.55	37.56	66.52	69.78	75.17
BTTVZ	750V	1×1.5	0.71	4.00	7.08	7.40	8.00
BTTVZ	750V	1×16	7.60	15.01	17.99	18.86	20.15
BTTVZ	750V	1×35	16.68	27.91	33.46	34.71	37.48
BTTVZ	750V	1×70	33.00	49.93	59.86	62.58	67.04
BTTVZ	750V	1×240	112.10	150.69	180.65	190.36	202.33
BTTVZ	750V	2×1.5	1.43	8.66	15.34	15.97	17.33
BTTVZ	750V	2×16	15.20	35.00	45.47	47.33	50.93
BTTVZ	750V	3×1.5	2.14	10.01	17.73	18.42	20.03
BTTVZ	750V	3×16	22.81	44.81	58.22	60.89	65.21
BTTVZ	750V	4×1.5	2.85	11.98	21.22	22.39	23.98

（续）

型号	电压	规格	导体费用	原材料费用	完全成本	市场参考价	招标控制价
BTTVZ	750V	4×16	30.41	56.13	72.92	75.97	81.67
BTTVZ	750V	7×1.5	4.99	17.03	30.16	31.44	34.08
BTTVZ	750V	12×1.5	8.56	27.25	48.26	50.29	54.53
BTTVZ	750V	19×1.5	13.55	38.24	67.72	70.86	76.52
BTTYZ	750V	1×1.5	0.71	4.10	7.26	7.58	8.20
BTTYZ	750V	1×16	7.60	15.20	18.22	19.15	20.41
BTTYZ	750V	1×35	16.68	28.15	33.75	35.26	37.80
BTTYZ	750V	1×70	33.00	50.23	60.22	62.93	67.45
BTTYZ	750V	1×240	112.10	151.54	181.67	191.58	203.47
BTTYZ	750V	2×1.5	1.43	8.84	15.66	16.42	17.70
BTTYZ	750V	2×16	15.20	35.32	45.89	47.48	51.40
BTTYZ	750V	3×1.5	2.14	10.20	18.06	19.00	20.41
BTTYZ	750V	3×16	22.81	45.28	58.83	60.68	65.89
BTTYZ	750V	4×1.5	2.85	12.19	21.59	22.52	24.40
BTTYZ	750V	4×16	30.41	56.64	73.59	76.64	82.42
BTTYZ	750V	7×1.5	4.99	17.27	30.59	32.08	34.57
BTTYZ	750V	12×1.5	8.56	27.56	48.81	50.96	55.16
BTTYZ	750V	19×1.5	13.55	38.73	68.59	71.65	77.51
WD-BTTYZ	750V	1×1.5	0.71	4.07	7.21	7.51	8.15
WD-BTTYZ	750V	1×16	7.60	15.13	18.14	18.97	20.32
WD-BTTYZ	750V	1×35	16.68	28.06	33.64	35.05	37.68
WD-BTTYZ	750V	1×70	33.00	50.12	60.08	62.91	67.29
WD-BTTYZ	750V	1×240	112.10	151.24	181.31	190.85	203.07
WD-BTTYZ	750V	2×1.5	1.43	8.78	15.55	16.18	17.57
WD-BTTYZ	750V	2×16	15.20	35.20	45.73	47.79	51.22
WD-BTTYZ	750V	3×1.5	2.14	10.13	17.94	18.71	20.27
WD-BTTYZ	750V	3×16	22.81	45.11	58.61	61.14	65.64
WD-BTTYZ	750V	4×1.5	2.85	12.12	21.46	22.59	24.25
WD-BTTYZ	750V	4×16	30.41	56.46	73.35	77.07	82.15
WD-BTTYZ	750V	7×1.5	4.99	17.18	30.43	31.65	34.39
WD-BTTYZ	750V	12×1.5	8.56	27.45	48.61	50.85	54.93
WD-BTTYZ	750V	19×1.5	13.55	38.55	68.27	71.13	77.15

注：1. 本表编制日期为 2020 年 7 月 29 日，该日主材 1#铜价格为 51.90 元/kg（长江有色）。电缆价格随
　　着原材料价格波动需作相应调整。

　　2. 本表价格单位为元/m，不包含出厂后的运输费、盘具费、特殊包装费。

　　3. 各规格、型号电线电缆最新价格，可关注物资云微信公众号或登录 http://www.wuzi.cn 进行
　　查询。

5.2　云母带矿物绝缘波纹铜护套电缆价格参考

云母带矿物绝缘波纹铜护套电缆价格参考见表 4-5-2。

表 4-5-2　云母带矿物绝缘波纹铜护套电缆价格参考

型号	电压	规格	导体费用	原材料费用	完全成本	市场参考价	招标控制价
RTTZ	450/750V	2×2.5	2.57	12.89	15.29	15.93	17.43
RTTZ	450/750V	3×2.5	3.86	15.51	18.40	19.01	20.61
RTTZ	450/750V	4×2.5	5.15	18.01	21.37	22.32	23.93
RTTZ	450/750V	7×2.5	9.01	23.70	28.39	29.52	31.80
RTTZ	450/750V	12×2.5	15.45	35.23	42.20	44.05	48.11
RTTZ	450/750V	19×1.5	14.67	35.48	42.90	44.95	48.91
RTTVZ	450/750V	2×2.5	2.57	13.62	16.16	16.92	17.94
RTTVZ	450/750V	3×2.5	3.86	16.30	19.34	20.23	21.66
RTTVZ	450/750V	4×2.5	5.15	19.05	22.60	23.47	25.31
RTTVZ	450/750V	7×2.5	9.01	24.79	29.69	31.05	33.25
RTTVZ	450/750V	12×2.5	15.45	36.62	43.86	45.55	50.00
RTTVZ	450/750V	19×1.5	14.67	36.85	44.56	46.53	50.80
RTTYZ	450/750V	2×2.5	2.57	14.29	16.96	17.66	18.83
RTTYZ	450/750V	3×2.5	3.86	17.02	20.19	21.07	22.61
RTTYZ	450/750V	4×2.5	5.15	20.00	23.73	24.75	26.58
RTTYZ	450/750V	7×2.5	9.01	25.80	30.90	32.33	34.61
RTTYZ	450/750V	12×2.5	15.45	37.89	45.38	47.17	51.73
RTTYZ	450/750V	19×1.5	14.67	38.10	46.07	48.08	52.52
WDZB – RTTYZ	450/750V	2×2.5	2.57	14.52	17.23	17.93	19.13
WDZB – RTTYZ	450/750V	3×2.5	3.86	17.36	20.60	21.39	23.07
WDZB – RTTYZ	450/750V	4×2.5	5.15	20.38	24.18	25.23	27.08
WDZB – RTTYZ	450/750V	7×2.5	9.01	26.56	31.81	33.36	35.63
WDZB – RTTYZ	450/750V	12×2.5	15.45	39.23	46.99	49.52	53.57
WDZB – RTTYZ	450/750V	19×1.5	14.67	39.89	48.23	50.46	54.98
WDZA – RTTYZ	450/750V	2×2.5	2.57	14.66	17.39	18.23	19.30
WDZA – RTTYZ	450/750V	3×2.5	3.86	17.51	20.78	21.80	23.27
WDZA – RTTYZ	450/750V	4×2.5	5.15	20.58	24.42	25.36	27.35
WDZA – RTTYZ	450/750V	7×2.5	9.01	26.77	32.07	33.62	35.92
WDZA – RTTYZ	450/750V	12×2.5	15.45	39.50	47.31	49.72	53.93
WDZA – RTTYZ	450/750V	19×1.5	14.67	40.15	48.55	50.71	55.35
RTTZ	0.6/1kV	1×2.5	1.19	7.86	9.24	9.76	10.35
RTTZ	0.6/1kV	1×16	7.63	18.03	21.20	22.22	23.74
RTTZ	0.6/1kV	1×25	11.92	23.28	27.38	28.75	30.67

（续）

型号	电压	规格	导体费用	原材料费用	完全成本	市场参考价	招标控制价
RTTZ	0.6/1kV	1×50	23.84	41.74	49.09	51.20	54.98
RTTZ	0.6/1kV	1×185	88.20	117.40	138.06	144.19	154.63
RTTZ	0.6/1kV	1×400	190.71	243.78	286.69	302.06	318.23
RTTZ	0.6/1kV	2×16	15.33	34.13	40.14	41.95	44.96
RTTZ	0.6/1kV	2×25	23.95	49.54	58.26	60.91	65.25
RTTZ	0.6/1kV	2×50	47.89	78.99	92.89	96.83	104.04
RTTZ	0.6/1kV	2×185	177.20	237.26	279.02	293.60	309.71
RTTZ	0.6/1kV	3×16	22.99	43.93	51.66	53.84	57.86
RTTZ	0.6/1kV	3×25	35.92	63.87	75.11	78.26	84.12
RTTZ	0.6/1kV	3×50	71.84	103.58	121.81	127.31	136.43
RTTZ	0.6/1kV	3×185	265.80	336.67	399.69	417.92	447.65
RTTZ	0.6/1kV	4×16	30.65	58.06	68.28	71.04	76.47
RTTZ	0.6/1kV	4×25	47.89	79.20	93.14	96.36	104.32
RTTZ	0.6/1kV	4×50	95.78	135.52	159.37	165.87	178.49
RTTZ	0.6/1kV	4×185	354.40	443.31	521.33	549.30	578.68
RTTZ	0.6/1kV	5×16	38.31	69.34	81.54	85.12	91.32
RTTZ	0.6/1kV	5×25	59.86	94.96	111.67	115.10	125.07
RTTZ	0.6/1kV	5×50	119.73	166.53	195.84	202.62	219.34
RTTZ	0.6/1kV	5×185	443.00	544.89	640.79	668.57	711.28
RTTVZ	0.6/1kV	1×2.5	1.19	8.44	9.93	10.42	11.12
RTTVZ	0.6/1kV	1×16	7.63	18.93	22.26	23.45	24.93
RTTVZ	0.6/1kV	1×25	11.92	24.25	28.52	29.67	31.94
RTTVZ	0.6/1kV	1×50	23.84	43.08	50.66	52.83	56.74
RTTVZ	0.6/1kV	1×185	88.20	119.74	140.81	147.00	157.71
RTTVZ	0.6/1kV	1×400	190.71	247.51	291.07	300.68	323.09
RTTVZ	0.6/1kV	2×16	15.33	35.94	42.27	44.24	47.34
RTTVZ	0.6/1kV	2×25	23.95	51.59	60.67	63.32	67.95
RTTVZ	0.6/1kV	2×50	47.89	81.63	96.00	100.47	107.52
RTTVZ	0.6/1kV	2×185	177.20	242.89	285.64	300.50	317.06
RTTVZ	0.6/1kV	3×16	22.99	45.82	53.88	56.51	60.35
RTTVZ	0.6/1kV	3×25	35.92	66.01	77.63	80.89	86.95
RTTVZ	0.6/1kV	3×50	71.84	106.11	124.79	129.90	139.76
RTTVZ	0.6/1kV	3×185	265.80	341.80	405.78	426.54	454.47
RTTVZ	0.6/1kV	4×16	30.65	60.12	70.70	73.80	79.18
RTTVZ	0.6/1kV	4×25	47.89	81.61	95.97	100.52	107.49
RTTVZ	0.6/1kV	4×50	95.78	138.55	162.93	169.88	182.48
RTTVZ	0.6/1kV	4×185	354.40	450.18	529.41	553.27	587.65

（续）

型号	电压	规格	导体费用	原材料费用	完全成本	市场参考价	招标控制价
RTTVZ	0.6/1kV	5×16	38.31	71.70	84.32	88.54	94.44
RTTVZ	0.6/1kV	5×25	59.86	97.67	114.86	119.71	128.64
RTTVZ	0.6/1kV	5×50	119.73	170.36	200.34	208.91	224.38
RTTVZ	0.6/1kV	5×185	443.00	553.45	650.86	678.06	722.45
RTTYZ	0.6/1kV	1×2.5	1.19	8.97	10.55	11.08	11.82
RTTYZ	0.6/1kV	1×16	7.63	19.75	23.23	24.21	26.02
RTTYZ	0.6/1kV	1×25	11.92	25.13	29.55	30.83	33.10
RTTYZ	0.6/1kV	1×50	23.84	44.31	52.11	54.54	58.36
RTTYZ	0.6/1kV	1×185	88.20	121.88	143.33	149.09	160.53
RTTYZ	0.6/1kV	1×400	190.71	250.94	295.11	308.40	327.57
RTTYZ	0.6/1kV	2×16	15.33	37.60	44.22	46.52	49.53
RTTYZ	0.6/1kV	2×25	23.95	53.47	62.88	65.50	70.43
RTTYZ	0.6/1kV	2×50	47.89	84.05	98.84	103.17	110.70
RTTYZ	0.6/1kV	2×185	177.20	248.05	291.71	304.03	323.80
RTTYZ	0.6/1kV	3×16	22.99	47.56	55.93	58.21	62.64
RTTYZ	0.6/1kV	3×25	35.92	67.97	79.93	84.38	89.52
RTTYZ	0.6/1kV	3×50	71.84	108.43	127.51	134.60	142.81
RTTYZ	0.6/1kV	3×185	265.80	346.50	411.36	429.88	460.72
RTTYZ	0.6/1kV	4×16	30.65	62.02	72.94	76.85	81.69
RTTYZ	0.6/1kV	4×25	47.89	83.83	98.58	103.42	110.41
RTTYZ	0.6/1kV	4×50	95.78	141.33	166.20	172.99	186.14
RTTYZ	0.6/1kV	4×185	354.40	456.48	536.82	561.51	595.87
RTTYZ	0.6/1kV	5×16	38.31	73.87	86.87	90.59	97.29
RTTYZ	0.6/1kV	5×25	59.86	100.16	117.79	123.24	131.92
RTTYZ	0.6/1kV	5×50	119.73	173.88	204.48	213.35	229.02
RTTYZ	0.6/1kV	5×185	443.00	561.30	660.09	694.02	732.70
WDZB – RTTYZ	0.6/1kV	1×2.5	1.19	8.93	10.50	10.95	11.76
WDZB – RTTYZ	0.6/1kV	1×16	7.63	19.93	23.44	24.49	26.25
WDZB – RTTYZ	0.6/1kV	1×25	11.92	25.38	29.85	31.13	33.43
WDZB – RTTYZ	0.6/1kV	1×50	23.84	44.90	52.80	55.32	59.14
WDZB – RTTYZ	0.6/1kV	1×185	88.20	123.24	144.93	153.48	162.32
WDZB – RTTYZ	0.6/1kV	1×400	190.71	253.10	297.65	310.73	330.39
WDZB – RTTYZ	0.6/1kV	2×16	15.33	38.19	44.91	46.99	50.30
WDZB – RTTYZ	0.6/1kV	2×25	23.95	54.22	63.76	66.48	71.41
WDZB – RTTYZ	0.6/1kV	2×50	47.89	84.98	99.94	103.94	111.93
WDZB – RTTYZ	0.6/1kV	2×185	177.20	249.93	293.92	309.98	326.25
WDZB – RTTYZ	0.6/1kV	3×16	22.99	48.51	57.05	59.52	63.90

（续）

型号	电压	规格	导体费用	原材料费用	完全成本	市场参考价	招标控制价
WDZB – RTTYZ	0.6/1kV	3×25	35.92	69.15	81.32	84.88	91.08
WDZB – RTTYZ	0.6/1kV	3×50	71.84	110.04	129.41	134.95	144.94
WDZB – RTTYZ	0.6/1kV	3×185	265.80	350.06	415.59	435.66	465.46
WDZB – RTTYZ	0.6/1kV	4×16	30.65	63.32	74.46	77.56	83.40
WDZB – RTTYZ	0.6/1kV	4×25	47.89	85.41	100.44	105.76	112.49
WDZB – RTTYZ	0.6/1kV	4×50	95.78	144.16	169.53	178.90	189.87
WDZB – RTTYZ	0.6/1kV	4×185	354.40	461.17	542.34	564.00	602.00
WDZB – RTTYZ	0.6/1kV	5×16	38.31	75.48	88.76	92.98	99.41
WDZB – RTTYZ	0.6/1kV	5×25	59.86	102.13	120.10	125.47	134.51
WDZB – RTTYZ	0.6/1kV	5×50	119.73	177.00	208.15	217.67	233.13
WDZB – RTTYZ	0.6/1kV	5×185	443.00	566.31	665.98	695.33	739.24
WDZA – RTTYZ	0.6/1kV	1×2.5	1.19	9.04	10.63	11.12	11.91
WDZA – RTTYZ	0.6/1kV	1×16	7.63	20.10	23.64	24.60	26.48
WDZA – RTTYZ	0.6/1kV	1×25	11.92	25.57	30.07	31.05	33.68
WDZA – RTTYZ	0.6/1kV	1×50	23.84	45.15	53.10	55.24	59.47
WDZA – RTTYZ	0.6/1kV	1×185	88.20	123.69	145.46	153.31	162.92
WDZA – RTTYZ	0.6/1kV	1×400	190.71	253.81	298.48	311.60	331.31
WDZA – RTTYZ	0.6/1kV	2×16	15.33	38.54	45.32	47.20	50.76
WDZA – RTTYZ	0.6/1kV	2×25	23.95	54.61	64.22	67.36	71.93
WDZA – RTTYZ	0.6/1kV	2×50	47.89	85.49	100.54	104.92	112.60
WDZA – RTTYZ	0.6/1kV	2×185	177.20	251.00	295.18	308.07	327.65
WDZA – RTTYZ	0.6/1kV	3×16	22.99	48.87	57.47	60.07	64.37
WDZA – RTTYZ	0.6/1kV	3×25	35.92	69.56	81.80	85.38	91.62
WDZA – RTTYZ	0.6/1kV	3×50	71.84	110.52	129.97	136.05	145.57
WDZA – RTTYZ	0.6/1kV	3×185	265.80	351.04	416.75	430.37	466.76
WDZA – RTTYZ	0.6/1kV	4×16	30.65	63.72	74.93	77.92	83.92
WDZA – RTTYZ	0.6/1kV	4×25	47.89	85.87	100.98	105.03	113.10
WDZA – RTTYZ	0.6/1kV	4×50	95.78	144.74	170.21	177.38	190.64
WDZA – RTTYZ	0.6/1kV	4×185	354.40	462.48	543.88	568.59	603.71
WDZA – RTTYZ	0.6/1kV	5×16	38.31	75.93	89.29	93.20	100.00
WDZA – RTTYZ	0.6/1kV	5×25	59.86	102.65	120.72	125.72	135.21
WDZA – RTTYZ	0.6/1kV	5×50	119.73	177.74	209.02	219.52	234.10
WDZA – RTTYZ	0.6/1kV	5×185	443.00	567.95	667.91	698.15	741.38

注：1. 本表编制日期为2020年7月29日，该日主材1#铜价格为51.90元/kg（长江有色）。电缆价格随
　　　着原材料价格波动需作相应调整。

　　2. 本表价格单位为元/m，不包含出厂后的运输费、盘具费、特殊包装费。

　　3. 各规格、型号电线电缆最新价格，可关注物资云微信公众号或登录 http：//www.wuzi.cn 进行
　　　查询。

更多型号规格产品的价格参考可关注物资云微信公众号或登录 http：//
www.wuzi.cn 进行查询。

第6章 主要材料的品牌推荐及市场参考价格

6.1 主要材料的品牌推荐

经本手册编委会多位编委举荐和物资云实地验厂考评，企业产品与服务在细分领域享有较大市场份额和良好口碑，具有较强的技术实力和企业社会责任，承诺向社会提供实地验厂与产品质量溯源的主要材料制造企业见表4-6-1。

表4-6-1 主要材料制造企业

序号	材料名称	构成单元	制造企业
1	氧化镁	绝缘	桓仁东方红镁业有限公司
2	氧化镁	绝缘	大石桥市美尔镁制品有限公司
3	氧化镁	绝缘	辽宁利合实业有限公司
4	合成云母带	绝缘	湖北平安电工材料有限公司
5	煅烧云母带	绝缘	湖北平安电工材料有限公司
6	陶瓷化硅橡胶绝缘料	绝缘	上海科特新材料股份有限公司
7	陶瓷化硅橡胶绝缘料	绝缘	东莞市朗晟材料科技有限公司
8	陶瓷化硅橡胶复合带	绝缘	上海科特新材料股份有限公司
9	陶瓷化硅橡胶护套料	内护层	上海科特新材料股份有限公司
10	陶瓷化硅橡胶护套料	内护层	东莞市朗晟材料科技有限公司
11	陶瓷化聚烯烃耐火料	耐火层	上海科特新材料股份有限公司

- 桓仁东方红镁业有限公司

桓仁东方红镁业有限公司（以下简称"东方红镁业"）始建于1970年，拥有储量极其丰富、品位较高的低铁菱镁矿山三处，通过引进高新技术，生产出高温粉、中温粉、低温粉、普粉、镁粉原料，真正实现了集水力发电、矿山开采、镁砂冶炼和镁粉深加工一体化。公司年产低铁优质镁砂1.5万吨。

- 大石桥市美尔镁制品有限公司

大石桥市美尔镁制品有限公司（以下简称"美尔镁"）始建于2004年，是一家专业生产加工电工级氧化镁粉的专业化高新技术企业，年生产加工高、中、低温电工级氧化镁粉1.3万~1.5万吨，产品质量达到国际同行业先进水平。公司以氧化镁作为基础材料开发新材料，如电阻丝发热盘用氧化镁导热绝缘材料、电焊条药皮用氧化镁粉材料、防火电缆用氧化镁材料等高附加值材料，拓宽了电熔氧化镁材料在其他行业中的应用，促进了氧化镁深加工技术升级，提高了镁资源利用率，增加了镁资源附加值。

● 辽宁利合实业有限公司

辽宁利合实业有限公司位于素有"菱镁之都""温泉之城""乐器之城"和"琴都营口"之美誉的营口，主要生产、加工、销售氧化镁粉、电工级氧化镁、电热元件、耐火材料等。

● 湖北平安电工材料有限公司

湖北平安电工材料有限公司（以下简称"平安电工"）始创于 1991 年，是一家集云母绝缘材料产品研发、生产和销售为一体的高新技术企业。平安电工主要有云母纸、云母带、云母板、云母硅晶发热膜（石墨烯发热膜）、云母异型制品、新能源云母制品、无碱玻璃纤维布、有机硅树脂等 8 大系列产品。5761 特厚型耐候绝缘云母板在欧美国家轨道交通安全系统得到成功应用，成为欧美市场战略供应商。云母电热膜为格力电器唯一指定供应品牌。大型发电机组用高电压 506 - D 云母纸，替代了进口产品，打破了我国长期依赖进口的被动局面。智能制造的耐火云母带，通过英国 BS 6387、澳大利亚 AS/NZS 3013 检测标准，产品大批量进入欧洲高端电线电缆行业，在国内广泛应用于国防、航空航天、舰船等重点领域工程项目。

● 上海科特新材料股份有限公司

上海科特新材料股份有限公司（以下简称"上海科特"，证券代码为 831474）成立于 1997 年，专业从事功能材料（高分子 PTC 热敏电阻和高分子温度系数导电材料）及相关器件的研究、开发、生产和销售，系深圳市沃尔核材股份有限公司（股票代码：002130）的控股子公司。上海科特拥有 2 项国际专利和 32 项国内专利，是国家高新技术企业。公司产品先后荣获上海市优秀发明奖、教育部科技进步奖和上海市高新技术成果转化百佳等荣誉。公司产品已通过 UL/C - UL 认证和 TUV 认证。公司建有完整的质量保证体系，已通过了 ISO9000 质量管理体系认证、ISO14000 环境管理体系认证和 TS 16949 认证。

● 东莞市朗晟材料科技有限公司

东莞市朗晟硅材料有限公司是有机硅材料研发制造商，产品包括电子电器专用硅橡胶、体育用品专用硅橡胶、厨具用品专用硅橡胶、电线电缆专用硅橡胶、耐高温硅橡胶、环保阻燃硅橡胶等，其中热硫化硅橡胶系列产品、电线电缆专用耐火硅橡胶系列产品均已达到较高水平。

6.2　主要材料的市场参考价格

主要材料的市场参考价格见表 4-6-2。

表 4-6-2　主要材料的市场参考价格

序号	材料名称	市场参考价/(元/kg)
1	软圆铜线	51.90
2	氧化镁粉	8.50

（续）

序号	材料名称	市场参考价/（元/kg）
3	双面玻璃布补强合成云母带	46.50
4	单面玻璃布补强煅烧白云母带	62.50
5	双面玻璃布和薄膜补强非煅烧金云母带	29.50
6	陶瓷化硅橡胶复合带	45.00
7	陶瓷化硅橡胶绝缘料	35.00
8	二步法硅烷交联聚乙烯绝缘料	11.90
9	10kV 及以下交联电缆用半导电导体屏蔽料	11.01
10	10kV 及以下过氧化物交联聚乙烯绝缘料	13.47
11	10kV 及以下交联电缆用半导电绝缘屏蔽料	11.21
12	35kV 及以下过氧化物交联电缆用半导电导体屏蔽料	11.50
13	35kV 及以下过氧化物交联聚乙烯绝缘料	13.97
14	35kV 及以下过氧化物交联电缆用半导电绝缘屏蔽料	11.70
15	A4 型电工圆铝杆	15.13
16	软态铜带	56.40
17	铝合金带	20.78
18	电缆用防火泥	6.00
19	电缆铠装用非磁性不锈钢带	12.95
20	锌层重量为 275g/m² 热镀锌低碳钢带	7.21
21	电缆铠装用非磁性不锈钢丝	16.86
22	Ⅱ 型镀锌低碳钢丝	7.00
23	低密度聚乙烯料	9.50
24	聚氯乙烯护套料	7.41
25	阻燃聚氯乙烯护套料	8.39
26	高阻燃聚氯乙烯护套料	9.94
27	超高阻燃聚氯乙烯护套料	11.79
28	聚乙烯护套料	10.98
29	阻燃聚乙烯护套料	15.98
30	高阻燃聚乙烯护套料	17.98
31	超高阻燃聚乙烯护套料	21.32
32	热塑性低烟无卤聚烯烃护套料	11.45
33	热塑性低烟无卤阻燃聚烯烃护套料	11.97
34	热塑性低烟无卤高阻燃聚烯烃护套料	12.48
35	热塑性低烟无卤超高阻燃聚烯烃护套料	14.05
36	热塑性低热释放低烟无卤超高阻燃聚烯烃护套料	17.80
37	陶瓷化硅橡胶护套料	28.00
38	无碱玻璃丝包带	16.70
39	无碱玻璃丝填充绳	5.35
40	聚酯带	10.20

注：表中材料单价为含税价格，价格来源为物资云价格情报中心。

第5篇　电缆品牌篇

第1章　品牌价值的构成

企业品牌价值的形成过程就是品牌价值"创建—传递—实现"的过程。在企业品牌价值形成的过程中存在着一系列影响品牌价值的关键因素，掌握这些关键因素无疑是品牌价值管理活动的基础和依据，更是提升品牌价值的重点所在。

1.1　品牌价值创建

品牌创建是品牌价值形成过程中的重要环节，是品牌传递和品牌实现的基石。品牌价值创建要素，顾名思义就是创立品牌所具备的必要物质基础，换言之就是怎样才能建立起一个品牌，拥有良好的形象和不菲的价值。品牌价值创建要素主要包括质量能力、技术创新、财务状况、装备能力、行政许可、知识产权、体系认证和社会责任，具体说明见表5-1-1。

表5-1-1　品牌价值创建要素说明

序号	品牌价值创建要素	描　述
1	质量能力	产品准入、产品认证、质量管理、质量溯源等
2	技术创新	研发、专利、科技创新、参与制定标准情况等
3	财务状况	衡量资产质量、债务风险、经营绩效、盈利水平
4	装备能力	衡量企业的生产制造、试验检测等装备能力
5	行政许可	营业执照、生产许可等强制性许可
6	知识产权	商标、专利、著作权、非专利技术等
7	体系认证	质量管理、环境管理、职业健康管理、军工管理、测量管理、能源管理等
8	社会责任	纳税情况、公益、慈善等

1.2　品牌价值传递

品牌传递是指品牌价值建立之后，使品牌被社会公众所认知的过程。主要通过品牌营销、品牌宣传、品牌文化传播等实现品牌形象的树立及实施品牌价值的传递。品牌价值传递的好坏能够直接影响品牌在市场中的地位。品牌价值传递要素主要包括市场竞争力、市场稳定性、服务能力、品牌供应链、企业征信、企业荣誉和品牌文化等，具体说明见表 5-1-2。

表 5-1-2　品牌价值传递要素说明

序号	品牌价值传递要素	描述
1	市场竞争力	销售额、出口额、市场占有率、竞争力排名等
2	市场稳定性	销售收入增长率、销售利润率增长率、连续盈利年份数等
3	服务能力	服务网络覆盖率、服务人员素质、服务响应、售后服务、物流配送能力等
4	品牌供应链	优质供应商数量、优质客户数量、对外投资等
5	企业征信	历史履约情况、资信等级、不良行为情况等
6	企业荣誉	质量荣誉、诚信荣誉、其他荣誉
7	品牌文化	经营理念、员工关怀（包括但不限于薪资福利、晋升体系、员工忠诚度）

1.3　品牌价值实现

品牌实现事实上是指品牌价值的实现与维护。品牌通过营销在市场上实现了其价值，而这种价值是需要企业通过与客户间建立的关系去维护的，以使拥有的形象和地位得以维系。品牌价值实现与维护要素主要包括客户满意度、客户忠诚度、品牌形象、品牌忠诚度和第三方评价等，具体说明见表 5-1-3。

表 5-1-3　品牌价值实现与维护要素说明

序号	品牌价值实现与维护要素	描述
1	客户满意度	企业关联交易方满意度评价。具体评价指标可体现为"客户评价"等
2	客户忠诚度	反映关联交易方继续合作的程度。具体评价指标可体现为"持续合作年限"等
3	品牌形象	有无诚信不良行为、行政处罚、失信被执行人、诉讼仲裁等情形
4	品牌忠诚度	消费者对品牌的重复购买或依赖程度。具体评价指标可体现为"持续合作年限"等
5	第三方评价	合作伙伴、媒体、员工或社会公众对企业的评价

第2章 品牌评价指标与权重推荐

2.1 品牌评价指标概述

品牌是企业的重要资产之一。加强品牌建设、提升品牌价值对于提升企业市场竞争力而言具有重大而深远的意义。针对电线电缆行业，结合品牌价值形成过程中的关键影响因素，本手册采用质量、服务、技术创新、有形资源和无形资源的五维评价方式提供品牌评价模型。

1. 质量

质量是品牌创建、生存和发展的基础，是构成品牌价值的核心内容。企业的产品质量水平和质量管理水平可反映品牌的质量。产品质量水平包括产品准入情况、产品合格情况（国家抽检、终端用户抽检结果）、产品认证情况、质量信用情况等。质量管理水平包括质量管理体系认证情况、质量荣誉情况、生产过程管理、关键工艺控制、成品检验检测和质量溯源体系等。

2. 服务

服务包括市场占有率、历年服务业绩、营业收入水平、优质供应商及优质客户的数量、服务范围及服务配套（服务人员、服务网点、服务承诺）、服务机制及标准（售前、售中和售后）、服务执行情况［服务响应时间、服务配合度、客户评价（客户满意度）、合作年限（品牌忠诚度）、履约诚信］。

3. 技术创新

技术创新包括技术研发实力（研发人员比重），研发投入，拥有专利情况，获得科技成就奖励情况，参与国家或行业或地方标准制定情况，工作站、研究中心或实验室建设情况等。

4. 有形资源

有形资源是指可见的、能用货币直接计量的资源，主要包括物质资源和财务资源。物质资源包括企业的土地、厂房、生产设备、原材料等，是企业的实物资源。财务资源是企业可以用来投资或生产的资金，包括应收账款、有价证券等。

5. 无形资源

企业的无形资源包括专利、技巧、知识、关系、文化、声誉以及能力，与企业的有形资源一样，它们都是稀缺的，都代表了企业为创造一定的经济价值而必须付出的投入。在当代市场竞争中，无形资源的作用越来越受到企业实践者的重视。无形资源在评价指标上可表现为行政许可、商标、非专利技术、著作权、社会责任、员工关怀、媒体评价、各类荣誉奖项、各类标志证书、慈善或公益等。

2.2　电线电缆品牌评价指标及权重推荐

电线电缆品牌评价指标及权重推荐见表5-2-1，使用者可全部或根据自身需要部分选择，但建议质量、服务、技术创新、有形资源和无形资源五个维度的评价指标均需选择部分，评价结果相对合理。

表5-2-1　电线电缆品牌评价指标及权重推荐

评价维度	二级评价指标	权重	占比
一、评价指标			
质量 （33.6%）	产品准入	5	2.0%
	产品认证	30	12.0%
	质量管理	37	14.8%
	质量信用	12	4.8%
服务 （22.0%）	服务业绩	9	3.6%
	服务组织	6	2.4%
	履约能力	12	4.8%
	服务响应	7	2.8%
	合作情况	7	2.8%
	不良行为	14	5.6%
技术创新 （15.2%）	研发设计	6	2.4%
	技术创新	27	10.8%
	行业技术影响力	5	2.0%
有形资源 （14.0%）	财务基本情况	3	1.2%
	偿债能力	3	1.2%
	经营能力	4	1.6%
	盈利能力	8	3.2%
	发展能力	5	2.0%
	装备能力	12	4.8%
无形资源 （15.2%）	行政许可	5	2.0%
	管理体系认证	14	5.6%
	企业征信	6	2.4%
	企业荣誉	1	0.4%
	社会责任	2	0.8%
	员工关怀	4	1.6%
	第三方评价	3	1.2%
	其他情况	3	1.2%
合计		250	100.0%
二、评价激励加分项			
生产制造（40%）	生产设备先进性	30	30.0%
	数字化、智能化	10	10.0%

（续）

评价维度	二级评价指标	权重	占比
二、评价激励加分项			
检验检测（30%）	检测设备先进性	30	30.0%
绿色可溯源	原材料先进性	8	8.0%
（20%）	溯源体系	12	12.0%
知识产权和重大荣誉	知识产权	5	5.0%
（10%）	重大荣誉	5	5.0%
合计		100	100.0%

注：此品牌评价模型由企信在线（www.xincn.com）提供，版权归企信在线所有，如需转载需注明出处。

2.3　品牌评价指标说明

2.3.1　质量

1. 产品准入

产品准入是指真实的可供查询的工业品生产许可证。企业应提供相应物资的由国家主管产品生产领域质量监督工作的行政部门颁发的真实可供查询的工业产品生产许可证，且生产许可证应在有效期内。

2. 产品认证

产品认证是指与产品相关的检测及认证，如产品检测报告（型式试验报告）、3C 认证、PCCC 产品认证、阻燃制品标识使用证书、煤矿矿用产品安全标志证书、CB 认证证书、UL 认证证书等。企业提供的相关认证证书必须真实、可供查询，认证范围涵盖相关产品且证书在有效期内。

3. 质量管理

质量管理包括但不限于质量管理体系认证、生产管理、试验管理、原材料管理和残次品管理等。

4. 质量信用

质量信用可以从质量保证体系、质量荣誉和质量不良行为等多个方面进行评价。

2.3.2　服务

1. 服务业绩

服务业绩主要考虑企业的市场影响力、占有率等情况，主要考核主营业务年收入、年出口总额和优质客户数量等多方面指标。

2. 服务组织

服务组织是指企业提供服务的组织和保障能力，可以从包装运输、服务网络和服务人员等多方面进行考察。

3. 履约能力

履约能力是指企业提供的能证明自身执行合作事宜的相关文件，可以从履约承诺、履约证明和重约守信等方面进行评价。

4. 服务响应

服务响应是衡量企业对客户服务要求做出反应的速度、服务内容、服务质量等的重要指标，可以从服务响应时间、获取服务的便捷程度、服务内容及质量、应急预案和售后服务记录等方面进行评价。

5. 合作情况

合作情况是指企业与客户的合作情况，可以从合作年限和客户评价两个方面进行评价。

6. 不良行为

不良行为包括但不限于诚信不良行为、行政处罚、失信被执行人、仲裁与诉讼等。

2.3.3　技术创新

1. 研发设计

研发设计包括但不限于研发投入、研发机构级别、研发人员、研发成果等。

2. 技术创新

技术创新可以从专利情况、科技成果与奖励情况、创新技术转化情况等方面进行评价。

3. 行业技术影响力

行业技术影响力可以从参与制定标准情况、国家标准化管理委员会成员和工作站或技术中心等方面进行评价。

2.3.4　有形资源

1. 财务基本情况

财务基本情况从注册资本、资产总额和利润总额三个方面进行考察。企业应提供近三年的数据以辅助进行动态财务分析。

2. 偿债能力

衡量客户偿还债务的能力，一般可以选择资产负债率、流动比率、现金流动负债比率等指标进行评价。

3. 经营能力

衡量企业的经营运行能力，即企业运用各项资产以赚取利润的能力，可以从总资产周转率、存货周转率、应收账款周转率等方面进行评价。

4. 盈利能力

衡量客户获取利润的能力，可以从总资产收益率、销售净利率、资本收益率、成本费用利润率等各方面去评价。

5. 发展能力

衡量企业的扩展经营能力，用于考察企业通过逐年收益增加或通过其他融资方式获取资金扩大经营的能力；衡量企业的未来发展趋势与发展速度，包括企业规模的扩大、利润和所有者权益的增加。可供选择的财务指标有营业收入三年平均增长率、净利润三年平均增长率、资本保值增值率等。

6. 装备能力

装备能力是指企业的生产制造、试验检测等设备装备情况，主要考察企业装备的价值、先进性、使用年限等。企业应当提供生产制造和试验检测设备的台账，包括设备的采购价格、产地、购置时间、投入使用年限、预计报废时间、设备先进性说明。除此之外，还应该提供能佐证台账真实性的辅助性材料供核实。

2.3.5　无形资源

1. 行政许可

行政许可是指行政机关根据公民、法人或者其他组织的申请，经依法审查准予其从事特定活动的行为。本手册中行政许可主要是核查企业的营业执照，企业需提供真实的、可供查询的营业执照，企业应为中华人民共和国境内依法注册的企业法人或其他组织，营业执照应在有效期内，经营范围应涵盖相关产品。

2. 管理体系认证

管理体系认证是指企业通过具有资质的、独立的第三方机构对企业的管理体系或产品进行的第三方评价，主要包括 ISO9001 质量管理体系认证、ISO14001 环境管理体系认证、OHSAS18001 职业健康安全管理体系认证、SA8000 社会责任管理体系认证、ISO27001 信息安全管理体系认证、ISO10012 测量管理体系认证、ISO5001 能源管理体系认证、军工质量管理体系认证、企业标准化管理体系认证等。企业需提供真实的、可供查询的管理体系认证证书，认证范围涵盖相关产品且证书在有效期内，有定期年检记录。

3. 企业征信

企业征信即与企业信用相关的指标，可以从资信等级证明、纳税信用等级、诚信荣誉、机构信用代码证等方面进行评价。

4. 企业荣誉

企业荣誉是指企业获得的行政部门、社会给予的荣誉证书及称号，一般分为国家级荣誉、省级荣誉、地方荣誉，三者间的排序为国家级＞省级＞地方。

5. 社会责任

社会责任包括企业环境保护、安全生产、社会道德以及公共利益等方面，本手册推荐从慈善公益和纳税情况两方面进行评价。

6. 员工关怀

员工关怀包括员工的薪酬福利待遇、员工心理健康、员工激励机制、员工晋升体系、员工进修培训及员工忠诚度等。

7. 第三方评价

第三方评价包括合作伙伴的评价、社会主流媒体的评价、第三方专业机构的评价、行业竞争力排名等。

8. 其他情况

其他无形资源，如商标、商誉、非专利技术、著作权等。

第3章 品牌评价激励机制

在市场竞争日益激烈的背景下，企业的装备水平、技术知识储备、创新能力、管理效率等都有可能成为企业的核心竞争力。因此，通过激励机制激发、鼓励和引导当代企业使用先进的设备、技术和管理体系，促进行业从粗放式发展转向"高""精""尖"的高质量可持续发展。

基于此，本手册主要根据企业生产设备和检测设备的先进性、使用的原材料是否优质、溯源体系是否科学完善、拥有知识产权的先进情况、国家级重大荣誉数量及含金量情况等几个维度综合建立品牌评价激励机制。

1. 生产制造

生产制造先进性主要表现为以下两方面：

（1）生产设备或工艺的先进性　生产设备的先进性主要从生产设备的设备价值、设备性能、先进性水平、先进性描述等方面进行考察评价，例如拉（绞）丝工装设备、挤塑工装设备、铠装工装设备等。生产工艺的先进性则需要企业对工艺进行先进性阐述，再由行业专家综合判定其是否具有先进性。

（2）生产数字化、智能化　企业数字化、智能化领先于行业平均水平的可酌情加分。

建议生产制造部分加分总和最高不超过40分。生产制造加分项申请表见表5-3-1。

表5-3-1　生产制造加分项申请表

序号	设备/工艺类型	设备/工艺名称	型号	产地	购入价格	投入使用日期	工艺说明	先进性级别	先进性描述	备注
			有设备时填写	有设备时填写	有设备时填写					

2. 检验检测

检验检测先进性主要表现为检验检测的能力及设备先进性。根据检测设备的台（套）数、设备价值、采购年限、设备性能、是否进口等方面评价其先进性，具备先进检测设备或具备先进检验检测能力的企业可酌情加分。建议检验检测部分加分总和最高不超过 30 分。检验检测加分项申请表见表 5-3-2。

表 5-3-2　检验检测加分项申请表

序号	设备类型	设备名称	型号	产地	购入价格	投入使用日期	设备主要作用	先进性级别	先进性描述	备注

3. 绿色可溯源

绿色可溯源主要体现在两个方面：

（1）绿色原材料　在原材料选择上采用绿色环保或者低能耗原材料的可酌情加分。原材料先进性加分项申请表见表 5-3-3。

表 5-3-3　原材料先进性加分项申请表

序号	原材料类别	原材料名称	型号规格	产地	材料供应商	材料供应商规模	是否环保材料	材料先进性说明	备注

（2）溯源体系　有完善的溯源体系的可酌情加分，溯源体系包括但不限于原材料采购筛选记录、供应商筛选记录、原材料入库出库记录、产品生产记录、产品检测记录、产品销售记录、售后服务记录、不合格品管理记录。可溯源体系说明表见表 5-3-4。

表 5-3-4　可溯源体系说明表

可溯源体系		说　明
溯源体系建设	原材料可溯源	
	生产制造可溯源	
	管理可溯源	
	销售可溯源	
	……	

绿色可溯源部分加分总和建议最高不超过 20 分。

4. 知识产权与重大荣誉

（1）知识产权　综合知识产权的数量及专利技术的先进性、时效性、成熟度、实用性和经济效益等方面，可酌情加分。知识产权加分项申请表见表 5-3-5。

表 5-3-5　知识产权加分项申请表

序号	知识产权级别	知识产权名称	先进性级别	先进性说明	投入产出比	备注

（2）重大荣誉　重大荣誉一般是指在国家安防、社会责任、航空航天、大型国家重点工程等项目中所获得的荣誉。重大荣誉加分项申请表见表 5-3-6。

表 5-3-6　重大荣誉加分项申请表

序号	荣誉级别	荣誉名称	颁发单位	颁发日期	重大荣誉说明	备注

以上两项加分总和建议最高不超过 10 分。

第4章   优质企业推荐

耐火电缆企业集中度低，产品质量良莠不齐，给用户的选择带来了极大的困惑。这里提供一些标准供用户在选择企业和产品时作为参考，以便选到真正优质的电缆。

4.1   优质企业考察要素

4.1.1   生产管理

对于一个生产型企业来说，最重要的就是企业的生产了，生产管理做得好，能够有效降低企业库存资金占压，提高劳动生产效率，降低企业生产成本，为企业带来巨大的经济效益，进而实现企业效率、成本和质量等方面的不断改善，提升企业的整体实力。

企业生产管理主要包括计划管理、采购管理、制造管理、品质管理、效率管理、设备管理、库存管理、士气管理以及最为重要的精益生产管理9个方面。企业进行生产管理，就是为了高效、低耗、灵活、准时地生产合格产品，高效率地满足客户需要，缩短订货以及发货的时间，为客户提供满意的服务。

管理看板是管理可视化的一种表现形式，使各项数据、项目，特别是一些企业的情报实现透明化。管理看板是企业发现问题、解决问题非常有效的手段，也是成就优秀现场管理必不可少的工具。

4.1.2   质量能力

电线电缆的生产不能像组装式的产品那样可以拆开重装及更换零件，电线电缆的任一环节或工艺过程出现问题，都会影响整根电缆的质量，事后的处理也是十分麻烦的，不是锯短就是降级处理，要么报废整条电缆。质量缺陷越是发生在内层，而且没有及时发现并终止生产，那么造成的损失就越大。所以，电缆企业的质量控制很重要。

考察一个企业的质量能力要从质量水平、质量信用状况和质量管理等多方面进行。从企业生产设备设施、工艺、检测试验能力、计量水平、人员水平、产品的主要性能和可靠性、产品执行标准的先进性、产品认证情况等可以考察企业的质量水平；从国家质量检验检测部门、市场监督管理部门及终端用户的抽检情况，企业在质量方面荣获的质量成果及奖励情况考察企业的质量信用状况；从企业自身的质量管理体系的建设、质量管理信息化水平等方面考察企业的质量管理。

一家专业的电缆企业应设有专门的品质管理办公室、化学分析实验室、光谱分析实验室、电气性能实验室、机械性能实验室和物理性能实验室等。从杆材拉丝、绞合到导体热处理，从绝缘挤出或绕包到绝缘线芯成缆，最后到铠装、护套、例行试验、包装出厂的每一个过程都有完善、严格的跟踪检验，即从源头开始控制，确保生产出的成品电缆拥有最高品质。对生产的产品进行全程质量控制，并在电缆结构中进行相应标注，确保电缆品质控制的可追溯性。严格执行不合格原材料不投产，不合格半成品不转序，不合格成品不出厂的制度和规定。

4.1.3　经济实力

经济实力主要通过企业的财务状况进行考察。通过特定的财务指标衡量企业的资产质量、负债风险、经营绩效、盈利水平和现金流水平。

电缆行业是料重工轻的行业，生产线的正常运转依赖原材料的储备。电缆主要原材料为铜（铝、合金丝）、塑料、橡胶等，这些原材料（特别是铜）价格波动幅度较大，经济实力强的企业会通过储备充足的原材料库存或运用衍生工具等一系列的手段规避市场价格波动带来的风险，就算在原材料库存不足或市场价格波动幅度较大的情况下，经济实力雄厚的企业也能够从容应对，不会受到资金不足的影响，如期履约。经济实力弱的企业如果无法保证自身原材料供给的安全库存，根本没办法做到即用即买，受库存和价格波动的影响大，企业违约的风险也随之增大，企业的违约进一步导致企业商业信用受损，久而久之，资金的不良循环从根本上影响企业的盈利水平，企业经营陷入困局，经济实力更难扭转，最终造成企业停产甚至破产。

4.1.4　技术创新

技术创新对企业而言是生命动力的源泉。拥有自主知识产权和核心技术，才能生产具有核心竞争力的产品；紧紧抓住技术创新的战略基点，掌握更多关键核心技术，抢占行业发展制高点，才能在激烈的竞争中立于不败之地。

技术创新是当代电缆企业的必然选择。电缆行业经过粗放式的增长后，优秀的线缆企业需要在复杂的市场环境中变被动为主动，唯有下决心练好内功，才能开拓新的方向，实现战略调整，继而打开企业的蓝海市场。

4.1.5　市场和服务

优秀的企业必然拥有较大的市场份额和优质服务，这些可以直接体现出企业的营销获利能力和服务质量。一家电缆企业的年销售收入的多少、出口额的多少、优质客户的范围及数量、重点用户及重点工程配套情况都能体现其市场的影响力和营销获利能力；而企业的服务网络的覆盖情况、服务人员素质高低、服务的响应、增值服务、客户反馈等则是考察企业服务质量的指标。

　　客户的反馈对于评价服务质量是具有参考价值的。在对优质电缆企业的考察中，应该重点核实其客户使用电缆的运行情况、售后维护情况、服务配合情况等，如果客户采购的电缆三天两头出现问题要企业进行售后维护，说明电缆质量有待提高；如果客户提出的售后需求长时间得不到响应，又或者售后需求得不到有效的解决，说明企业的服务质量一般。

　　增值服务则是企业服务质量的加分项。随着科技和经济的发展，电缆产品种类越来越多，用户不可能完全掌握各种电缆知识，电缆企业传统的被动服务模式已经不符合时代和社会的发展要求。企业应变被动为主动，主动为用户解决可能遇到的各种问题，才是知识经济时代服务竞争的真谛。一家有实力的电缆生产企业，不仅要能够提供最优质的电缆产品，还应该能够提供整套的电缆传输解决方案；帮助客户做项目技术解决方案、产品生命周期成本分析报告等技术、商务方案；帮助客户提供电缆选型、安装指导、人员培训、运行监测等附加增值服务；向用户说明有关产品在敷设中应注意的事项，避免因敷设方法而影响产品性能；定期或不定期走访客户，主动征求顾客对公司的产品服务质量意见和建议；必要时参与特殊要求产品的设计，提供特殊要求的技术参数。以上服务没有专业的实力，没有对电缆行业的重视和准备长期服务电缆用户的态度，企业是很难做到的。

4.1.6　品牌文化

　　从一个企业的文化、经营理念、品牌积淀也可以感受到一个企业对待电缆行业的态度，是空喊"绿色环保"的宣传口号，还是扎扎实实地做产品，为客户提供优质产品和服务，代表了不同企业不同的经营风格和对电缆事业及用户的态度。前一种是假大空，后一种是低调、务实，是真正站在客户的角度为客户考虑，把客户的利益放在优先的地位，把客户当作自己一样来看待。一些不道德的企业为了商业利益欺骗客户，通过偷梁换柱等手法损害客户利益，用伪劣的电缆低价冲击市场，这些行为不仅损害了客户利益，更致命的是给用户留下安全隐患，给电缆行业健康发展造成极为负面的影响。这些不良行为是我们需要进行深刻揭露和批判的。

4.1.7　现场见证

　　现场见证即对企业实地考察和核实。对搜集到的企业的相关资料进行现场核实，确保企业实力的真实可靠。由于资料搜集和检验制度的局限性，中间环节有着可以操控的盲点，盲目采信极有可能使用户利益受损，例如搜集的资料可能已经过人为的美化处理，或者送检时提供的样品与实际交付的产品不相符等。因此，要对生产企业进行实地考察，考察企业的真实实力、产品品质，确保掌握的信息与企业实际拥有的是一致的。如果一个电缆企业有信心做到让第三方随时现场见证，至少说明它是一家有实力的、时刻准备着的企业，企业的信用和产品的品质都是有保障的。

4.2 优质供应商简介

4.2.1 浙江元通线缆制造有公司

浙江元通线缆制造有限公司成立于 2000 年，注册资本 5 亿元人民币，为物产中大集团股份有限公司旗下二级成员公司、物产中大元通实业有限公司的一级成员公司。

浙江元通线缆制造有限公司拥有崇贤、钱江和德清三大生产基地，经过多年的努力探索、勇于创新、大胆实践，持续不断地向高端制造转型升级，坚持探索"流通 4.0"线缆全产业链的生态组织，走出了一条独具特色的创新发展之路。公司先后荣获国家高新技术企业认定、浙江省省级企业研究院、浙江省博士后工作站、"浙江制造"团体认证。"中大元通线缆"品牌产品已被评为浙江省名牌产品。

4.2.2 远东电缆有限公司

远东电缆有限公司前身创建于 1985 年，地处长三角经济圈中心的千年陶都宜兴市，是中国综合实力位居前列的电线电缆制造企业，是远东智慧能源股份有限公司（股票代码：600869）的全资子公司。远东电缆有限公司荣获行业首家"全国质量奖"，是行业全国质量诚信企业，2019 年品牌价值达 898.98 亿元人民币。

公司主要致力于架空导线、电力电缆、电气装备用电线电缆、特种电缆 4 大类全系列全规格高品质线缆产品的系统研发、设计、制造、营销与服务，产品广泛应用于智能电网、能源电力、绿色建筑、智能制造和智慧交通等领域。公司拥有国内外先进生产设备和检测设备 1600 多台（套），交联聚乙烯绝缘电力电缆最高电压等级达 500kV，架空导线最高电压等级达 1100kV，产销连续多年位居行业前列，服务客户涵盖国内外知名企业，同诸多世界 500 强企业建立了战略服务合作关系。

4.2.3 高桥防火科技股份有限公司

高桥防火科技股份有限公司是集高新、特种防火电缆研发、设计、制造、销售于一体的大型骨干型制造企业，主要产品包括中（高）防火电缆、矿物绝缘电缆、超级阻燃电缆、中低压电力电缆和低烟无卤电缆等。

公司先后荣获"安徽省高新技术企业""市认定企业技术中心""安徽省高层次科技人才团队""蚌埠市先进单位"等荣誉称号，目前已拥有"中高压防火电缆""隔离型矿物绝缘电缆""超 A 类阻燃、B1 级阻燃电缆""隔离型矿物绝缘预分支电缆"等的多项自主知识产权的核心技术，获得国家专利 78 项。隔离型（柔性）矿物绝缘电缆在英国获得了英国标准协会 BS 6387 C、W、Z 的实验报告。

4.2.4　飞洲集团股份有限公司

飞洲集团股份有限公司是一家以专业生产高低压电力电缆为主营业务的集团化股份公司，是国内电线电缆行业中产品品种最齐全的企业之一。公司拥有国家级电缆实验室和检测中心，通过了 TUV 认证、中国强制性产品认证（3C 认证）等多种认证，并先后获得"国家级高新技术企业""浙江省'十一五'节能降耗工作'先进集体'""诚信企业""长三角地区优秀品牌企业""AAA 级重合同守信用单位""2010—2015 年度'守合同重信用'企业公示""浙江省知名商号""全国质量信誉稳定保证企业""国家发改委采报价定点单位""中国线缆行业 100 强企业"等荣誉称号和 39 项国家专利。"飞洲"牌产品先后获得"中国驰名商标""浙江省著名商标""浙江名牌""中国质量 500 强""中国电缆行业十大质量品牌""国家检测连续达标产品""中国著名畅销品牌""浙江省工程建设重点推荐名优产品""中国电线电缆产业十大最具影响力品牌"等殊荣。

4.2.5　上海胜华电气股份有限公司

上海胜华电气股份有限公司创建于 2000 年，地处上海浦东新区，公司占地面积 133600m²，年生产能力达 30 亿元人民币。公司拥有专业级企业技术中心、博士后科研工作委员会，试验设备、设施国内先进，产品检测能力完备，并拥有矿物绝缘金属护套防火电缆实用型专利、防火预分支电缆结构实用型专利、耐高温矿物绝缘电缆实用型专利、氧化镁瓷柱及其制备方法发明专利等。公司节能环保电线电缆共有几十个新产品填补了市场空白，多个产品获"上海市高新技术成果转化项目"认定，其中很多产品被评为重量级新产品，获得国家专利多项，参与起草、编制国家及行业标准多项。

4.2.6　中辰电缆股份有限公司

中辰电缆股份有限公司创建于 2003 年，是集电线电缆及电缆附件制造、设计、技术咨询、施工和售后服务于一体的全套解决方案供应商，是"无锡市 100 强民营企业"和"全国电缆行业 50 强企业"。公司产品涵盖电力电缆、电气装备用电线电缆、裸电线、特种电缆、电缆附件等五大类，共一万多个规格品种。公司先后被评为"国家高新技术企业""江苏省民营科技企业"，拥有"江苏省企业技术中心""能源开发用电缆工程技术研究中心""多功能电缆工程技术研究中心""无锡市企业技术中心"等省、市级研发平台，目前共有十多个产品被评为高新技术产品，获得国家专利 50 余项。

第5章 产品质量问题分析

5.1 主要质量问题

电线电缆质量问题产生的原因是多方面的，例如原材料缺陷、生产工艺控制、质量管理、成本控制等都有可能导致产品质量问题。耐火电缆的主要质量问题集中在导体电阻，外观及结构尺寸，绝缘、护套的机械性能，绝缘热收缩，绝缘热延伸，耐火性能及电缆标志等方面。这些项目都可能给社会安全、环保和人身安全带来重大隐患。

电线电缆的质量问题大致有电气性能、外观及结构尺寸、绝缘机械性能、绝缘特殊性能、护套机械性能、护套特殊性能、电缆标志、不延燃试验、耐火性能、交货长度和包装12种分类，按照其对产品质量的影响程度划分为A、B、C、D 4个严重性等级，其中A表示存在严重的安全隐患，B表示存在较大的安全隐患，C表示存在一定的安全隐患，D表示几乎不存在安全隐患。产品质量问题分类及严重性等级一览表见表5-5-1。

表5-5-1　产品质量问题分类及严重性等级一览表

分类	序号	试验项目	问题严重性	问题产生原因
电气性能	1	导体电阻	A	1、2
	2	成品电压试验	A	1、2、3
	3	4h电压试验	A	1、2、3
	4	绝缘体积电阻率	B	2、3
	5	绝缘电阻	B	2、3
外观及结构尺寸	6	导体结构	C	1
	7	绝缘厚度	A	1、3、4
	8	绝缘偏心度	B	1、3、4
	9	内护套、护套厚度	C	1、3、4
	10	屏蔽层的厚度、搭盖率、直径等	B	1、3、4
	11	铠装层的厚度、搭盖率、直径等	C	1、3、4
	12	外形尺寸	C	3、4
	13	外观质量	D	3、4

分类	序号	试验项目	问题严重性	问题产生原因
绝缘机械性能	14	老化前抗张强度	B	1、2、3
	15	老化前断裂伸长率	B	1、2、3
	16	老化后抗张强度	B	1、2、3
	17	老化后断裂伸长率	B	1、2、3
	18	老化前后抗张强度变化率	B	1、2、3
	19	老化前后断裂伸长率变化率	B	1、2、3
绝缘特殊性能	20	绝缘热失重	B	1、2、3
	21	绝缘热延伸	B	1、2、3
	22	绝缘热收缩	B	1、2、3
	23	热稳定性试验	B	2
	24	热冲击试验	B	2、3
	25	高温压力试验	B	2、3
	26	低温弯曲试验	B	2、3
	27	低温拉伸试验	B	2、3
	28	低温冲击试验	B	2、3
	29	耐酸碱试验	B	2
	30	绝缘耐臭氧	B	2
	31	吸水试验	B	2
护套机械性能	32	老化前抗张强度	B	1、2、3
	33	老化前断裂伸长率	B	1、2、3
	34	老化后抗张强度	B	1、2、3
	35	老化后断裂伸长率	B	1、2、3
	36	老化前后抗张强度变化率	B	1、2、3
	37	老化前后断裂伸长率变化率	B	1、2、3
护套特殊性能	38	护套热失重	B	1、2、3
	39	护套热延伸	B	1、2、3
	40	护套热收缩	B	1、2、3
	41	热冲击试验	B	2、3
	42	抗撕试验	B	2、3
	43	高温压力试验	B	2、3
	44	低温弯曲试验	B	2、3
	45	低温拉伸试验	B	2、3
	46	低温冲击试验	B	2、3

（续）

分类	序号	试验项目	问题严重性	问题产生原因
护套特殊性能	47	炭黑含量	B	2
	48	耐酸碱试验	B	2
电缆标志	49	绝缘线芯识别标志	C	4
	50	成品电缆表面标志	C	4
	51	标志间距离	C	4
	52	产品表示方法	C	4
不延燃试验	53	单根阻燃试验	B	2
	54	成束阻燃试验	B	2
	55	烟发散试验	B	2
	56	pH 值	B	2
	57	电导率	B	2
	58	酸气含量试验	B	2
	59	氟含量试验	B	2
耐火性能	60	耐火试验	A	1、2、3、4
交货长度	61	交货长度	D	1、3
包装	62	包装	D	1

注：表中问题产生原因一栏中，1 表示偷工减料（主观原因），2 表示原材料质量问题，3 表示生产工艺，4 表示质量管理。

5.2　质量问题产生的原因

5.2.1　导体电阻

　　导体直流电阻（20℃）是考核电线电缆的导体材料以及导体截面积是否符合标准的重要指标，同时也是电线电缆的重要使用指标。导体直流电阻不合格的主要原因在于：

　　1）导体材料质量不合格。一些生产企业使用含较多其他金属杂质的铜（铜导体中常见的杂质是铝、砷、磷、锑、镍、铅等，当砷含量达到 0.35% 时，铜导体的电阻率将增大 50% 以上），这些杂质的存在造成电阻值超标，严重影响电缆的性能和寿命。

　　2）导体截面积偏小。一些生产企业为了降低生产成本，在生产过程中未严格执行相关标准，偷工减料，故意以小截面充大截面（亏方），以获取高额利润，造成导体电阻不合格（导体电阻值与导体截面积成反比，导体截面积越小，导体电阻值越大）。

3）生产工艺不当。

① 导体表面质量往往对电阻值有很大的影响。

② 退火环境不理想，退火不均匀，导致导体状态不稳。

③ 绞制过程中放线盘的张力不一致，造成导体的节径比不符合要求，使导体过于松散，内外层有较大空隙，导体电阻值也会偏大。

4）导体材料或成品电缆存储不当。企业导体材料或成品电缆的存储出现问题，使得存储的原材料或电缆受潮，造成导体表面氧化，从而导致导体电阻不达标。

5）电缆包装、运输过程中，受外力挤压、拉伸，使导体变形、拉细，影响导体电阻。

5.2.2　结构尺寸

电缆结构尺寸不合格主要是指绝缘厚度、绝缘偏心度、金属护层厚度、护套厚度达不到要求，主要原因在于：

1）生产企业为降低成本，将厚度控制在标准的下限，生产过程中稍有偏差，便会导致结构尺寸不合格。

2）生产企业在生产中没有严格按照工艺要求控制温度，挤出机控温过高，挤出量减少，容易产生偏心，造成最薄点厚度不合格。

3）模具配置选择不当，例如模间距选择不合适、模具的同心度未调整好。

4）生产企业在冷却工艺中没有严格按照工艺要求去执行或是冷却槽长度不够，从而造成绝缘和护套挤出后因冷却不及时而偏心。

5）生产企业挤出机的控温精度不符合要求，挤出机螺杆转速不稳定或者牵引速度不稳定。

6）生产企业管理不规范，检验把关不严，没有对结构尺寸进行过程检验和出厂检验。

5.2.3　绝缘、护套的机械性能

电线电缆的机械性能反映了材料的力学性能，包括绝缘、护套老化前后的抗张强度、断裂伸长率，以及绝缘、护套老化前后的抗张强度变化率、断裂伸长率变化率，共涉及 12 个检测项目。机械性能不达标的主要原因在于：

1）生产企业质量意识淡薄，为了追求最大利润，降低生产成本，使用再生料或未经净化处理的回收料代替正常绝缘、护套料，使绝缘层、护套层起不到应有的绝缘和抗拉作用。

2）生产企业技术水平不高，硫化压力、挤塑温度、收线速度等没有严格控制，造成绝缘料、护套料出现塑化不良（即材料得不到充分塑化），导致机械性能不合格。

3）生产企业原材料存储不当，使材料受潮、混入杂质，导致材料在加工过程中气化，使横断面产生细微气孔，影响材料的机械性能。

4）老化后机械性能试验需要产品在经 7 天（168h）老化后方能进行试验，且不属于出厂检验项目，有些生产企业因考虑成本而不做此项试验。

5.2.4　绝缘热收缩

绝缘热收缩指标主要考核 XLPE 绝缘材料在一定温度条件下的伸缩情况。绝缘热收缩不合格的主要原因在于：

1）绝缘材料质量不合格。电缆企业为了降低生产成本，或缺乏原材料进货检验的手段和意识，导致不合格原料进厂。绝缘热收缩属于非电气型式试验项目，而企业的过程检验和出厂检验只进行例行试验和抽样试验项目，因此绝缘热收缩是否合格就依赖于电缆原材料的质量和电缆的生产工艺，尤其是电缆原材料的质量，如果电缆原材料质量不合格，那么用再好的工艺和设备也生产不出合格的产品。但是，目前无论是电线电缆的生产许可证实施细则还是电线电缆 3C 认证实施细则，都未对电缆企业应具备电缆原材料的检验能力提出明确的要求，造成了电线电缆生产企业（除同时生产电缆原材料的企业外）不具备电缆原材料的检测手段，进货检验只能验证其外观、型号、数量、合格证和质保书等。虽然部分企业也会小批量试制产品，对电缆原材料的质量进行工艺验证，但也没有考核到绝缘热收缩这一性能。

2）生产工艺不当。采用挤管式挤塑但未科学合理地配置模具是绝缘热收缩试验不合格的主要原因之一。挤管式挤塑与挤压式挤塑相比，具有出胶量大、线速度高、容易调节偏芯的优点，应用广泛。但采用挤管式挤塑工艺的塑胶层致密性差，容易导致绝缘热收缩试验不合格，但通过合理的配模，在挤出中增加拉伸比，可以使塑料的分子排列整齐而达到塑胶层紧密的目的，从而避免热收缩试验不合格。部分企业为追求效率与产量而采用挤管式挤塑，但由于缺乏模具设计、工艺配模的技术人员，在实际生产中未考虑增加拉伸比及根据拉伸比配置模具，导致绝缘热收缩不合格。塑料绝缘耐火电缆的结构设计和生产工艺配合不当也会导致绝缘热收缩不合格。

3）绝缘材料未充分交联，产品耐不了高温，在标准规定的 130℃ 试验温度下将发生熔融或熔化现象。

4）冷却方式不当。急冷因设施简便、冷却效果充分、定型性好而得到广泛应用。但这种冷却方式是使塑料在大温差下进行骤然冷却，所以易在冷却过程中在绝缘内部残留内应力，从而造成绝缘热收缩不合格。

5.2.5　绝缘热延伸

绝缘热延伸试验主要考核 XLPE 绝缘材料在一定的温度条件下，材料分子结构发生变化的程度，包括载荷下伸长率和冷却后永久伸长率两项指标。绝缘热延伸不合格的主要原因在于：

1）绝缘材料质量不合格。具体原因同绝缘热收缩。

2）生产企业为了降低生产成本选用了不适宜的交联生产工艺，或是采用了错误的工艺参数，导致绝缘材料交联度不达标，例如：过氧化物化学交联的交联温度、生产线速、氮气或蒸汽的压力、冷却水位等设定不当；硅烷交联的交联温度、生产线速、水温、蒸汽压力、交联时间等设定不当；电子辐照交联的加速器能量和束流、生产线速、线芯在辐照室"∞字轮"上所绕的道数设定不当等。

5.2.6　耐火性能

耐火性能完全取决于耐火材料的特性、绕包结构和绕包工艺，随意更换耐火材料，很难保证耐火性能满足标准要求。所以一旦确定了产品结构、原材料要求和加工工艺，不要轻易改变，否则要进行试验再次确认。耐火性能不合格的主要原因在于：

1）原材料不合格。生产企业为了追求最大利润，降低生产成本，使用了不符合标准要求的耐火材料。

2）原材料存储不当。生产企业的耐火原材料存储不当，未考虑周围环境的温度和湿度，使原材料受潮，进而影响原材料的性能。

3）生产工艺不当。耐火带材绕包不均匀紧密；与设备接触的导轮及杆不光滑，排线不整齐；张力设定不当；收线工装轮侧板及筒体不平整光滑。

5.2.7　电缆标志

电线电缆上的标志是消费者购买、使用该商品的重要依据，同时也是维护消费者合法权益的一种保证。电缆标志不合格主要是指产品合格证上的型号与额定电压等信息未标注或表示错误、成品电缆表面未印刷任何标志、标志连续性检查等内容不合格。电缆标志不合格的主要原因在于：

1）生产企业对印字工艺掌握不够，调整标志间距时无法满足标准要求。

2）生产企业的责任心不强，出厂检验马虎。

3）未完全理解产品标准的要求，生产过程完成后没有严格按国家标准规定打印完整的标识内容或是标注不规范。

4）为节约成本，使用劣质油墨。

5.3　质量问题产生的根源

5.3.1　企业自身方面

企业是产品质量的责任主体，是产品质量的直接负责人。电线电缆产品不合格，很大一部分因素应归咎于企业自身自律不够。

1. 部分企业的生产者质量观念落后

质量观念落后是许多中小型电缆企业的致命问题。对于多数中小型生产企业来说，不管是领导层还是基层员工，对质量管理的认识都存在一定的偏差，对质量管理的认识不足，对行业的担当亦有所欠缺。质量在他们心中并不是始终处于第一的位置，当质量与其他指标，如产量、销售额发生冲突时，质量往往成为牺牲对象。

2. 采购的原材料质量把关不严

电线电缆行业是一个料重工轻的行业，线缆的质量直接取决于原材料的质量。目前，一部分电缆企业缺乏原材料进货检验的手段和意识，导致不合格原料进厂，或者企业未定期分批抽检供应商提供的不同批次的原材料，甚至为降低生产成本，故意采用劣质原材料，直接导致电线电缆产品质量不合格。

3. 工艺流程方面控制不严格

电线电缆产品不合格，很大一部分原因是企业没有系统地去了解、规范线缆制作的工艺流程，不重视原材料的进场检验、生产过程中的抽样检验、成品电缆的出厂检验，导致绝缘平均厚度或最薄点厚度不合格、护套平均厚度达不到标准要求、偏芯等现象时有发生，大批不合格产品直接流向市场。

4. 企业内部管理不到位

企业对产品标准不重视，质量控制意识薄弱，未按照"三按"（按设计、按标准、按工艺）进行生产，不注意设备的保洁、润滑和点检。由于产品实现的一次成功率较低而出现质量偏差，且对工艺质量问题未进行事前控制，事后检查或发生用户质量投诉时方显露和被发现。由于偏离质量规范、控制程序操作不当、生产管理不细等原因，屡屡产生质量缺陷或造成严重质量损失。更有部分企业为降低生产成本，简化生产工艺，偷工减料，直接导致导体直流电阻、绝缘热延伸等关键指标达不到标准要求。

5. 技术方面掌握不到位

技术是电线电缆制造生产中极为重要的部分，也是企业能否走在行业前沿的关键所在。对于国内大型线缆企业而言，它们有着雄厚的资本、广阔的人脉，在电缆生产工艺制造方面，可以采用跨国合作的方式吸收国外先进的电缆制造技术，吸引大量的线缆技术人才为其增色。可是对于一些刚刚入行或资本财力有限的中小企业而言，这却是可望而不可即的，技术的缺失使这些企业的发展束手束脚。

6. 产品敷设安装不到位

这是很多人都会忽略的一点，但是这个问题却是实实在在存在的。有些人认为把电缆放到指定的位置，敷设安装就算是完成了，但实际上却并没有那么简单。例如，电缆沟内全长应装设有连续的接地线装置，接地线的规格应符合规范要求；其金属支架、电缆的金属护套和铠装层（除有绝缘要求的例外）应全部与接地装置连接；产品敷设安装应按照特定的做法执行。

7. 一线技术质量人才缺紧，全员参与程度偏低

我国电线电缆多为劳动密集型产品，产品质量对人员的依赖性较大。遗憾的是，多数电线电缆企业的一线技术质量人才十分缺乏，在很大程度上限制了产品质量的提升空间。

此外，我国多数电线电缆企业员工对质量管理的参与大多只是被动参与，主动关心企业、积极提高产品质量的情况并不普遍。员工对加入质量控制小组普遍缺乏兴趣，一些质量控制成果也是在一些小改小革的基础上加工出来的。可以说，广大员工的创造性、积极性远远没有充分发挥出来，产品质量工作的开展缺少群众基础。

5.3.2　市场方面

市场的无序竞争也严重制约着线缆产品的质量。

1. 恶意的低价竞标

据不完全统计，我国大小电线电缆企业 7000 多家，其中 97% 以上是民营性质的中小企业，部分企业根本不具备生产能力、质量控制和检测能力，加上集中于低端产品，产能过剩，企业为了各自眼前利益，纷纷以低价换市场，甚至出现"价不抵料"的闹剧。另外，低价中标、部分企业道德无良等现象的存在，更加剧了行业"低价竞标"的态势。

多年来，尽管电线电缆业内行业组织多次呼吁产品价格自律，但市场上的电线电缆产品价格依然混乱不堪，产品利润大幅下滑，电线电缆造假是行业"低价"带来的连锁反应，在低价的市场竞争环境中，如果企业按国家标准生产，严格执行工艺，必然会大幅亏损。加之企业利润被挤压，行业平均利润率一直下降，企业合理利润难以保障。当产品的销售价格已经接近甚至低于产品制造实际成本时，部分厂家为了保证利润，控制成本，无视国家标准、行业标准，擅自做一些非标产品，偷工减料，以次充好，以小代大，缺尺少码，电线电缆产品质量难以保证。

2. 串标围标，小企业抱团取暖求生存

在电线电缆行业投标过程中，经常发生串标围标事件，给遵纪守法的企业带来困惑，严重扰乱了正常的市场秩序。参与电线电缆串标围标的企业基本上都是些小企业，这些企业不但没有健全的管理团队、技术人员、质量控制体系，甚至没有检测设备，然而它们却有品牌、有生产许可证、有各种认证证书和获奖证书，而且注册资本还不低。它们通常是十几个兄弟厂家一起去投标，一张订单拿到手，分工合作，利益共享。

5.3.3　行业监督方面

1. 监督机制仍有待完善

目前与电线电缆有关的认证有体系认证、环保认证、生产许可证、3C 认证、PCCC 认证、煤安认证、CRCC 认证。但市场依然缺乏统一、有效、有力的监管机制，持证者与产品质量事故的连带关系得不到强化，发证者与所发证书的质量难以挂钩。此外，由于市场缺乏有力的监督机制，一些不规范的企业不惜采取偷工减料、假冒伪劣等手段，不少产品存在严重的质量问题或质量隐患。

2. 检验机构检测不规范

一个行业的检验机构理应为规范这一行业的从业行为而服务，并对其负责及提供安全保障。近年来，越来越多不同体制的线缆检测机构纷纷成立，有隶属于政府部门的，也有挂着公家名义却为私人所有的，据不完全统计，具有电线电缆检测资质（含部分性能）的检测机构达数百家。在庞大的检测队伍中，对产品标准和检测方法标准理解的差异、检测仪器的操作方法和检测技术掌握的差异以及相互之间的不正当竞争，影响了产品检测结论的科学性、公正性、正确性和合理性。

据国家以及各地质量监督检测机构对已经投入使用的或正在安装的或准备安装的电线电缆进行抽检的结果来看，其产品质量不合格的状况十分普遍且严重，与国家抽检、省抽查、许可证和各种认证（抽检样品来源是企业已有所准备的样品）检测结果形成强烈的反差，说明进入市场流通领域的电线电缆实际质量状况堪忧。

3. 缺乏统一的国际线缆标准或技术规范，我国线缆产品标准滞后

纵观全球线缆市场，行业标准层出不穷，如美国、欧盟、德国、加拿大、日本、英国等，每个国家和地区都有自己的产品安全标准体系，但错综纷杂的标准对电线电缆的质量提升也造成一定的阻碍。而我国电线电缆标准的滞后，更使不法企业生产的不合格产品有机可乘。

5.3.4　终端用户方面

1. 低价中标

当前，行业终端用户基本都采取招标投标的方式进行采购，并且大多数招标人采用的是简单粗暴的"最低价中标"的评标办法。对于利润微薄的电缆企业而言，在既定的规则下，要生存就要尽可能多地占领市场，因而为了拿到订单，企业间大打价格战，久而久之行业中形成"拼价格"的不良生态环境。在一些项目招标中，最高价与最低价相差 30% ~40% 屡见不鲜，投标价格相差一倍的情况也时有发生。中标后，企业只能通过降低电缆截面积、使用劣质原材料、减少长度、修改制造工艺等偷工减料的手段以保证其相应的利润。

2. 对线缆产品质量认识较为肤浅

对于内行人而言，分辨电线电缆的质量好坏、有无标识、标识是否规范很容易。但是，对千千万万的外行人而言，他们对产品的质量认识远远不足，不知道该如何去辨别电缆产品的质量好坏，给一些不法商家提供了可乘之机。甚至有些消费者认识不到电线电缆质量问题的重要性，向商家索求不合格的电线电缆产品。

3. 维权意识比较薄弱

对于消费者而言，有时即便发现自己买到的电缆存在质量问题，往往也不了了之。如果消费者自身能提高维权意识，遇到不合理的情况据理力争，相信我国电线电缆市场的混乱现象会有很大改观。

电线电缆的产品质量问题，既与行业发展阶段、市场发育程度和技术进步水平有关，更与企业质量诚信缺失有关。电线电缆产品质量问题具有多方面、深层次的成因，但根本原因在于市场秩序混乱，企业诚信缺失，一味追求以低价中标，不讲质量诚信，以牺牲质量"谋求"市场。

第6章　企业信用评价

6.1　企业信用评价的意义

企业征信行业作为社会信用体系的重要组成部分，在国外已有170余年的历史，且形成了比较完善的运行机制和规则体系，对完善市场体系、维护市场秩序、促进市场经济发展起到了重要作用。我国的企业征信行业仍处于初步发展阶段，但经过多年的发展，从无到有，逐渐壮大，形成了一定的规模，对经济发展和市场秩序规范发挥了积极作用。

从各国市场经济发展经验来看，比较成熟的市场经济体制的运行都是以完善的社会信用体系为基础的。当下社会，信用越来越受重视，信用已然成为企业的名片。近年来，我国颁布的一系列政策法规，促进信用信息共享，整合信用服务资源，加快建设企业和个人信用服务体系，全面推动社会信用体系建设。

2014年6月14日，《国务院关于印发社会信用体系建设规划纲要（2014—2020年）的通知》提出全面推动社会信用体系建设，深入推进商务诚信建设（包括生产、流通、金融、价格、工程建设、招标投标等领域）。

2015年6月24日，《国务院办公厅关于运用大数据加强对市场主体服务和监管的若干意见》提出引导专业机构和行业组织运用大数据完善服务，充分认识运用大数据加强对市场主体服务和监管的重要性，建立健全失信联合惩戒机制及产品信息溯源制度。

2016年5月30日，《国务院关于建立完善守信联合激励和失信联合惩戒制度加快推进社会诚信建设的指导意见》提出构建守信联合激励和失信联合惩戒协同机制：建立健全信用信息公示机制、信用信息归集共享和使用机制，规范信用红黑名单制度；建立激励和惩戒措施清单制度；建立健全信用修复机制；建立健全信用主体权益保护机制；建立跟踪问效机制。

2017年5月12日，国家发展改革委等17部门联合签署印发《关于对电力行业严重违法失信市场主体及其有关人员实施联合惩戒的合作备忘录》的通知，其中的惩戒措施包括限制参与工程等招标投标活动，将有关失信信息通过"信用中国"网、电力交易平台网等政府指定网站和国家企业信用信息公示系统向社会公布等13项。

2017年8月1日，国家能源局印发《能源行业市场主体信用评价工作管理办法（试行）》，提出：能源行业市场主体信用评价应从市场主体履行社会承诺的意愿、能力和表现等方面进行综合评价；能源行业主管部门在项目核准（备案）、市场准入、日常监管、政府采购、专项资金补贴、评优评奖等工作中，应加强信用评价结果应用；鼓励市场主体在生产经营、交易谈判、招投标等经济活动中使用信用信息和信用评价结果。

由此可见，在全面建设社会信用体系的大环境下，企业的信用尤为重要，企业信用评价也有了前所未有的重要意义。诚信是现代市场经济的基石，是企业发展的生命。随着市场经济的发展，信用透明成为必然趋势，没有诚信就没有良好的社会经济秩序。

民无信不立，业无信不兴。完善企业信用体系，是社会信用体系建设的重要一环，有利于提高企业的诚信意识，改善我国商务信用环境，推进商务诚信建设。完善企业信用体系的第一步就是要做好企业信用评价。

1）企业信用评价是树立企业形象、提高竞争力的利器。信用评价是对企业进行的包括企业资本实力、运营能力、偿债能力、成长能力、产品质量、售后服务、交货、应付账款、品牌、用户满意度、员工素质、管理水平等方面的全面考察调研和分析。信用评价有助于企业防范商业风险，任何一个客户都愿意与信用记录优良的企业合作，显然，通过信用评价获得较高信用等级的企业是受客户欢迎和信赖的。因此，高等级的信用无疑是企业最重要的无形资产，是展示形象、提高竞争力、扩大市场的有力武器。目前，在招标投标活动、企业筹资等方面，信用等级证书和信用标志会起到很好的促进作用。

2）企业信用评价是对企业内在质量的全面检验和考核，是提高经营水平的标尺。信用评价结果虽不等同于企业经营管理的好坏，但在一定程度上反映了企业经营管理的水平，能够及时发现企业在经营管理中存在的漏洞，是企业经营管理的一面镜子。通过信用评价使企业认清差距、改进不足，从而达到提高经营水平的目的。

3）企业信用评价是建立守信联合激励和失信联合惩戒制度的有效形式。通过企业信用评价，宣传展示诚信企业，惩罚失信企业，一方面起到了激励、教育和警示的作用，另一方面，客户可以很直观地比较、鉴别、选择。长此以往，"屡教不改"的失信企业必将淘汰出局，市场环境得到净化。

综上所述，企业征信的作用及意义在于：增加企业之间信用信息的透明度，降低社会交易成本；促进企业信用的记录、监督和约束机制的建立；为企业的交易和信用管理决策提供信息和评估支持；为国家社会信用体系的建立和完善奠定基础。

企业征信无论对国家宏观信用管理体系的建设，还是对企业微观信用的管理，都具有非凡的意义。地区差异、信息不对称都是直接造成经济贸易活动中合作双方相互不了解、信用状况掌握不充分的重要原因，不但给双方交易造成麻烦，也给有心之人可乘之机，更增加了社会交易成本。为了保证企业间的信用交易行为顺利进行，乃至建立一个正常的市场经济秩序，完善的企业征信体系必不可少，而委托独立、客观、公正的第三方对合作对象进行资信调查和信用咨询，可以使交易决策更有依据和说服力。

6.2　企业信用评价流程

企业信用评价应保持客观独立，对被评对象信用信息进行尽职调查，并采取相应方法核实比对，不带有任何偏见，不受任何外来因素影响，务求真实客观、独立公正地反映被评对象的信用状况。在被评对象提供的信用信息不完备或不能核实的情况下，应持审慎态度，同时也应该侧重对被评对象未来一段时间内的履约能力与意愿进行分析与判断。

企业信用评价流程包括信用评价申请、资料采集等，如图 5-6-1 所示。

图 5-6-1　企业信用评价流程

1）信用评价申请。企业向第三方评价机构提出信用评级申请，双方签订企业信用评价协议书。

2）资料采集。第三方评价机构制定信用评价方案及相关细则，并向企业发出企业信用评价资料清单，申请企业再把信用评价所需资料按要求准备齐全并提交给第三方评价机构。企业提交数据的同时，还需同时提交相关证明材料，以方便第三方评价机构对企业资料及数据进行核查。

3）资料处理。第三方评价机构评审小组对企业提供的资料进行整理分析，核查资料的完整性和真实性，按照信用评价细则对申请企业进行初步打分评价。

4）现场核实（如有需要）。对待评企业进行现场核实。

5）专家评价。第三方评级机构组织专家成立信用评审委员会，对初评结果进行评价，确定企业信用评价结果。

6）出具信用评价报告。向申请企业提供完整的信用评价报告。

7）信用评价公示。评价结果会在网站等各大媒体上发布予以公示，并出具企业信用证书、牌匾。

第6篇 常见问题篇

第1章 技术类常见问题

1.1 标准规范常见问题

1. 耐火电缆的制造执行哪些标准？

耐火电缆的主要制造标准见表6-1-1。

表6-1-1 耐火电缆的主要制造标准

序号	标准号	标准名称
1	GB/T 13033.1—2007	额定电压750V及以下矿物绝缘电缆及终端 第1部分：电缆
2	GB/T 13033.2—2007	额定电压750V及以下矿物绝缘电缆及终端 第2部分：终端
3	GB/T 34926—2017	额定电压0.6/1kV及以下云母带矿物绝缘波纹铜护套电缆及终端
4	JG/T 313—2014	额定电压0.6/1kV及以下金属护套无机矿物绝缘电缆及终端
5	T/ASC 11—2020	额定电压0.6/1kV及以下陶瓷化硅橡胶（矿物）绝缘耐火电缆
6	T/ZZB 0407—2018	额定电压0.6/1kV矿物绝缘连续挤包铝护套电缆
7	TICW 8—2012	额定电压6kV（U_m=7.2kV）到35kV（U_m=40.5kV）挤包绝缘耐火电力电缆
8	IEC 60702	额定电压不超过750V的矿物绝缘电缆及其终端（Mineral insulated cables and their terminations with a rated voltage not exceeding 750V）
9	BS EN 60702：2016	额定电压不超过750V的矿物绝缘电缆及其终端（Mineral insulated cables and their terminations with a rated voltage not exceeding 750V）

2. 我国常用的耐火试验标准有哪些？对试验条件的要求有何不同？

我国常用的耐火试验标准有国标、英国标准和IEC标准，各标准对试验条件（试验温度和试验时间）的要求见表6-1-2。

表 6-1-2　各耐火试验标准对试验条件的要求

标准号	试验条件		
	试验温度	试验时间	其他说明
GB/T 19216.21—2003	≥750℃	推荐供火时间 90min，冷却时间 15min	单纯耐火
IEC 60331 - 1：2018	830~870℃	可选择 30min、60min、90min 或 120min	耐火加机械冲击（适用于电缆外径，$D>20mm$）
IEC 60331 - 2：2018	830~870℃	可选择 30min、60min、90min 或 120min	耐火加机械冲击（适用于电缆外径 $D≤20mm$）
BS EN 50200：2015	830℃	最长时间 120min	该标准中规定了燃烧、撞击和喷淋三种环境条件同时存在时的试验要求
BS 6387：2013	950℃ ±40℃	3h	协议 C，单纯耐火（适用于电缆外径 $D≤20mm$）
	650℃ ±40℃	施加火焰 15min，喷水 15min	协议 W，耐火加水（适用于电缆外径 $D≤20mm$）
	950℃ ±40℃	15min	协议 Z，耐火加机械冲击（适用于电缆外径 $D≤20mm$）
BS 8491：2008	830~870℃	30min、60min 或 120min	该标准中规定了在同一根试样上燃烧、撞击和喷淋环境条件同时存在时的试验要求（适用于电缆外径 $D>20mm$）

1.2　基础知识常见问题

1. 耐火电缆的基本定义是什么？

耐火电缆是指在火焰燃烧情况下能保持一定时间安全运行的电缆，可保持线路的完整性，即该类型电缆在火焰中具有一定时间的供电能力。其阻燃性能根据使用场合选用不同等级，其功能在于难燃、阻滞延缓火焰沿电缆蔓延、能自熄。低烟无卤阻燃耐火电缆燃烧时产生的酸气烟雾量少，耐火阻燃性能大大提高，特别是在燃烧时伴随着水喷淋和机械打击震动的情况下，电缆仍可保持线路完整运行。

目前，耐火电缆相关标准对电缆线路完整性的合格判据都有如下描述：具有保持线路完整性的电缆，需要在试验过程中保持电压（即相与相或相与地之间没有出现短路）且导体不断（即灯泡一个也不熄灭，没有出现开路）。

2. 常用耐火电缆的种类有哪些？

耐火电缆按照绝缘材料的不同可以分为塑料绝缘耐火电缆、橡皮绝缘耐火电缆、云母带绝缘耐火电缆和矿物绝缘耐火电缆 4 种类型。额定电压 0.6/1kV 及以下塑料绝缘耐火电缆和橡皮绝缘耐火电缆的耐火性主要通过在导体和/或电缆缆芯上设置耐火层实现。常用耐火电缆的种类见表 6-1-3。

表 6-1-3　常用耐火电缆的种类

序号	电压等级	中文名称	执行标准
1	额定电压 750V 及以下	氧化镁矿物绝缘铜护套电缆	GB/T 13033—2007
2	额定电压 0.6/1kV 及以下	云母带矿物绝缘波纹铜护套电缆	GB/T 34926—2017
			JG/T 313—2014
		云母带矿物绝缘波纹钢护套电缆	企业标准
3	额定电压 0.6/1kV 及以下	陶瓷化硅橡胶（矿物）绝缘耐火电缆	T/ASC 11—2020
4	额定电压 0.6/1kV	隔离型矿物绝缘铝金属套耐火电缆	T/ZZB 0407—2018
5	额定电压 0.6/1kV	隔离型塑料绝缘耐火电缆	企业标准
6	额定电压 6kV 到 35kV	隔离型塑料绝缘中压耐火电缆	TICW 8—2012
7	额定电压 0.6/1kV 及以下	塑料绝缘耐火电缆	相应基础电缆标准（如 GB/T 19666—2019）

1.3　生产制造中的常见问题

1. 氧化镁矿物绝缘铜护套电缆的生产工艺有几种？

氧化镁矿物绝缘铜护套电缆的生产工艺有预制氧化镁瓷柱法、氧化镁粉自动灌装法和氩弧焊连续焊接法三种。

2. 氧化镁矿物绝缘铜护套电缆不同生产工艺的特点有哪些？

预制氧化镁瓷柱法、氧化镁粉自动灌装法和氩弧焊连续焊接法相比较而言各有特点。预制氧化镁瓷柱法的优点是设备比较简单，产品的结构和尺寸容易保证，更换产品规格比较容易，不足之处是劳动强度大。氧化镁粉自动灌装法劳动强度低，在产品品种不经常更换且大批量生产的情况下具有明显的优势。氩弧焊连续焊接法则由于电缆生产长度不受管坯限制，最适宜大长度电缆的生产制造。

3. 圆形线芯紧压的意义是什么？

线芯经紧压后，单线变形，减小了单线之间的间隙和导线外径，提高了导线表面的圆整度，使表面电场更加均匀。采用圆形紧压线芯不仅可以节约绝缘、填充、护层材料，降低生产成本，还具有改善导电线芯表面电场均匀性的作用。

4. 挤出温度对塑料绝缘和护套挤出质量有何影响？

在塑料的挤出过程中，物料聚集态的转变以及物料的黏度都取决于挤出温度。挤出温度是一个较大的范围，靠近温度下限和接近温度上限都可以完成塑料的挤出，因此可以进行低温和高温挤出。低温挤出保持挤出塑料层的形状比较容易，所需冷却时间短，此外温度低还会减少塑料降解。但挤出温度过低，会使挤包层失去光泽，并出现波纹、不规则破裂等现象。另外，温度低时，塑料熔融区延长，从均化段出来的熔体中仍夹杂有固态物料，这些未熔物料和熔体一起成型于制品上，其影响是不言而喻的。但挤出温度过高易使塑料焦烧，或出现"打滑"现象。另外，温度高时，挤包层的形状稳定性差，收缩率增加，甚至会引起挤出塑料层变色和出现气泡等。

5. 交联聚乙烯的制造方法有哪些？

交联的工艺方法有很多，按交联实质可分为物理交联和化学交联两类。物理交联也称为辐照交联，是指将挤制好的产品经过高能射线辐照处理，实现材料交联，适用于绝缘较薄的产品。化学交联工艺简单、操作安全，广泛用于耐火电缆的过氧化物交联和硅烷交联。

1.4　性能指标常见问题

1. 电缆导体电阻不合格的主要原因及其安全隐患有哪些？

导体直流电阻（20℃）是考核电缆的导体材料以及导体截面积是否符合标准的重要指标，其不合格的主要原因是生产企业为降低成本使用劣质导体材料或偷工减料，故意以小截面充大截面，或是导体拉丝工序控制不当等。

导体电阻超标，势必增加电流在线路通过时的损耗，在用电负荷增加或者环境温度高一些时，电缆就处于过载工作状态，会导致导体发热加剧，加速包覆在导体外面的绝缘和护套材料的老化，严重时甚至会造成供电线路漏电、短路，引发火灾事故。

2. 电缆结构尺寸不合格有什么危害？

电缆结构尺寸不合格主要是指绝缘厚度、护套厚度达不到要求。当电缆的绝缘和护套厚度不达标时，致使电缆耐电气强度严重降低，导致电缆的使用寿命缩短，严重时可导致电线电缆被击穿，绝缘（护套）层起不到正常保护作用，从而发生电气短路和火灾等。

3. 电缆绝缘和护套机械性能不合格存在哪些安全隐患？

绝缘和护套机械性能不合格会影响产品的正常使用，加速产品的老化，大大缩短产品的使用寿命，而且安装敷设过程中易出现绝缘体破损、断裂，使绝缘、护套表层易被电压击穿，致使带电导体裸露，进而发生触电危险。

4. 交联聚乙烯绝缘热延伸试验不合格对电缆使用有影响吗？

交联聚乙烯绝缘热延伸试验主要考核绝缘料在一定的温度条件下，材料分子结构发生变化的程度。它包括载荷下伸长率和冷却后永久伸长率两项指标。绝缘热延伸不合格本质是绝缘的交联度（凝胶含量）达不到要求，会造成绝缘材料的介电强度不合格，材料变软，绝缘厚度变薄，导致绝缘易发生击穿。

5. 什么叫绝缘强度？

绝缘物质在电场中时，当电场强度增大到某一极限时就会被击穿，这个导致绝缘击穿的电场强度称为绝缘强度。

6. 是否能够通过电缆材料氧指数的大小来判断电缆的阻燃性能？

材料氧指数和电缆的阻燃性能完全是两个概念，材料氧指数只是反映该材料阻燃性能的一个固有特性，而电缆的阻燃性能与组成该电缆的所有材料的阻燃特性有关，同时与电缆的结构设计密不可分，所以不能简单地通过材料氧指数的大小来判断电缆的阻燃性能。

7. 单芯电缆为何不能采用钢带铠装？

在载流导体的周围存在着磁场，并且磁力线的多少与通过载流导体的电流成正比。由于钢带属于磁性材料，具有较高的磁导率，当有电流通过导体时，磁力线将沿钢带流通。三芯电缆通常用于三相交流输电，由于对称三相交流电流的向量和等于零，伴随电流而产生的磁力线也为零，在钢带中并不产生感应电流，所以三芯电缆采用钢带铠装并无不良影响。而单芯电缆只能通过一相电流，显然在电缆通过交流电流时，在钢带中将产生交变的磁力线，并且随着电流的增大，磁场强度也相应增大。

根据电磁感应原理可知，在电缆钢带中将产生涡流使电缆发热，这不仅增加了损耗，而且相应降低了电缆的载流量。所以，为保证单芯电缆的安全经济运行，在制造单芯电缆时不采用普通钢带铠装。

8. 决定电缆长期允许载流量的因素有哪些？

电缆长期允许载流量是指当电缆中通过电流时，在达到热稳定后，电缆导体的温度恰好达到长期允许工作温度时的电流数值。电缆长期允许载流量除了与电缆本身的材料与结构有关外，主要由以下三个因素决定：①电缆的长期允许工作温度；②电缆本身的散热性能；③电缆装置情况及其周围环境的散热条件。

9. 电缆耐火性能不合格的主要原因有哪些？

耐火性能完全取决于耐火材料的特性、绕包结构和绕包工艺，随意更换耐火材料，很难保证耐火性能满足标准要求。所以一旦确定了产品结构、原材料要求和加工工艺，不要轻易改变，否则要进行试验再次确认。耐火性能不合格的主要原因如下：

1）原材料不合格。生产企业为了追求最大利润，降低生产成本，使用了不符合标准要求的耐火材料。

2）原材料存储不当。生产企业的耐火原材料存储不当，未考虑周围环境的温度和湿度，使材料受潮，影响材料的性能。

3）生产工艺不当。耐火带材绕包不均匀紧密；与设备接触的导轮及杆不光滑，排线不整齐；张力设定不当；收线工装轮侧板及筒体不平整光滑。

1.5　安装应用常见问题

1. 电缆敷设应从哪几方面考虑？要满足哪些要求？

电缆敷设应从安全运行、经济和施工三方面考虑，满足下述要求：

1）安全运行方面：尽可能避免各种外来损坏，提高电缆线路的供电可靠性。

2）经济方面：从投资最少的方面考虑。

3）施工方面：电缆线路的路径必须便于施工和投运后的维修。

2. 电缆目前采用的敷设方法可分为几类？

电缆目前采用的敷设方法可分为三类：

1）人工敷设。即采用人海战术，在一人或多人协调指挥下，按规定进行敷设。

2）机械化敷设。即采用滚轮、牵引器、输送机，通过一同步电源进行控制，比较安全。

3）人工和机械相结合。有些现场由于转弯较多，施工难度大，全用机械较困难，所以采用此法。

第2章 设计选型类常见问题

1. 耐火电缆的主要应用场景有哪些?

随着我国经济社会的发展和对建筑物安全的重视,耐火电缆也得到更加广泛的应用,其主要应用场景如下:

1)相对封闭或人员集中的重要建筑和设施:公共建筑,如高层建筑、古建筑、图书馆、学校、医院、商场、剧场等;地下场所,如地铁、地下广场、隧道、地下仓库等;交通枢纽,如机场、汽车站、火车站等。

2)工业领域:煤炭采掘、煤炭化工、油田开采、石油化工、炼油厂、冶金工业、钢铁工业、船舶工业、航空航天、电力工业、医药工业、玻璃工业、造纸工业、军事系统和核工业等。

3)防火、防爆、高温场所:石油库及加油站、天然气输送及压缩站、园林景观、名胜古迹和木结构建筑等。

2. 氧化镁矿物绝缘电缆的导体长期允许工作温度是多少?

聚氯乙烯外套电缆的导体长期允许工作温度为70℃。

聚烯烃外套电缆的导体长期允许工作温度为90℃。

无非金属外套电缆的导体长期允许工作温度为250℃。

3. 氧化镁矿物绝缘电缆的选型要求是什么?

敷设在有美观要求或人身易触及的场所,应采用 WD – BTTYZ、WD – BTTYQ 型号的电缆;敷设在有氨及氨气或其他对铜有腐蚀作用的化学环境,宜采用 BTTVZ、BTTVQ 型号的电缆。

4. 云母带矿物绝缘电缆的耐火性能应满足什么要求?

当电缆外径不大于20mm时,按照 BS 6387:2013 规定的协议 C、协议 W 和协议 Z 进行试验,线路应保持完整。即协议 C 单纯耐火,受火950℃、180min 后,线路保持完整;协议 W 耐火防水,受火650℃、15min,喷水和继续受火15min 后,线路保持完整;协议 Z 耐火耐冲击,受火950℃和冲击15min,线路保持完整。

当电缆外径大于20mm时,参照 BS 8491:2008 的规定进行试验。试验时选用的火焰温度为 950~1000℃,燃烧120min 后线路应保持完整。

第3章 供应商遴选类常见问题

1. 电缆企业的品牌评价指标有哪些？

针对电线电缆行业，结合品牌价值形成过程中的关键影响因素，建议采用质量、服务、技术创新、有形资源和无形资源的五维评价方式提供品牌评价模型。

2. 质量的评价指标包括哪些？

质量是品牌创建、生存和发展的基础，是构成品牌价值的核心内容。企业的产品质量水平和质量管理水平可反映品牌的质量。产品质量水平包括产品准入情况、产品合格情况（国家抽检、终端用户抽检结果）、产品认证情况、质量信用情况等。质量管理水平包括质量管理体系认证情况、质量荣誉情况、生产过程管理、关键工艺控制、成品检验检测、质量溯源体系等。

3. 服务的评价指标包括哪些？

服务包括市场占有率、历年服务业绩、营业收入水平、优质供应商及优质客户的数量、服务范围及服务配套（服务人员、服务网点、服务承诺）、服务机制及标准（售前、售中和售后）、服务执行情况［服务响应时间、服务配合度、客户评价（客户满意度）、合作年限（品牌忠诚度）、履约诚信］。

4. 技术创新的评价指标包括哪些？

技术创新包括技术研发实力（研发人员比重），研发投入，拥有专利情况，获得科技成就奖励情况，参与国家、行业、地方标准制定情况，工作站、研究中心或实验室建设情况等。

5. 有形资源的评价指标包括哪些？

有形资源是指可见的、能用货币直接计量的资源，主要包括物质资源和财务资源。物质资源包括企业的土地、厂房、生产设备、原材料等，是企业的实物资源。财务资源是企业可以用来投资或生产的资金，包括货币资金、应收账款、有价证券等。

6. 无形资源的评价指标包括哪些？

企业的无形资源包括专利、技巧、知识、关系、文化、声誉以及能力，与企业的有形资源一样，它们都是稀缺的，代表了企业为创造一定的经济价值而必须付出的投入。在当代市场竞争中，无形资源的作用越来越受到企业实践者的重视。无形资源在评价指标上可表现为行政许可、商标、非专利技术、著作权、社会责任、员工关怀、媒体评价、各类荣誉奖项、各类标志证书、慈善或公益等。

7. 目前国内有哪些优质的耐火电缆原材料企业？

经本手册编委会多位编委举荐和物资云实地验厂考评，企业产品与服务所在细分领域享有较大市场份额和良好口碑，具有较强的技术实力和企业社会责任，承诺向社会提供实地验厂与产品质量溯源的主要材料制造企业见表6-3-1。

表6-3-1　主要材料制造企业

序号	材料名称	构成单元	制造企业	备注
1	氧化镁	绝缘	桓仁东方红镁业有限公司	
2	氧化镁	绝缘	大石桥市美尔镁制品有限公司	
3	氧化镁	绝缘	辽宁利合实业有限公司	
4	合成云母带	绝缘	湖北平安电工材料有限公司	
5	煅烧云母带	绝缘	湖北平安电工材料有限公司	
6	陶瓷化硅橡胶绝缘料	绝缘	上海科特新材料股份有限公司	
7	陶瓷化硅橡胶绝缘料	绝缘	东莞市朗晟材料科技有限公司	
8	陶瓷化硅橡胶复合带	绝缘	上海科特新材料股份有限公司	
9	陶瓷化硅橡胶护套料	内护层	上海科特新材料股份有限公司	
10	陶瓷化硅橡胶护套料	内护层	东莞市朗晟材料科技有限公司	
11	陶瓷化聚烯烃耐火料	耐火层	上海科特新材料股份有限公司	

8. 目前国内有哪些优质的耐火电缆制造企业？

目前国内优质的耐火电缆制造企业包括浙江元通线缆制造有限公司、远东电缆有限公司、高桥防火科技股份有限公司、飞洲集团股份有限公司、上海胜华电气股份有限公司、中辰电缆股份有限公司等，见表6-3-2。

表6-3-2　国内主要制造企业名录及投产年份

序号	企业名称	主要产品	投产年份
1	浙江元通线缆制造有限公司	BTT系列/RTT系列/WTG系列/BTLY系列/BBTRZ系列/中压耐火系列	2016年/2016年/2016年/2015年/2015年/2018年
2	远东电缆有限公司	中压耐火系列/RTT系列/WTG系列	2007年/2012年/2008年
3	高桥防火科技股份有限公司	RTT系列/BTLY系列/BBTRZ系列/中压耐火系列	2019年/2008年/2006年/2009年
4	飞洲集团股份有限公司	BTLY系列/BBTRZ系列/RTT系列	2016年
5	上海胜华电气股份有限公司	BTT系列/RTT系列/WTG系列/BTLY系列/BBTRZ系列/中压耐火系列	2007年/2007年/2015年/2015年/2015年/2015年
6	中辰电缆股份有限公司	BTT系列/RTT系列/WTG系列/BTLY系列/BBTRZ系列/中压耐火系列	2019年/2015年/2016年/2015年/2014年/2015年
7	常丰线缆有限公司	BTT系列/RTT系列/WTG系列/BTLY系列/BBTRZ系列/中压耐火系列	2015年/2018年/2021年/2013年/2013年/2016年
8	广东电缆厂有限公司	BTT系列/RTT系列/WTG系列/BTLY系列/BBTRZ系列/中压耐火系列	2019年/2015年/2015年/2019年/2019年/2020年

（续）

序号	企业名称	主要产品	投产年份
9	安徽天康（集团）股份有限公司	BTT 系列/RTT 系列/WTG 系列	2013 年/2019 年/2015 年
10	江苏宝安电缆有限公司	RTT 系列/WTG 系列/BTLY 系列/BBTRZ 系列/中压耐火系列	2010 年/2015 年/2014 年/2013 年/2012 年
11	远程电缆股份有限公司	BTT 系列/RTT 系列/BTLY 系列/BBTRZ 系列	2005 年/2014 年/2014 年/2014 年
12	安徽天彩电缆集团有限公司	WTG 系列	2016 年
13	安徽吉安特种线缆制造有限公司	WTG 系列	2015 年
14	广州澳通电线电缆有限公司	RTT 系列/BTLY 系列/BBTRZ 系列	2017 年/2018 年/2017 年
15	永电电缆集团有限公司	RTT 系列	2016 年
16	重庆市南方阻燃电线电缆有限公司	BTT 系列/RTT 系列/WTG 系列/BTLY 系列/BBTRZ 系列/中压耐火系列	2018 年/2014 年/2021 年/2014 年/2014 年/2021 年

第4章 产品价格类常见问题

1. 电缆合理价格的构成要素有哪些?

电线电缆产品合理价格的构成要素包括直接材料、直接人工、制造费用等制造成本,管理费用、财务费用、销售费用等期间费用以及企业合理的利润和其他。

2. 影响电缆价格的主要因素是什么?

影响电缆价格的因素有很多,主要有以下几方面:

1) 产品成本:包括原材料消耗及价格、固定成本、研发成本、技术成本、主要部件的生产方式。

2) 市场因素:包括市场供求关系、产品的市场竞争激烈化程度、购买者条件(又包括需求数量、交货条件和付款条件)。

3) 企业营销策略:包括企业的营销目的、产品品质、品牌效应。

4) 企业产品生命周期阶段。

3. 电缆价格具体如何测算?

招标控制价的制定必须至少要包含产品的完全成本和企业必要的利润,其计算公式如下:

招标控制价 = 完全成本 + 企业合理的利润 + 其他与产品相关的费用

完全成本 = 制造成本 + 期间费用 = 原材料费用 + 直接人工 + 制造费用 + 期间费用

附 录

附录A 额定电压750V及以下氧化镁矿物绝缘铜护套电缆技术规范书

第一部分 通用技术规范

1. 总则

1.1 一般规定

1.1.1 本规范涉及的产品为符合 GB/T 13033.1~2—2007 规定的额定电压 750V及以下氧化镁矿物绝缘铜芯铜护套电缆及其附件。

1.1.2 投标人应具备招标公告所要求的资质,具体资质要求详见招标文件的商务部分。

1.1.3 投标人或供货商应具有设计、制造额定电压 750V及以下氧化镁矿物绝缘铜护套电缆及其附件(以下简称氧化镁矿物绝缘铜护套电缆)产品的能力,而且产品的使用条件应与本项目相类似或较规定的条件更严格。

1.1.4 投标人应仔细阅读招标文件,包括商务部分和技术部分中的所有规定。由投标人提供的氧化镁矿物绝缘铜护套电缆应与本规范中规定的要求相一致。卖方应仔细阅读包括本规范在内的招标文件中的所有条款。卖方所提供货物的技术规范应符合招标文件的要求。

1.1.5 本规范提出了对氧化镁矿物绝缘铜护套电缆在技术上的规范和说明。

1.1.6 如果投标人没有以书面形式对本规范的条文提出异议,则意味着投标人提供的产品完全符合本技术规范书的要求。如有偏差,应在投标文件中以技术专用部分规定的格式进行描述。

1.1.7 本规范所使用的标准如与投标人所执行的标准不一致,按较高标准执行。

1.1.8 本规范将作为订货合同的附件。本规范未尽事宜,由合同双方在合同技术谈判时协商确定。

1.1.9　本规范中涉及的有关商务方面的内容，如与招标文件的商务部分有冲突，以招标文件的商务部分为准。

1.1.10　本规范中的规定如与技术规范专用部分有冲突，以技术规范专用部分为准。

1.1.11　本规范提出的是最低限度的技术要求，并未对一切技术细节做出规定，也未充分引述有关标准和规范的条文，投标人应提供符合 GB/T 13033.1~2—2007 和本规范规定的优质产品。

1.2　投标人应提供的资格文件

下述内容列明了对投标人资质的基本要求，投标人应按下面所要求的内容和顺序提供翔实的投标资料，否则视为非响应性投标。基本资质不满足要求、投标资料不翔实或严重漏项将导致废标。

1.2.1　拥有具有认证认可资质的机构颁发的在有效期内的 ISO9001 质量管理体系认证证书或等同的质量管理体系认证证书，以及 CQC 产品认证证书（采购人根据项目特点决定是否采用）。

1.2.2　具有履行合同所需的技术能力、生产能力和检测能力，并形成文件资料。还需提供氧化镁矿物绝缘电缆生产设备和符合标准的电缆耐火试验装置等的购置合同及发票。

1.2.3　有履行合同产品维护保养、修理及其他义务的能力，且有相关证明资料。

1.2.4　投标人应提供招标方/买方认可的第三方专业检测机构出具的与所招标型号规格相同或相近的氧化镁矿物绝缘铜护套电缆型式试验（检验）报告，检测项目应符合 GB/T 13033.1~2—2007 规定的型式试验项目。

1.2.5　投标人所提供的组部件和主要材料如需向外协单位外购，投标人应列出外协单位清单并就其质量做出承诺，同时提供外协单位相应的资质证明材料、长期供货合同、产品质量检验报告和投标人的进厂验收证明。

1.3　工作范围和进度要求

1.3.1　本规范适用于所有采购的氧化镁矿物绝缘铜护套电缆，具体范围如下：提供符合本技术规范要求的氧化镁矿物绝缘铜护套电缆、相应的试验、工厂检验、试运行中的技术服务。

1.3.2　卖方应在合同签订后两周内向买方呈报生产进度表（合同电缆数量较大或合同电缆用于买方认为重要的项目时，双方签约时确认）。生产进度表应采用图表形式表达，必须包含设计、试验、材料采购、制造、工厂检验、抽样检验、包装及运输等内容，每项内容的细节应详尽（可不涉及供货企业技术秘密或诀窍）。

1.3.3　投标人应满足招标文件的交货时间要求。投标人对于因某些特殊原因造成的交货时间延误情况，应在投标文件中提供采取相应补救措施的应急预案。

1.4　对技术资料、图样、说明书和试验报告的要求

1.4.1　对技术资料和图样的要求

1.4.1.1　如有必要，工作开始之前，卖方应提供 6 份图样、设计资料和文件，并经买方批准。对于买方为满足本规范的要求直接做出的修改，卖方应重新提供修改的文件。

1.4.1.2　卖方应在生产前 1 个月（特殊情况除外）将生产计划以书面形式通知买方，如果卖方在没有得到批准文件的情况下着手进行工作，卖方应对必要修改发生的费用承担全部责任。文件的批准应不会降低产品的质量，并且不因此减轻卖方为提供合格产品而承担的责任。

1.4.1.3　应在出厂试验开始前 1 个月提交详细试验安排表。

1.4.1.4　所有经批准的文件都应有对修改内容加标注的专栏，经修改的文件通知单应用红色箭头或其他清楚的形式指出修改的地方（注明更改前和更改后），并应在文件的适当地方写上买方的名称、标题、卖方的专责工程师的签名、准备日期和相应的文件编号。图样和文件的尺寸一般应为 210mm × 297mm（A4 纸），同时应将修改的图样和文件提交给买方。

1.4.2　产品说明书

1.4.2.1　提供氧化镁矿物绝缘铜护套电缆的结构形式的简要概述及照片。

1.4.2.2　说明书应包括下列各项：型号，结构尺寸（附结构图），技术参数，适用范围，使用环境，安装、维护、运输、保管及其他需注意的事项等。

1.4.3　试验报告

1.4.3.1　随货附所有供货产品的出厂试验报告。

1.4.3.2　提供第三方专业检验机构出具的与所招标型号规格相同或相近的氧化镁矿物绝缘铜护套电缆的型式试验（检验）报告，检测项目应符合产品标准规定的型式试验项目。

1.5　应满足的标准

1.5.1　除本规范特别规定外，卖方所提供的产品均应按下列标准和规范进行设计、制造、检验和安装。如对标准内容有争议，应按最高标准的条款执行或按双方商定的标准执行。如果卖方选用标书规定以外的标准，需提交与这种替换标准相当的或优于标书规定标准的证明，同时提供与标书规定标准的差异说明。

1.5.2　引用标准一览表见表 A-1。

下列标准对于本规范的应用是必不可少的，凡是标注日期的引用文件，仅标注日期的版本适用于本规范；凡是不标注日期的引用文件，其最新版本（包括所有的修改单）适用于本规范。同时，在与下述标准各方达成协议的基础上，鼓励研究采用下述标准最新版本的可能性。

表 A-1　引用标准一览表

序号	标准号	标准名称
1	GB/T 2951.11—2008	电缆和光缆绝缘和护套材料通用试验方法 第 11 部分：通用试验方法——厚度和外形尺寸测量——机械性能试验
2	GB/T 2951.14—2008	电缆和光缆绝缘和护套材料通用试验方法 第 14 部分：通用试验方法——低温试验
3	GB/T 2951.31—2008	电缆和光缆绝缘和护套材料通用试验方法 第 31 部分：聚氯乙烯混合料专用试验方法——高温压力试验——抗开裂试验
4	GB/T 3048.4—2007	电线电缆电性能试验方法 第 4 部分：导体直流电阻试验
5	GB/T 3048.5—2007	电线电缆电性能试验方法 第 5 部分：绝缘电阻试验
6	GB/T 3048.8—2007	电线电缆电性能试验方法 第 8 部分：交流电压试验
7	GB/T 3048.14—2007	电线电缆电性能试验方法 第 14 部分：直流电压试验
8	GB/T 3956—2008	电缆的导体
9	GB/T 6995.3—2008	电线电缆识别标志方法 第 3 部分：电线电缆识别标志
10	GB/T 13033.1～2—2007	额定电压 750V 及以下矿物绝缘电缆及终端
11	GB/T 16895.6—2014	低压电气装置 第 5 - 52 部分：电气设备的选择和安装 布线系统
12	GB/T 17650.2—2021	取自电缆或光缆的材料燃烧时释出气体的试验方法 第 2 部分：酸度（用 pH 测量）和电导率的测定
13	GB/T 17651.2—2021	电缆或光缆在特定条件下燃烧的烟密度测定 第 2 部分：试验程序和要求
14	GB/T 18380.11—2022	电缆和光缆在火焰条件下的燃烧试验 第 11 部分：单根绝缘电线电缆火焰垂直蔓延试验 试验装置
15	GB/T 18380.12—2022	电缆和光缆在火焰条件下的燃烧试验 第 12 部分：单根绝缘电线电缆火焰垂直蔓延试验 1kW 预混合型火焰试验方法
16	GB/T 19216.21—2003	在火焰条件下电缆或光缆的线路完整性试验 第 21 部分：实验步骤和要求——额定电压 0.6/1.0kV 及以下电缆
17	GB/T 19666—2019	阻燃和耐火电线电缆或光缆通则
18	GB 31247—2014	电缆及光缆燃烧性能分级
19	JB/T 8137.1～4—2013	电线电缆交货盘
20	JGJ 232—2011	矿物绝缘电缆敷设技术规程
21	BS 6387：2013	在火焰条件下电缆线路完整性试验耐火试验方法（Test method for resistance to fire of cables required to maintain circuit integrity under fire conditions）
22	BS 8491：2008	用作烟和热控制系统及其他现役消防安全系统部件的大直径电力电缆的耐火完整性评估方法（Method for assessment of fire integrity of large diameter power cables for use as components for smoke and heat control systems and certain other active fire safety systems）

1.6　投标人应提交的技术参数和信息

1.6.1　投标人应按技术规范专用部分列举的项目逐项提供技术参数，投标人提供的技术参数应为产品的性能保证参数，这些参数将作为合同的一部分。如与招标人所要求的技术参数有差异，还应写入技术规范专用部分的技术偏差表中。

1.6.2　每个投标人应提供技术规范专用部分中要求的全部技术资料。

1.6.3　投标人需提供氧化镁矿物绝缘铜护套电缆的特性参数和其他需要提供的信息。

1.7　备品备件

1.7.1　投标人可有偿提供安装时必需的备品备件。

1.7.2　招标人提出的运行维修时必需的备品备件，详见技术规范专用部分表A-16。

1.7.3　投标人推荐的备品备件，详见技术规范专用部分表A-24。

1.7.4　所有备品备件应为全新产品，与已经安装材料及设备的相应部件能够互换，具有相同的技术规范和相同的规格、材质、制造工艺。

1.7.5　所有备品备件应采取防尘、防潮、防止损坏等措施，并应与中标产品一并发运，同时标注"备品备件"，以区别于本体。

1.7.6　投标人在产品质保期内实行免费保修，而且对产品实行终身维修。并根据需方要求在15日内提供技术规范专用部分表A-16所列备品备件以外的部件和材料，以便维修更换。

1.8　专用工具和仪器仪表

1.8.1　投标人应提供安装时必需的专用工具和仪器仪表（如需要），价款应包括在投标总价中。

1.8.2　招标人提出的运行维修时必需的专用工具和仪器仪表（如需要），列在技术规范专用部分表A-16中。

1.8.3　投标人应推荐可能使用的专用工具和仪器仪表（如需要），列在技术规范专用部分表A-24中。

1.8.4　所有专用工具和仪器仪表（如有）应是全新的、先进的，而且必须附有完整、详细的使用说明资料。

1.8.5　专用工具和仪器仪表（如有）应装于专用的包装箱内，注明"专用工具""仪器""仪表"，并标明"防潮""防尘""易碎""向上""勿倒置"等字样，同中标产品一并发运。

1.9　安装、调试、试运行和验收

1.9.1　合同产品的安装、调试，将由买方根据卖方提供的技术文件和安装使用说明书的规定，在卖方技术人员的指导下进行。

1.9.2　完成合同产品安装后，买方和卖方应检查和确认安装工作，并签署安装工作完成证明书，该证明书共两份，双方各执一份。

1.9.3　合同产品的试运行和验收根据招标文件规定的标准、规程、规范进行。

1.9.4　验收时间为安装、调试和试运行完成后并稳定运行73h。在此期间，所有的合同产品都应达到各项运行性能指标要求。买卖双方可签署合同产品的验收证明书，该证明书共两份，双方各执一份。

2. 通用技术要求

2.1　电缆的结构

氧化镁矿物绝缘铜护套电缆的结构除符合以下要求外，其他未提及之处均应满足 GB/T 13033.1~2—2007 的规定。

2.1.1　铜导体

导体表面应光洁，无油污，无损伤绝缘的毛刺锐边以及凸起。

导体采用符合 GB/T 3956—2008 规定的第 1 种退火铜材料，而且具有近似圆形的实心截面。

2.1.2　绝缘

绝缘材料应由紧压成型的粉末氧化镁矿物组成，其电性能符合 GB/T 13033.1~2—2007 的规定。粉状矿物应具有高、低温化学稳定性及电气绝缘性能，对铜无腐蚀作用。成品电缆应确保绝缘粉紧密、均匀。

绝缘标称厚度应符合 GB/T 13033.1~2—2007 的规定，电缆绝缘最薄点的厚度应不小于规定标称值的80%再减0.1mm。

2.1.3　铜护套

铜护套应为普通退火铜或铜合金材料。

电缆表面圆整，电缆椭圆度应符合相应产品标准要求。铜护套标称厚度和性能应符合 GB/T 13033.1~2—2007 的规定，铜护套最薄点的厚度应不小于标称厚度的90%。

当铜护套作接地导体使用时，铜护套的直流电阻应符合 GB/T 3956—2008 中第2种不镀金属导体相应截面积直流电阻的规定。

2.1.4　可供选择的外套

电缆因敷设环境及不同场所等特定要求，在铜护套外层（根据客户需要）可挤包聚氯乙烯材料外套或聚烯烃材料外套或无卤低烟聚烯烃材料外套。外套标称厚度和性能应符合 GB/T 13033.1~2—2007 的规定（见表 A-2），护套厚度平均值应不小于规定的标称值，最薄点的厚度应不小于标称厚度的85%再减0.1mm。

敷设在有美观要求或人身易触及的场所时，应采用 WD - BTTYZ、WD - BTTYQ 型号电缆；敷设在有氨及氨气或其他对铜有腐蚀作用的化学环境时，宜采用 BTTVZ、BTTVQ 型号电缆。

表 A-2　外套厚度

铜护套外径 D/mm	外套标称厚度/mm
D≤7	0.65
7<D≤15	0.75

（续）

铜护套外径 D/mm	外套标称厚度/mm
$15 < D \leqslant 20$	1.00
$20 < D$	1.25

2.1.5　中间连接器

当电缆长度不够时，需要采用中间连接器。中间连接器是能将两种相同规格的电缆连接起来成为一根电缆的装置，包括但不限于中间封套、中间连接铜管、两套终端填料函及封端组件、绝缘套管、中间连接端子。

2.1.6　其他事项

提供的每一盘或每一卷电缆都应附有合格证、电缆尺寸、芯线数目、长度以及根据要求的技术规范所进行的试验结果和试验日期。

所有电缆交付时，电缆端头应进行可靠封端并露出一截导电线芯，防止电缆吸潮及方便绝缘电阻的测试。当从盘架上割下电缆时，割出的两端均应立即密封，以防潮气侵入。

2.1.7　电缆及中间连接的耐火性能要求

氧化镁矿物绝缘铜护套电缆及中间连接按照 GB/T 13033.1—2007 的规定进行耐火试验，线路应保持完整，即按照 GB/T 19216.21—2003 规定的试验方法，受火不低于 750℃、180min 后，线路保持完整。

2.2　密封和牵引头

电缆两端应采用防水密封套密封，避免水和潮气进入线芯。如要求安装牵引头，则牵引头应与线芯采用围压的连接方式并与电缆可靠密封，且在运输、储存、敷设过程中保证电缆密封不失效。

2.3　技术参数

2.3.1　使用特性

聚氯乙烯外套电缆的导体长期允许工作温度为 70℃。

聚烯烃外套电缆的导体长期允许工作温度为 90℃。

无非金属外套电缆的导体长期允许工作温度为 250℃。

在燃烧温度不低于 750℃时，电缆维持正常运行至少 180min。

电缆弯曲半径最小为 6 倍电缆的实际外径，且至少两次反复弯曲无损伤。

2.3.2　电压

重型电缆（BTTZ、BTTVZ、WD-BTTYZ 等）的额定工频电压为 750V，轻型电缆（BTTQ、BTTVQ、WD-BTTYQ 等）的额定工频电压为 500V。

2.3.3　导体直流电阻（见表 A-3）

表 A-3　导体直流电阻

导体标称截面积/ mm²	20℃时最大导体 直流电阻/ （Ω/km）	导体标称截面积/ mm²	20℃时最大导体 直流电阻/ （Ω/km）
1.0	18.1	70	0.268
1.5	12.1	95	0.193
2.5	7.41	120	0.153
4	4.61	150	0.124
6	3.08	185	0.0991
10	1.83	240	0.0754
16	1.15	300	0.0601
25	0.727	400	0.0470
35	0.524	—	—
50	0.387	—	—

2.3.4　技术参数填写要求

买方应认真填写技术规范专用部分技术参数响应表中的标准参数值，卖方应认真填写技术参数响应表中的投标人保证值。

2.4　其他

可根据客户需求预制分支电缆。

3. 试验

电缆的试验及检验要按照本规范引用的标准及规范进行。试验应在制造厂或买方指定的检验部门完成。所有试验费用应由卖方承担。

3.1　试验条件

3.1.1　环境温度

除个别试验另有规定外，其余试验应在环境温度为（20±15）℃时进行。

3.1.2　工频试验电压的频率和波形

工频试验电压的频率应在49～61Hz范围之内，波形基本上应是正弦波形，电压值均为有效值。

3.2　例行试验

每批电缆出厂前，制造厂必须对每盘电缆按照 GB/T 13033.1—2007 的规定进行例行试验。

3.2.1　导体电阻试验

导体直流电阻试验在每一电缆长度所有导体上进行，其值应符合 GB/T 13033.1—2007 的规定。

3.2.2　外套火花试验

适用于挤包聚氯乙烯或聚烯烃材料的外套电缆，其外套应经受火花试验无缺陷。

3.2.3　绝缘和铜护套完整性试验

每根成品电缆，在未挤包外套（如有）之前，应全部浸在（15±10）℃的水中不少于1h。在电缆端头剥除铜护套露出导体后，在端部应施加临时性密封。应在导体之间及全部导体和铜护套之间施加电压，轻型电缆施加2.0kV交流电压，重型电缆施加2.5kV交流电压，最小升压速度为150V/s，并且至少持续60s，绝缘不应击穿。

3.2.4　绝缘电阻试验

每根成品电缆，在未挤包外套（如有）之前，应全部浸在（15±10）℃的水中不少于1h，绝缘电阻测量应在电缆从水中取出8h内完成。在电缆端头剥除铜护套露出导体后，在端部施加临时性密封。绝缘电阻测量应在导体之间及全部导体和铜护套之间进行，施加不小于80V的直流电压，其绝缘电阻与电缆长度的积应不小于1000MΩ·km。

3.2.5　铜护套外径和椭圆度

成品电缆的外径（不包括外套）检测应在成品电缆样品上进行。测量时应在成品电缆至少间隔1m的两个位置上进行，每个位置应在两个相互垂直的方向测量，使用带平测头的千分尺或其他等效的方法。

3.3　抽样试验

抽样试验应按GB/T 13033.1—2007及表A-4或买方要求进行。抽样试验的主要项目参照表A-4，若买方有特殊要求，可另行补充。

表 A-4　抽样试验项目

序号	试验项目	试验方法标准
1	外套材料特性	GB/T 2951.14—2008 GB/T 2951.31—2008
2	外套厚度	GB/T 2951.11—2008
3	酸性腐蚀性气体（适用时）	GB/T 17650.2—2021
4	电压试验	GB/T 13033.1—2007
5	阻燃试验	GB/T 18380.12—2022 或 GB 31247—2014
6	烟密度试验	GB/T 17651.2—2021

3.4　型式试验

如卖方已对相同或相近（仅限于外套不同或有无）型号的电缆按同一标准进行过型式试验，并且符合本技术规范书第1.2.4条的规定，则可用检测报告代替。如不符合，买方有权要求卖方到买方认可的具有资质的第三方专业检测机构重做型式试验，费用由卖方负责。重做的型式试验应按GB/T 13033.1—2007的表2及本技术规范书要求进行。

3.5　终端构成与试验

终端通常包含一个封端和一个填料函或者一个组合的封端/填料函装置。

3.5.1　封端

封端由一种隔潮密封的部件构成，即用任一适当的方法（如熔接或钎焊）把保护导体连接到一金属密封罐上，或把它连接到能在电缆护套上直接使用的其他形式的金属配件上（如夹子或接线端子）。若提供机械保护，保护导体的截面积应不小于 2.5mm²；若不提供机械保护，保护导体的截面积应不小于 4mm²。同时，配件应满足 GB/T 13033.2—2007 第 6.4.1 条接地连续性试验的要求。

封端应按 GB/T 13033.2—2007 第 6.2 条的规定进行相关试验。

3.5.2　填料函

填料函是组成终端的一部分，用在电缆穿入处固定电缆。填料函可以采用任何合适的材料，只要确保无电化学腐蚀，并符合 GB/T 13033.2—2007 第 6.3.1 条规定的拉力试验要求。

3.5.3　密封料

终端密封料密封完后应符合 GB/T 13033.2—2007 第 6.2.1 条电压试验和第 6.2.2 条绝缘电阻试验的要求。

3.5.4　导体外露部分绝缘套管

导体外露绝缘套管材料的最高工作温度应不低于封端的最高工作温度。

3.5.5　封端试验

3.5.5.1　电压试验：轻型电缆封端经受 2000V 电压，试验持续时间 5min，试样应不击穿；重型电缆封端经受 2500V 电压，试验持续时间 5min，试样应不击穿。

3.5.5.2　绝缘电阻试验：用 80～500V 的直流电压施加到导体间及全部导体束在一起与护套间测得的绝缘电阻不少于 100MΩ。

3.5.5.3　绝缘完整性试验：经 GB/T 13033.2—2007 第 6.2.2 条绝缘电阻试验的封端，在 GB/T 13033.2—2007 第 6.2.4 条和第 6.2.5 条规定的环境试验后，进行本项绝缘完整性试验。在试样导体及全部导体束在一起与地之间施加相当于电缆额定电压的试验电压，时间为 5min，绝缘应不击穿。

3.5.5.4　最高工作温度试验：试样加热到比制造厂规定的最高温度高 5～10℃，在此温度下，试样应通过 GB/T 13033.2—2007 第 6.2.3 条规定的绝缘完整性试验，施加 80～500V 直流电压，测量其绝缘电阻应不小于 1MΩ。

3.5.5.5　温度循环试验：试样应加热到比制造厂规定的最高工作温度高 5～10℃，并在该温度下保持（16±1）h，然后移至冷冻箱，并在制造厂规定的最低工作温度±5℃下保持（8±1）h，该循环重复 20 次。20 次循环后应使试样恢复到室温，然后放入（25±5）℃、相对湿度（95±5）% 的潮湿箱中（16±1）h，从潮湿箱中取出后，除去表面水分，试样应通过 GB/T 13033.2—2007 第 6.2.2 条和第 6.2.3 条规定的试验。

3.6　印刷标志耐擦试验

成品表面应连续凸印或喷印厂名、型号、电压、芯数、导体截面积、制造年份和计米长度标志，标志字迹应清楚、容易辨认、耐擦，达到 GB/T 6995.3—2008 的要求。

3.7　目的地检查

3.7.1　在货物到达目的地以后，买卖双方在目的地按提货单对所收到的货物的数量进行核对，并检查货物在装运和卸货时是否有损坏。

3.7.2　若货物的数量、外观情况与合同不符，卖方应按买方要求免费改正或替换货物。

4.技术服务、工厂检验和监造及验收

4.1　技术服务

卖方应提供所承诺的并经买方最终确认的现场服务。

4.1.1　卖方在工程现场的服务人员称为卖方的现场代表。在产品进行现场安装前，卖方应提供现场代表的名单、资质供买方认可。

4.1.2　卖方的现场代表应具备相应的资质和经验，以督导安装、调试、投运等其他各方面工作，并对施工质量负责。卖方应指定一名本工程的现场首席代表，其作为卖方的全权代表应具有整个工程的代表权和决定权，买方与首席代表的一切联系均应视为与卖方的直接联系。在现场安装调试及验收期间，应至少有一名现场代表留在现场。

4.1.3　当买方认为现场代表的服务不能满足工程需要时，可取消对其资质的认可，卖方应及时提出替代的现场代表供买方认可，卖方承担由此引起的一切费用。因下列原因而使现场服务的时间和人员数量增加，所引起的一切费用由卖方承担：

1）产品质量原因；

2）现场代表的健康原因；

3）卖方自行要求增加人、日数。

4.1.4　卖方应提供现场技术服务承诺表，见表 A-5。

表 A-5　卖方现场技术服务承诺表

序号	技术服务内容	总计划天数/天	派出人员构成		备注
			职称	人数	
1	到货时，对产品外观及数量进行检验				
2	对使用单位的技术人员、设备操作人员和维护人员进行技术培训				
3	设备安装期间，进行现场安装指导				
4	质保期内，更换损坏的元配件				
5	设备投运后，保证售后服务响应时间				

4.1.5　卖方应提供现场服务人员基本情况表，见表 A-6。

表 A-6　卖方现场服务人员基本情况表

一、基本情况					
姓名		性别		年龄	
学历		岗位		职称	
二、经验能力					
工作年限		擅长领域			
工作经历					
荣誉奖项					
三、服务业绩					
主要服务项目					
投标人签章	我公司郑重承诺上述内容属实。 投标人名称（盖章）：				

注：如有多名现场服务人员，按照本表要求填写并依次提交。

4.2　工厂检验及监造

4.2.1　卖方应在工厂生产开始前 7 天用信件、电传或电子邮件通知买方。买方将派出代表或委托第三方（统称质量监督控制方）到生产厂家为货物生产进行监造和为检验做监证。

4.2.2　质量监督控制方自始至终应有权进入制造产品的工厂和现场，卖方应向质量监督控制方提供充分的方便，以使其不受限制地检查卖方所必须进行的检验和在生产过程中进行质量监造。买方的检查和监造并不代替或减轻卖方对检验结果和生产质量所负担的责任。

4.2.3　在产品制造过程的开始和各阶段之前，卖方应随时向买方进行报告，以便能安排监造和检验。

4.2.4　除非买方用书面通知免于产品监造或工厂检验监证，否则不应有未经质量监督控制方监造或工厂检验监证的货物从制造厂发出，在任何情况下都只能在圆满地完成本规范中所规定的产品监造和工厂检验监证之后，才能发运这些货物。

4.2.5　若买方不派质量监督控制方参加上述试验，卖方应在接到买方不派人员到卖方和（或）其分包商工厂的通知后，或买方未按时派遣人员参加的情况下，自行组织检验。

4.2.6　货物装运之前，应向买方提交检验报告，相关要求由供需双方协商确定。

4.3　验收

4.3.1　每盘电缆都应附有产品质量验收合格证和出厂试验报告。

4.3.2　买卖双方联合进行到货后的包装及外观检查，如目测包装破损、挤压情况及破损、挤压部位电缆的机械损伤情况，当外观检查有怀疑时，应进行受潮判断或试验。有异常时，双方根据实际情况协商处理。

4.3.3　买卖双方联合进行产品结构尺寸检查验收。

4.3.4　如有可能，买卖双方联合按有关规定进行抽样试验。

5. 产品标志、包装、运输和保管

5.1　成品电缆的护套表面上应有制造厂名、产品型号、额定电压、芯数及规格、计米长度和制造年月的连续标志，标志应字迹清楚、清晰耐磨。

5.2　电缆允许成圈或成盘交付。成盘交付时，电缆应卷绕在符合 JB/T 8137.1~4—2013 规定的电缆盘上交货，每个电缆盘上只能卷绕一根电缆。电缆的两端应采用防潮帽密封并牢靠地固定在电缆盘上。

5.3　如果有必要，经双方书面约定，在每盘电缆的外侧端可以装有经买方认可的敷设电缆时牵引用的拉眼或牵引螺栓。拉眼或牵引螺栓与电缆导体的连接，应能满足敷设电缆时的牵引方式和牵引该长度的电缆所需的机械强度。对机械强度的要求应由买方与卖方协商确定。

5.4　电缆盘的结构应牢固，筒体部分应采用钢结构。电缆卷绕在电缆盘上后，用护板保护，护板可以用木板或钢板。在护板与最外层电缆间应覆盖一层瓦楞纸或珍珠棉等软性缓冲、隔离材料，以防运输或搬运过程中损伤电缆外护套。如采用木护板，在其外表面还应用金属带扎紧；如采用钢护板，则宜采用轧边或螺栓与电缆盘固定，而不应采用焊接固定。盘具的相关要求应符合 JB/T 8137.1~4—2013 的规定。

5.5　在运输电缆时，卖方应采取必要的防滚动、挤压、撞击措施，例如将电缆盘固定在木托盘上。卖方应对由于未将电缆或电缆盘正确地扣紧、密封、包装和固定而造成的电缆损伤负责。

5.6　电缆盘在装卸时应采用合适的装卸方式与工具，以免损坏电缆。

5.7　在电缆盘上应有下列文字和符号标志：

1）合同号、电缆盘号；

2）收货单位；

3）目的口岸或到站；

4）产品名称和型号规格；

5）电缆的额定电压；

6）电缆长度；

7）表示搬运电缆盘正确滚动方向的箭头和起吊点的符号；

8）必要的警告文字和符号；

9）供方名称和制造日期；

10）外形尺寸、毛重和净重。

5.8　应注意电缆的弯曲半径，宜选择大筒径电缆盘具。凡由于卖方包装不当、包装不合理致使货物遭到损坏或变形，无法安装敷设时，不论在何时何地发现，一经证实，卖方均应负责及时修理、更换或赔偿。在运输中如发生货物损坏和丢失，卖方负责与承运部门及保险公司交涉，同时卖方应尽快向买方补供货物以满足工程建设进度需要。

5.9　卖方应在货物装运前7天，以传真形式将每批待交货电缆的型号、规格、数量、质量、交货方式及地点通知买方。

6. 投标时应提供的其他资料

6.1　提供全套电缆的抽样试验报告和型式试验报告。

6.2　提供电缆的结构尺寸和技术参数（见专用技术规范部分）。

6.3　提供氧化镁矿物绝缘铜护套电缆的供货记录（见表A-7），对于与供货类似的电缆曾发生故障或缺陷的事例，投标人应如实提供反映实况的调查分析等书面资料。

6.4　提供对于因某些特殊原因造成交货时间延误而采取相应补救措施的应急预案。

6.5　提供电缆工艺控制一览表（见表A-8）、主要生产设备清单及用途（见表A-9）、主要试验设备清单及用途（见表A-10）和本工程人力资源配置表（见表A-11）。

表 A-7　三年以来的主要供货记录

序号	工程名称	产品型号	供货数量	供货时间	投运时间	用户名称	联系人	联系方式
合计								

注：本表所列业绩为投标人近三年主要的供货业绩，且均须提供最终用户证明材料。

表 A-8　电缆工艺控制一览表

工艺环节	控制点	控制目标	控制措施
导体工艺			
绝缘工艺			
铜护套工艺			
非金属护套工艺			
不限于上述项目			

表 A-9　主要生产设备清单及用途

序号	设备名称	型号	台数	安装投运时间	用途

表 A-10　主要试验设备清单及用途

序号	设备名称	型号	台数	安装投运时间	用途

表 A-11　本工程人力资源配置表

序号	姓名	职称/职务	本工程岗位职责	类似工程岗位工作年限

第二部分　专用技术规范

1. 技术参数和性能要求

投标人应认真填写表 A-12 ~ 表 A-14 中的投标人保证值，不能空着，也不能以类似"响应""承诺"等字样代替。不允许改动招标人要求值。如有偏差，请填写表 A-21（技术偏差表）。

1.1 氧化镁矿物绝缘铜护套电缆的结构参数

氧化镁矿物绝缘铜护套电缆的结构参数见表 A-12。

1.2 氧化镁矿物绝缘铜护套电缆的电气及其他技术参数

氧化镁矿物绝缘铜护套电缆的电气及其他技术参数见表 A-13。

1.3 带外套的氧化镁矿物绝缘铜护套电缆的非电气技术参数

带外套的氧化镁矿物绝缘铜护套电缆的非电气技术参数见表 A-14。

表 A-12 氧化镁矿物绝缘铜护套电缆的结构参数

序号	项目		单位	标准参数值	投标人保证值	备注
1	电缆型号			以 WD – BTTYZ – 750 为例		
2	导体	材料		铜	（投标人填写）	
		材料生产厂及牌号		（投标人提供）	（投标人填写）	
		芯数×标称截面积	芯×mm²	2×1.0	（投标人填写）	对应1.0截面
				2×1.5	（投标人填写）	对应1.5截面
				2×2.5	（投标人填写）	对应2.5截面
		结构形式		圆形实心	（投标人填写）	
		导体外径	mm	（项目单位填写）	（投标人填写）	对应1.0截面
				（项目单位填写）	（投标人填写）	对应1.5截面
				（项目单位填写）	（投标人填写）	对应2.5截面
3	绝缘	材料		氧化镁	（投标人填写）	
		材料生产厂及牌号		（投标人提供）	（投标人填写）	
		标称厚度	mm	（项目单位填写）	（投标人填写）	对应1.0截面
				（项目单位填写）	（投标人填写）	对应1.5截面
				（项目单位填写）	（投标人填写）	对应2.5截面
		最薄点厚度不小于	mm	（项目单位填写）	（投标人填写）	对应1.0截面
				（项目单位填写）	（投标人填写）	对应1.5截面
				（项目单位填写）	（投标人填写）	对应2.5截面
4	铜护套	材料		铜	（投标人填写）	
		材料生产厂及牌号		（投标人提供）	（投标人填写）	
		标称厚度	mm	（项目单位填写）	（投标人填写）	对应1.0截面
				（项目单位填写）	（投标人填写）	对应1.5截面
				（项目单位填写）	（投标人填写）	对应2.5截面
		最薄点厚度不小于	mm	（项目单位填写）	（投标人填写）	对应1.0截面
				（项目单位填写）	（投标人填写）	对应1.5截面
				（项目单位填写）	（投标人填写）	对应2.5截面
		铜护套外径和椭圆度	mm	（项目单位填写）	（投标人填写）	对应1.0截面
				（项目单位填写）	（投标人填写）	对应1.5截面
				（项目单位填写）	（投标人填写）	对应2.5截面

（续）

序号	项目		单位	标准参数值	投标人保证值	备注
5	防腐外套	材料		无卤低烟聚烯烃	（投标人填写）	
		材料生产厂及牌号		（投标人提供）	（投标人填写）	
		标称厚度	mm	（项目单位填写）	（投标人填写）	对应1.0截面
				（项目单位填写）	（投标人填写）	对应1.5截面
				（项目单位填写）	（投标人填写）	对应2.5截面
		最薄点厚度不小于	mm	（项目单位填写）	（投标人填写）	对应1.0截面
				（项目单位填写）	（投标人填写）	对应1.5截面
				（项目单位填写）	（投标人填写）	对应2.5截面
6	电缆外径		mm	（项目单位填写）	（投标人填写）	对应1.0截面
			mm	（项目单位填写）	（投标人填写）	对应1.5截面
			mm	（项目单位填写）	（投标人填写）	对应2.5截面

表 A-13　氧化镁矿物绝缘铜护套电缆的电气及其他技术参数

序号	项目	单位	标准参数值	投标人保证值	备注
1	电缆型号		以 WD – BTTYZ – 750 为例		
2	20℃时导体电阻	Ω/km	≤18.1	（投标人填写）	对应1.0截面
			≤12.1	（投标人填写）	对应1.5截面
			≤7.41	（投标人填写）	对应2.5截面
3	绝缘电阻	MΩ·km	≥1000	（投标人填写）	
4	导体长期允许工作温度	℃	90	（投标人填写）	正常运行时的最高允许温度
5	20℃时铜护套电阻	Ω/km	≤2.19	（投标人填写）	对应1.0截面
			≤1.90	（投标人填写）	对应1.5截面
			≤1.63	（投标人填写）	对应2.5截面
6	铜护套完整性试验	kV/min	2.5	（投标人填写）	对应750V
7	外套火花试验	kV	（项目单位填写）	（投标人填写）	对应1.0截面
			（项目单位填写）	（投标人填写）	对应1.5截面
			（项目单位填写）	（投标人填写）	对应2.5截面
8	电压试验（1min）	kV	2.5		
9	电缆盘尺寸	mm	（项目单位填写）	（投标人填写）	
10	电缆敷设时的最小弯曲半径	m	（项目单位填写）	（投标人填写）	
11	电缆敷设时的最大牵引力	N/mm^2	（项目单位填写）	（投标人填写）	
12	电缆敷设时的最大侧压力	N/m	（项目单位填写）	（投标人填写）	

（续）

序号	项目		单位	标准参数值	投标人保证值	备注
13	弯曲试验检查			弯曲试验后，目测检查，金属护套无裂纹；然后进行耐压试验，不击穿	（投标人填写）	
14	压扁试验检查			弯曲试验后，目测检查，金属护套无裂纹；然后进行耐压试验，不击穿	（投标人填写）	
15	电缆重量		kg/m	（项目单位填写）	（投标人填写）	
16	电缆敷设时允许的最低环境温度		℃	（项目单位填写）	（投标人填写）	
17	电缆在正常使用条件下的寿命		年	（项目单位填写）	（投标人填写）	
18	pH 值（最小值）			4.3	（投标人填写）	适用时
19	电导率（最大值）		μS/mm	10	（投标人填写）	适用时
20	烟密度（最小透光率）		%	60	（投标人填写）	适用时
21	耐火性能	所有外径		符合 GB/T 19216.21—2003	（投标人填写）	依据 GB/T 13033.1—2007
22	耐火性能（该项耐火试验的方法不同于 GB/T 13033.1—2007 的规定，会影响产品的其他性能，由采购人根据项目要求选择该产品耐火性能的试验方法）	产品实测外径 D≤20mm		受火 950℃、180min 后，线路保持完整	（投标人填写）	依据 BS 6387：2013 协议 C 规定
				受火 650℃、15min 后，洒水并继续受火 15min，线路保持完整	（投标人填写）	依据 BS 6387：2013 协议 W 规定
				受火 950℃ 和冲击 15min 后，线路保持完整	（投标人填写）	依据 BS 6387：2013 协议 Z 规定
		产品实测外径 D>20mm		参照 BS 8491：2008	（投标人填写）	选用的火焰温度为 950 ~ 1000℃，燃烧时间为 120min

表 A-14　带外套的氧化镁矿物绝缘铜护套电缆的非电气技术参数

序号	项目		单位	标准参数值	投标人保证值	备注
1	电缆型号			以 WD - BTTYZ - 750 为例		
2	外套	外套材料		无卤低烟聚烯烃	（投标人填写）	
		热冲击试验		不开裂	（投标人填写）	
		低温冲击试验		不开裂	（投标人填写）	

2. 项目需求部分

2.1　货物需求及供货范围一览表

货物需求及供货范围一览表见表 A-15。

表 A-15　货物需求及供货范围一览表

序号	材料名称	单位	项目单位需求		投标人响应		备注
			型号规格	数量	型号规格	数量	
1							
2							
3							
……							

2.2　必备的备品备件、专用工具和仪器仪表供货表

必备的备品备件、专用工具和仪器仪表供货表见表 A-16。

表 A-16　必备的备品备件、专用工具和仪器仪表供货表

序号	名称	单位	项目单位要求		投标人响应		备注
			型号规格	数量	型号规格	数量	
1							
2							
3							
……							

2.3　投标人应提供的有关资料

2.3.1　在投标过程中，投标人应根据项目要求提供设计图样及资料表，依据招标文件对设计图样及资料进行响应。投标人应提供的设计图样及资料一览表见表 A-17。

表 A-17　投标人应提供的设计图样及资料一览表

文件资料名称	提交份数	交付时间
1）有关设计资料		
电缆结构图及说明	6	交货前
电缆盘结构图	6	交货前
牵引头和封帽的结构图（如果有约定）	6	交货前
线盘包装图	6	交货前
线盘起吊尺寸图	6	交货前
2）电缆放线说明	6	交货前
3）型式试验报告及出厂试验报告		
根据电缆的不同要求提供不同的型式试验报告	6	交货前

2.3.2　上述资料要求为中文版本。

2.4　工程概况

2.4.1　项目名称：_____。

2.4.2　项目单位：_____。

2.4.3　项目设计单位：_____。

2.4.4　本工程_____电缆自_____至_____，电缆路径长度分别为_____m，电缆敷设于_____和_____。

2.4.5　电缆的名称、型号规格：_____。

2.5　使用条件

2.5.1　使用环境条件

使用环境条件见表 A-18。

表 A-18　使用环境条件

名称			参数值
海拔			不超过_____m
环境温度和湿度	最高气温		_____℃
	最低气温	户外	_____℃
		户内	_____℃
	最热月平均温度		_____℃
	最冷月平均温度		_____℃
	环境相对湿度		_____（25℃）
月平均最高相对湿度			_____%（25℃下）
日照强度			_____W/cm²
敷设条件、安装位置及环境			
电缆敷设方式（多种方式并存时选择载流量最小的一种方式）			（投标人提供）
电缆直接敷设安装位置			（项目单位填写）
是否按长期积水考虑			（项目单位确定）
电缆允许敷设温度			敷设电缆时，电缆允许敷设最低温度、敷设前24h内的平均温度以及敷设现场的温度不低于_____℃（项目单位填写）

2.5.2　使用技术条件

使用技术条件见表 A-19。

表 A-19　使用技术条件

名称	参数值
1）电缆工作电压	
额定工作电压（轻型）	500V
额定工作电压（重型）	750V
2）额定频率	50Hz
3）最小弯曲半径	
敷设安装时	＿＿＿倍电缆平均外径
电缆运行时	＿＿＿倍电缆平均外径
4）运行温度	
长期正常运行	聚氯乙烯外套电缆：70℃ 聚烯烃外套电缆：90℃ 无非金属外套电缆：250℃
短路（最长时间5s）	250℃

注：厂家如有特殊要求，请详细提供。

2.6　项目单位技术差异表

项目单位原则上不能改动通用部分条款及专用部分固化的参数，根据工程实际情况，使用条件及相关技术参数如有差异，应逐项在项目单位技术差异表（见表 A-20）中列出。

表 A-20　项目单位技术差异表（项目单位填写）

序号	项目	标准参数值	项目单位要求值	投标人保证值
1				
2				
3				
……				

序号	项目	变更条款页码、编号	原表达	变更后表达
1				
2				
3				
……				

注：本表是对技术规范的补充和修改，如有冲突，应以本表为准。

3. 投标人响应部分

3.1　技术偏差

投标人应认真填写表 A-12～表 A-14 中的投标人保证值，不能空着，也不能以"响应"两字代替。不允许改动招标人要求值。若有技术偏差，投标人应如实、认真地填写偏差值于表 A-21 内；若无技术偏差，则视为完全满足本规范的要求，且在技术偏差表中填写"无偏差"。

表 A-21　技术偏差表

序号	项目	对应条款编号	技术规范要求	偏差	备注
1					
2					
3					
4					
5					
……					

3.2　投标产品的销售及运行业绩表

投标产品的销售及运行业绩表见表 A-22。

表 A-22　投标产品的销售及运行业绩表

序号	工程名称	产品型号	供货数量	供货时间	投运时间	用户名称	联系人	联系方式
1								
2								
3								
4								
5								
……								

注：本表所列业绩为投标人近三年所投标产品的销售运行业绩，而且均必须提供最终用户证明材料。

3.3　主要原材料产地清单

主要原材料产地清单见表 A-23。

表 A-23　主要原材料产地清单

序号	材料名称	型号	特性/指标	厂家	备注
1					
2					
3					
4					
5					
……					

3.4　推荐的备品备件、专用工具和仪器仪表供货表

推荐的备品备件、专用工具和仪器仪表供货表见表 A-24。

表 A-24　推荐的备品备件、专用工具和仪器仪表供货表

序号	名称	型号规格	单位	数量	备注
1					
2					
3					
4					
5					
……					

第三部分　附录

附录 A-1　氧化镁矿物绝缘铜护套电缆的种类和型号（规范性附录）

1. 氧化镁矿物绝缘铜护套电缆的种类

氧化镁矿物绝缘铜护套电缆有多种分类方法，可按导体标称截面积、结构特征、可选外套及阻燃特性等进行分类，现分述如下：

（1）按导体标称截面积分类　氧化镁矿物绝缘铜护套电缆的导体是按一定等级的标称截面积制造的，这样既便于生产，也便于施工。我国氧化镁矿物绝缘铜护套电缆常用的标称截面积为 $1.0mm^2$、$1.5mm^2$、$2.5mm^2$、$4mm^2$、$6mm^2$、$10mm^2$、$16mm^2$、$25mm^2$、$35mm^2$、$50mm^2$、$70mm^2$、$95mm^2$、$120mm^2$、$150mm^2$、$185mm^2$、$240mm^2$、$300mm^2$ 和 $400mm^2$。

（2）按结构特征分类　氧化镁矿物绝缘铜护套电缆按照结构特征可分为轻型和重型氧化镁矿物绝缘铜护套电缆。

（3）按可选外套及阻燃特性分类　氧化镁矿物绝缘铜护套电缆按可选外套及阻燃特性可分为聚氯乙烯外套电缆、聚烯烃外套电缆和无卤低烟外套电缆。

2. 氧化镁矿物绝缘铜护套电缆的命名方式与常用型号规格

1）氧化镁矿物绝缘铜护套电缆的代号及其含义见表 A-25。

表 A-25　氧化镁矿物绝缘铜护套电缆的代号及其含义

名称	代号	含义
系列代号	B	布线用矿物绝缘电缆
导体代号	T	铜导体
护套代号	T	铜护套
	TH	铜合金护套

（续）

名称	代号	含义
外套代号	V	聚氯乙烯外套
	Y	聚烯烃外套
结构特征代号	Q	轻型
	Z	重型
阻燃特性代号	WD	无卤低烟

2）氧化镁矿物绝缘铜护套电缆产品的表示方法如图 A-1 所示。

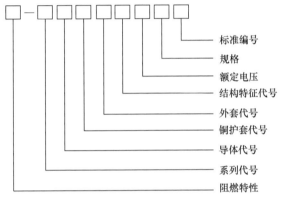

图 A-1　氧化镁矿物绝缘铜护套电缆产品的表示方法

产品表示示例：

① 轻型铜芯铜护套矿物绝缘电缆，额定电压为 500V，单芯，1.5mm²，表示为

BTTQ – 500 1×1.5 GB/T 13033.1—2007

② 重型铜芯铜护套矿物绝缘无卤低烟聚烯烃外套电缆，额定电压为 750V，单芯，120mm²，表示为

WD – BTTYZ – 750 1×120 GB/T 13033.1—2007

3）氧化镁矿物绝缘铜护套电缆的常用型号及其名称见表 A-26。

表 A-26　氧化镁矿物绝缘铜护套电缆的常用型号及其名称

型号	名　　　称
BTTQ	轻型铜芯铜护套矿物绝缘电缆
BTTVQ	轻型铜芯铜护套矿物绝缘聚氯乙烯外套电缆
BTTYQ	轻型铜芯铜护套矿物绝缘聚烯烃外套电缆
WD – BTTYQ	轻型铜芯铜护套矿物绝缘无卤低烟聚烯烃外套电缆
BTTZ	重型铜芯铜护套矿物绝缘电缆
BTTVZ	重型铜芯铜护套矿物绝缘聚氯乙烯外套电缆
BTTYZ	重型铜芯铜护套矿物绝缘聚烯烃外套电缆
WD – BTTYZ	重型铜芯铜护套矿物绝缘无卤低烟聚烯烃外套电缆

4）氧化镁矿物绝缘铜护套电缆的规格见表 A-27。

表 A-27　氧化镁矿物绝缘铜护套电缆的规格

额定电压/V	导体标称截面积/mm²						
	1 芯	2 芯	3 芯	4 芯	7 芯	12 芯	19 芯
500	1~4	1~4	1~2.5	1~2.5	1~2.5	—	—
750	1~400	1~25	1~25	1~25	1~4	1~2.5	1~1.5

3. 典型产品的结构

氧化镁矿物绝缘铜护套电缆由导体、绝缘层和铜护套三部分组成，还可根据需要挤制一层塑料外套。

1）单芯氧化镁矿物绝缘铜护套电缆的结构示意图如图 A-2 所示。

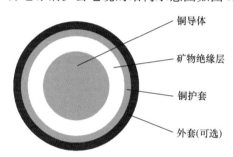

铜导体
矿物绝缘层
铜护套
外套(可选)

图 A-2　单芯氧化镁矿物绝缘铜护套电缆的结构示意图

2）多芯氧化镁矿物绝缘铜护套电缆的结构示意图如图 A-3 所示。

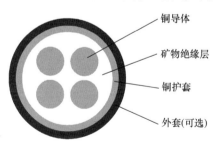

铜导体
矿物绝缘层
铜护套
外套(可选)

图 A-3　多芯氧化镁矿物绝缘铜护套电缆的结构示意图

附录 A-2　氧化镁矿物绝缘铜护套电缆技术规范书
编制说明和重点提示（资料性附录）

1. 编制说明

本产品技术规范书遵循 GB/T 13033.1—2007 编制，旨在方便广大采购人在招标采购时参考借鉴。

2. 重点提示

1）额定电压750V及以下氧化镁矿物绝缘铜护套电缆主要由铜导体、氧化镁粉、铜护套组成，主要原材料的品质和生产装备的先进性对产品质量起决定性作用。建议采购人对潜在中标人重点关注以下方面：

① 氧化镁粉等主要原材料的来源与质量保障；

② 生产装备的先进性；

③ 产品型式试验报告、耐火试验报告和运行业绩。

2）鉴于产品使用场合不同，采购人可以根据自身项目的特点，在 GB/T 13033.1—2007 的基础上提高产品的某些性能要求，常见要求如下：

① 耐火试验方法：将标准规定不低于750℃的受火温度提升至950℃，即成品电缆按照 GB/T 19216.21—2003 的规定进行耐火试验，燃烧时间180min，火焰温度950℃，线路保持完整。按照 BS 6387：2013 或 BS 8491：2008 的规定进行试验。对于产品实测外径小于或等于20mm的成品电缆，采用同一根试样先后按照 BS 6387：2013 规定的协议 C、协议 W 和协议 Z 进行试验，线路应保持完整（即协议 C 单纯耐火，受火950℃、180min后，线路保持完整；协议 W 耐火防水，受火650℃、15min洒水后，继续受火15min，线路保持完整；协议 Z 耐火耐冲击，受火950℃和冲击15min后，线路保持完整）；对于产品实测外径大于20mm的成品电缆，按照 BS 8491：2008 的规定进行试验，线路应保持完整。具体要求参见表 A-13 的第22项。

② 燃烧特性要求：如有外套产品，按照 GB 31247—2014 的规定至少满足 B_1 级的要求。

3）采购人根据项目重要程度，可对投标人产品运行业绩提出要求，例如近三年至少有氧化镁矿物绝缘铜护套电缆产品运行业绩。

4）采购人根据项目重要程度，可对投标人产品"通过 CQC 产品认证"提出要求。

5）采购人根据项目重要程度，可对投标人产品型式试验报告日期提出要求，例如第三方专业检测机构出具的不超过5年的与所招标型号规格相同或相近的氧化镁矿物绝缘铜护套电缆型式试验（检验）报告。

3. 产品主要构成材料及供应商

经本手册编委会多位编委共同举荐和物资云实地验厂考评，企业产品与服务在细分领域享有较大市场份额和良好口碑，具有较强的技术实力和企业社会责任，承诺向社会提供实地验厂与产品质量溯源的供应商见表 A-28。

表 A-28　产品主要构成材料及供应商

序号	材料名称	构成单元	供应商	备注
1	氧化镁	绝缘	桓仁东方红镁业有限公司	
2			大石桥市美尔镁制品有限公司	
3			辽宁利合实业有限公司	

注：产品与品牌评价模型详见《耐火电缆设计与采购手册》相关章节，名录会根据企业征信情况持续更新，仅供参考。

附录 A-3　氧化镁矿物绝缘铜护套电缆国内主要制造企业名录及投产年份（资料性附录）

■ 执行标准：GB/T 13033.1—2007。

■ 主要型号：BTTZ、BTTQ、BTTVZ、BTTVQ。

■ 信息更新日期：2021 年 8 月。

序号	所在省市	企业名称	投产年份	备注
1	安徽	安徽天康（集团）股份有限公司	2013	
2	福建	福建省南平南线电力电缆有限公司	2020	
3	广东	广东电缆厂有限公司	2019	
4	江苏	江苏东峰电缆有限公司	2018	
5	江苏	无锡裕德电缆科技有限公司	2011	
6	江苏	远程电缆股份有限公司	2004	
7	辽宁	辽宁津达线缆有限公司	2019	
8	山东	青岛汉缆股份有限公司	2018	
9	上海	上海胜华电气股份有限公司	2008	
10	上海	上海永进电缆（集团）有限公司	2019	
11	浙江	杭州电缆股份有限公司	2018	
12	浙江	久盛电气股份有限公司	2005	
13	浙江	浙江元通线缆制造有限公司	2016	
14	重庆	重庆科宝电缆股份有限公司	2013	
15	重庆	重庆三峡电缆（集团）有限公司	2013	

注：1. 本系列产品制造企业名录本着"公开征集、自愿申报"的原则，由《耐火电缆设计与采购手册》编委会整理发布。

2. 本系列产品当前制造工艺主要有：预制瓷柱装配、铜管拉拔、轧制工艺；自动灌装、铜管拉拔、轧制工艺；自动灌装、铜带连续焊接工艺。

3. 本系列产品制造企业最新名录及其联系人与联系方式、企业产品的制造工艺等，可登录物资云（wuzi.cn）在供应商寻源频道在线查询。

附录 B 额定电压 0.6/1kV 及以下云母带矿物绝缘波纹铜护套电缆技术规范书

第一部分 通用技术规范

1. 总则

1.1 一般规定

1.1.1 本规范涉及的产品为符合 GB/T 34926—2017 规定的额定电压 0.6/1kV 及以下云母带矿物绝缘波纹铜护套电缆及其附件。

1.1.2 投标人应具备招标公告所要求的资质，具体资质要求详见招标文件的商务部分。

1.1.3 投标人或供货商应具有设计、制造额定电压 0.6/1kV 及以下云母带矿物绝缘波纹铜护套电缆（以下简称云母带矿物绝缘波纹铜护套电缆）产品的能力，且产品的使用条件应与本项目相类似或较规定的条件更严格。

1.1.4 投标人应仔细阅读招标文件，包括商务部分和技术部分的所有规定。由投标人提供的云母带矿物绝缘波纹铜护套电缆应与本规范中规定的要求相一致。卖方应仔细阅读包括本规范在内的招标文件中的所有条款。卖方所提供货物的技术规范应符合招标文件的要求。

1.1.5 本规范提出了对云母带矿物绝缘波纹铜护套电缆在技术上的规范和说明。

1.1.6 如果投标人没有以书面形式对本规范的条文提出异议，则意味着投标人提供的产品完全符合本技术规范书的要求。如有偏差，应在投标文件中以技术专用部分规定的格式进行描述。

1.1.7 本规范所使用的标准如与投标人所执行的标准不一致，按较高标准执行。

1.1.8 本规范将作为订货合同的附件。本规范未尽事宜，由合同双方在合同技术谈判时协商确定。

1.1.9 本规范中涉及的有关商务方面的内容，如与招标文件的商务部分有冲突，以招标文件的商务部分为准。

1.1.10 本规范中的规定如与技术规范专用部分有冲突，以技术规范专用部分为准。

1.1.11 本规范提出的是最低限度的技术要求，并未对一切技术细节做出规定，也未充分引述有关标准和规范的条文，投标人应提供符合 GB/T 34926—2017 和本规范要求的优质产品。

1.2　投标人应提供的资格文件

下述内容列明了对投标人资质的基本要求，投标人应按下面所要求的内容和顺序提供翔实的投标资料，否则视为非响应性投标。基本资质不满足要求、投标资料不翔实或严重漏项将导致废标。

1.2.1　拥有具有认证认可资质的机构颁发的在有效期内的 ISO9001 质量管理体系认证证书或等同的质量管理体系认证证书，以及 CQC 产品认证证书（采购人根据项目特点决定是否采用）。

1.2.2　具有履行合同所需的技术能力、生产能力和检测能力，并形成文件资料。还需提供云母带绝缘一次绕包成型设备和去湿烘干设备（特别是环境湿度比较大的地区或季节，去湿烘干是必要的），氩弧焊轧纹生产线，以及满足 BS 6387：2013、BS 8491：2008、GB/T 19666—2019 规定的耐火试验设备的购置合同及发票。

1.2.3　有履行合同产品维护保养、修理及其他义务的能力，且有相关证明资料。

1.2.4　投标人应提供招标方/买方认可的第三方专业检测机构出具的与所招标型号规格相同或相近的云母带矿物绝缘波纹铜护套电缆型式试验（检验）报告，检测项目应符合 GB/T 34926—2017 规定的型式试验项目。

1.2.5　投标人所提供的组部件和主要材料如需向外协单位外购，投标人应列出外协单位清单并就其质量做出承诺，同时提供外协单位相应的资质证明材料、长期供货合同、产品质量检验报告和投标人的进厂验收证明。

1.3　工作范围和进度要求

1.3.1　本规范适用于所有采购的云母带矿物绝缘波纹铜护套电缆，具体范围如下：提供符合本技术规范要求的云母带矿物绝缘波纹铜护套电缆、相应的试验、工厂检验、试运行中的技术服务。

1.3.2　卖方应在合同签订后两周内向买方呈报生产进度表（合同电缆数量较大或合同电缆用于买方认为重要的项目时，双方签约时确认）。生产进度表应采用图表形式表达，必须包含设计、试验、材料采购、制造、工厂检验、抽样检验、包装及运输等内容，每项内容的细节应详尽（可不涉及供货企业技术秘密或诀窍）。

1.3.3　投标人应满足招标文件的交货时间要求。投标人对于因某些特殊原因造成的交货时间延误情况，应在投标文件中提供采取相应补救措施的应急预案。

1.4　对技术资料、图样、说明书和试验报告的要求

1.4.1　对技术资料和图样的要求

1.4.1.1　如有必要，工作开始之前，卖方应提供 6 份图样、设计资料和文件，并经买方批准。对于买方为满足本规范的要求直接做出的修改，卖方应重新提供修

改的文件。

1.4.1.2　卖方应在生产前 1 个月（特殊情况除外）将生产计划以书面形式通知买方，如果卖方在没有得到批准文件的情况下着手进行工作，卖方应对必要修改发生的费用承担全部责任。文件的批准应不会降低产品的质量，并且不因此减轻卖方为提供合格产品而承担的责任。

1.4.1.3　应在出厂试验开始前 1 个月提交详细试验安排表。

1.4.1.4　所有经批准的文件都应有对修改内容加标注的专栏，经修改的文件通知单应用红色箭头或其他清楚的形式指出修改的地方（注明更改前和更改后），并应在文件的适当地方写上买方的名称、标题、卖方的专责工程师的签名、准备日期和相应的文件编号。图样和文件的尺寸一般应为 210mm × 297mm（A4 纸），同时应将修改的图样和文件提交给买方。

1.4.2　产品说明书

1.4.2.1　提供云母带矿物绝缘波纹铜护套电缆的结构形式的简要概述及照片。

1.4.2.2　说明书应包括下列各项：型号，结构尺寸（附结构图），技术参数，适用范围，使用环境，安装、维护、运输、保管及其他需注意的事项等。

1.4.3　试验报告

1.4.3.1　随货附所有供货产品的出厂试验报告。

1.4.3.2　提供第三方专业检验机构出具的与所招标型号规格相同或相近的云母带矿物绝缘波纹铜护套电缆的型式试验（检验）报告，检测项目应符合产品标准规定的型式试验项目。

1.5　应满足的标准

1.5.1　除本规范特别规定外，卖方所提供的产品均应按下列标准和规范进行设计、制造、检验和安装。如对标准内容有争议，应按最高标准的条款执行或按双方商定的标准执行。如果卖方选用标书规定以外的标准，需提交与这种替换标准相当的或优于标书规定标准的证明，同时提供与标书规定标准的差异说明。

1.5.2　引用标准一览表见表 B-1。

下列标准对于本规范的应用是必不可少的，凡是标注日期的引用文件，仅标注日期的版本适用于本规范；凡是不标注日期的引用文件，其最新版本（包括所有的修改单）适用于本规范。同时，在与下述标准各方达成协议的基础上，鼓励研究采用下述标准最新版本的可能性。

表 B-1　引用标准一览表

序号	标准号	标准名称
1	GB/T 2951.11—2008	电缆和光缆绝缘和护套材料通用试验方法　第 11 部分：通用试验方法——厚度和外形尺寸测量——机械性能试验
2	GB/T 3048.4—2007	电线电缆电性能试验方法　第 4 部分：导体直流电阻试验

（续）

序号	标准号	标准名称
3	GB/T 3048.5—2007	电线电缆电性能试验方法　第5部分：绝缘电阻试验
4	GB/T 3048.8—2007	电线电缆电性能试验方法　第8部分：交流电压试验
5	GB/T 3956—2008	电缆的导体
6	GB/T 6995.3—2008	电线电缆识别标志方法　第3部分：电线电缆识别标志
7	GB/T 6995.5—2008	电线电缆识别标志方法　第5部分：电力电缆绝缘线芯识别标志
8	GB/T 9330—2020	塑料绝缘控制电缆
9	GB/T 12706.1—2020	额定电压1kV（U_m=1.2kV）到35kV（U_m=40.5kV）挤包绝缘电力电缆及附件 第1部分：额定电压1kV（U_m=1.2kV）和3kV（U_m=3.6kV）电缆
10	GB/T 17650.2—2021	取自电缆或光缆的材料燃烧时释出气体的试验方法　第2部分：酸度（用pH测量）和电导率的测定
11	GB/T 17651.2—2021	电缆或光缆在特定条件下燃烧的烟密度测定 第2部分：试验程序和要求
12	GB/T 18380.31—2022	电线和光缆在火焰条件下的燃烧试验 第31部分：垂直安装的成束电线电缆火焰垂直蔓延试验 试验装置
13	GB/T 18380.33—2008	电线和光缆在火焰条件下的燃烧试验 第33部分：垂直安装的成束电线电缆火焰垂直蔓延试验 A 类
14	GB/T 18380.34—2008	电线和光缆在火焰条件下的燃烧试验 第34部分：垂直安装的成束电线电缆火焰垂直蔓延试验 B 类
15	GB/T 18380.35—2022	电线和光缆在火焰条件下的燃烧试验 第35部分：垂直安装的成束电线电缆火焰垂直蔓延试验 C 类
16	GB/T 19666—2019	阻燃和耐火电线电缆或光缆通则
17	GB 31247—2014	电缆及光缆燃烧性能分级
18	GB/T 34926—2017	额定电压0.6/1kV 及以下云母带矿物绝缘波纹铜护套电缆及终端
19	JB/T 8137.1~4—2013	电线电缆交货盘
20	BS 6387：2013	在火焰条件下电缆线路完整性试验耐火试验方法（Test method for resistance to fire of cables required to maintain circuit integrity under fire conditions）
21	BS 8491：2008	用作烟和热控制系统及其他现役消防安全系统部件的大直径电力电缆的耐火完整性评估方法（Method for assessment of fire integrity of large diameter power cables for use as components for smoke and heat control systems and certain other active fire safety systems）

1.6　投标人应提交的技术参数和信息

1.6.1　投标人应按技术规范专用部分列举的项目逐项提供技术参数，投标人提供的技术参数应为产品的性能保证参数，这些参数将作为合同的一部分。如与招标人所要求的技术参数有差异，还应写入技术规范专用部分的技术偏差表中。

1.6.2　每个投标人应提供技术规范专用部分中要求的全部技术资料。

1.6.3　投标人需提供云母带矿物绝缘波纹铜护套电缆的特性参数和其他需要提供的信息。

1.7　备品备件

1.7.1　投标人可有偿提供安装时必需的备品备件。

1.7.2　招标人提出的运行维修时必需的备品备件，详见技术规范专用部分表 B-16。

1.7.3　投标人推荐的备品备件，详见技术规范专用部分表 B-24。

1.7.4　所有备品备件应为全新产品，与已经安装材料及设备的相应部件能够互换，具有相同的技术规范和相同的规格、材质、制造工艺。

1.7.5　所有备品备件应采取防尘、防潮、防止损坏等措施，并应与中标产品一并发运，同时标注"备品备件"，以区别于本体。

1.7.6　投标人在产品质保期内实行免费保修，而且对产品实行终身维修。并根据需方要求在 15 日内提供技术规范专用部分表 B-16 所列备品备件以外的部件和材料，以便维修更换。

1.8　专用工具和仪器仪表

1.8.1　投标人应提供安装时必需的专用工具和仪器仪表（如需要），价款应包括在投标总价中。

1.8.2　招标人提出的运行维修时必需的专用工具和仪器仪表（如需要），列在技术规范专用部分表 B-16 中。

1.8.3　投标人应推荐可能使用的专用工具和仪器仪表（如需要），列在技术规范专用部分表 B-24 中。

1.8.4　所有专用工具和仪器仪表（如有）应是全新的、先进的，而且必须附有完整、详细的使用说明资料。

1.8.5　专用工具和仪器仪表（如有）应装于专用的包装箱内，注明"专用工具""仪器""仪表"，并标明"防潮""防尘""易碎""向上""勿倒置"等字样，同中标产品一并发运。

1.9　安装、调试、试运行和验收

1.9.1　合同产品的安装、调试，将由买方根据卖方提供的技术文件和安装使用说明书的规定，在卖方技术人员的指导下进行。

1.9.2　完成合同产品安装后，买方和卖方应检查和确认安装工作，并签署安装工作完成证明书，该证明书共两份，双方各执一份。

1.9.3　合同产品的试运行和验收根据招标文件规定的标准、规程、规范进行。

1.9.4　验收时间为安装、调试和试运行完成后并稳定运行 73h。在此期间，所有的合同产品都应达到各项运行性能指标要求。买卖双方可签署合同产品的验收证明书，该证明书共两份，双方各执一份。

2. 通用技术要求

2.1　电缆的结构

云母带矿物绝缘波纹铜护套电缆的结构除符合以下要求外，其他未提及之处均应满足 GB/T 34926—2017 的规定。

2.1.1　铜导体

导体表面应光洁，无油污，无损伤绝缘的毛刺锐边以及凸起或断裂的单线。

导体采用符合 GB/T 3956—2008 规定的第 1 种或第 2 种镀金属或不镀金属的退火铜线。

2.1.2　绝缘

绝缘材料应由合适的云母带组成，绝缘应紧密绕包在导体上。通用类产品可采用双面合成云母带；无卤低烟以及低毒类产品可采用煅烧云母带。绕包层应平整，无褶皱、毛边、翻边、云母层脱落等缺陷。

绝缘厚度的平均值应不小于规定的标称值。绝缘厚度的标称值见表 B-2 和表 B-3。

表 B-2　450/750V 电缆的结构参数

导体标称截面积/ mm²	绝缘标称厚度/ mm	铜护套标称厚度/mm					
		2 芯	3 芯	4 芯	7 芯	12 芯	19 芯
1.0	0.40	—	0.40	0.40	0.40	0.40	0.40
1.5	0.40	—	0.40	0.40	0.40	0.40	0.40
2.5	0.40	0.40	0.40	0.40	0.40	0.40	—
4	0.40	0.40	—	—	—	—	—

表 B-3　0.6/1kV 电缆的结构参数

导体标称截面积/mm²	单芯绝缘标称厚度/ mm	多芯绝缘标称厚度/ mm	铜护套标称厚度/mm							
			1 芯	2 芯	3 芯	4 芯	5 芯	3+1 芯	3+2 芯	4+1 芯
1.0	0.90	0.45	0.40	0.40	0.40	0.40	0.40	—	—	—
1.5	0.90	0.45	0.40	0.40	0.40	0.40	0.40	—	—	—
2.5	0.90	0.45	0.40	0.40	0.40	0.40	0.40	—	—	—
4	0.90	0.45	0.40	0.40	0.40	0.40	0.40	—	—	—
6	0.90	0.45	0.40	0.40	0.40	0.40	0.40	—	—	—
10	1.10	0.55	0.40	0.40	0.40	0.50	0.50	—	—	—
16	1.10	0.55	0.40	0.40	0.40	0.50	0.50	—	—	—
25	1.10	0.55	0.40	0.40	0.50	0.50	0.50	—	—	—
35	1.20	0.60	0.40	0.50	0.50	0.50	—	—	—	—

（续）

导体标称截面积/mm²	单芯绝缘标称厚度/mm	多芯绝缘标称厚度/mm	铜护套标称厚度/mm							
			1芯	2芯	3芯	4芯	5芯	3+1芯	3+2芯	4+1芯
50	1.30	0.65	0.50	0.50	0.50	0.50	—	—	—	—
70	1.30	0.65	0.50	0.50	0.60	0.60	—	—	—	—
95	1.30	0.65	0.50	0.50	0.60	0.60	—	—	—	—
120	1.30	0.65	0.50	0.50	0.70	0.70	—	—	—	—
150	1.50	0.75	0.50	0.60	0.70	—	—	—	—	—
185	1.50	—	0.50	—	—	—	—	—	—	—
240	1.50	—	0.60	—	—	—	—	—	—	—
300	1.80	—	0.70	—	—	—	—	—	—	—
400	1.80	—	0.70	—	—	—	—	—	—	—
500	2.00	—	0.70	—	—	—	—	—	—	—
630	2.20	—	0.70	—	—	—	—	—	—	—
3×10+1×6	—	0.55/0.45	—	—	—	—	—	0.50	—	—
3×16+1×10	—	0.55/0.55	—	—	—	—	—	0.50	—	—
3×25+1×16	—	0.55/0.55	—	—	—	—	—	0.50	—	—
3×35+1×16	—	0.60/0.55	—	—	—	—	—	0.50	—	—
3×50+1×25	—	0.65/0.55	—	—	—	—	—	0.50	—	—
3×70+1×35	—	0.65/0.60	—	—	—	—	—	0.60	—	—
3×95+1×50	—	0.65/0.65	—	—	—	—	—	0.60	—	—
3×120+1×70	—	0.65/0.65	—	—	—	—	—	0.70	—	—
3×10+2×6	—	0.55/0.45	—	—	—	—	—	—	0.50	—
3×16+2×10	—	0.55/0.55	—	—	—	—	—	—	0.50	—
3×25+2×16	—	0.55/0.55	—	—	—	—	—	—	0.50	—
3×35+2×16	—	0.60/0.55	—	—	—	—	—	—	0.50	—
3×50+2×25	—	0.65/0.55	—	—	—	—	—	—	0.60	—
3×70+2×35	—	0.65/0.60	—	—	—	—	—	—	0.60	—
3×95+2×50	—	0.65/0.65	—	—	—	—	—	—	0.60	—
4×10+1×6	—	0.55/0.45	—	—	—	—	—	—	—	0.50
4×16+1×10	—	0.55/0.55	—	—	—	—	—	—	—	0.50
4×25+1×16	—	0.55/0.55	—	—	—	—	—	—	—	0.50
4×35+1×16	—	0.60/0.55	—	—	—	—	—	—	—	0.60
4×50+1×25	—	0.65/0.55	—	—	—	—	—	—	—	0.60
4×70+1×35	—	0.65/0.60	—	—	—	—	—	—	—	0.60
4×95+1×50	—	0.65/0.65	—	—	—	—	—	—	—	0.60

2.1.3　成缆

线芯识别应符合 GB/T 6995—2008 的相关规定，线芯采用适宜颜色标识以便识别。

2.1.4　保护层

保护层应由合适的阻燃带材（如陶瓷化复合带；无卤低烟高阻燃带，参见 GB/T 34926—2017 附录 C）组成，应与电缆的运行温度相适应，并与电缆绝缘材料相兼容。为了使电缆圆整，缆芯间的间隙需要密实填充时，填充物的材料应适合电缆的运行温度，并与电缆绝缘材料、保护层材料相兼容。

保护层厚度的平均值应不小于规定的标称值。当缆芯假设直径不大于 20mm 时，保护层标称厚度为 0.60mm；当缆芯假设直径大于 20mm 时，保护层标称厚度为 0.80mm。

必要时，除 GB/T 34926—2017 规定的形式外，保护层也可采用挤包方式实现，挤包材料应采用与电缆运行温度相适应、满足 GB/T 34926—2017 规定的电缆性能且与电缆绝缘材料相兼容的有机高分子材料，如陶瓷化硅橡胶、陶瓷化聚烯烃、无卤低烟阻燃聚烯烃等。

2.1.5　铜护套

控制电缆的铜护套作为保护套使用，具备防护功能；电力电缆的铜护套根据产品选型要求，具备护套保护以及接地导体功能。

铜护套用材料应符合 GB/T 2059—2019 中 T2M 或 TU2M 牌号带材中铜带材的要求，采用氩弧焊焊接工艺生产并轧纹，轧纹深度及节距应均匀，不漏焊，焊接牢靠，焊缝平整。应确保产品在允许的弯曲半径条件下不开裂，焊接完成后不应出现明显氧化现象。

铜护套的平均厚度应不小于规定的标称值，最薄点厚度应不小于规定标称值的90%。铜护套标称厚度见表 B-2 和表 B-3。

当铜护套作为接地导体使用时，铜护套的直流电阻应符合 GB/T 3956—2008 中第 2 种不镀金属导体相应截面积直流电阻的规定。

2.1.6　非金属外套

必要时，电缆铜护套外可挤包一层非金属的外套。450/750V 控制电缆外套的性能和结构尺寸应符合 GB/T 9330—2020 中第 7.7 条的相关规定。0.6/1kV 电力电缆外套的性能和结构尺寸应符合 GB/T 12706.1—2020 中第 13 章的相关规定。相应电缆的阻燃特性应符合 GB/T 19666—2019 和 GB 31247—2014 的相关规定。在对铜有腐蚀作用的化学环境下可采用聚氯乙烯或聚乙烯外套。

2.1.7　电缆的耐火性能要求

当电缆外径不大于 20mm 时，按照 BS 6387：2013 规定的协议 C、协议 W 和协议 Z 进行试验，线路应保持完整（即协议 C 单纯耐火，受火 950℃、180min 后，线路保持完整；协议 W 耐火防水，受火 650℃、15min 喷水后，继续受火 15min，线路保持完整；协议 Z 耐火耐冲击，受火 950℃ 和冲击 15min 后，线路保持完整）。

当电缆外径大于 20mm 时，参照 BS 8491:2008 的规定进行试验，试验时选用的火焰温度为 950~1000℃，燃烧 120min 后，线路保持完整。

2.2　密封和牵引头

电缆两端应采用防水密封套密封，避免水进入线芯。如有要求安装牵引头，牵引头应与线芯采用围压的连接方式并与电缆可靠密封，在运输、储存、敷设过程中保证电缆密封不失效。

2.3　技术参数

买方应认真填写技术规范专用部分技术参数响应表中的标准参数值，卖方应认真填写技术参数响应表中的投标人保证值。

2.4　其他

可根据客户需求预制分支电缆。

3. 试验

电缆的试验及检验要按照本规范引用的标准及规范进行。试验应在制造厂或买方指定的检验部门完成。所有试验费用应由卖方承担。

3.1　试验条件

3.1.1　环境温度

除个别试验另有规定外，其余试验应在环境温度为（20±15）℃时进行。

3.1.2　工频试验电压的频率和波形

工频试验电压的频率应在 49~61Hz 范围之内，波形基本上应是正弦波形，电压值均为有效值。

3.2　例行试验

每批电缆出厂前，制造厂必须对每盘电缆按照 GB/T 34926—2017 的规定进行例行试验。

3.2.1　导体电阻试验

导体直流电阻试验在每一电缆长度所有导体上进行，其值应符合 GB/T 3956—2008 的规定。

3.2.2　金属护套直流电阻（适用时）

金属护套设计作 PE 线使用时，按照 GB/T 3048.4—2007 中第 5 章规定的方法测量，其直流电阻应符合 GB/T 3956—2008 中第 2 种不镀金属导体相应截面积直流电阻的规定。

3.2.3　电压试验

电压试验应在环境温度下进行。制作方可选择使用工频交流电压或直流电压，当电压试验采用直流电压时，直流电压值应为工频交流电压值的 2.4 倍。

单芯电缆的试验电压应施加在导体与金属护套之间，绝缘无击穿。多芯电缆应依次在每一导体与其余导体和金属层之间施加试验电压，绝缘无击穿。产品电压为

450/750V 时，交流试验电压/时间为 3.0kV/5min；产品电压为 0.6/1kV 时，交流试验电压/时间为 3.5kV/5min。

3.2.4　气密性试验

对铜护套的气密性应进行检查，对于有非金属护套的产品，需要在挤包非金属护套前进行气密性试验。

每根电缆在两端密封的情况下，在电缆任一端充入 0.25～0.35MPa 的干燥空气或氮气，当另一端压力表的示值达到稳定后停止充气，保持 2h，观察压力表，其示值不应下降。

3.2.5　环境温度下成品电缆的绝缘电阻试验

在每根导体和金属护套之间施加的直流测试电压为 80～500V，按照 GB/T 3048.5—2007 的规定进行绝缘电阻试验，测得的绝缘电阻应不小于 $100M\Omega \cdot km$。

3.3　抽样试验

抽样试验应按 GB/T 34926—2017 及表 B-4 或买方要求进行。抽样试验的主要项目参照表 B-4，若买方有特殊要求，可另行补充。

表 B-4　抽样试验项目

序号	试验项目	试验方法标准
1	导体结构尺寸检查	GB/T 34926—2017
2	绝缘厚度	GB/T 34926—2017
3	保护层厚度	GB/T 34926—2017
4	铜护套厚度	GB/T 34926—2017
5	弯曲试验	GB/T 34926—2017
6	压扁试验	GB/T 34926—2017
7	外径的测量	GB/T 34926—2017

3.4　型式试验

如卖方已对相同或相近（仅限于外套不同或有无）型号的电缆按同一标准进行过型式试验，并且符合本技术规范书第 1.2.4 条的规定，则可用检测报告代替。如不符合，买方有权要求卖方到买方认可的具有资质的第三方专业检测机构重做型式试验，费用由卖方负责。重做的型式试验应按 GB/T 34926—2017 的表 16 及本技术规范书要求进行。

3.5　安装后的电气试验

3.5.1　绝缘电阻测量

电缆安装完毕，用 1000V 绝缘电阻表检测导体之间、导体与护套间的绝缘电阻，测得的值应不小于 $100M\Omega \cdot km$。

3.5.2　耐电压试验

对安装完毕的电缆，在每一导体与其他导体之间、各导体与铜护套之间施加

$4U_0$直流电压，持续时间15min，绝缘不应击穿。

当电缆安装现场不具备耐电压试验条件时，应用2500V绝缘电阻表测量每一导体与其他导体之间、各导体与铜护套之间的绝缘电阻代替耐电压试验，试验时间应为1min，测得的值应不小于$100M\Omega \cdot km$。

3.6　印刷标志耐擦试验

成品表面应连续凸印或喷印厂名、型号、电压、芯数、导体截面积、制造年份和计米长度标志，标志字迹应清楚、容易辨认、耐擦，达到GB/T 6995.3—2008的要求。

3.7　目的地检查

3.7.1　在货物到达目的地以后，买卖双方在目的地按提货单对所收到的货物的数量进行核对，并检查货物在装运和卸货时是否有损坏。

3.7.2　若货物的数量、外观情况与合同不符，卖方应按买方要求免费改正或替换货物。

4. 技术服务、工厂检验和监造及验收

4.1　技术服务

卖方应提供所承诺的并经买方最终确认的现场服务。

4.1.1　卖方在工程现场的服务人员称为卖方的现场代表。在产品进行现场安装前，卖方应提供现场代表的名单、资质供买方认可。

4.1.2　卖方的现场代表应具备相应的资质和经验，以督导安装、调试、投运等其他各方面工作，并对施工质量负责。卖方应指定一名本工程的现场首席代表，其作为卖方的全权代表应具有整个工程的代表权和决定权，买方与首席代表的一切联系均应视为与卖方的直接联系。在现场安装调试及验收期间，应至少有一名现场代表留在现场。

4.1.3　当买方认为现场代表的服务不能满足工程需要时，可取消对其资质的认可，卖方应及时提出替代的现场代表供买方认可，卖方承担由此引起的一切费用。因下列原因而使现场服务的时间和人员数量增加，所引起的一切费用由卖方承担：

1）产品质量原因；

2）现场代表的健康原因；

3）卖方自行要求增加人、日数。

4.1.4　卖方应提供现场技术服务承诺表，见表B-5。

表 B-5　卖方现场技术服务承诺表

序号	技术服务内容	总计划天数/天	派出人员构成		备注
			职称	人数	
1	到货时，对产品外观及数量进行检验				
2	对使用单位的技术人员、设备操作人员和维护人员进行技术培训				

（续）

序号	技术服务内容	总计划天数/天	派出人员构成		备注
			职称	人数	
3	设备安装期间，进行现场安装指导				
4	质保期内，更换损坏的元配件				
5	设备投运后，保证售后服务响应时间				

4.1.5 卖方应提供现场服务人员基本情况表，见表 B-6。

表 B-6　卖方现场服务人员基本情况表

一、基本情况					
姓名		性别		年龄	
学历		岗位		职称	
二、经验能力					
工作年限		擅长领域			
工作经历					
荣誉奖项					
三、服务业绩					
主要服务项目					
投标人签章	我公司郑重承诺上述内容属实。 投标人名称（盖章）：				

注：如有多名现场服务人员，按照本表要求填写并依次提交。

4.2　工厂检验及监造

4.2.1　卖方应在工厂生产开始前 7 天用信件、电传或电子邮件通知买方。买方将派出代表或委托第三方（统称质量监督控制方）到生产厂家为货物生产进行监造和为检验做监证。

4.2.2　质量监督控制方自始至终应有权进入制造产品的工厂和现场，卖方应向质量监督控制方提供充分的方便，以使其不受限制地检查卖方所必须进行的检验和在生产过程中进行质量监造。买方的检查和监造并不代替或减轻卖方对检验结果和生产质量所负担的责任。

4.2.3 在产品制造过程的开始和各阶段之前，卖方应随时向买方进行报告，以便能安排监造和检验。

4.2.4 除非买方用书面通知免于产品监造或工厂检验监证，否则不应有未经质量监督控制方监造或工厂检验监证的货物从制造厂发出，在任何情况下都只能在圆满地完成本规范中所规定的产品监造和工厂检验监证之后，才能发运这些货物。

4.2.5 若买方不派质量监督控制方参加上述试验，卖方应在接到买方不派人员到卖方和（或）其分包商工厂的通知后，或买方未按时派遣人员参加的情况下，自行组织检验。

4.2.6 货物装运之前，应向买方提交检验报告，相关要求由供需双方协商确定。

4.3 验收

4.3.1 每盘电缆都应附有产品质量验收合格证和出厂试验报告。

4.3.2 买卖双方联合进行到货后的包装及外观检查，如目测包装破损、挤压情况及破损、挤压部位电缆的机械损伤情况，当外观检查有怀疑时，应进行受潮判断或试验。有异常时，双方根据实际情况协商处理。

4.3.3 买卖双方联合进行产品结构尺寸检查验收。

4.3.4 如有可能，买卖双方联合按有关规定进行抽样试验。

5. 产品标志、包装、运输和保管

5.1 成品电缆的护套表面上应有制造厂名、产品型号、额定电压、芯数及规格、计米长度和制造年月的连续标志，标志应字迹清楚、清晰耐磨。

5.2 电缆允许成圈或成盘交付。成盘交付时，电缆应卷绕在符合 JB/T 8137.1～4—2013 规定的电缆盘上交货，每个电缆盘上只能卷绕一根电缆。电缆的两端应采用防潮帽密封并牢靠地固定在电缆盘上。

5.3 如果有必要，经双方书面约定，在每盘电缆的外侧端可以装有经买方认可的敷设电缆时牵引用的拉眼或牵引螺栓。拉眼或牵引螺栓与电缆导体的连接，应能满足敷设电缆时的牵引方式和牵引该长度的电缆所需的机械强度。对机械强度的要求应由买方与卖方协商确定。

5.4 电缆盘的结构应牢固，筒体部分应采用钢结构。电缆卷绕在电缆盘上后，用护板保护，护板可以用木板或钢板。在护板与最外层电缆间应覆盖一层瓦楞纸或珍珠棉等软性缓冲、隔离材料，以防运输或搬运过程中损伤电缆外护套。如采用木护板，在其外表面还应用金属带扎紧；如采用钢护板，则宜采用轧边或螺栓与电缆盘固定，而不应采用焊接固定。盘具的相关要求应符合 JB/T 8137.1～4—2013 的规定。

5.5 在运输电缆时，卖方应采取必要的防滚动、挤压、撞击措施，例如将电缆盘固定在木托盘上。卖方应对由于未将电缆或电缆盘正确地扣紧、密封、包装和固定而造成的电缆损伤负责。

5.6　电缆盘在装卸时应采用合适的装卸方式与工具，以免损坏电缆。

5.7　在电缆盘上应有下列文字和符号标志：

1）合同号、电缆盘号；

2）收货单位；

3）目的口岸或到站；

4）产品名称和型号规格；

5）电缆的额定电压；

6）电缆长度；

7）表示搬运电缆盘正确滚动方向的箭头和起吊点的符号；

8）必要的警告文字和符号；

9）供方名称和制造日期；

10）外形尺寸、毛重和净重。

5.8　应注意电缆的弯曲半径，宜选择大筒径电缆盘具。凡由于卖方包装不当、包装不合理致使货物遭到损坏或变形，无法安装敷设时，不论在何时何地发现，一经证实，卖方均应负责及时修理、更换或赔偿。在运输中如发生货物损坏和丢失，卖方负责与承运部门及保险公司交涉，同时卖方应尽快向买方补供货物以满足工程建设进度需要。

5.9　卖方应在货物装运前7天，以传真形式将每批待交货电缆的型号、规格、数量、质量、交货方式及地点通知买方。

6. 投标时应提供的其他资料

6.1　提供全套电缆的抽样试验报告和型式试验报告。

6.2　提供电缆的结构尺寸和技术参数（见专用技术规范部分）。

6.3　提供云母带矿物绝缘波纹铜护套电缆的供货记录（见表B-7）、对于与供货类似的电缆曾发生故障或缺陷的事例，投标人应如实提供反映实况的调查分析等书面资料。

6.4　提供对于因某些特殊原因造成交货时间延误而采取相应补救措施的应急预案。

6.5　提供电缆工艺控制一览表（见表B-8）、主要生产设备清单及用途（见表B-9）、主要试验设备清单及用途（见表B-10）和本工程人力资源配置表（见表B-11）。

表 B-7　三年以来的主要供货记录

序号	工程名称	产品型号	供货数量	供货时间	投运时间	用户名称	联系人	联系方式

（续）

序号	工程名称	产品型号	供货数量	供货时间	投运时间	用户名称	联系人	联系方式
合计								

注：本表所列业绩为投标人近三年主要的供货业绩，且均须提供最终用户证明材料。

<h3>表 B-8　电缆工艺控制一览表</h3>

工艺环节	控制点	控制目标	控制措施
导体绞合			
绝缘工艺			
成缆和保护层工艺			
铜护套工艺			
非金属护套工艺			
不限于上述项目			

<h3>表 B-9　主要生产设备清单及用途</h3>

序号	设备名称	型号	台数	安装投运时间	用途

<h3>表 B-10　主要试验设备清单及用途</h3>

序号	设备名称	型号	台数	安装投运时间	用途

表 B-11　本工程人力资源配置表

序号	姓名	职称/职务	本工程岗位职责	类似工程岗位工作年限

第二部分　专用技术规范

1. 技术参数和性能要求

投标人应认真填写表 B-12 ~ 表 B-14 中的投标人保证值，不能空着，也不能以类似"响应""承诺"等字样代替。不允许改动招标人要求值。如有偏差，请填写表 B-21（技术偏差表）。

1.1　云母带矿物绝缘波纹铜护套电缆的结构参数

云母带矿物绝缘波纹铜护套电缆的结构参数见表 B-12。

1.2　云母带矿物绝缘波纹铜护套电缆的电气及其他技术参数

云母带矿物绝缘波纹铜护套电缆的电气及其他技术参数见表 B-13。

1.3　带护套的云母带矿物绝缘波纹铜护套电缆的非电气技术参数

带护套的云母带矿物绝缘波纹铜护套电缆的非电气技术参数见表 B-14。

表 B-12　云母带矿物绝缘波纹铜护套电缆的结构参数

序号	项目		单位	标准参数值	投标人保证值	备注
1	电缆型号			以 RTTVZ – 0.6/1 为例		
2	导体	材料		铜	（投标人填写）	
		材料生产厂及牌号		（投标人提供）	（投标人填写）	
		芯数×标称截面积	芯×mm²	2×1.0	（投标人填写）	对应 1.0 截面
				2×1.5	（投标人填写）	对应 1.5 截面
				2×2.5	（投标人填写）	对应 2.5 截面
		结构形式		圆形实心/圆形绞合	（投标人填写）	
		最少单线根数	根	（项目单位填写）	（投标人填写）	对应 1.0 截面
				（项目单位填写）	（投标人填写）	对应 1.5 截面
				（项目单位填写）	（投标人填写）	对应 2.5 截面
		导体外径	mm	（项目单位填写）	（投标人填写）	对应 1.0 截面
				（项目单位填写）	（投标人填写）	对应 1.5 截面
				（项目单位填写）	（投标人填写）	对应 2.5 截面

（续）

序号	项目		单位	标准参数值	投标人保证值	备注
3	绝缘	材料		合成云母	（投标人填写）	
		材料生产厂及牌号		（投标人提供）	（投标人填写）	
		平均厚度	mm	（项目单位填写）	（投标人填写）	对应 1.0 截面
				（项目单位填写）	（投标人填写）	对应 1.5 截面
				（项目单位填写）	（投标人填写）	对应 2.5 截面
4	成缆及保护层	保护层材料		（项目单位填写）	（投标人填写）	
		材料生产厂及牌号		（投标人提供）	（投标人填写）	
		平均厚度	mm	（项目单位填写）	（投标人填写）	对应 1.0 截面
				（项目单位填写）	（投标人填写）	对应 1.5 截面
				（项目单位填写）	（投标人填写）	对应 2.5 截面
5	铜护套	材料		铜	（投标人填写）	
		材料生产厂及牌号		（投标人提供）	（投标人填写）	
		标称厚度	mm	（项目单位填写）	（投标人填写）	对应 1.0 截面
				（项目单位填写）	（投标人填写）	对应 1.5 截面
				（项目单位填写）	（投标人填写）	对应 2.5 截面
		最薄点厚度不小于	mm	（项目单位填写）	（投标人填写）	对应 1.0 截面
				（项目单位填写）	（投标人填写）	对应 1.5 截面
				（项目单位填写）	（投标人填写）	对应 2.5 截面
6	非金属外护套	材料		聚氯乙烯	（投标人填写）	
		材料生产厂及牌号		（投标人提供）	（投标人填写）	
		标称厚度	mm	（项目单位填写）	（投标人填写）	对应 1.0 截面
				（项目单位填写）	（投标人填写）	对应 1.5 截面
				（项目单位填写）	（投标人填写）	对应 2.5 截面
		最薄点厚度不小于	mm	（项目单位填写）	（投标人填写）	对应 1.0 截面
				（项目单位填写）	（投标人填写）	对应 1.5 截面
				（项目单位填写）	（投标人填写）	对应 2.5 截面
7	电缆外径		mm	（项目单位填写）	（投标人填写）	对应 1.0 截面
			mm	（项目单位填写）	（投标人填写）	对应 1.5 截面
			mm	（项目单位填写）	（投标人填写）	对应 2.5 截面
8	标准终端与铜护套外径			匹配，无偏差	（投标人填写）	

表 B-13　云母带矿物绝缘波纹铜护套电缆的电气及其他技术参数

序号	项目	单位	标准参数值	投标人保证值	备注
1	电缆型号		（以 RTTVZ - 0.6/1 为例）		
2	20℃时导体电阻	Ω/km	≤18.1	（投标人填写）	对应 1.0 截面
			≤12.1	（投标人填写）	对应 1.5 截面
			≤7.41	（投标人填写）	对应 2.5 截面
3	环境温度下电缆的绝缘电阻	$M\Omega \cdot$ km	≥100	（投标人填写）	
4	工作温度条件下电缆的绝缘电阻	$M\Omega \cdot$ km	≥16	（投标人填写）	对应 1.0 截面
			≥14	（投标人填写）	对应 1.5 截面
			≥13	（投标人填写）	对应 2.5 截面
5	导体长期允许工作温度	℃	90	（投标人填写）	正常运行时的最高允许温度
6	20℃时铜护套最大电阻（适用时）	Ω/km	（项目单位填写）	（投标人填写）	对应 1.0 截面
			（项目单位填写）	（投标人填写）	对应 1.5 截面
			（项目单位填写）	（投标人填写）	对应 2.5 截面
7	电压试验（交流）	kV/min	3.5/5	（投标人填写）	
8	4h 电压试验	kV	3	（投标人填写）	
9	电缆盘尺寸	mm	（项目单位填写）	（投标人填写）	
10	电缆敷设时的最小弯曲半径	m	（项目单位填写）	（投标人填写）	
11	电缆敷设时的最大牵引力	N/mm^2	（项目单位填写）	（投标人填写）	
12	电缆敷设时的最大侧压力	N/m	（项目单位填写）	（投标人填写）	
13	弯曲试验检查		弯曲试验后，目测检查，金属护套无裂纹；然后进行耐压试验，不击穿	（投标人填写）	
14	压扁试验检查		弯曲试验后，目测检查，金属护套无裂纹；然后进行耐压试验，不击穿	（投标人填写）	
15	电缆重量	kg/m	（项目单位填写）	（投标人填写）	
16	电缆敷设时允许的最低环境温度	℃	（项目单位填写）	（投标人填写）	

（续）

序号	项目			单位	标准参数值	投标人保证值	备注
17	pH 值（最小值）（适用时）				4.3	（投标人填写）	采用无卤低烟电缆时填写
18	电导率（最大值）（适用时）			μS/mm	10	（投标人填写）	采用无卤低烟电缆时填写
19	烟密度（最小透光率）（适用时）			%	60	（投标人填写）	采用无卤低烟电缆时填写
20	耐火性能	产品实测外径 $D \leq 20mm$			受火 950℃、180min 后，线路保持完整	（投标人填写）	依据 BS 6387：2013 协议 C 规定
					受火 650℃、15min 后，洒水并继续受火 15min，线路保持完整	（投标人填写）	依据 BS 6387：2013 协议 W 规定
					受火 950℃ 和冲击 15min 后，线路保持完整	（投标人填写）	依据 BS 6387：2013 协议 Z 规定
		产品实测外径 $D > 20mm$			参照 BS 8491：2008	（投标人填写）	选用的火焰温度为 950 ~ 1000℃，燃烧时间为 120min
21	阻燃性能	成束燃烧试验 A/B/C 类			GB/T 18380.33—2008/ GB/T 18380.34—2008/ GB/T 18380.35—2022	（投标人填写）	若有
22	燃烧等级	燃烧等级			GB/T 31247—2014	（投标人填写）	若有

表 B-14　带护套的云母带矿物绝缘波纹铜护套电缆的非电气技术参数

序号	项目		单位	标准参数值	投标人保证值	备注
1	电缆型号			（以 RTTVZ - 0.6/1 为例）		
2	非金属外护套	外护套材料		聚氯乙烯	（投标人填写）	
		老化前抗张强度不小于	N/mm²	12.5	（投标人填写）	
		老化前断裂伸长率不小于	%	150	（投标人填写）	
		老化后抗张强度不小于	N/mm²	12.5	（投标人填写）	
		老化后断裂伸长率不小于	%	150	（投标人填写）	
		老化后抗张强度变化率不超过	%	±25	（投标人填写）	
		老化后断裂伸长率变化率不超过	%	±25	（投标人填写）	
		高温压力试验，压痕深度不大于	%	50	（投标人填写）	
		热冲击试验		不开裂	（投标人填写）	
		低温冲击试验		不开裂	（投标人填写）	
		低温拉伸，断裂伸长率不小于	%	20	（投标人填写）	

2. 项目需求部分

2.1　货物需求及供货范围一览表

货物需求及供货范围一览表见表 B-15。

表 B-15　货物需求及供货范围一览表

序号	材料名称	单位	项目单位需求		投标人响应		备注
			型号规格	数量	型号规格	数量	
1							
2							
3							
……							

2.2　必备的备品备件、专用工具和仪器仪表供货表

必备的备品备件、专用工具和仪器仪表供货表见表 B-16。

表 B-16　必备的备品备件、专用工具和仪器仪表供货表

序号	名称	单位	项目单位要求		投标人响应		备注
			型号规格	数量	型号规格	数量	
1							
2							
3							
……							

2.3　投标人应提供的有关资料

2.3.1　在投标过程中，投标人应根据项目要求提供设计图样及资料表，依据招标文件对设计图样及资料进行响应。投标人应提供的设计图样及资料一览表见表 B-17。

表 B-17　投标人应提供的设计图样及资料一览表

文件资料名称	提交份数	交付时间
1）有关设计资料		
电缆结构图及说明	6	交货前
电缆盘结构图	6	交货前
牵引头和封帽的结构图（如果有约定）	6	交货前
线盘包装图	6	交货前
线盘起吊尺寸图	6	交货前
2）电缆放线说明	6	交货前
3）型式试验报告及出厂试验报告		
根据电缆的不同要求提供不同的型式试验报告	6	交货前

2.3.2　上述资料要求为中文版本。

2.4　工程概况

2.4.1　项目名称：_____。

2.4.2　项目单位：_____。

2.4.3　项目设计单位：_____。

2.4.4　本工程____电缆自____至____，电缆路径长度分别为____m，电缆敷设于_____和_____。

2.4.5　电缆的名称、型号规格：_____。

2.5　使用条件

2.5.1　使用环境条件

使用环境条件见表 B-18。

表 B-18　使用环境条件

名称			参数值
海拔			不超过_____m
环境温度和湿度	最高气温		_____℃
	最低气温	户外	_____℃
		户内	_____℃
	最热月平均温度		_____℃
	最冷月平均温度		_____℃
	环境相对湿度		_____（25℃）
月平均最高相对湿度			_____%（25℃下）
日照强度			_____W/cm²
敷设条件、安装位置及环境			
电缆敷设方式（多种方式并存时选择载流量最小的一种方式）			（投标人提供）
电缆直接敷设安装位置			（项目单位填写）
是否按长期积水考虑			（项目单位确定）
电缆允许敷设温度			敷设电缆时，电缆允许敷设最低温度、敷设前24h内的平均温度以及敷设现场的温度不低于_____℃（项目单位填写）

2.5.2　使用技术条件

使用技术条件见表 B-19。

表 B-19　使用技术条件

名称	参数值
1）电缆工作电压	
控制电缆的额定工作电压 U_0/U	450/750V
电力电缆的额定工作电压 U_0/U	0.6/1kV
2）额定频率	50Hz
3）最小弯曲半径	
敷设安装时	＿＿＿倍电缆平均外径
电缆运行时	＿＿＿倍电缆平均外径
4）运行温度	
长期正常运行	90℃
短路（最长时间5s）	250℃

注：厂家如有特殊要求，请详细提供。

2.6　项目单位技术差异表

项目单位原则上不能改动通用部分条款及专用部分固化的参数，根据工程实际情况，使用条件及相关技术参数如有差异，应逐项在项目单位技术差异表（见表 B-20）中列出。

表 B-20　项目单位技术差异表（项目单位填写）

序号	项目	标准参数值	项目单位要求值	投标人保证值
1				
2				
3				
……				

序号	项目	变更条款页码、编号	原表达	变更后表达
1				
2				
3				
……				

注：本表是对技术规范的补充和修改，如有冲突，应以本表为准。

3.　投标人响应部分

3.1　技术偏差

投标人应认真填写表 B-12～表 B-14 中的投标人保证值，不能空着，也不能以"响应"两字代替。不允许改动招标人要求值。若有技术偏差，投标人应如实、认真地填写偏差值于表 B-21 内；若无技术偏差，则视为完全满足本规范的要求，且在技术偏差表中填写"无偏差"。

表 B-21　技术偏差表

序号	项目	对应条款编号	技术规范要求	偏差	备注
1					
2					
3					
4					
5					
……					

3.2　投标产品的销售及运行业绩表

投标产品的销售及运行业绩表见表 B-22。

表 B-22　投标产品的销售及运行业绩表

序号	工程名称	产品型号	供货数量	供货时间	投运时间	用户名称	联系人	联系方式
1								
2								
3								
4								
5								
……								

注：本表所列业绩为投标人近三年所投标产品的销售运行业绩，且均须提供最终用户证明材料。

3.3　主要原材料产地清单

主要原材料产地清单见表 B-23。

表 B-23　主要原材料产地清单

序号	材料名称	型号	特性/指标	厂家	备注
1					
2					
3					
4					
5					
……					

3.4　推荐的备品备件、专用工具和仪器仪表供货表

推荐的备品备件、专用工具和仪器仪表供货表见表 B-24。

表 B-24　推荐的备品备件、专用工具和仪器仪表供货表

序号	名称	型号和规格	单位	数量	备注
1					
2					
3					
4					
5					
……					

第三部分　附录

附录 B-1　云母带矿物绝缘波纹铜护套电缆的
种类和型号（规范性附录）

1. 云母带矿物绝缘波纹铜护套电缆的种类

云母带矿物绝缘波纹铜护套电缆有多种分类方法，可按电压等级、导体标称截面积、可选外套及阻燃特性等进行分类，现在述如下：

（1）按电压等级分类　电缆的额定电压分为两类，一是 U_0/U 取 450/750V，二是 U_0/U（U_m）取 0.6/1（1.2）kV。

（2）按导体标称截面积分类　标准推荐的导体标称截面积如下：1.0mm^2、1.5mm^2、2.5mm^2、4mm^2、6mm^2、10mm^2、16mm^2、25mm^2、35mm^2、50mm^2、70mm^2、95mm^2、120mm^2、150mm^2、185mm^2、240mm^2、300mm^2、400mm^2、500mm^2 和 630mm^2。

（3）按可选外套及阻燃特性分类　云母带矿物绝缘波纹铜护套电缆按可选外套可分为聚氯乙烯外套电缆、聚烯烃外套电缆和无卤低烟外套电缆，按照阻燃特性可以分为阻燃 A 类、阻燃 B 类和阻燃 C 类。

2. 云母带矿物绝缘波纹铜护套电缆的命名方式与常用型号规格

1）云母带矿物绝缘波纹铜护套电缆的代号及其含义见表 B-25。

表 B-25　云母带矿物绝缘波纹铜护套电缆的代号及其含义

名称	代号	含义
系列代号	R	云母带矿物绝缘波纹铜护套电缆
导体材料代号	T	铜导体
绝缘材料代号	Z	云母带
金属护套材料代号	T	铜护套

（续）

名称	代号	含义
非金属外护套材料代号	V	聚氯乙烯外护套
	Y	聚烯烃外护套
燃烧特性代号	W	无卤
	D	低烟
	U	低毒
	（省略）	有卤
	ZA	阻燃 A 类
	ZB	阻燃 B 类
	ZC（C 可省略）	阻燃 C 类

　　2）云母带矿物绝缘波纹铜护套电缆产品的表示方法如图 B-1 所示。

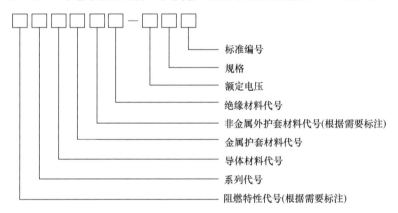

图 B-1　云母带矿物绝缘波纹铜护套电缆产品的表示方法

产品表示示例：

　　① 铜芯云母带矿物绝缘波纹铜护套控制电缆，额定电压为 450/750V，规格为 $7 \times 1.5 \text{mm}^2$，表示为

　　　　　　RTTZ – 450/750 7 × 1.5 GB/T 34926—2017

　　② 铜芯云母带矿物绝缘波纹铜护套聚氯乙烯外护套电力电缆，额定电压为 0.6/1kV，规格为 $4 \times 95 \text{mm}^2$，表示为

　　　　　　RTTVZ – 0.6/1 4 × 95 GB/T 34926—2017

　　③ 铜芯云母带矿物绝缘波纹铜护套聚烯烃外护套无卤低烟阻燃 B 类电力电缆，额定电压为 0.6/1kV，规格为 $3 \times 70 + 1 \times 35 \text{mm}^2$，表示为

　　　　WDZB – RTTYZ – 0.6/1 3 × 70 + 1 × 35 GB/T 34926—2017

　　④ 铜芯云母带矿物绝缘波纹铜护套聚烯烃外护套无卤低烟阻燃低毒电力电缆，

额定电压为 0.6/1kV，规格为 $4 \times 95mm^2$，表示为

WDZCU – RTTYZ – 0.6/1 4×95 GB/T 34926—2017

3）云母带矿物绝缘波纹铜护套电缆的常用型号及其名称见表 B-26。

表 B-26　云母带矿物绝缘波纹铜护套电缆的常用型号及其名称

型号	额定电压	名　称
RTTZ	450/750V	铜芯云母带矿物绝缘波纹铜护套控制电缆
RTTVZ	450/750V	铜芯云母带矿物绝缘波纹铜护套聚氯乙烯外护套控制电缆
RTTYZ	450/750V	铜芯云母带矿物绝缘波纹铜护套聚烯烃外护套控制电缆
RTTZ	0.6/1kV	铜芯云母带矿物绝缘波纹铜护套电力电缆
RTTVZ	0.6/1kV	铜芯云母带矿物绝缘波纹铜护套聚氯乙烯外护套电力电缆
RTTYZ	0.6/1kV	铜芯云母带矿物绝缘波纹铜护套聚烯烃外护套电力电缆
WDZA – RTTYZ	0.6/1kV	铜芯云母带矿物绝缘波纹铜护套聚烯烃外护套无卤低烟阻燃 A 类电力电缆

4）云母带矿物绝缘波纹铜护套电缆的规格见表 B-27。

表 B-27　云母带矿物绝缘波纹铜护套电缆的规格

型号	额定电压	芯数	导体标称截面积/mm^2
RTTZ、RTTVZ、RTTYZ……	450/750V	2	2.5 ~ 4
		3、4、7、12	1 ~ 2.5
		19	1 ~ 1.5
	0.6/1kV	1	1 ~ 630
		2、3	1 ~ 150
		4	1 ~ 120
		5	1 ~ 25
		3 + 1	10 ~ 120
		3 + 2、4 + 1	10 ~ 95

3. 典型产品的结构

云母带矿物绝缘波纹铜护套电缆由导体、绝缘层、金属护套及非金属外护套等部分组成，还可根据使用要求选择金属护套和非金属外护套。其结构示意图如图 B-2 所示。

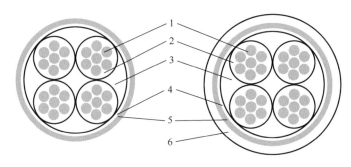

图 B-2　云母带矿物绝缘波纹铜护套电缆的结构示意图

1—铜导体　2—云母带　3—填充层　4—保护层　5—波纹铜护套　6—非金属外护套

附录 B-2　云母带矿物绝缘波纹铜护套电缆产品技术规范书编制说明和重点提示（资料性附录）

1. 编制说明

本产品技术规范书遵循 GB/T 34926—2017 编制，旨在方便广大采购人在招标采购时参考借鉴。

2. 重点提示

1）额定电压 0.6/1kV 及以下云母带矿物绝缘波纹铜护套电缆主要由导体铜、云母带、铜带组成，主材料的品质和生产装备的先进性对产品质量起决定性作用。建议采购人对潜在中标人重点关注以下方面：

① 云母带等主要原材料的来源与质量保障；

② 生产装备的先进性；

③ 产品型式试验报告、耐火试验报告和运行业绩。

2）鉴于云母带在本系列耐火电缆中起绝缘和耐火双重功能，应特别关注绝缘材料采用的是双面合成云母带还是煅烧云母带，并应按照 GB/T 34926—2017 检验绝缘厚度，严禁采用除双方协商一致外的任何多种材料材质组合的绝缘方式。建议给予云母带选用支持质量溯源且是行业知名品牌的投标人加分激励或优先中标。云母带产品与品牌评价模型详见《耐火电缆设计与采购手册》相关章节，编委会公开征集遴选并首批公示推荐的云母带品牌企业见表 B-28（仅供参考）。

3）鉴于云母带绝缘绕包工艺与装备的先进性能够大大提升和保障产品品质，建议给予装备云母带绝缘层整体一次绕包而成的同心式高速云母带绕包机（六头及以上卧式高速云母带绕包机）的投标人加分激励或优先中标。该工艺装备可使绝缘绕包更科学地一次成型。

4）鉴于波纹铜外护套的轧纹深度及节距异常（主观节省铜材或生产装备品质差）可能会直接导致产品外护套在施工中开裂，建议给予装备知名品牌金属护套氩弧焊轧纹生产线的投标人加分激励或优先中标。

5）为杜绝西安地铁"问题电缆"事件重演，主动防范极个别投标人恶意低价投标扰乱市场，建议要求投标人投标时提供产品的工艺结构尺寸和材料消耗定额，以便在投标价格异常时核查产品直接材料成本，科学评标。

6）鉴于本系列耐火电缆 35mm² 及以下规格产品（单芯、多芯）对原材料品质（特别是高温下的绝缘电阻指标）和工艺要求相对严苛，为防范产品耐火试验不合格而埋下安全隐患，建议用户对上述规格产品加强生产监造管理和抽样检查力度。

7）鉴于产品使用场合不同，采购人可以根据自身项目特点，在 GB/T 34926—2017 基础上，指定符合特殊性能的要求，例如购买的产品应符合 GB 31247—2014 的要求等，保护层挤包材料指定采用陶瓷化硅橡胶、陶瓷化聚烯烃、无卤低烟阻燃聚烯烃，外护套颜色优先选用橙色等。

8）采购人根据项目重要程度，可对投标人产品运行业绩设置要求，例如近三年至少有云母带矿物绝缘波纹铜护套电缆产品运行业绩。

9）采购人根据项目重要程度，可对投标人产品"通过 CQC 产品认证"提出要求。

10）采购人根据项目重要程度，可对投标人产品型式试验报告日期提出要求，例如第三方专业检测机构出具的不超过 5 年的与所招标型号规格相同或相近的云母带矿物绝缘波纹铜护套电缆型式试验（检验）报告。

11）如果采购采用建筑工业行业标准 JG/T 313—2014 的云母带矿物绝缘铜护套电缆，可以参照本产品技术规范书条款要素编制。

3. 产品主要构成材料及供应商

经本手册编委会多位编委共同举荐和物资云实地验厂考评，企业产品与服务在细分领域享有较大市场份额和良好口碑，具有较强的技术实力和企业社会责任，承诺向社会提供实地验厂与产品质量溯源的供应商见表 B-28。

表 B-28　产品主要构成材料及供应商

序号	材料名称	构成单元	供应商	备注
1	合成云母带	绝缘	湖北平安电工材料有限公司	
2	煅烧云母带			

注：产品与品牌评价模型详见《耐火电缆设计与采购手册》相关章节，名录会根据企业征信情况持续更新，仅供参考。

附录 B-3　云母带矿物绝缘波纹铜护套电缆国内主要制造企业名录及投产年份（资料性附录）

■ 执行标准：GB/T 34926—2017；JG/T 313—2013。

■ 主要型号：RTTZ、RTTYZ、RTTVZ；YTTW、YTTWG、YTTWV、YTTWY。

■ 信息更新日期：2021 年 8 月。

序号	所在省市	企业名称	投产年份
1	安徽	安徽天康（集团）股份有限公司	2019
2	安徽	安徽徽宁电器仪表集团有限公司	2017
3	福建	福建省南平南线电力电缆有限公司	2019
4	广东	广东电缆厂有限公司	2013
5	河北	常丰线缆有限公司	2016
6	湖北	武汉新天地电工科技有限公司	2012
7	江苏	江苏东峰电缆有限公司	2011
8	江苏	江苏中利集团股份有限公司	2016
9	江苏	无锡裕德电缆科技有限公司	2011
10	江苏	远程电缆股份有限公司	2011
11	江苏	远东电缆有限公司	2012
12	辽宁	辽宁津达线缆有限公司	2016
13	山东	青岛汉缆股份有限公司	2009
14	上海	上海胜华电气股份有限公司	2009
15	上海	上海永进电缆（集团）有限公司	2011
16	浙江	杭州电缆股份有限公司	2018
17	浙江	久盛电气股份有限公司	2016
18	浙江	永电电缆集团有限公司	2016
19	浙江	浙江元通线缆制造有限公司	2016
20	浙江	飞洲集团股份有限公司	2016
21	重庆	重庆科宝电缆股份有限公司	2018
22	重庆	重庆三峡电缆（集团）有限公司	2013

注：1. 本系列产品制造企业名录本着"公开征集、自愿申报"的原则，由《耐火电缆设计与采购手册》编委会整理发布。

2. 本系列产品制造企业最新名录及其联系人与联系方式，可登录物资云（wuzi.cn）在供应商寻源频道在线查询。

附录 C 额定电压 750V 及以下氧化镁矿物 绝缘铜护套电缆验货检验规范

1. 验货检验通用条款

1.1 验货检验目的

1）供货企业质量诚信检验。随机抽取一两份供货企业具有代表性型号的待发货产品实样，进行产品全性能检验，了解供货企业产品质量状况。

2）重要场合特殊性能需求检验。针对不同使用区域或装置，对氧化镁矿物绝缘电缆的具体需求特性制定检验方案，检验产品设计性能是否达标，能否满足场合使用需求，能否保证运行安全。

3）过程见证。合同执行期间对供货企业所提供的合同货物（包括分包外购材料）进行检验、质量监督见证和性能验收试验，确保供货企业所提供的合同货物符合要求。

1.2 验货检验方式

1）委托第三方专业机构进行质量监督见证工作，业主方对供货企业下达批次电缆排产确认单，质量监督见证工作立即开始。质量监督见证方（第三方专业机构和业主方）有权亲自见证任何一项或全部试验，质量监督见证方在场观察试验的进行并不免除供货企业对质量承担责任。

2）供货企业的生产检验人员应与质量监督见证方配合，提供质量监督见证方要求的不涉及供货企业技术秘密或诀窍的技术文件和记录。

① 质量监督见证方根据供货进度要求督促供货企业准备原材料。

② 关键工序完成后，经质量监督见证方检验确认后方可进入下一道工序。

③ 质量监督见证方见证成品例行试验合格后才能出厂，除非另有约定。

④ 质量监督见证方如发现原材料、半成品、生产工艺、试验方法等有不符合标准或合同的内容，可立即提出并有权要求供货企业停止生产或供货，供货企业应积极进行整改、返工处理。

3）质量监督见证方在质量监督见证中如发现货物存在质量问题或不符合规定的标准或包装要求时，有权提出书面意见，供货企业必须及时采取相应改进措施，以保证交货进度和质量。无论质量监督见证方是否要求或是否清楚，供货企业均有义务主动及时地向其提供合同货物制造过程中出现的质量缺陷和问题，不得隐瞒，并将质量缺陷和问题的处理方案书面报告质量监督见证方。

4）借助第三方专业机构，实行飞检、盲检。即发挥第三方专业机构的专业性，制定产品抽检和检验细则，于产品发货前在无预先告知的情况下到生产企业进行现场质量检测并取样，然后做盲样处理，送不特定检验机构检验，出具权威检验报告。飞检人员到达供货企业时出具身份证明和业主方或质量监督见证方签署的飞检委托书。

1.3 验货检验依据

优先依据项目采购合同及技术规范（协议）的规定；当采购合同或技术规范（协议）未明确时，依据现行标准 GB/T 13033.1~2—2007 的规定。

1.4 验货检验方法

1）工厂见证检验。采购产品应由供货企业质量部门和质量监督见证方检查合格后方能出厂，每个出厂的包装件上应附有产品质量检验合格证以及质量监督见证方签字认可的证明，除非采购合同或技术规范（协议）中另有约定。

2）送权威检验机构检验。检验项目包括全性能检验、常规项目检验和关键项目检验。

2. 验货检验专用条款

2.1 验货检验项目

由采购人或其受托方（第三方专业机构、指定的监理单位和施工单位等）对待检验的样品进行抽样，经协商也可委托检验机构进行抽样。抽样要按相关产品标准和抽样规则进行，抽样者要为抽取样品的真实性和代表性负责。

（1）全性能检验　全性能检验时，抽取的电线电缆在产品结构、工艺水平、性能要求等方面应具代表性。全性能检验周期为 20 个工作日。氧化镁矿物绝缘铜护套电缆的全性能检验项目见表 C-1。

表 C-1　氧化镁矿物绝缘铜护套电缆的全性能检验项目

序号	试验项目	适用材料	试样长度/m
1	结构		
1.1	绝缘厚度、最薄处厚度		
1.2	铜护套平均厚度、最薄处厚度		
1.3	绝缘和铜护套的完整性		1.5
1.4	铜护套外径和椭圆度		
1.5	外套平均厚度、最薄处厚度	聚氯乙烯、无卤低烟材料	
2	电性能		
2.1	导体直流电阻		1.5
2.2	铜护套直流电阻		1.5
2.3	绝缘电阻		10
2.4	成品电缆电压试验		5
3	外套性能		
3.1	低温冲击试验	聚氯乙烯、无卤低烟材料	1

（续）

序号	试验项目	适用材料	试样长度/m
3.2	热冲击试验	聚氯乙烯、无卤低烟材料	1
3.3	外套火花试验	聚氯乙烯、无卤低烟材料	查找过程检验记录
3.4	酸性腐蚀性气体试验	无卤低烟材料	1
4	燃烧性能		
4.1	单根垂直燃烧试验	聚氯乙烯、无卤低烟材料	1
4.2	耐火试验		2.0
4.3	烟密度试验	无卤低烟材料	根据外径计算
5	特殊性能		
5.1	弯曲试验		1
5.2	压扁试验		1

（2）常规项目检验　为确保产品性能，可根据供应商产品质量情况加大检验力度，对氧化镁矿物绝缘铜护套电缆常规项目进行检验。

常规项目包括导体直流电阻、绝缘电阻、绝缘和铜护套的完整性，检验周期为7个工作日，见表 C-2。

表 C-2　常规项目与安全隐患

序号	检验项目	反映的问题	项目不合格的安全隐患
1	导体直流电阻	导体直流电阻是否符合要求	导体发热加剧，严重时甚至会造成供电线路短路，引发火灾事故
2	绝缘电阻	绝缘电阻是否符合要求	绝缘电阻下降，导致绝缘击穿
3	绝缘和铜护套的完整性	完整性是否符合要求	绝缘击穿及护套质量缺陷

（3）关键项目检验　关键项目是指对电缆性能及寿命影响较大，且根据历年来产品质量监督抽查结果，不合格率较高的项目，见表 C-3。

表 C-3　关键项目与安全隐患

序号	项目	反映的问题	项目不合格的安全隐患	适用材料
1	外套热冲击试验	在机械外力作用下，材料的老化速率	电缆运行过程中，外套材料遇外力形变较大，导致护套破损	聚氯乙烯、无卤低烟材料
2	外套低温冲击试验	在低温环境中，材料韧性降低的程度	外套材料在低温条件下受力开裂，影响电缆的使用寿命	聚氯乙烯、无卤低烟材料
3	酸性腐蚀性气体试验	在有火源燃烧的情况下，分解产生腐蚀性或有毒有害气体	发生火灾时，分解的气体可能对周边设施产生腐蚀或造成人体中毒伤亡	无卤低烟材料

（续）

序号	项目	反映的问题	项目不合格的安全隐患	适用材料
4	单根垂直燃烧试验	在有火源燃烧的情况下，导致外套材料燃烧并蔓延	发生火灾时，外套材料燃烧将火源蔓延到其他区域	聚氯乙烯、无卤低烟材料
5	耐火试验	在有火源燃烧的情况下，线路可以持续运行的能力	发生火灾的时候，无法保持线路的完整性，严重影响后续的救援工作	
6	电压试验（1min）	绝缘介电强度	出现冲击电压时绝缘击穿短路	
7	弯曲试验	焊缝缺陷及结构缺陷	敷设安装过程中可能导致铜护套焊缝开裂或较为严重的弯曲变形，以及可能的绝缘脱落或破损，使绝缘性能严重下降甚至失效	铜护套采用铜带焊接成型的电缆
8	压扁试验	焊缝缺陷及结构缺陷	敷设安装过程中可能导致铜护套焊缝开裂或较为严重的挤压变形，以及可能的绝缘脱落或破损，使绝缘性能严重下降甚至失效	铜护套采用铜带焊接成型的电缆

2.2　主要验货检验项目的试验方法及结果评定

2.2.1　导体直流电阻的检验

（1）检验目的　导体直流电阻是考核电线电缆的导体材料以及截面积是否符合标准的重要指标，同时也是电线电缆使用运行中的重要指标。导体电阻超标，势必增加电流在线路中通过时的损耗，在用电负荷增加或者环境温度高一些时，电缆就处于过载工作状态，会导致导体发热加剧，加速包覆在导体外面的绝缘和护套材料的老化，严重时甚至会造成供电线路漏电、短路，引发火灾事故。导体电阻检验的目的是检查电线电缆导体的电阻是否超过标准的规定值。此外，对整根产品测定其导体电阻，还可以发现生产工艺中的某些缺陷，如线断裂或其中部分单线断裂，导体截面积不符合标准，产品的长度不正确等。

（2）检验依据　项目采购合同及技术规范如下：

GB/T 13033.1—2007　额定电压750V及以下矿物绝缘电缆及终端 第1部分：电缆

GB/T 3956—2008　电缆的导体

GB/T 3048.4—2007　电线电缆电性能试验方法　第4部分：导体直流电阻试验

（3）试验设备与器具

1）直流电桥、感性低电阻快速测量微欧计等。

2）通用导体电阻测量夹具。

（4）取样及试样制备

1）试样截取：从被测电线电缆上截取长度不小于1m（用导体电阻测量夹具测量时至少取1.25m）的试样，或以成盘（圈）的电线电缆作为试样。去除试样导体外表面绝缘、护套或其他覆盖物，也可以只去除试样两端与测量系统相连接部位的覆盖物，露出导体。去除覆盖物时应小心进行，防止损伤导体。

2）试样拉直：拉直试样时不应有任何导致试样导体横截面积发生变化的扭曲，也不应导致试样导体伸长。

3）试样表面处理：检验前应预先清除导体表面的附着物、污秽和油垢，连接处表面的氧化层应尽可能除尽。应采用机械或化学的方法去除单丝表面的氧化层。

（5）检验程序

1）环境温度：测量环境温度为15～25℃，空气湿度不大于85%，环境温度的变化不超过±1℃。样品预处理时间：截面积小的恒温至少2h以上，截面积大的应达到24h。温度计距离地面不少于1m，距离墙面不少于10cm，距离试样不超过1m，且二者大致在同一高度。试样应在15～25℃环境温度下放置足够长的时间，使之达到温度平衡。

2）电阻检验：按电桥的操作规程测量温度为t、长度为L的试样的导体直流电阻。

3）电阻测量误差：电阻测量误差不超过±0.5%。

（6）检验结果评定

1）温度为20℃时每千米长度电缆的电阻值按下式计算：

$$R_{20} = \frac{R_x}{1 + \alpha_{20}(t - 20)} \cdot \frac{1000}{L}$$

式中，R_{20}为20℃时每千米长度电缆的电阻值（Ω/km）；R_x为温度为t时长度为L的电缆的实测电阻值（Ω）；α_{20}为导体材料20℃时的电阻温度系数（1/℃）；t为测量时的导体温度（环境温度）（℃）；L为试样的测量长度（m），这是成品电缆的长度，不是单根绝缘线芯的长度。

2）所有产品20℃时的导体电阻最大值，不大于GB/T 13033.1—2007或项目采购合同及技术规范规定值的为合格。

2.2.2　绝缘电阻的检验

（1）检验目的　绝缘电阻是电线电缆的一项重要指标，反映了电线电缆在正常工作状态所具有的电气绝缘性能。检测绝缘电阻的目的是检验电线电缆的绝缘电阻是否符合标准的规定，以保证电缆运行的可靠性。

（2）检验依据　项目采购合同及技术规范如下：

GB/T 13033.1—2007　额定电压750V及以下矿物绝缘电缆及终端　第1部分：电缆

GB/T 3048.5—2007　电线电缆电性能试验方法　第5部分：绝缘电阻试验

（3）检验设备与器具　绝缘电阻测试仪。

（4）取样及试样制备

1）对于为试验而选取的每根电缆，可从电缆的一端截取一段电缆来代表。

2）在电缆端头剥除铜护套露出导体后，在端部施加临时密封。

（5）检验程序

1）将试样全部浸在（15±10）℃的水中至少 1h，且绝缘电阻测量应在试样从水中取出 8h 内完成。

2）直流电压不小于 80V 且不超过 GB/T 13033.1—2007 中第 11.4 条规定的试验电压的峰值。

3）绝缘电阻的测量应在通电后 1min 时进行，如果读数稳定且不降低也可以提前测量。

4）绝缘电阻（MΩ）与电缆长度（km）的积应不小于 1000MΩ·km。

（6）检验结果评定　测量结果按 GB/T 13033.1—2007 或项目采购合同及技术规范中的规定进行评定。

2.2.3　绝缘和铜护套的完整性的检验

（1）检验目的　检验氧化镁是否进水或吸潮，铜护套是否有孔隙、开裂等局部失效缺陷。

（2）检验依据　项目采购合同及技术规范如下：

GB/T 13033.1—2007　　额定电压 750V 及以下矿物绝缘电缆及终端 第 1 部分：电缆

GB/T 3048.8—2007　　　电线电缆电性能试验方法 第 8 部分：交流电压试验

GB/T 3048.14—2007　　 电线电缆电性能试验方法 第 14 部分：直流电压试验

（3）检验设备与器具　耐压测试仪。

（4）取样及试样制备

1）对于为试验而选取的每根电缆，可从电缆的一端截取一段电缆来代表。

2）在试样端头剥除铜护套露出导体后，在端部施加临时性密封。

（5）检验程序

1）将试样全部浸在（15±10）℃的水中至少 1h，且绝缘电阻测量应在试样从水中取出 8h 内完成。

2）在导体之间以及全部导体和铜护套之间施加表 C-4 规定的交流电压，或使用相应交流电压有效值 1.5 倍的直流电压，最小升压速度为 150V/s，并且至少持续 60s。

表 C-4　绝缘和铜护套的完整性试验电压

表 C-4　绝缘和铜护套的完整性试验电压

额定电压/V	试验电压（有效值）/kV
500	2.0
750	2.5

（6）检验结果评定　测量结果按 GB/T 13033.1—2007 或项目采购合同及技术规范中的规定进行评定。

2.2.4　铜护套的外径和椭圆度的检验

（1）检验目的　检验矿物绝缘电缆铜护套的外径和椭圆度是否符合标准的规定。

（2）检验依据　项目采购合同及技术规范如下：

GB/T 13033.1—2007　　额定电压 750V 及以下矿物绝缘电缆及终端 第 1 部分：电缆

GB/T 2951.11—2008　　电缆和光缆绝缘和护套材料通用试验方法 第 11 部分：通用试验方法——厚度和外形尺寸测量——机械性能试验

（3）检验设备与器具　千分尺。

（4）取样及试样制备　测试在成品电缆上进行。

（5）检验程序　在成品电缆至少间隔 1m 的两个位置上进行，每个位置应在两个相互垂直的方向测量。

（6）检验结果评定　测量结果按 GB/T 13033.1—2007 或项目采购合同及技术规范中的规定进行评定。

2.2.5　单根垂直燃烧的检验（针对有外套产品）

（1）检验目的　测试矿物绝缘电缆阻燃外套材料的阻燃性能。

（2）检验依据　项目采购合同及技术规范如下：

GB/T 13033.1—2007　　额定电压 750V 及以下矿物绝缘电缆及终端 第 1 部分：电缆

GB/T 19666—2019　　阻燃和耐火电线电缆或光缆通则

GB/T 18380.11—2022　　电缆和光缆在火焰条件下的燃烧试验 第 11 部分：单根绝缘电线电缆火焰垂直蔓延试验 试验装置

GB/T 18380.12—2022　　电缆和光缆在火焰条件下的燃烧试验 第 12 部分：单根绝缘电线电缆火焰垂直蔓延试验 1kW 预混合型火焰试验方法

（3）检验设备与器具

1）金属罩：尺寸为宽（300±25）mm、深（450±25）mm、高（1200±25）mm，正面敞开，顶部和底部封闭。

2）引燃源：应符合 GB/T 5169. 14—2017 的规定。

3）试验箱：合适的试验箱，温度在（23 ±10）℃。

（4）取样及试样制备

1）试验前，所有试样应在（23 ±5）℃、相对湿度（50 ±20）% 的条件下处理至少 16h。如果电线电缆表面有涂料或清漆涂层时，试样应在（60 ±2）℃下放置 4h，然后再进行上述处理。

2）试样应是一根长（600 ±25）mm 的电线电缆。

（5）检验程序

1）试样安装：试样应被校直，并用合适的铜丝固定在两个水平支架上，垂直放置在 GB/T 18380. 11 所述的金属罩中间。固定试样的两个水平支架的上支架下缘和下支架上缘之间的距离应为（550 ±5）mm。此外，固定试样时应使试样下端距离金属罩底面约 50mm。试样垂直轴线且应处在金属罩的中间位置。

2）喷灯位置：点燃 GB/T 18380. 11 所述的喷灯，将燃气和空气调节到推荐流量。喷灯的位置应使蓝色内锥的尖端正好触及试样表面，接触点距离水平的上支架下缘（475 ±5）mm，同时喷灯与试样的垂直轴线成 45° ±2° 的夹角。

3）供火时间：供火应连续，且供火时间应根据试样外径从表 C-5 中选择。

表 C-5　供火时间

试样外径 D/mm	供火时间/s
$D \leqslant 25$	60 ±2
$25 < D \leqslant 50$	120 ±2
$50 < D \leqslant 75$	240 ±2
$75 < D$	480 ±2

（6）检验结果评定　电缆燃烧或发光停止后，将试样擦拭干净，用锋利物品按压电缆表面，表面由弹性变成脆性（粉化）的地方，视为炭化起始点。

1）上支架下缘和炭化部分起点之间的距离大于 50mm，则电线电缆通过本次试验。

2）如果燃烧向下延伸至距离上支架下缘大于 540mm 时，则不合格。

2.2.6　耐火性能试验

（1）检验目的　电缆的耐火性能是指产品在有火源燃烧的情况下，线路可以持续运行的能力。电缆的耐火试验采用模拟的形式，对火源、燃烧时间、线路运行等条件加以设定，检测电缆是否真的具有保持线路完整性的能力。在发生火灾的时候，电缆产品的耐火性能可以为现场人员的疏散、救援，财产的保护、转移争取宝贵的时间，从而降低人员伤亡和财产损失。

（2）检验依据　项目采购合同及技术规范的规定，无规定时依据下列标准：

GB/T 13033. 1—2007　额定电压 750V 及以下矿物绝缘电缆及终端 第 1 部

分：电缆

GB/T 19666—2019　　阻燃和耐火电线电缆或光缆通则

GB/T 19216.11—2003　在火焰条件下电缆或光缆的线路完整性试验 第 11 部分：试验装置——火焰不低于750℃的单独供火

GB/T 19216.21—2003　在火焰条件下电缆或光缆的线路完整性试验 第 21 部分：实验步骤和要求——额定电压 0.6/1.0kV 及以下电缆

（3）检验设备与器具

1）试样支撑装置。

2）带型丙烷气体喷灯。

3）连续性检查装置。

4）具有电压和电流输出的耐火试验装置。

（4）取样及试样制备　取长度约为 1200mm 的成品电缆试样，将两端的护套或外护层剥除 100mm，并使两端的每根导体露出以便于进行电气连接，露出的导体不得相碰。

（5）检验程序

1）按照 GB/T 19216.11—2003 的要求，将试样固定在支撑装置上，并调整好火源与试样的相对位置。

2）线路连接。

① 靠近变压器一端试样的连接。

● 如图 C-1 所示，试样靠近变压器的一端，中性导体和所有保护导体接地，所有金属屏蔽、引流线或金属层相互连接并接地。作为中性导体或保护导体用的铠装、屏蔽结构，采用相同方法连接。

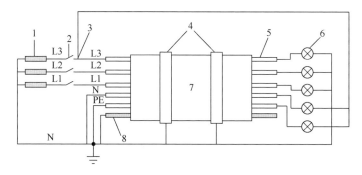

图 C-1　基本电路图

1—变压器　2—熔断器（2A）　3—连接到 L1 或 L2 或 L3 相　4—金属夹具　5—试验导体或导体组
6—负载和指示装置（如灯泡）　7—试样　8—金属屏蔽（如果有）

L1、L2、L3—相导体（如果有 L2、L3）　N—中性导体（如果有）　PE—保护导体（如果有）

- 每相/组导体分别与变压器连接，并在变压器输出端的每相上串接一个 2A 的熔断器。
- 主线芯三相及以下电缆，按实际相数将导体分别与相线连接。
- 无中性导体或保护导体的四芯及以上多芯电缆，将导体分为三组且相邻导体尽量在不同组，分别与相线进行连接。

② 远离变压器一端试样的连接。

- 中性导体和所有保护导体分别连接负载和指示装置的一端，另一端连接到变压器熔断器的 L1 （或 L2，或 L3）相。
- 每相/组导体分别连接负载和指示装置，然后接地。

3）点燃喷灯，将丙烷与空气流量调节至符合 GB/T 19216.11—2003 的要求（火焰温度不低于 750℃），将连续性检查装置打开，施加电缆的额定电压。

4）试验时间。

- 供火时间为 180min。
- 持续供电时间为 180min（供火时间）＋15min（冷却时间）。

（6）检验结果评定　在整个供火和冷却时间内，2A 熔断器不熔断并且指示灯不熄灭。

3. 验货检验常见问题与风险预警

（1）导体电阻或护套电阻不符合标准规定　检验操作方法不当（如试样在检测室的放置时间不够、检测室温度波动较大、测温点不符合标准规定等）及导体/铜护套材料、截面积不符合要求均会导致电缆导体/铜护套电阻不合格。

质量见证过程中发现导体或铜护套电阻不合格时，供方质检人员应积极配合质量监督见证人员审慎分析原因，以免误判。

确认为非检测方法因素时，质量监督见证方立即启动风险预警，有权要求供方中止生产和供货、限期开展全面质量排查和整改，并书面告知委托方（采购方），供方应按规定期限完成质量排查和整改。供方质量排查、整改完毕后，应向质量监督见证方提交整改报告和复验申请，质量监督见证方收到相关材料后，扩大产品抽样范围和抽样数量二次抽样检测导体/铜护套电阻。

二次抽检再次发现非检测方法原因的相同质量问题时，质量监督见证方立即向采购方提出退货和终止供方供货资格的建议，最终由采购方决定是否退货及终止供方的生产和供货；二次抽检若未发现相同的质量问题，则质量监督见证方向委托方（采购方）提出取消风险预警、供方继续生产和供货的建议，最终由采购方作出供方继续生产和供货的决定。

（2）绝缘厚度或铜护套最薄点厚度超出标准规定的范围　出现绝缘厚度或铜护套最薄点厚度（重点关注焊接部位的厚度）超出标准规定范围的质量问题时，质量监督见证方将另外抽检一根同型号规格产品试样，无相同型号规格产品时抽检相近型号规格产品试样。若依然存在相同问题，则质量监督见证方立即启动风险预警，有权要求供方中止同型号规格产品的生产和供货、限期开展全面质量排查和整改，并书面告知委托方（采购方），供方应按规定期限完成质量排查和整改。供方质量排查、整改完毕后，应向质量监督见证方提交整改报告和复验申请，质量监督见证方收到相关材料后，扩大产品抽样范围和抽样数量进行二次抽样检测绝缘厚度/铜护套最薄点厚度。

二次抽检再次发现相同质量问题时，质量监督见证方立即向采购方提出退货和终止供方供货资格的建议，最终由采购方决定是否退货及终止供方的生产和供货；二次抽检若未发现相同质量问题，则质量监督见证方向委托方（采购方）提出取消风险预警、供方继续生产和供货的建议，最终由采购方作出供方继续生产和供货的决定。

（3）绝缘电阻不符合标准规定　氧化镁矿物绝缘电缆封端未处理好或铜护套（特别是焊接灌粉工艺）存在开裂、孔隙、漏焊、虚焊等质量缺陷时，将会导致绝缘电阻不符合标准规定的情况发生。此时，供方应积极配合质量监督见证方确定绝缘不合格原因。

若绝缘电阻不合格为封端不良引起，则供方应采取有效措施确保封端可靠。

若绝缘电阻不合格为铜护套焊接质量缺陷引起，则质量监督见证方立即启动风险预警，有权要求供方中止生产和供货、限期开展全面质量排查和整改，并书面告知委托方（采购方），供方应按规定期限完成质量排查和整改。供方质量排查、整改完毕后，应向质量监督见证方提交整改报告和复验申请，质量监督见证方收到相关材料后，扩大产品抽样范围和抽样数量进行二次抽样检测绝缘电阻。

二次抽样再次发现铜护套焊接质量缺陷引发的相同质量问题时，质量监督见证方立即向采购方提出退货和终止供方供货资格的建议，最终由采购方决定是否退货及终止供方的生产和供货；二次抽样若未发现相同的质量问题，则质量监督见证方向委托方（采购方）提出取消风险预警、供方继续生产和供货的建议，最终由采购方作出供方继续生产和供货的决定。

（4）电缆电压试验击穿　供方质量检验人员应按合同或技术规范（协议）的规定严格进行成品电缆的电压试验，合同或技术规范（协议）未明确规定时，按GB/T 13033.1—2007的规定执行。

当氧化镁绝缘材料中存在导电杂质、绝缘密实度不足、绝缘厚度过薄时，或铜护套存在裂缝、孔隙、漏焊、虚焊等缺陷时，均有可能造成电缆在电压试验过程中击穿。

在供方生产现场成品检测见证过程中发现电压试验击穿时，需扩大检测范围，供方应积极配合质量监督见证方审慎分析原因。若属于因存在导电杂质或局部绝缘厚度过薄而导致击穿的个案，则在剪除电缆击穿段后应再次进行电压试验，直至合格；若属于系统性杂质击穿、绝缘过薄击穿，或因铜护套存在裂缝、孔隙、漏焊、虚焊等质量缺陷引起，则质量监督见证方立即启动风险预警，有权要求供方中止生产和供货、限期开展全面质量排查和整改，并书面告知委托方（采购方），供方应按规定期限完成质量排查和整改。供方质量排查、整改完毕后，应向质量监督见证方提交整改报告和复验申请，质量监督见证方收到相关材料后继续进行电压试验见证，再次发现系统性或铜护套质量缺陷引起的电压试验击穿时，质量监督见证方立即向采购方提出退货和终止供方供货资格的建议，最终由采购方决定是否退货及终止供方的生产和供货；若未再次出现相同原因的质量问题，则质量监督见证方向委托方（采购方）提出取消风险预警、供方继续生产和供货的建议，最终由采购方作出供方继续生产和供货的决定。

在到货产品或待发产品质量见证过程中发现电压试验不合格时，则质量监督见证方立即启动风险预警，有权要求供方中止生产和供货、限期开展全面质量排查和整改，并书面告知委托方（采购方），供方应按规定期限完成质量排查和整改。供方质量排查、整改完毕后，应向质量监督见证方提交整改报告和复验申请，质量监督见证方收到相关材料后，扩大产品抽样范围和抽样数量进行二次电压试验。二次电压试验再次不合格时，质量监督见证方立即向采购方提出退货和终止供方供货资格的建议，最终由采购方决定是否退货并终止供方的生产和供货；二次抽样若未出现相同的质量问题，则质量监督见证方向委托方（采购方）提出取消风险预警、供方继续生产和供货的建议，最终由采购方作出供方继续生产和供货的决定。

4. 附录

附录 C-1　主要第三方生产见证（监造）和检测检验服务机构一览表

序号	类别	检验机构名称	联系电话
1	监造	中正智信检验认证股份有限公司	0550 – 7622137
2	检测	上海缆慧检测技术有限公司	400 – 852 – 6288 021 – 50680102
3	检测	上海市质量监督检验技术研究院 （电线电缆低压电器检验室）	021 – 56035307
4	检测	国家电线电缆质量检验检测中心（江苏）	0510 – 80713755
5	检测	国家电线电缆质量检验检测中心（上海）	021 – 65494605
6	检测	国家电线电缆质量检验检测中心（辽宁）	024 – 23921295
7	检测	国家电线电缆质量检验检测中心（甘肃）	0938 – 8387399
8	检测	国家电线电缆产品质量检验检测中心（武汉）	027 – 68853721
9	检测	国家电线电缆产品质量检验检测中心（广东）	020 – 89232806
10	检测	国家特种电缆产品质量检验检测中心（河北）	0319 – 5516700
11	检测	国家特种电线电缆产品质量检验检测中心（安徽）	0553 – 6699608
12	检测	国家防火建筑材料质量检验检测中心	028 – 87516651
13	检测	国家固定灭火系统和耐火构件质量检验检测中心	022 – 58387888

（续）

序号	类别	检验机构名称	联系电话
14	检测	机械工业电线电缆质量检测中心（北京）	010 – 68157734
15	检测	天津市产品质量监督检测技术研究院	022 – 23078902
16	检测	吉林省产品质量监督检验院	0431 – 85374709
17	检测	山东省产品质量检验研究院	0531 – 89701898
18	检测	河南省产品质量检验技术研究院	0371 – 63318986
19	检测	陕西省产品质量监督检验研究院	029 – 62653981
20	检测	山西省产品质量监督检验研究院	0351 – 7241042

注：以上为部分主要第三方生产见证（监造）和检测检验服务机构，仅供参考。

附录 C-2　第三方服务机构简介

- 中正智信检验认证股份有限公司

中正智信检验认证股份有限公司是专注电线电缆等机电产品技术咨询、价格评估、生产监造、检验认证、质量管理等服务的高新技术企业。利用自身专业优势和资源整合优势，将价格、质量、诚信等大数据与传统的质量验收和检验认证相结合，深化大数据在产品全生命周期与产业链全流程各环节的应用，助力用户优化采购策略、管控采购风险、提高采购质量，极大满足采购精细化管理需求，全面提升采购及物资管理水平，保障供给和生产安全，打造精品工程。

联系地址：安徽省天长市经济开发区天康大道 622 号

客服电话：0550 – 7622137

- 上海缆慧检测技术有限公司

上海缆慧检测技术有限公司（简称缆慧）是一家集检测服务、监造服务及技术服务于一体的综合性第三方机构。拥有多名电缆行业内工作十年以上的顶尖技术专家，教授级高级工程师 3 人，90% 以上拥有本科及以上学历，团队拥有丰富的经验和技术积累，致力于为客户提供高端和定制化的检测技术服务。拥有高压试验室、电气性能试验室、机械性能试验室、材料性能试验室、环境试验室、通信性能实验室、燃烧性能试验室、核电站用电缆 LOCA（冷却剂丧失事故）实验室等，具有线缆原材料、常规线缆产品、新能源线缆、舰船电缆、轨道交通用电缆、架空线、核电站用电缆、防火阻燃类线缆等产品的检测技术能力。缆慧是国内外众多认证机构的认可实验室，包括 DEKRA、TUV 莱茵、KEMA、TUV 南德、CQC 和中国船级社（CCS）等机构，也是 CB 认可实验室，具有 CNAS、CMA 等相关证书。

缆慧还致力于将在线检测、大数据、云服务等信息技术与传统电缆制造相结合，开发并提供大量基于互联网的产品和服务。公司成立以来，通过不断的技术创新，为电缆企业提供了可靠的生产质量监控平台，为电缆用户提供了可追溯的电缆生产监造平台，为认证企业提供了可信赖的产品质量评价依据。

网　　址：www. istcw. com/index. html

联系地址：上海市浦东新区金海路 1000 号 14 号楼东区（技术中心）

　　　　　上海市奉贤区海翔路 458 号（试验中心）

客服电话：400 - 852 - 6288、021 - 50680102

● 上海市质量监督检验技术研究院（电线电缆低压电器检验室）

电线电缆低压电器检验室由上海市机电工业技术监督所检测中心暨上海市电线电缆检测站和上海市低压电器检测站合并改组而来，前身成立于 20 世纪 80 年代初，在各类电线电缆、低压电器产品的试验技术研究和质量检测领域具有悠久的历史。随着历代检测人的不断努力，在电线电缆领域，已具有对包括民用电线、漆包线、电力电缆、控制电缆、架空电缆、架空绞线和通信电缆等各类电线电缆产品的检测能力（包含 2 类 3C 强制性认证产品、5 个单元工业产品生产许可证产品全部或部分检测能力）；在低压电器领域，已具有对断路器、低压成套开关设备和控制设备、配电板、母线槽、节点装置和低压滤波装置等各类低压电器产品的检测能力。

在电线电缆检测领域，目前拥有包括局放冲击试验室、高低温试验室、力学试验室、电磁线试验室、电学试验室、通信网络试验室、燃烧试验室、塑料原材料性能试验室等在内的多个专业试验室，拥有各类电线电缆检测设备百余套。在低压电器检测领域，目前拥有温升试验室、动作特性试验室、辅助触头通断试验室、湿热试验室、高低温试验室、耐电压试验室、绝缘材料耐热试验室和电性能试验室。

历年来，多次承担国家质检总局、各地质量技术监督部门、市场监督管理部门等各级政府部门下达的产品监督抽查任务及社会各界委托检验，同时兼任上海市电线电缆行业协会副会长单位，也是中国电器工业协会电缆分会、低压电器分会会员单位，为行业整体质量水平的提升发挥了积极的作用，在行业中享有盛誉。

网　　址：www. sqi. com. cn/SQI_Web_new/index. html

联系地址：上海市静安区万荣路 918 号（机电产品质量检验所）

客服电话：021 - 56035307　021 - 56652534（机电产品质量检验所）

● 国家电线电缆质量检验检测中心（江苏）

国家电线电缆质量检验检测中心（江苏）隶属于江苏省产品质量监督检验研究院，是专业从事线缆类产品检验检测、研究及技术服务的国家级法定技术机构。

实验室位于江苏省宜兴市，占地 36 亩（1 亩 = 666.6m^2），建筑面积 18600m^2，现有专业技术人员 80 余人，检测装备 500 余台套，进口设备占比 65% 以上。

检验能力覆盖电线电缆行业 500kV（交流、直流）电压等级及以下的各类绝缘电线电缆产品、特高压交流 1000kV 和直流 ±800kV 架空导线产品。经过多年发展，在检验、研发能力上逐渐形成自己的特色，在燃烧试验、超高压试验、材料试验、新能源、机器人电缆等领域的检验能力达到国际先进水平。

主要资质：为 CB 授权实验室、CNAS 和 CMA 认可实验室、英国皇家认可委员会（UKAS）认可实验室，同时也是生产许可证和 3C 产品承检实验室、电能（北京）产品认证中心（PCCC）电线电缆签约实验室、中国船级社船用电线电缆签约实验室、欧洲技术认证有限公司（CCQS）签约实验室、英国标准协会（BSI）全球首家电线电缆产品签约实验室、南非国家标准局（SABS）授权实验室、TUV（南德、莱茵）授权实验室、德国德凯授权实验室、德国电气工程师协会（VDE）中高压电缆全球唯一授权实验室、德国电气工程师协会（VDE）CPR 授权实验室、美国保险商实验室（UL）全球唯一授权的大规模燃烧目击实验室等。

中心始终将服务政府、打造优秀公共服务平台作为己任，从 2011 年起连续作为牵头机构承担电线电缆全国监督抽查工作，通过连续开展的质量监督抽查工作，电线电缆产品质量提升显著，促进了行业的健康发展。

中心将借助中国标准化协会电线电缆委员会（中心为秘书处承接单位）平台，联合大专院校、科研机构、行业用户，团结电缆、材料生产企业，积极开展团体标准的制订工作，助力行业高质量发展。

网　　址：www. ntcw. org. cn

联系地址：江苏省宜兴市绿园路 500 号

电　　话：0510 - 80713755（总机）　0510 - 80713720

传　　真：0510 - 80713799

- 国家电线电缆产品质量检验检测中心（武汉）

国家电线电缆产品质量检验检测中心（武汉）是经中国合格评定国家认可委员会（CNAS）认可的实验室，是国家认证认可监督管理委员会指定并与中国质量认证中心（CQC）签约的 CCC 认证检验实验室，全国工业产品生产许可证办公室授权的生产许可证检验实验室，国际电工委员会电工产品合格测试与认证组织（IECEE）认可的 CB 实验室。同时，作为中西部地区门类最齐全的电线电缆及电缆附件、电线组件的专业检测试验室，中心还是中国船级社及 TUV 莱茵的签约实验室。

中心从 1980 年开始从事电线电缆检测，是第一批由国家质量技术监督局指定的承担电线电缆工业产品生产许可证检验的三家机构之一。从 2001 年起先后承担了历年的电线电缆产品国家监督抽查，并主持参与了《电线电缆产品生产许可证实施细则》、CCGF 708. 3《产品质量监督抽查实施规范 聚氯乙烯绝缘电缆电线》和 CCGF 708. 1《产品质量监督抽查实施规范 电力电缆》的起草修订工作。长期以来，中心为电缆行业、电力、钢铁、石化、铁路、地铁、市政、房地产等大量重点工程和企业提供了优质的检测服务。

网　　址：www. whzj. org. cn

联系地址：湖北省武汉市东西湖区金银湖东二路 5 号

电　　话：027 - 68853721

- 国家防火建筑材料质量检验检测中心

国家防火建筑材料质量检验检测中心是经国家标准局和公安部批准建立，于1987年经国家标准局正式验收并授权成为全国首批具有第三方公正性地位的、法定的国家级产品质量监督检验机构。质检中心行政上受应急管理部消防救援局领导，业务上受国家认监委和应急管理部消防救援局指导，是国家认监委指定的火灾防护类消防产品强制认证实验室。

发展至今，中心已完成基本科研项目130余项，标准制修订项目50余项。中心已拥有总建筑面积25000多平方米的各类试验场馆，主要检验设备200多台套。目前中心已获授权的标准有274个，其中包括防火阻燃材料及制品、保温材料及系统、装饰装修材料、防火材料产品、建筑耐火构件、消防防烟排烟设备、电线电缆、消防器材等八大类产品979个参数的检验。

网　　　址：www. fire – testing. net/

联系地址：成都市金牛区金科南路69号

联系电话：028 – 87516651

附录 C-3　样品要求与通用项目检验费用

1. 取样长度及样品处理

1）取样。必须从未安装使用的电线电缆上截取样品。

2）取样长度。老化前常规项目检验所需样品长度为5m；全性能检验所需样品长度为30m；其余项目所需样品长度见表 C-1。

3）盲样处理。取样后，用丙酮等有机溶剂将电缆表面的印字全部擦除，对每个电缆送样进行编号，制作成盲样。业主方需要提供送检电线电缆的生产标准或采购技术规范，以便作为检验依据。

4）样品包装。样品取好后，要对两端进行封头处理（可以用塑料薄膜缠绕包覆），以免进水或受潮，影响检验。包装时，可以用电缆盘，也可以成卷。无论装盘还是成卷，样品的弯曲度要大于自身成盘直径的要求，以免影响电缆的性能。然后寄（送）给检验机构。

2. 通用项目检验费用

1）根据电线电缆市场交易惯例，产品检测合格，应由买方承担检测费用，如果检测出不合格，所有检测费用皆应由卖方承担。为节约经费，建议先小范围取样送检，如果产品检测出不合格，再成倍加大检测范围与频次。

2）检测机构通用项目收费标准见表 C-6（不同的检测机构收费会有不同）。

表 C-6　检测机构通用项目收费标准

序号	测试项目	收费
1	常规项目（包括导体直流电阻、绝缘电阻、绝缘和护套的完整性）	1500 元/个
2	关键项目	4500 元/个

（续）

序号	测试项目	收费
3	阻燃特性	4000 元/个
4	低烟特性（烟密度测试）	2000 元/个
5	无卤特性（无卤性能测试）	1500 元/个
合计		13500 元/个

附录D 额定电压0.6/1kV及以下云母带矿物绝缘波纹铜护套电缆验货检验规范

1. 验货检验通用条款

1.1 验货检验目的

1）供货企业质量诚信检验。随机抽取一两份供货企业具有代表性型号的待发货产品实样，进行产品全性能检验，了解供货企业产品质量状况。

2）重要场合特殊性能需求检验。针对不同使用区域或装置，对云母带矿物绝缘电缆的具体需求特性制定检验方案，检验产品设计性能是否达标，能否满足场合使用需求，能否保证运行安全。

3）过程见证。合同执行期间对供货企业所提供的合同货物（包括分包外购材料）进行检验、质量监督见证和性能验收试验，确保供货企业所提供的合同货物符合要求。

1.2 验货检验方式

1）委托第三方专业机构进行质量监督见证工作，业主方对供货企业下达批次电缆排产确认单，质量监督见证工作立即开始。质量监督见证方（第三方专业机构和业主方）有权亲自见证任何一项或全部试验，质量监督见证方在场观察试验的进行并不免除供货企业对质量承担责任。

2）供货企业的生产检验人员应与质量监督见证方配合，提供质量监督见证方要求的不涉及供货企业技术秘密或诀窍的技术文件和记录。

① 质量监督见证方根据供货进度要求督促供货企业准备原材料。

② 关键工序完成后，经质量监督见证方检验确认后方可进入下一道工序。

③ 质量监督见证方见证成品例行试验合格后才能出厂，除非另有约定。

④ 质量监督见证方如发现原材料、半成品、生产工艺、试验方法等有不符合标准或合同的内容，可立即提出并有权要求供货企业停止生产或供货，供货企业应积极进行整改、返工处理。

3）质量监督见证方在质量监督见证中如发现货物存在质量问题或不符合规定的标准或包装要求时，有权提出书面意见，供货企业必须及时采取相应改进措施，以保证交货进度和质量。无论质量监督见证方是否要求或是否清楚，供货企业均有义务主动及时地向其提供合同货物制造过程中出现的质量缺陷和问题，不得隐瞒，并将质量缺陷和问题的处理方案书面报告质量监督见证方。

4）借助第三方专业机构，实行飞检、盲检。即发挥第三方专业机构的专业性，制定产品抽检和检验细则，于产品发货前在无预先告知的情况下到生产企业进行现场质量检测并取样，然后做盲样处理，送不特定检验机构检验，出具权威检验报告。飞检人员到达供货企业时出具身份证明和业主方或质量监督见证方签署的飞检委托书。

1.3　验货检验依据

优先依据项目采购合同及技术规范（协议）的规定；当采购合同或技术规范（协议）未明确时，依据现行标准 GB/T 34926—2017 的规定执行。

1.4　验货检验方法

1）工厂见证检验。采购产品应由供货企业质量部门和质量监督见证方检查合格后方能出厂，每个出厂的包装件上应附有产品质量检验合格证以及质量监督见证方签字认可的证明，除非采购合同或技术规范（协议）中另有约定。

2）送权威检验机构检验。检验项目包括全性能检验、特殊性能需求检验、常规项目检验和关键项目检验。

2.　验货检验专用条款

2.1　验货检验项目

由采购人或其受托方（第三方专业机构、指定的监理单位和施工单位等）对待检验的样品进行抽样，经协商也可委托检验机构进行抽样。抽样要按相关产品标准和抽样规则进行，抽样者要为抽取样品的真实性和代表性负责。

（1）全性能检验　全性能检验时抽取的电线电缆在产品结构、工艺水平、性能要求等方面应具代表性。全性能检验周期为 20 个工作日。云母带矿物绝缘波纹铜护套电缆的全性能检验项目见表 D-1。

表 D-1　云母带矿物绝缘波纹铜护套电缆的全性能检验项目

序号	试验项目	检验材料	试样长度/m
1	结构尺寸		
1.1	导体结构		
1.2	绝缘厚度		
1.3	保护层厚度		1.5
1.4	铜护套厚度		
1.5	外护套厚度		
1.6	电缆外径		
2	外护套物理机械性能		
2.1	机械性能		
2.1.1	原始性能		0.6
2.1.2	空气烘箱老化试验		0.6
2.2	抗开裂试验	聚氯乙烯、450/750V 电缆无卤低烟聚烯烃	1.2 ~ 1.6

（续）

序号	试验项目	检验材料	试样长度/m
3	电性能		
3.1	20℃导体直流电阻		1.5
3.2	电压试验（0.6/1kV电缆4h电压试验）		
3.3	环境温度下绝缘电阻		12
3.4	工作温度下绝缘电阻		
3.5	护套直流电阻		1.5
4	气密性试验		
5	弯曲试验		
6	压扁试验		
7	阻燃及耐火试验		
7.1	电缆的成束阻燃试验	无卤低烟阻燃聚烯烃	根据电缆非金属材料的体积和电缆的几何尺寸计算
7.2	烟密度试验	无卤低烟聚烯烃	根据外径计算
7.3	酸气含量试验	无卤低烟聚烯烃	0.1
7.4	酸度和电导率试验	无卤低烟聚烯烃	0.1
7.5	氟含量试验	无卤低烟聚烯烃	
7.6	耐火试验		产品实测外径 $D \leqslant 20mm$: 3.6 产品实测外径 $D > 20mm$: 1.5

（2）特殊性能需求检验　特殊性能需求是指电线电缆的燃烧特性，包括阻燃特性、耐火特性、无卤特性和低烟特性。根据 GB/T 19666—2019《阻燃和耐火电线电缆或光缆通则》，阻燃是指"试样在规定条件下被燃烧，在撤去火源后火焰在试样上的蔓延仅在限定范围内，具有阻止或延缓火焰发生或蔓延能力的特性"；耐火是指"试样在规定火源和时间下被燃烧时能持续地在指定条件下运行的特性"；无卤是指"燃烧时释出气体的卤素（氟、氯、溴、碘）含量均小于或等于1.0mg/g的特性"；低烟是指"燃烧时产生的烟雾浓度不会使能见度（透光率）下降到影响逃生的特性"。

特殊性能检验周期为7个工作日。云母带矿物绝缘波纹铜护套电缆的特殊性能需求检验项目及样品长度见表 D-2。

表 D-2　云母带矿物绝缘波纹铜护套电缆的特殊性能需求检验项目及样品长度

序号	试验项目	适用材料	试样长度/m
1	电缆的成束阻燃试验	无卤低烟阻燃聚烯烃	根据电缆非金属材料的体积和电缆的几何尺寸计算
2	烟密度试验	无卤低烟聚烯烃	根据外径计算

（续）

序号	试验项目	适用材料	试样长度/m
3	酸气含量试验	无卤低烟聚烯烃	0.1
4	酸度和电导率试验	无卤低烟聚烯烃	0.1
5	氟含量试验	无卤低烟聚烯烃	
6	耐火试验		产品实测外径 $D \leqslant 20$mm: 3.6 产品实测外径 $D > 20$mm: 1.5

电缆的成束燃烧试验所需样品长度，需要先根据产品的试验类别或燃烧性能等级，以及 GB/T 19666—2019、GB/T 18380—2022 的要求确定电缆的每米非金属材料总体积，然后根据 GB/T 18380—2022 规定的公式计算。电缆样品的长度并不相同，规格越小，外径越小，需要样品长度越长；规格越大，外径越大，需要样品长度越短。样品长度从几百米到几米不等。建议先确定需要检验的电缆规格型号，咨询检验机构确认样品长度后再取样。

（3）常规项目检验　为确保产品性能，可根据供应商产品质量情况加大检验力度，对云母带矿物绝缘波纹铜护套电缆的常规项目进行检验。

1）老化前常规项目。老化前常规项目包括导体直流电阻、绝缘和护套尺寸、护套老化前机械性能、环境温度下绝缘电阻、电压试验，检验周期为 7 个工作日，见表 D-3。

表 D-3　老化前常规项目与安全隐患

序号	检验项目	反映的问题	项目不合格的安全隐患
1	导体直流电阻	导体材料以及截面积是否符合要求	导体发热加剧，加速包覆在导体外面的绝缘和护套材料的老化，严重时甚至会造成供电线路发热引发火灾事故或短路、断路
2	绝缘和护套尺寸	绝缘、护套材料以及生产工艺是否符合要求	绝缘厚度不合格：电缆在使用中容易击穿、短路，进而发生火灾 护套厚度不合格：护套容易开裂或在敷设安装时易被损坏，大大降低了对电缆的保护作用
3	护套老化前机械性能	护套材料的力学性能是否符合要求	绝缘机械性能不合格：影响产品的正常使用，加速产品的老化，大大缩短产品的使用寿命，严重时易造成电缆击穿，进而引发火灾或人身安全事故 护套机械性能不合格：在安装敷设过程中易出现护套表层开裂，电缆内部易受潮或进水，影响电缆的使用寿命
4	环境温度下绝缘电阻	电缆在制造过程中吸潮或铜护套有缺陷	通电后漏电流过大或短路
5	电压试验（5min）	电缆绝缘厚度局部不达标、在制造过程中吸潮或铜护套有缺陷	通电后漏电流过大，电压异常时（如雷击、瞬时高压）击穿或短路

2）老化后常规项目。历年来的产品质量监督抽查结果显示，电线电缆的老化后常规项目不合格占比非常高。但鉴于老化试验的试验时间为 7 天，整个检验周期大概 15 个工作日，且检验费用也较高，出于时间和费用的考虑，老化后常规项目可以有选择地来做。大量的试验数据也表明，绝大多数老化前的数据能够反映老化后的数据。老化后常规项目与安全隐患见表 D-4。

表 D-4　老化后常规项目与安全隐患

项目	反映的问题	项目不合格的安全隐患	适用材料
护套老化后机械性能	材料在老化后机械性能是否满足继续运行的条件	护套表面开裂、破损，加速电缆内部腐蚀	全部

（4）关键项目检验　关键项目是指对电缆性能及寿命影响较大，且根据历年来产品质量监督抽查结果，不合格率较高的项目，见表 D-5。

表 D-5　关键项目与安全隐患

序号	项目	反映的问题	项目不合格的安全隐患	适用材料
1	工作温度下绝缘电阻	绝缘电阻下降	容易发生导体与金属护套短路	云母绝缘
2	铜护套厚度	厚度变薄，弯曲时易开裂变形	铜护套变薄，影响氩弧焊焊接轧纹的牢固，导致铜护套出现开裂、上盘弯曲时开裂变形	铜带焊接轧纹
3	弯曲试验	焊缝缺陷及结构缺陷	敷设安装过程中可能导致铜护套焊缝开裂或较为严重的弯曲变形，以及可能的绝缘脱落或破损，使绝缘性能严重下降甚至失效	铜带焊接轧纹
4	压扁试验	焊缝缺陷及结构缺陷	敷设安装过程中可能导致铜护套焊缝开裂或较为严重的挤压变形，以及可能的绝缘脱落或破损，使绝缘性能严重下降甚至失效	铜带焊接轧纹

2.2　主要验货检验项目的试验方法及结果评定

2.2.1　导体直流电阻的检验

（1）检验目的　导体直流电阻是考核电线电缆的导体材料以及截面积是否符合标准的重要指标，同时也是电线电缆使用运行中的重要指标。导体电阻超标，势必增加电流在线路中通过时的损耗，在用电负荷增加或者环境温度高一些时，电缆就处于过载工作状态，会导致导体发热加剧，加速包覆在导体外面的绝缘和护套材料的老化，严重时甚至会造成供电线路漏电、短路，引发火灾事故。导体电阻检验的目的是检查电线电缆导体的电阻是否超过标准的规定值。此外，对整根产品测定其导体电阻，还可以发现生产工艺中的某些缺陷，如线断裂或其中部分单线断裂，导体截面积不符合标准，产品的长度不正确等。

（2）检验依据　项目采购合同及技术规范如下

GB/T 34926—2017　额定电压 0.6/1kV 及以下云母带矿物绝缘波纹铜护套电缆及终端

GB/T 3956—2008　　电缆的导体

GB/T 3048.4—2007 电线电缆电性能试验方法　第4部分：导体直流电阻试验

（3）试验设备与器具

1）直流电桥、感性低电阻快速测量微欧计等。

2）通用导体电阻测量夹具。

（4）取样及试样制备

1）试样截取：从被测电线电缆上截取长度不小于1m（用导体电阻测量夹具测量时至少取1.25m）的试样，或以成盘（圈）的电线电缆作为试样。去除试样导体外表面绝缘、护套或其他覆盖物，也可以只去除试样两端与测量系统相连接部位的覆盖物，露出导体。去除覆盖物时应小心进行，防止损伤导体。

2）试样拉直：拉直试样时不应有任何导致试样导体横截面积发生变化的扭曲，也不应导致试样导体伸长。

3）试样表面处理：检验前应预先清除导体表面的附着物、污秽和油垢，连接处表面的氧化层应尽可能除尽。应采用机械或化学的方法去除单丝表面的氧化层。

（5）检验程序

1）环境温度：测量环境温度为15～25℃，空气湿度不大于85%，环境温度的变化不超过±1℃。样品预处理时间：截面积小的恒温至少2h以上，截面积大的应达到24h。温度计距离地面不少于1m，距离墙面不少于10cm，距离试样不超过1m，且二者大致在同一高度。试样应在15～25℃环境温度下放置足够长的时间，使之达到温度平衡。

2）电阻检验：按电桥的操作规程测量温度为 t、长度为 L 的试样的导体直流电阻。

3）电阻测量误差：电阻测量误差不超过 ±0.5%。

（6）检验结果评定

1）温度为20℃时每千米长度电缆的电阻值按下式计算：

$$R_{20} = \frac{R_x}{1 + \alpha_{20}(t - 20)} \cdot \frac{1000}{L}$$

式中，R_{20} 为20℃时每千米长度电缆的电阻值（Ω/km）；R_x 为温度为 t 时长度为 L 的电缆的实测电阻值（Ω）；α_{20} 为导体材料20℃时的电阻温度系数（1/℃）；t 为测量时的导体温度（环境温度）（℃）；L 为试样的测量长度（m），这是成品电缆的长度，不是单根绝缘线芯的长度。

2）所有产品20℃时的导体电阻最大值，不大于 GB/T 34926—2017 或项目采购合同及技术规范规定值的为合格。

2.2.2　导体结构的检验

（1）检验目的　对导体的构成材料、单丝直径、根数、绞合方式、绞合后的直径、绞合节距、层间绞合方向进行验证，确保导体直流电阻符合 GB/T 3956—2008 的要求。

（2）检验依据　项目采购合同及技术规范如下：

GB/T 34926—2017　额定电压 0.6/1kV 及以下云母带矿物绝缘波纹铜护套电缆及终端

GB/T 3956—2008　　电缆的导体

（3）检验设备与器具　外径千分尺。

（4）取样及试样制备　在离端头至少 1m 的绝缘线芯上取至少 1m 长的试样，小心地剥除其一端约 50mm 长的绝缘，裸露出导体。

（5）检验程序

1）判断导体材料。目测导体为镀锡或不镀锡的铜导体。

2）检验导体根数。

3）测量单线直径（适用于非紧压导体与单股导体）在垂直于试样轴线的同一截面上，在相互垂直的方向上测量，并取算术平均值。测量时尺寸为 0.020 ~ 1.000mm 者保留三位小数，大于 1.000mm 者保留两位小数。

4）核对导体截面积。

（6）检验结果评定　测量结果按 GB/T 34926—2017 或项目采购合同及技术规范中的规定进行评定。

2.2.3　绝缘厚度的检验

（1）检验目的　产品标准中规定的绝缘厚度是根据该产品适用的电压等级、导体截面积的大小、载流量的大小、使用的环境条件、绝缘材料的电气性能、物理机械性能，并考虑长期使用寿命的诸多因素，经过科学的计算和长期实践试验而确定的。如果其实测值比规定值小，电缆在使用中容易击穿、短路，导致人身、财产损失；如果比规定值大且超过电缆最大外径，会给使用者带来诸多麻烦，甚至不能使用，并增加生产企业成本。

（2）检验依据　项目采购合同及技术规范如下：

GB/T 34926—2017　额定电压 0.6/1kV 及以下云母带矿物绝缘波纹铜护套
　　　　　　　　　　电缆及终端

GB/T 2951.11—2008　电缆和光缆绝缘和护套材料通用试验方法 第 11 部分：
　　　　　　　　　　通用试验方法——厚度和外形尺寸测量——机械性能
　　　　　　　　　　试验

（3）检验设备与器具　纸带，精确至 0.01mm 的钢尺。

（4）取样、试样制备及检验程序

1）对于为试验而选取的每根电缆，可从电缆的一端截取一段电缆来代表。

2）去除绝缘外保护层，如非金属外护套、波纹铜管等，再用纸带测试绝缘层外径。

3）去除绝缘层，然后测试导体外径。

4）计算绝缘层平均厚度，精确到小数点后两位。

（5）检验结果评定　测量结果按 GB/T 34926—2017 或项目采购合同及技术规范中的规定进行评定。

2.2.4　外护套厚度的检验

（1）检验目的　护套的主要作用是保护护套内各层结构免受机械损伤和各种环境因素（如水、日光、生物等）引起的破坏，以保证电缆电气性能的长期稳定。护套厚度的确定主要取决于机械因素，同时也应考虑长期环境老化和材料透湿的影响，这些因素主要与产品的外径和导线截面积两者有关。因此，护套厚度一般除了随导电线芯截面积增大而加厚外，还与产品芯数有很大关系。

（2）检验依据　项目采购合同及技术规范如下：

GB/T 34926—2017　　额定电压 0.6/1kV 及以下云母带矿物绝缘波纹铜护套
　　　　　　　　　　　电缆及终端

GB/T 2951.11—2008　电缆和光缆绝缘和护套材料通用试验方法 第 11 部分：
　　　　　　　　　　　通用试验方法——厚度和外形尺寸测量——机械性能
　　　　　　　　　　　试验

（3）检验设备与器具　读数显微镜或放大倍数至少为 10 倍的投影仪，两种装置读数均精确至 0.01mm。有争议时，应采用读数显微镜测量作为基准读数。

（4）取样及试样制备

1）对于为试验而选取的每根电缆，可从电缆的一端截取一段电缆来代表。

2）护套内外的所有元件必须小心除去。

3）采用适当的工具沿垂直于电缆轴线的平面切取薄片。

4）如果护套上有压印标记凹痕，则会使该处护套厚度变薄，因此试件应取包含该标记的一段。

（5）检验程序　将试件置于装置的工作面上，切割面与光轴垂直。

1）当试件内侧为圆形时，应按图 D-1 所示径向测量 6 个点。

2）如果试件的内圆表面实质上是不规整或不光滑的，则应按图 D-2 在护套最薄处径向测量 6 个点。

如果护套试样包括压印标记凹痕，则该处厚度不应用来计算平均厚度。但在任何情况下，压印标记凹痕处的护套厚度应符合有关电缆产品标准中规定的最小值。

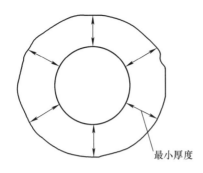
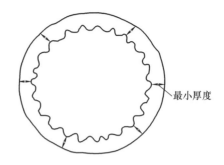

图 D-1　护套厚度测量（圆形内表面）　　　图 D-2　护套厚度测量（不规整圆形内表面）

读数应到小数点后两位（以 mm 计）。

（6）检验结果评定　测量结果按 GB/T 34926—2017 或项目采购合同及技术规范中的规定进行评定。

2.2.5　外护套老化前后拉力的检验

（1）检验目的　电缆在长期使用过程中，护套由于高场强、热循环和外部环境的同时作用而逐渐老化，老化后护套材料的机械性能、物理性能等降低，从而降低电缆的使用寿命。目前，我们进行的老化试验属于加速老化试验，采用较高温度下、连续长时间的老化来考核材料的物理机械性能的稳定性。

（2）检验依据　项目采购合同及技术规范如下：

GB/T 34926—2017　　额定电压 0.6/1kV 及以下云母带矿物绝缘波纹铜护套电缆及终端

GB/T 2951.11—2008　电缆和光缆绝缘和护套材料通用试验方法 第 11 部分：通用试验方法——厚度和外形尺寸测量——机械性能试验

GB/T 2951.12—2008　电缆和光缆绝缘和护套材料通用试验方法 第 12 部分：通用试验方法——热老化试验方法

（3）检验设备与器具

1）老化箱：自然通风或压力通风，在规定的老化温度下，烘箱内全部空气更换次数为每小时 8~20 次。

2）拉力试验机、读数显微镜或投影仪、测厚仪。

3）哑铃裁刀。

（4）取样及试样制备　从被测电缆护套上切取一段试样，其长度应足以切取至少 10 个制成哑铃或管状的试件。

（5）检验程序

1）试样预处理：

① 所有试样（包括老化、未老化的试样）应在（23±5）℃下至少保持3h。避

免阳光直射，但热塑件的存放温度为（23±2）℃。

② 按照有关电缆产品标准规定的处理温度和时间进行高温处理，在有疑问时，则在制备试件前将所有材料或试条在（70±2）℃下放置24h。处理温度不超过导体最高工作温度。这一处理过程应在测量试件尺寸前进行。

2）测量截面积：

① 对需要老化的试件，截面积应在老化处理前测量。

② 哑铃试件截面积是试件宽度和测量的最小厚度的乘积。

③ 计算管状试件的截面积。在试样中间截取一个试件，然后用下述方法计算其截面积 A（单位为 mm²）：

$$A = \pi(D - t)t$$

式中，D 为管状试样外径平均值（mm）；t 为管状试样厚度平均值（mm）。

3）老化处理：

① 根据不同的护套材料确定加热温度和时间。

② 将穿好的试件放入已加热到规定温度的烘箱中，试件应垂直悬挂在烘箱的中部，每一试件与其他试件的间距至少为 20mm，组分明显不同的材料不应同时在同一个烘箱中进行试验。

4）在环境温度下放置：老化结束后，从烘箱中取出试件，并在环境温度下放置至少 16h，避免阳光直接照射。

5）拉力试验：

① 试样应在（23±5）℃下进行。

② 夹头之间的间距。拉力试验机的夹头可以是自紧式夹头，也可以是非自紧式夹头。夹头之间的总间距如下：

- 小哑铃试件　　　　　　　　　　　　　34mm
- 大哑铃试件　　　　　　　　　　　　　50mm
- 用自紧式夹头试验时，管状试件　　　　50mm
- 用非自紧式夹头试验时，管状试件　　　85mm

③ 将试件对称并垂直地夹在拉力试验机上下夹具上，以（250±50）mm/min 的拉伸速度拉伸到断裂。

④ 试验期间测量并记录最大拉力，同时在同一试件上测量断裂时两个标记线之间的距离。在夹头处拉断的任何试件的结果均作废。在这种情况下，计算抗张强度和断裂伸长率至少需要 4 个有效数据，否则应重做试验。

（6）检验结果评定　测量结果按 GB/T 34926—2017 或项目采购合同及技术规范中的规定进行评定。

2.2.6　阻燃性能试验（成束燃烧试验）

（1）检验目的　当电线电缆产品因短路或遇火发生燃烧时，具有阻燃性能的产品应在火源撤去后，有延缓火焰蔓延或自行熄灭的能力，这在煤矿、船舶、化工、地铁等高危或人员密集的应用场合中显得尤为重要，使用不合格的产品将会引起非常严重的后果。

（2）检验依据　项目采购合同及技术规范如下：

GB/T 34926—2017　　　额定电压 0.6/1kV 及以下云母带矿物绝缘波纹铜护套电缆及终端

GB/T 19666—2019　　　阻燃和耐火电线电缆或光缆通则

GB/T 18380.31—2022　电缆和光缆在火焰条件下的燃烧试验 第 31 部分：垂直安装的成束电线电缆火焰垂直蔓延试验 试验装置

GB/T 18380.33—2022　电缆和光缆在火焰条件下的燃烧试验 第 33 部分：垂直安装的成束电线电缆火焰垂直蔓延试验 A 类

GB/T 18380.34—2022　电缆和光缆在火焰条件下的燃烧试验 第 34 部分：垂直安装的成束电线电缆火焰垂直蔓延试验 B 类

GB/T 18380.35—2022　电缆和光缆在火焰条件下的燃烧试验 第 35 部分：垂直安装的成束电线电缆火焰垂直蔓延试验 C 类

（3）检验设备与器具

1）试验箱：宽（1000±100）mm、深（2000±100）mm、高（4000±100）mm 的自立箱体。

2）空气源：一个能控制空气气流通过箱体的空气源。

3）钢梯：宽（500±5）mm 的标准钢梯或宽（800±10）mm 的宽型钢梯。

4）引燃源：包括一个或两个带型丙烷燃气喷灯及配套的流量计和文丘里混合器。

（4）取样及试样制备

1）试验前，电缆试样应在（20±10）℃的环境下放置至少 16h，确保电缆试样是干燥的。

2）试样由若干根等长的电缆试样段组成，每根最小长度为 3.5m。

3）电缆试样根数根据试样的几何尺寸用下式计算确定：

$$n = 1000V/(S - S_m)$$

式中，n 为试样根数（根），取最接近的整数（0.5 及以上进位 1）；V 为按试验类别确定的每米非金属材料总体积，A 类为 7L/m，B 类为 3.5L/m，C 类为 1.5L/m；S 为一根试样横截面的总面积（mm^2）；S_m 为一根试样横截面中金属材料的总面积（mm^2）。

如对结果有争议，试样的根数应按 GB/T 18380.31—2022 规定的密度法进行计算。

（5）检验程序

1）截取一根长度不小于 0.3m 的电缆段试样，通过密度测试，计算出每米电缆试样的非金属材料总体积，用根据阻燃等级确定的每米非金属材料总体积除以电缆段试样的非金属材料总体积得到电缆试样段根数，根数计算结果向上取整。电缆试样段最小数量应为 2。

2）试样安装：

① 至少有一根导体截面积超过 35mm² 的电缆，采用单层、间隔安装，间隔距离为 0.5 倍电缆直径，但不超过 20mm，由钢梯中间向两侧用金属丝加以固定安装，试样安装最大宽度为 300mm，试样距钢梯边缘最小距离为 50mm。

② 对于导体截面积为 35mm² 及以下的电缆，采用一层或多层接触安装，每层均由钢梯中间向两侧用金属丝加以固定安装，试样安装最大宽度为 300mm，试样距钢梯边缘最小距离为 50mm。

3）供火时间：阻燃等级为 A、B 级的供火时间为 40min，阻燃等级为 C 级的供火时间为 20min。

（6）检验结果评定　电缆燃烧或发光停止后，将试样擦拭干净，用锋利物品按压电缆表面，表面由弹性变成脆性（粉化）的地方，视为炭化起始点。

1）试样上炭化的长度最大不超过距喷嘴底边向上 2.5m。

2）停止供火后，试样上的有焰燃烧时间不超过 1h。

2.2.7　耐火性能试验

（1）检验目的　电缆的耐火性能是指产品在有火源燃烧的情况下，线路可以持续运行的能力。电缆的耐火试验采用模拟的形式，对火源、燃烧时间、线路运行等条件加以设定，检测电缆是否真的具有保持线路完整性的能力。在发生火灾的时候，电缆产品的耐火性能可以为现场人员的疏散、救援，财产的保护、转移争取宝贵的时间，从而降低人员伤亡和财产损失。

GB/T 34926—2017 规定，试验时选用的火焰温度为 950～1000℃，燃烧时间为 180min，并根据表 D-6 进行试验。

表 D-6　耐火试验要求

产品实测外径 D/mm	试 验 要 求
D≤20	按照 BS 6387：2013 规定的协议 C、协议 W 和协议 Z 进行试验，线路应保持完整
D>20	按照 BS 8491：2008 的规定进行试验，线路应保持完整

（2）检验依据　项目采购合同及技术规范如下：

GB/T 34926—2017　　额定电压 0.6/1kV 及以下云母带矿物绝缘波纹铜护套电缆及终端

BS 6387：2013　　在火焰条件下电缆线路完整性试验耐火试验方法

BS 8491：2008　　用作烟和热控制系统及其他现役消防安全系统部件的大直径电力电缆的耐火完整性评估方法

（3）检验设备与器具

1）试样支撑装置。

2) 带型丙烷气体喷灯。

3) 连续性检查装置。

4) 具有电压和电流输出的耐火试验装置。

（4）取样及试样制备

1) BS 6387：2013 中的试验方法是，在被测电缆上取长度不少于1200mm 电缆试样；BS 8491：2008 中的试验方法是，在被测电缆上取长度不少于 1500mm 电缆试样。

2) 将电缆试样两端的护套、防火层等剥除100mm，裸露至铜护套，然后剥除铜护套 30~40mm，并使两端的每根导体露出以便于进行电气连接，露出的导体间不得相碰，导体与铜护套之间应保持足够的距离。

（5）检验程序

1) BS 6387：2013 规定的耐火性能检验程序：

① 按照 BS 6387：2013 中三类试验（C、W 和 Z）的要求，将试样固定在支撑装置上，并调整好火源与试样的相对位置。

② 线路连接。

a. 如图 D-3 所示，把一台或多台变压器连接到试样一端的导体上，但不包括有明确标记、拟用作中性导体或保护接地的任何导体。

b. 对于单芯、双芯或三芯电缆，把要连接的每根导体分别连接到分相变压器的输出端，每相接一根 2A 的熔断器或等效断路器。如果要连接的电缆有 3 根以上导体，可把这些导体分成 3 组，并且尽可能把相邻的导体分在不同组内。把每一组内的导体并联到分相变压器的输出端，每相接一根 2A 的熔断器或等效断路器。

③ 在试样的变压器端，把中性导体、保护导体以及金属屏蔽全部接地。在试样的另一端，也按上述方法接地，并把灯泡的一端连接到每根相导体上，而把灯泡的另一端接地。

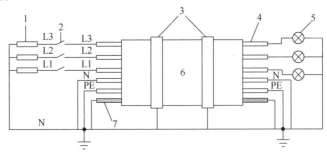

图 D-3 接线图

1—变压器 2—熔断器（2A） 3—电缆支架 4—试验导体或导体组 5—负载和指示装置（如灯泡）
6—试样 7—金属屏蔽（如果有） L1、L2、L3—相导体（如果有 L2、L3） N—中性导体（如果有）
PE—保护接地（如果有）

④ 采用标准规定的燃气及空气设置，点燃喷灯，接通电源，将相间电压调节至额定电压 U。如为单芯电缆，调节至对地额定电压 U_0。

⑤ 试验时间。

a. 单纯耐火试验（C 类）：持续供火 180min 或者发生电缆击穿（取首先发生的事项）。其试验装置如图 D-4 所示。

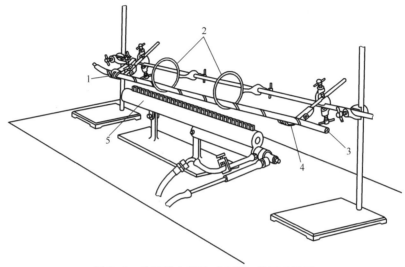

图 D-4　单纯耐火试验（C 类）的试验装置

1—夹具　2—金属环　3—电缆试样　4—支撑件　5—燃气喷灯

b. 耐火及喷水试验（W 类）：在供火 15min 之后，打开喷头，使喷水器按标准确定的供水条件，向电缆被烧区域喷水，继续燃烧和洒水试验 15min（除非喷水使火熄灭；在此场合，出于安全原因关闭燃气源不会导致试验无效）。其试验装置如图 D-5 所示。

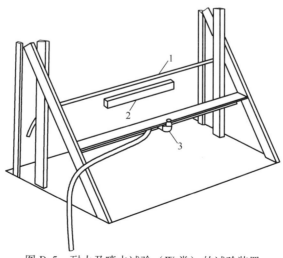

图 D-5　耐火及喷水试验（W 类）的试验装置

1—电缆　2—喷灯　3—喷头

c. 耐火耐冲击试验（Z类）：使用标准规定的燃气及空气点燃喷灯，启动冲击发生装置，接通电源，每30s冲击一次，试验时间15min，共冲击30次。其试验装置如图D-6所示。

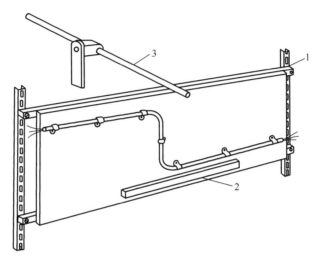

图 D-6　耐火耐冲击试验（Z类）的试验装置
1—橡皮轴衬　2—条型喷灯　3—冲击发生装置

2）BS 8491：2008 规定的耐火性能检验程序：

① 按照 BS 8491：2008 的要求，将试样固定在支撑装置上，并调整好火源与试样的相对位置。试样在垂直梯架构件的位置如图 D-7 所示。

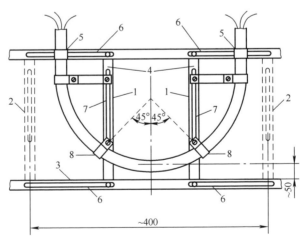

图 D-7　试样在垂直梯架构件的位置
1—试验梯架垂直构件的可调节位置　2—垂直构件的标准位置　3—试验梯架的下位水平构件
4—维持电缆弧形的附加夹具　5—U形螺栓　6—垂直构件移动槽　7—P形夹具安装槽　8—P形夹具

② 线路连接。

a. 在试样与变压器连接的一端，将中性导体与任何保护导体接地，任何金属屏蔽、接地线或金属层应相互连接及接地。将变压器与导体连接，但不包括图 D-8 所示电路图中标明的、拟用作中性导体或保护导体的任何导体。

b. 金属护套、铠装或屏蔽用作中性导体或保护导体时，应图 D-8 所示，按照中性导体或保护导体进行连接。

c. 对于单相、双相或三相电缆，应采用 2A 熔断器或具有同样特性的断路器，将每相导体与变压器输出端的一相连接。

d. 具有四芯或四芯以上导体的多芯电缆（不包括任何中性导体或保护导体），应分为大略相等的三个组，应尽可能使相邻的导体位于不同的组。

e. 串接每一组的导体，在每一相中，用 2A 的熔断器或具有同样特性的断路器，将每一组（导体）连接到变压器输出端的一相。

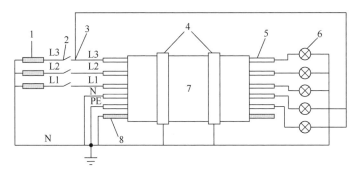

图 D-8　基本电路图

1—变压器　2—熔断器　3—连接到 L1 或 L2 或 L3 相导体　4—金属夹具　5—试验导体或导体组
6—负载或指示装置　7—试样　8—金属屏蔽（如果有）
L1、L2、L3—相导体（如果有 L2、L3）　N—中性导体（如果有）　PE—保护导体（如果有）

③ 试验步骤。

a. 按照标准规定的燃气和空气设置，点燃喷灯，启动计时器后接通电源，10min ± 10s 时试样经受冲击棒的冲击，在第一次冲击后的 10min ± 10s，以及之后每隔 10min ± 10s，试样再次经受冲击。除非在相应试验周期结束之前试样已经损坏，在 120min 的试验中，试样至少经受 12 次冲击。

b. 在每次冲击后，冲击棒应在冲击的 20s 内从试样上提升。

c. 在供火并冲击期结束前的 5min，开启喷水装置，喷水 5s，开始喷水后的 60s，再喷水 5s，重复该过程，直至完成 5 次喷水。在整个喷水期维持试验电压，即使喷水使火熄灭。喷水设施示意图如图 D-9 所示。

④ 试验时间。供火时间 120min，喷水 5min。

（6）检验结果评定　在规定时间内，2A 熔断器不断并且指示灯不熄。

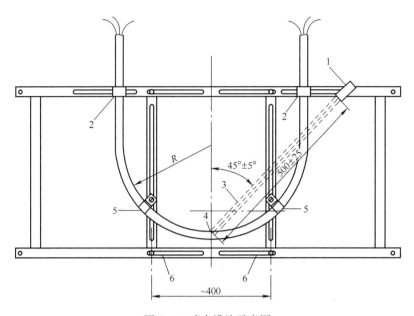

图 D-9 喷水设施示意图

1—软管喷头 2—U 形螺栓 3—水流 4—冲击点 5—P 形夹具

6—供垂直构件移动的槽 R—电缆的最小弯曲半径

3. 验货检验常见问题与风险预警

（1）导体电阻或护套电阻不符合标准规定 检验操作方法不当（如试样在检测室的放置时间不够、检测室温度波动较大、测温点不符合标准规定等）及导体/铜护套材料、截面积不符合要求均会导致电缆导体/铜护套电阻不合格。

质量见证过程中发现导体或铜护套电阻不合格时，供方质检人员应积极配合质量监督见证人员审慎分析原因，以免误判。

确认为非检测方法因素时，质量监督见证方立即启动风险预警，有权要求供方中止生产和供货、限期开展全面质量排查和整改，并书面告知委托方（采购方），供方应按规定期限完成质量排查和整改。供方质量排查、整改完毕后，应向质量监督见证方提交整改报告和复验申请，质量监督见证方收到相关材料后，扩大产品抽样范围和抽样数量二次抽样检测导体/铜护套电阻。

二次抽检再次发现非检测方法原因的相同质量问题时，质量监督见证方立即向采购方提出退货和终止供方供货资格的建议，最终由采购方决定是否退货及终止供方的生产和供货；二次抽检若未发现相同的质量问题，则质量监督见证方向委托方（采购方）提出取消风险预警、供方继续生产和供货的建议，最终由采购方作出供方继续生产和供货的决定。

（2）绝缘厚度或铜护套最薄点厚度超出标准规定的范围 出现绝缘厚度或铜护套最薄点厚度（重点关注焊接部位的厚度）超出标准规定范围的质量问题时，

质量监督见证方将另外抽检一根同型号规格产品试样，无相同型号规格产品时抽检相近型号规格产品试样。若依然存在相同问题，则质量监督见证方立即启动风险预警，有权要求供方中止同型号规格产品的生产和供货、限期开展全面质量排查和整改，并书面告知委托方（采购方），供方应按规定期限完成质量排查和整改。供方质量排查、整改完毕后，应向质量监督见证方提交整改报告和复验申请，质量监督见证方收到相关材料后，扩大产品抽样范围和抽样数量二次抽样检测绝缘厚度/铜护套最薄点厚度。

二次抽检再次发现相同质量问题时，质量监督见证方立即向采购方提出退货和终止供方供货资格的建议，最终由采购方决定是否退货及终止供方的生产和供货；二次抽检若未继续发现相同质量问题，则质量监督见证方向委托方（采购方）提出取消风险预警、供方继续生产和供货的建议，最终由采购方作出供方继续生产和供货的决定。

（3）绝缘电阻不符合标准规定　云母带矿物绝缘电缆封端未处理好或铜护套存在开裂、孔隙、漏焊、虚焊等质量缺陷时，将会导致绝缘电阻不符合标准规定的情况发生。此时，供方应积极配合质量监督见证方确定绝缘不合格原因。

若绝缘电阻不合格为封端不良引起，则供方应采取有效措施确保封端可靠。

若绝缘电阻不合格为铜护套焊接质量缺陷引起，则质量监督见证方立即启动风险预警，有权要求供方中止生产和供货、限期开展全面质量排查和整改，并书面告知委托方（采购方），供方应按规定期限完成质量排查和整改。供方质量排查、整改完毕后，应向质量监督见证方提交整改报告和复验申请，质量监督见证方收到相关材料后，扩大产品抽样范围和抽样数量二次抽样检测绝缘电阻。

二次抽检再次发现铜护套焊接质量缺陷引发的相同质量问题时，质量监督见证方立即向采购方提出退货和终止供方供货资格的建议，最终由采购方决定是否退货及终止供方的生产和供货；二次抽检若未发现相同的质量问题，则质量监督见证方向委托方（采购方）提出取消风险预警、供方继续生产和供货的建议，最终由采购方作出供方继续生产和供货的决定。

（4）电缆电压试验击穿　供方质量检验人员应按合同或技术规范（协议）规定的标准要求严格进行成品电缆的电压试验，合同或技术规范（协议）未明确规定时，按 GB/T 34926—2017 的规定执行。

当云母带绝缘厚度过薄或存在局部绕包缺陷时，或铜护套存在裂缝、孔隙、漏焊、虚焊等缺陷时，均有可能造成电缆在电压试验过程中击穿。

在供方生产现场成品检测见证过程中发现电压试验击穿时，需扩大检测范围，供方应积极配合质量监督见证方审慎分析原因。若属于因存在局部绝缘厚度过薄或局部绕包缺陷而导致击穿的个案，则在剪除电缆击穿段后应再次进行电压试验，直至合格；若属于系统性绝缘过薄击穿、云母带绕包缺陷，或因铜护套存在裂缝、孔隙、漏焊、虚焊等质量缺陷引起，则质量监督见证方立即启动风险预警，有权要求供方中止生产和供货、限期开展全面质量排查和整改，并书面告知委托方（采购方），供方应按规定期限完成质量排查和整改。供方质量排查、整改完毕后，应向质量监督见证方提交整改报告和复验申请，质量监督见证方收到相关材料后继续进行电压试验见证，再次发现系统性或铜护套质量缺陷引起的电压试验击穿时，质量监督见证方立即向采购方提出退货和终止供方供货资格的建议，最终由采购方决定是否退货及终止供方的生产和供货；若未再次出现相同原因的质量问题，则质量监督见证方向委托方（采购方）提出取消风险预警、供方继续生产和供货的建议，最终由采购方作出供方继续生产和供货的决定。

在到货产品或待发产品质量见证过程中发现电压试验不合格时，则质量监督见证方立即启动风险预警，有权要求供方中止生产和供货、限期开展全面质量排查和整改，并书面告知委托方（采购方），供方应按规定期限完成质量排查和整改。供方质量排查、整改完毕后，应向质量监督见证方提交整改报告和复验申请，质量监督见证方收到相关材料后，扩大产品抽样范围和抽样数量进行二次电压试验。二次电压试验再次不合格时，质量监督见证方立即向采购方提出退货和终止供方供货资格的建议，最终由采购方决定是否退货并终止供方的生产和供货；二次抽检若未出现相同的质量问题，则质量监督见证方向委托方（采购方）提出取消风险预警、供方继续生产和供货的建议，最终由采购方作出供方继续生产和供货的决定。

4. 附录

附录 D-1　主要第三方生产见证（监造）和检测检验服务机构一览表

序号	类别	检验机构名称	联系电话
1	监造	中正智信检验认证股份有限公司	0550 - 7622137
2	检测	上海缆慧检测技术有限公司	400 - 852 - 6288 021 - 50680102
3	检测	上海市质量监督检验技术研究院 （电线电缆低压电器检验室）	021 - 56035307
4	检测	国家电线电缆质量检验检测中心（江苏）	0510 - 80713755
5	检测	国家电线电缆质量检验检测中心（上海）	021 - 65494605
6	检测	国家电线电缆质量检验检测中心（辽宁）	024 - 23921295
7	检测	国家电线电缆质量检验检测中心（甘肃）	0938 - 8387399
8	检测	国家电线电缆产品质量检验检测中心（武汉）	027 - 68853721
9	检测	国家电线电缆产品质量检验检测中心（广东）	020 - 89232806
10	检测	国家特种电缆产品质量检验检测中心（河北）	0319 - 5516700
11	检测	国家特种电线电缆产品质量检验检测中心（安徽）	0553 - 6699608
12	检测	国家防火建筑材料质量检验检测中心	028 - 87516651
13	检测	国家固定灭火系统和耐火构件质量检验检测中心	022 - 58387888
14	检测	机械工业电线电缆质量检测中心（北京）	010 - 68157734

（续）

序号	类别	检验机构名称	联系电话
15	检测	天津市产品质量监督检测技术研究院	022 – 23078902
16	检测	吉林省产品质量监督检验院	0431 – 85374709
17	检测	山东省产品质量检验研究院	0531 – 89701898
18	检测	河南省产品质量检验技术研究院	0371 – 63318986
19	检测	陕西省产品质量监督检验研究院	029 – 62653981
20	检测	山西省产品质量监督检验研究院	0351 – 7241042

注：以上为部分主要第三方生产见证（监造）和检测检验服务机构，仅供参考。

附录 D-2　第三方服务机构简介

● 中正智信检验认证股份有限公司

中正智信检验认证股份有限公司是专注电线电缆等机电产品技术咨询、价格评估、生产监造、检验认证、质量管理等服务的高新技术企业。利用自身专业优势和资源整合优势，将价格、质量、诚信等大数据与传统的质量验收和检验认证相结合，深化大数据在产品全生命周期与产业链全流程各环节的应用，助力用户优化采购策略、管控采购风险、提高采购质量，极大满足采购精细化管理需求，全面提升采购及物资管理水平，保障供给和生产安全，打造精品工程。

联系地址：安徽省天长市经济开发区天康大道 622 号

客服电话：0550 – 7622137

● 上海缆慧检测技术有限公司

上海缆慧检测技术有限公司（简称缆慧）是一家集检测服务、监造服务及技术服务于一体的综合性第三方机构。拥有多名电缆行业内工作十年以上的顶尖技术专家，教授级高级工程师 3 人，90% 以上拥有本科及以上学历，团队拥有丰富的经验和技术积累，致力于为客户提供高端和定制化的检测技术服务。拥有高压试验室、电气性能试验室、机械性能试验室、材料性能试验室、环境试验室、通信性能实验室、燃烧性能试验室、核电站用电缆 LOCA 实验室等，具有线缆原材料、常规线缆产品、新能源线缆、舰船电缆、轨道交通用电缆、架空线、核电站用电缆、防火阻燃类线缆等产品的检测技术能力。缆慧是国内外众多认证机构的认可实验室，包括 DEKRA、TUV 莱茵、KEMA、TUV 南德、CQC 和中国船级社（CCS）等机构，也是 CB 认可实验室，具有 CNAS、CMA 等相关证书。

缆慧还致力于将在线检测、大数据、云服务等信息技术与传统电缆制造相结合，开发并提供大量基于互联网的产品和服务。公司成立以来，通过不断的技术创新，为电缆企业提供了可靠的生产质量监控平台，为电缆用户提供了可追溯的电缆生产监造平台，为认证企业提供了可信赖的产品质量评价依据。

网　　　址：www.istcw.com/index.html

联系地址：上海市浦东新区金海路 1000 号 14 号楼东区（技术中心）

上海市奉贤区海翔路 458 号（试验中心）

客服电话：400 - 852 - 6288、021 - 50680102

● 上海市质量监督检验技术研究院（电线电缆低压电器检验室）

电线电缆低压电器检验室由上海市机电工业技术监督所检测中心暨上海市电线电缆检测站和上海市低压电器检测站合并改组而来，前身成立于 20 世纪 80 年代初，在各类电线电缆、低压电器产品的试验技术研究和质量检测领域具有悠久的历史。随着历代检测人的不断努力，在电线电缆领域，已具有对包括民用电线、漆包线、电力电缆、控制电缆、架空电缆、架空绞线和通信电缆等各类电线电缆产品的检测能力（包含 2 类 3C 强制性认证产品、5 个单元工业产品生产许可证产品全部或部分检测能力）；在低压电器领域，已具有对断路器、低压成套开关设备和控制设备、配电板、母线槽、节点装置和低压滤波装置等各类低压电器产品的检测能力。

在电线电缆检测领域，目前拥有包括局放冲击试验室、高低温试验室、力学试验室、电磁线试验室、电学试验室、通信网络试验室、燃烧试验室、塑料原材料性能试验室等在内的多个专业试验室，拥有各类电线电缆检测设备百余套。在低压电器检测领域，目前拥有温升试验室、动作特性试验室、辅助触头通断试验室、湿热试验室、高低温试验室、耐电压试验室、绝缘材料耐热试验室和电性能试验室。

历年来，多次承担国家质检总局、各地质量技术监督部门、市场监督管理部门等各级政府部门下达的产品监督抽查任务及社会各界委托检验，同时兼任上海市电线电缆行业协会副会长单位，也是中国电器工业协会电缆分会、低压电器分会会员单位，为行业整体质量水平的提升发挥了积极的作用，在行业中享有盛誉。

网　　　址：www. sqi. com. cn/SQI_ Web_ new/index. html

联系地址：上海市静安区万荣路 918 号（机电产品质量检验所）

客服电话：021 - 56035307　　021 - 56652534（机电产品质量检验所）

● 国家电线电缆质量检验检测中心（江苏）

国家电线电缆质量检验检测中心（江苏）隶属于江苏省产品质量监督检验研究院，是专业从事线缆类产品检验检测、研究及技术服务的国家级法定技术机构。

实验室位于江苏省宜兴市，占地 36 亩，建筑面积 18600m²，现有专业技术人员 80 余人，检测装备 500 余台套，进口设备占比 65% 以上。

检验能力覆盖电线电缆行业 500kV（交流、直流）电压等级及以下的各类绝缘电线电缆产品、特高压交流 1000kV 和直流 ±800kV 架空导线产品。经过多年发展，在检验、研发能力上逐渐形成自己的特色，在燃烧试验、超高压试验、材料试验、新能源、机器人电缆等领域的检验能力达到国际先进水平。

主要资质：为 CB 授权实验室、CNAS 和 CMA 认可实验室、英国皇家认可委员会（UKAS）认可实验室，同时也是生产许可证和 3C 产品承检实验室、电能（北京）产品认证中心（PCCC）电线电缆签约实验室、中国船级社船用电线电缆签约实验室、欧洲技术认证有限公司（CCQS）签约实验室、英国标准协会（BSI）全球首家电线电缆产品签约实验室、南非国家标准局（SABS）授权实验室、TUV

（南德、莱茵）授权实验室、德国德凯授权实验室、德国电气工程师协会（VDE）中高压电缆全球唯一授权实验室、德国电气工程师协会（VDE）CPR 授权实验室、美国保险商实验室（UL）全球唯一授权的大规模燃烧目击实验室等。

中心始终将服务政府、打造优秀公共服务平台作为己任，从 2011 年起连续作为牵头机构承担电线电缆全国监督抽查工作，通过连续开展的质量监督抽查工作，电线电缆产品质量提升显著，促进了行业的健康发展。

中心将借助中国标准化协会电线电缆委员会（中心为秘书处承接单位）平台，联合大专院校、科研机构、行业用户，团结电缆、材料生产企业，积极开展团体标准的制订工作，助力行业高质量发展。

网　　　址：www. ntcw. org. cn

联系地址：江苏省宜兴市绿园路 500 号

电　　话：0510 – 80713755（总机）　　0510 – 80713720

传　　真：0510 – 80713799

- 国家电线电缆产品质量检验检测中心（武汉）

国家电线电缆产品质量检验检测中心（武汉）是经中国合格评定国家认可委员会（CNAS）认可的实验室，是国家认证认可监督管理委员会指定并与中国质量认证中心（CQC）签约的 CCC 认证检验实验室，全国工业产品生产许可证办公室授权的生产许可证检验实验室，国际电工委员会电工产品合格测试与认证组织（IECEE）认可的 CB 实验室。同时，作为中西部地区门类最齐全的电线电缆及电缆附件、电线组件的专业检测试验室，中心还是中国船级社及 TUV 莱茵的签约实验室。

中心从 1980 年开始从事电线电缆检测，是第一批由国家质量技术监督局指定的承担电线电缆工业产品生产许可证检验的三家机构之一。从 2001 年起先后承担了历年的电线电缆产品国家监督抽查，并主持参与了《电线电缆产品生产许可证实施细则》、CCGF 708.3《产品质量监督抽查实施规范 聚氯乙烯绝缘电缆电线》和 CCGF 708.1《产品质量监督抽查实施规范 电力电缆》的起草修订工作。长期以来，中心为电缆行业、电力、钢铁、石化、铁路、地铁、市政、房地产等大量重点工程和企业提供了优质的检测服务。

网　　　址：www. whzj. org. cn

联系地址：湖北省武汉市东西湖区金银湖东二路 5 号

电　　话：027 – 68853721

- 国家防火建筑材料质量检验检测中心

国家防火建筑材料质量检验检测中心是经国家标准局和公安部批准建立，于 1987 年经国家标准局正式验收并授权成为全国首批具有第三方公正性地位的、法定的国家级产品质量监督检验机构。质检中心行政上受应急管理部消防救援局领导，业务上受国家认监委和应急管理部消防救援局指导，是国家认监委指定的火灾防护类消防产品强制认证实验室。

发展至今，中心已完成基本科研项目 130 余项，标准制修订项目 50 余项。中心已拥有总建筑面积 25000 多平方米的各类试验场馆，主要检验设备 200 多台套。目前中心已获授权的标准有 274 个，其中包括防火阻燃材料及制品、保温材料及系统、装饰装修材料、防火材料产品、建筑耐火构件、消防防烟排烟设备、电线电缆、消防器材等八大类产品 979 个参数的检验。

网　　　址：www. fire – testing. net/

联系地址：成都市金牛区金科南路 69 号

联系电话：028 – 87516651

附录 D-3　样品要求与通用项目检验费用

1. 取样长度及样品处理

1）取样。必须从未安装使用的电线电缆上截取样品。

2）取样长度。老化前常规项目检验所需样品长度为 5m；全性能检验所需样品长度为 30m；其余项目所需样品长度见表 D-1。

3）盲样处理。取样后，用丙酮等有机溶剂将电缆表面的印字全部擦除，对每个电缆送样进行编号，制作成盲样。业主方需要提供送检电线电缆的生产标准或采购技术规范，以便作为检验依据。

4）样品包装。样品取好后，要对两端进行封头处理（可以用塑料薄膜缠绕包覆），以免进水或受潮，影响检验。包装时，可以用电缆盘，也可以成卷。无论装盘还是成卷，样品的弯曲度要大于自身成盘直径的要求，以免影响电缆的性能。然后寄（送）给检验机构。

2. 通用项目检验费用

1）根据电线电缆市场交易惯例，产品检测合格，应由买方承担检测费用，如果检测出不合格，所有检测费用皆应由卖方承担。为节约经费，建议先小范围取样送检，如果产品检测出不合格，再成倍加大检测范围与频次。

2）检测机构通用项目收费标准见表 D-7（不同的检测机构收费会有不同）。

表 D-7　检测机构通用项目收费标准

序号	测试项目	收费
1	常规项目（包括导体直流电阻、绝缘和护套尺寸、护套老化前机械性能、环境温度下绝缘电阻、电压试验）	1500 元/个
2	关键项目	4500 元/个
3	阻燃特性	4000 元/个
4	低烟特性（烟密度测试）	2000 元/个
5	无卤特性（无卤性能测试）	1500 元/个
合计		13500 元/个

附录 E　国家重点工程项目产品供货商实录借鉴

▲ 房屋建筑

	项目名称	赣州高铁新区核心区项目（西站东广场地下空间主体工程）
	采购人	赣州望新建筑工程有限公司
	供应商	浙江元通线缆制造有限公司
	主要产品型号	BTTYZ
	合同金额	大于 800 万元人民币
	合同公里数	
	合同年份	2018 年
	项目名称	上海森兰国际项目
	采购人	中建五局安装工程有限公司
	供应商	浙江元通线缆制造有限公司
	主要产品型号	矿物绝缘电缆
	合同金额	大于 500 万元人民币
	合同公里数	
	合同年份	2019 年
	项目名称	珠江控股万众国际 W 酒店工程
	采购人	陕西建工第一建设集团有限公司
	供应商	浙江元通线缆制造有限公司
	主要产品型号	NG – A（BTLY）
	合同金额	大于 500 万元人民币
	合同公里数	
	合同年份	2017 年
	项目名称	江西省儿童医院红谷滩新院建设项目主体工程
	采购人	江西建工第二建筑有限责任公司
	供应商	浙江元通线缆制造有限公司
	主要产品型号	RTTZ
	合同金额	大于 1500 万元人民币
	合同公里数	
	合同年份	2019 年
	项目名称	九棵树（上海）未来艺术中心新建工程
	采购人	上海市安装工程集团有限公司
	供应商	浙江元通线缆制造有限公司
	主要产品型号	NG – A（BTLY）
	合同金额	大于 800 万元人民币
	合同公里数	
	合同年份	2019 年

（续）

	项目名称	武汉恒隆广场项目
	采购人	中建三局集团有限公司
	供应商	上海胜华电气股份有限公司
	主要产品型号	BTTZ、BTTVZ
	合同金额	大于 9000 万元人民币
	合同公里数	
	合同年份	2019 年
	项目名称	中央电视台
	采购人	中央电视台
	供应商	上海胜华电气股份有限公司
	主要产品型号	BTTZ
	合同金额	约 200 万元人民币
	合同公里数	
	合同年份	
	项目名称	国家雪山雪橇中心项目
	采购人	上海宝冶集团有限公司
	供应商	远东电缆有限公司
	主要产品型号	WTGHE
	合同金额	
	合同公里数	
	合同年份	
	项目名称	深圳安信金融大厦项目
	采购人	中建安装集团有限公司
	供应商	远东电缆有限公司
	主要产品型号	WDZA – RTTYZ
	合同金额	
	合同公里数	
	合同年份	2019 年
	项目名称	国家存储器项目
	采购人	湖北省工业建筑集团有限公司
	供应商	远东电缆有限公司
	主要产品型号	WTGHE
	合同金额	
	合同公里数	
	合同年份	2018 年
	项目名称	阿里巴巴江苏云计算中心数据中心南通综合保税区 A 区项目
	采购人	中建一局集团安装工程有限公司
	供应商	远东电缆有限公司
	主要产品型号	WTGHE、BBTRZ
	合同金额	
	合同公里数	
	合同年份	2018 年

（续）

	项目名称	青岛红岛国际会展中心项目
	采购人	青岛青建物流集团有限公司
	供应商	青岛汉缆股份有限公司
	主要产品型号	BTTZ
	合同金额	大于 2000 万元人民币
	合同公里数	约 298 公里
	合同年份	2018 年
	项目名称	阿里巴巴西部基地
	采购人	四川华宇电力工程有限公司
	供应商	四川新蓉电缆有限责任公司
	主要产品型号	YTTW
	合同金额	大于 300 万元人民币
	合同公里数	约 6 公里
	合同年份	2015 年
	项目名称	阳光保险集团金融后台中心一期
	采购人	中国建筑第八工程局有限公司
	供应商	四川新蓉电缆有限责任公司
	主要产品型号	BTLY
	合同金额	大于 1500 万元人民币
	合同公里数	约 18 公里
	合同年份	2015 年

▲ 轨道交通

	项目名称	重庆市轨道交通 9 号线一期工程
	采购人	中建五局安装工程有限公司
	供应商	浙江元通线缆制造有限公司
	主要产品型号	BTTZ
	合同金额	大于 8000 万元人民币
	合同公里数	
	合同年份	2020 年
	项目名称	兰州市轨道交通 1 号线一期工程
	采购人	中建三局第一建设工程有限责任公司
	供应商	浙江元通线缆制造有限公司
	主要产品型号	BTTZ
	合同金额	大于 500 万元人民币
	合同公里数	
	合同年份	2020 年
	项目名称	西安地铁五号线一期站后工程
	采购人	中铁十四局集团电气化工程有限公司
	供应商	浙江元通线缆制造有限公司
	主要产品型号	BTTZ
	合同金额	大于 800 万元人民币
	合同公里数	约 74 公里
	合同年份	2020 年

（续）

	项目名称	济南市轨道交通 R1 号线工程动力照明系统
	采购人	济南轨道交通集团有限公司 济南轨道交通集团建设投资有限公司
	供应商	上海胜华电气股份有限公司
	主要产品型号	BTTZ
	合同金额	大于 2000 万元人民币
	合同公里数	
	合同年份	2017 年
	项目名称	西安地铁四号线 1 标工程
	采购人	中铁北京工程局集团有限公司西安地铁四号线 DZAZZXSG－1 项目经理部
	供应商	上海胜华电气股份有限公司
	主要产品型号	BTTZ
	合同金额	大于 300 万元人民币
	合同公里数	
	合同年份	2018 年
	项目名称	广深港客运专线狮子洋隧道工程
	采购人	兴宁市水利电力局电力安装公司（现更名为兴宁市粤宁水利电力安装有限公司）
	供应商	远东电缆有限公司
	主要产品型号	YFD－WTTEZ
	合同金额	
	合同公里数	
	合同年份	2018 年
	项目名称	青岛西站换乘中心及配套工程
	采购人	青岛城建集团有限公司
	供应商	远东电缆有限公司
	主要产品型号	WTTEZ
	合同金额	
	合同公里数	
	合同年份	2018 年
	项目名称	呼和浩特市轨道交通 1 号线项目
	采购人	中铁物贸集团有限公司轨道集成分公司
	供应商	杭州电缆股份有限公司
	主要产品型号	BTTZ
	合同金额	大于 4000 万元人民币
	合同公里数	约 372 公里
	合同年份	2019 年

（续）

	项目名称	青岛市地铁 8 号线工程
	采购人	中铁五局集团第一工程有限责任公司
	供应商	杭州电缆股份有限公司
	主要产品型号	BTTVZ
	合同金额	约 2000 万元人民币
	合同公里数	约 72 公里
	合同年份	2019 年
	项目名称	深圳地铁项目
	采购人	中铁二局集团有限公司
	供应商	杭州电缆股份有限公司
	主要产品型号	WDZBN – BTLY
	合同金额	大于 1800 万元人民币
	合同公里数	约 9.4 公里
	合同年份	2019 年
	项目名称	青岛市地铁 2 号线一期工程
	采购人	中铁电气化局集团有限公司青岛地铁 2 号线机电安装 1 标项目经理部
	供应商	青岛汉缆股份有限公司
	主要产品型号	BTTZ
	合同金额	约 400 万元人民币
	合同公里数	约 419 公里
	合同年份	2019 年
	项目名称	青岛市地铁 8 号线工程 PPP 项目
	采购人	中建安装集团有限公司
	供应商	青岛汉缆股份有限公司
	主要产品型号	BTTZ、WD – BTTYZ
	合同金额	大于 1300 万元人民币
	合同公里数	约 190 公里
	合同年份	2019 年
	项目名称	重庆轨道交通环线工程
	采购人	中铁十四局集团电气化工程有限公司重庆轨道环线二期机电设备安装一标项目经理部
	供应商	四川新蓉电缆有限责任公司
	主要产品型号	WDZB – RTTYZ
	合同金额	大于 500 万元人民币
	合同公里数	约 19 公里
	合同年份	2018 年

（续）

项目名称	重庆轨道环线二期
采购人	中铁二十三局集团电务工程有限公司重庆轨道交通工程项目部
供应商	四川新蓉电缆有限责任公司
主要产品型号	WDZB – RTTYZ
合同金额	大于 1400 万元人民币
合同公里数	约 53 公里
合同年份	2018 年

▲ 机场

项目名称	成都天府国际机场
采购人	上海市安装工程集团有限公司
供应商	上海胜华电气股份有限公司
主要产品型号	BTTZ
合同金额	大于 600 万元人民币
合同公里数	
合同年份	2019 年

项目名称	海口美兰国际机场二期矿建工程
采购人	中国建筑第八工程局有限公司
供应商	上海胜华电气股份有限公司
主要产品型号	BBTRZ
合同金额	大于 700 万元人民币
合同公里数	
合同年份	

项目名称	北京大兴机场项目
采购人	中国建筑第八工程局有限公司
供应商	远东电缆有限公司
主要产品型号	WTGHE
合同金额	
合同公里数	
合同年份	

项目名称	南京禄口机场项目
采购人	中建安装工程有限公司（现更名为中建安装集团有限公司）
供应商	远东电缆有限公司
主要产品型号	WTTEZ
合同金额	
合同公里数	
合同年份	2013 年

◢ 其他

项目名称	常德沅江隧道安装工程
采购人	中铁十四局集团电气化工程有限公司常德沅江隧道安装工程项目部
供应商	杭州电缆股份有限公司
主要产品型号	BTLY
合同金额	约 500 万元人民币
合同公里数	约 38 公里
合同年份	2018 年
项目名称	大型燃气蒸汽联合循环发电生产基地及大型燃气轮机余热锅炉项目（含杭锅西子智慧产业园）建安工程
采购人	浙江大华建设集团有限公司
供应商	杭州电缆股份有限公司
主要产品型号	BTLY
合同金额	大于 700 万元人民币
合同公里数	约 13 公里
合同年份	2017 年
项目名称	淄博腾威电气有限公司项目
采购人	淄博腾威电气有限公司
供应商	青岛汉缆股份有限公司
主要产品型号	BTTZ
合同金额	大于 1400 万元人民币
合同公里数	约 1900 公里
合同年份	2018 年

附录 F 《耐火电缆设计与采购手册》 产品品类族谱

序号	电压等级	中文名称	绝缘材质	金属护套/护层	代表型号	备注
1	额定电压 750V 及以下	氧化镁矿物绝缘铜护套电缆	氧化镁	铜护套	BTTZ, BTTQ	国标
2	额定电压 0.6/1kV 及以下	云母带矿物绝缘波纹铜护套电缆	云母带	波纹铜	RTTZ, YTTW	国标、行标
3	额定电压 0.6/1kV 及以下	陶瓷化硅橡胶（矿物）绝缘耐火电缆	陶瓷化硅橡胶	联锁铠装（可选）	WTGE, WTGG	团标
4	额定电压 0.6/1kV	隔离型矿物绝缘铝金属套耐火电缆	云母带 & 陶瓷化硅胶带	铝金属套	NG－A, BTLY	团标、企标
5	额定电压 0.6/1kV	隔离型塑料绝缘耐火电缆	云母带 & 交联聚乙烯	无金属套	BBTRZ、BTYRZ	企标
6	额定电压 6kV 到 35kV	隔离型塑料绝缘中压耐火电缆	原结构绝缘单元	无金属套	NG－B	技术规范
7	额定电压 0.6/1kV 及以下	塑料绝缘耐火电缆	云母带 & 原绝缘材质	无金属套	N－、WDZN－	国标

附录 G 不同种类耐火电缆对比表

产品种类	绝缘	代表型号	标准	优点	缺点	备注
氧化镁矿物绝缘铜护套电缆	无机矿物氧化镁	BTTQ、BTTZ BTTVQ、BTTVZ BTTYQ、BTTYZ WD-BTTYQ WD-BTTYZ	GB/T 13033.1—2007	耐火性能最好 几乎可以全系列通过现有耐火试验标准 抗过载能力强 过火后可重复使用	制造工艺要求高 安装施工工艺要求较高 氧化镁易吸潮使绝缘性能降低或失效 价格较高	可通过结构和多种耐火材料结合的方式提高耐火性能
云母带绝缘耐火电缆	云母耐火层结合交联聚乙烯、阻燃聚烯烃、陶瓷化聚烯烃等高分子材料作为绝缘	RTTZ RTTVZ RTTYZ WDZA-RTTYZ WDZB-RTTYZ	GB/T 34926—2017	制造工艺简单，技术门槛较低 耐火性能好	相较于氧化镁矿物绝缘电缆，耐火性能略低 绝缘和填充材料中含有机高分子材料，遇高温分解对电缆运行具有潜在危害 安装施工工艺要求较高 过火后必须更换	
陶瓷化硅橡胶绝缘耐火电缆	陶瓷化硅橡胶	B1-WTGE、WTGE 等 WTGG、WTGH、WTGT 等 B1-WTGGE、B1-WTGHE B1-WTGTE、WTGGE 等 WTGHE、WTGTE 等	T/ASC 11—2020	制造工艺简单 安装施工工艺简单	有机材料高温分解对电缆运行具有潜在危害 质量和稳定性控制比较难 过火后必须更换	以硅橡胶胶作为主要耐火层
组合结构耐火电缆	多种绝缘材料		企业标准	制造工艺简单 安装施工工艺简单	无国家或行业标准，结构和性能要求不统一 绝缘和填充材料中含有机高分子材料，遇高温分解对电缆运行具有潜在危害 过火后必须更换	多种耐火材料和结构的组合，用以提高耐火性能和绝缘性能

参 考 文 献

[1] 电线电缆手册编委会. 电线电缆手册: 第 1 册 [M]. 2 版. 北京: 机械工业出版社, 2014.

[2] 唐崇健, 蔡如明, 陈大勇. 矿物绝缘电缆的生产工艺 [J]. 电线电缆, 2006 (5): 12 – 18.

[3] 倪艳荣, 王卫东, 赵源. 无卤低烟高阻燃中压耐火电缆结构设计与关键工艺控制 [J]. 河南机电高等专科学校学报, 2018 (1): 9 – 11.

[4] 全国电线电缆标准化技术委员会. 额定电压 1kV ($U_m = 1.2kV$) 到 35kV ($U_m = 40.5kV$) 挤包绝缘电力电缆及附件: GB/T 12706—2020 [S]. 北京: 中国标准出版社, 2020.

[5] 全国电线电缆标准化技术委员会. 额定电压 750V 及以下矿物绝缘电缆及终端: GB/T 13033—2007 [S]. 北京: 中国标准出版社, 2007.

[6] 全国电线电缆标准化技术委员会. 额定电压 0.6/1kV 及以下云母带矿物绝缘波纹铜护套电缆及终端: GB/T 34926—2017 [S]. 北京: 中国标准出版社, 2018.

[7] 中华人民共和国住房和城乡建设部. 额定电压 0.6/1kV 及以下金属护套无机矿物绝缘电缆及终端: JG/T 313—2014 [S]. 北京: 中国标准出版社, 2014.

[8] 中国建筑学会. 额定电压 0.6/1kV 及以下陶瓷化硅橡胶 (矿物) 绝缘耐火电缆: T/ASC 11—2020 [S]. 北京: 中国建筑工业出版社, 2020.

[9] 浙江省品牌建设联合会. 额定电压 0.6/1kV 矿物绝缘连续挤包铝护套电缆: T/ZZB 0407—2018 [S]. 北京: 中国标准出版社, 2018.

[10] 国家电线电缆质量监督检验中心. 额定电压 6kV ($U_m = 7.2kV$) 到 35kV ($U_m = 40.5kV$) 挤包绝缘耐火电力电缆: TICW 8—2012 [S]. 北京: 中国标准出版社, 2012.

[11] 中国电力企业联合会标准化中心. 电力工程电缆设计规范: GB 50217—2018 [S]. 北京: 中国计划出版社, 2018.

[12] 上海市工程建设标准化办公室. 民用建筑电线电缆防火设计规程: DGJ 08—93—2002 [S]. 北京: 中国计划出版社, 2002.

[13] 重庆市建设委员会. 重庆市大型商业建筑设计防火规范: DBJ50—054—2006 [S]. 北京: 中国建筑工业出版社, 2006.

[14] 中华人民共和国住房和城乡建设部. 民用建筑电气设计规范: JGJ 16—2008 [S]. 北京: 中国建筑工业出版社, 2008.

[15] 中华人民共和国住房和城乡建设部. 地铁设计规范: GB 50157—2013 [S]. 北京: 中国建筑工业出版社, 2013.

[16] 中华人民共和国住房和城乡建设部. 火灾自动报警系统设计规范: GB 50116—2013 [S]. 北京: 中国计划出版社, 2013.

[17] 中华人民共和国住房和城乡建设部. 建筑设计防火规范 (2018 年版): GB 50016—2014 [S]. 北京: 中国计划出版社, 2018.

[18] 上海市住房和城乡建设管理委员会. 民用建筑电气防火设计规程: DGJ 08—2048—2016 [S]. 上海: 同济大学出版社, 2016.

[19] 全国品牌价值及价值测算标准化技术委员会. 品牌价值要素评价: GB/T 29186—2021 [S]. 北京: 中国标准出版社, 2021.

产品标准、质量管控、品牌供应商、市场价格等大数据在线词典
企业电子招采与采购交易系统信赖的第三方共享数据接口—BOM

工业大数据 · 创新产品秀场 第三方质量管控服务专家

让物资说话
助用户决策
赢行业信赖

专注、卓越、
分享、责任

成为全球权威的
工业大数据服务商

完善产品标准规范，助
力用户采购"性价比高
的"品牌产品，积极推
进行业供给侧改革

　　物资云（wuzi.cn）是国信云联数据科技股份有限公司专门针对"广大设计院和终端采购用户"研发的工业品智能"选型、寻源、询价"与工业产业链问答众包服务的产业互联网创新平台。物资云承袭并整合中缆在线、中仪在线、中阀在线、电气网、机电网、物资网、企信在线等行业知名平台数据资源，专业提供产品技术规范书、招标控制价、供应商寻源、质量管控、新技术新材料新工艺等大数据服务，经17年积淀，现已与近1000家知名设计院所和终端采购用户结为战略合作伙伴。

　　其中，设计单位主要有中国电力工程顾问集团东北院、华北院、华东院、西北院、西南院、中南院，中国能源建设集团黑龙江省院、湖南省院，中国电建集团吉林省电力院等；采购单位主要有中国华电集团物资有限公司、华能招标有限公司、中交第二公路工程局有限公司、内蒙古伊泰煤炭股份有限公司等。

国信云联数据科技股份有限公司
工业大数据平台 · 创新产品秀场 第三方质量管控服务专家

地址：安徽省 天长市 经济开发区 天康大道北经五路东
邮编：239300　　邮箱：cs@wuzi.cn

中大元通线缆
Zetastone Cable

公司概况 COMPANY PROFILE

　　浙江元通线缆制造有限公司成立于2000年，是世界500强国有企业——物产中大集团股份有限公司高端实业板块的重要核心成员，主要致力于各类电线电缆的研发、生产、销售和服务。公司是高新技术企业，建有省级企业研究院、省工程研究中心、省博士后工作站等技术创新平台。

　　公司凭借过硬的产品质量先后成为人民大会堂、G20 会场、杭州奥体中心等重大项目的电线电缆综合配供商。公司践行脚踏实地的"工匠"精神，秉承"产品+品牌+渠道+服务"四轮驱动模式，以"为客户提供安全的电缆"为己任，致力于用心做好每一根线缆，持续为客户创造价值。

我们的"资产" OUR ASSETS

三大生产基地+研发基地

杭州崇贤线缆生产基地　　　　杭州钱江线缆生产基地　　　　德清线缆智能制造基地　　　　物产中大—西安交大
　　电缆研究院

我们的实力 OUR STRENGTH

- 集团实现营收超5000亿元人民币
- 世界500强企业，2022年位列第120名
- 浙江省特大型国有控股企业
- 上市公司，混合制改革是国务院国资委
  改革12个样本之一

浙江元通线缆制造有限公司

地址：浙江省杭州市临平区崇贤工业园区
网址：www.zjytxl.com
电话：0571-88121019

明道｜取势｜优术
Zetastone Cable

   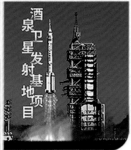

高桥防火 GAOQIAO CABLE 防火电缆专家

高桥防火系列产品 为建筑物线路防火提供整体解决方案

隔离型矿物绝缘电缆
NG-A

隔离型矿物绝缘预分支电缆
FZ-NG-A

隔离型超阻燃电缆
ZG-A

隔离型中高压防火电缆
NG-B

　　高桥防火科技股份有限公司（简称"高桥防火"）成立于2014年，注册资金约1.79亿元人民币，是集高新、特种防火电缆研发、生产、销售于一体的大型骨干制造企业。公司引进高精度生产流水线和试验检测设备，高起点、高规格地建成了占地面积200亩的现代化电线电缆工业园，年生产总值达50亿元人民币，总投资10亿元人民币。主要产品包括中（高）压防火电缆、隔离型矿物绝缘电缆、隔离型B1级阻燃电缆、中低压电力电缆、控制电缆、低烟无卤系列电缆、工程布线、各系列预制分支电缆等。

　　公司具有完善的组织机构，所有产品严格执行国家标准、行业标准和相关的其他标准，通过了ISO9001、ISO14001和ISO45001管理体系认证，电线产品获得国家强制性产品认证（CCC）等。目前已获得国家专利72项，多项产品技术达到国际先进水平，多项科技成果列入高新技术成果转化项目。先后荣获"消防与应急救援国家工程实验室共建单位""安徽省高新技术企业""市认定企业技术中心""安徽省高层次科技人才团队""蚌埠市先进单位"等荣誉称号。

　　高桥防火践行"科技为先、质量为上、诚信为本、品质第一"的企业文化，坚持"立本从新、优行天下"的核心经营理念，以科技创新统领全局，致力于防火电缆尖端技术攻关。

 0552-3823966 www.gqfhkj.com

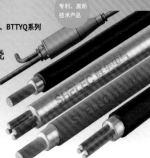

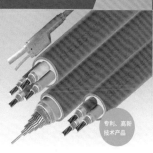
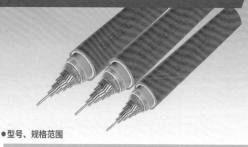

安徽吉安特种线缆制造有限公司

吉安特缆　　精工品质

传导未来　　连接你我

　　安徽吉安特种线缆制造有限公司成立于1985年，前身是原国家电力公司归口管理的安徽省天长市电力仪表线缆厂，至今已有近40年的发展。公司产品广泛应用于航空、航天、军工、核电、水电、火电、冶金、石油、化工、玻璃和汽车制造等特殊行业和领域，覆盖全国30多个省、市、自治区，并出口到东南亚、北欧等国家和地区，备受国内外用户赞誉。近年来，公司持续加大技术投入，不断提升产品竞争力，在同行业内赢得较高的知名度，多次在中国华能集团、中国华电集团、中国大唐集团、华润电力、中国石油和国家电网等大型央企开发建设的国内国际重点工程中中标，社会效益和经济效益显著。

地址: 安徽省天长市天康大道622号　　　　邮编: 239300
邮箱: jian-group@163.com　　　　　　　　电话: +86-0550-7621118

公司简介

安徽天彩电缆集团有限公司（以下简称"天彩集团"）位于安徽省仪器仪表、电线电缆生产基地——天长市，是一家专业从事电线电缆、桥架和仪器仪表的研发、生产企业。公司成立于2005年3月,注册资本36888万元,占地面积15万平方米,厂房面积108000平方米。公司年生产能力:电线电缆30万千米、桥架10万千米、仪器仪表10万台(支)。

公司通过ISO9001质量管理体系认证、ISO14001环境管理体系认证、ISO45001职业健康安全管理体系认证，先后取得全国工业产品生产许可证、CCC认证证书和CE认证证书、矿用电缆安全认证。

公司被认定为"省高新技术企业"，先后获得"安徽省著名商标""安徽省守合同重信用单位""安徽名牌""安徽省企业技术中心""AAA级信用企业""安徽省专精特新企业"等荣誉称号，拥有12项发明专利、30项实用新型专利、4项外观设计专利。

目前公司生产的产品有三大类:电线电缆类包括电力电缆、控制电缆、计算机电缆、仪表电缆、橡套电缆、特种电缆、新能源电缆七大类上万个型号、规格产品，生产设备先进,检测设备齐全，特别是橡套电缆产品，拥有六条现代化连硫生产线，产品电压等级覆盖高、中、低压，矿用橡套电缆认证齐全。桥架类包括钢制桥架、铝合金桥架和高分子复合防腐（衬钢）桥架等，特别是高分子复合防腐（衬钢）桥架具有阻燃、防腐、绝缘性能高、使用寿命长、环保、外形美观等特点，获得国家公共场所阻燃制品及组件标识使用证，是公司的自主研发产品，获得国家专利，广泛应用于化工、石油、医药、电力等行业。仪表类产品包括工业热电偶、热电阻、智能数显仪表、双金属温度计、压力变送器等各类仪器仪表，生产设备先进，检测设备齐全，检测方法完备。

公司产品广泛应用于电力、冶金、化工、石化、水利、造纸、市政、楼宇等行业，销往全国20多个省市、自治区，出口东南亚国家，深受广大用户的好评。

"合作共赢，创新发展"是天彩集团经营的理念，公司坚持在产品开发、企业管理和服务上不断地改革和创新，以追求新的突破；始终将客户的利益和需求放在首位，精心、细心、用心地为用户提供性价比优越的产品。天彩集团真诚邀请各界同仁携手共创美好明天!

地　　址：安徽省天长市经济开发区纬一路888号　　　邮　　编：239300
电　　话：0550-7092618　　　　　　　　　　　　　传　　真：0550-7091599
网　　址：www.tcdljt.cn　　　　　　　　　　　　　电子信箱：tcdljt@163.com

铝合金桥架

高分子复合桥架

控制电缆

计算机电缆

橡套及硅橡胶电缆

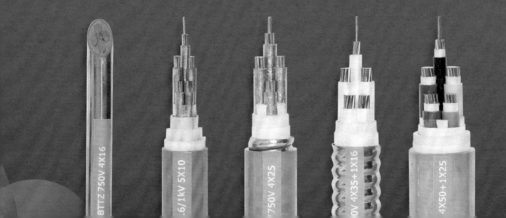

常丰线缆有限公司
Chang feng Wire&Cable Co.,Ltd.

嘉翼伦

公司成立于2009年9月1日,占地面积7.8万余平方米,注册资金6亿元人民币,位于河北省河间市沙河桥镇工业园目前已形成集研发、生产、销售于一体的综合性经济实体。

公司设计生产能力可达50亿元。获中国线缆行业100强企业,河北省民营制造业百强企业,河间市政府质量奖,以及河北省技术创新示范企业荣誉。主要生产铝合金高低压电力电缆、高低压电力电缆、油田专用电缆、矿物质绝缘柔性防火电缆、辐照交联电缆、钢芯铝绞线、架空绝缘电缆、橡套电缆,各种低烟无卤、低烟低卤、阻燃耐火电线电缆,控制电缆、聚氯乙稀绝缘电线电缆、通信电源用阻燃耐火软电缆,国外标准的美国UL认证产品、德国TUV认证产品、英国BS认证产品、澳标认证产品等。

BOAN
宝安电缆

Transmission,Changing for you

传输 因你而变

安全-环保-节能

江苏宝安电缆有限公司成立于1996年,位于国家高新技术园区——中国宜兴环保科技工业园,占地面积25万平方米,总资产约20亿元人民币,员工800余名,是中国电线电缆行业重点企业、高新技术企业、江苏省民营科技企业、守合同重信用企业、AAA资信企业、江苏省质量信用AAA级企业和中国线缆行业100强企业。

公司设有江苏省金属护套无机矿物绝缘电缆工程技术研究中心、江苏省企业技术中心和无锡市特种电缆工程技术研究中心,专注于民用低压直至电压等级500kV全系列电力电缆及各类特种电缆产品的研发、制造和服务。产品覆盖新能源、电力、海工及船舶、建筑工程、矿用、工业制造、轨道交通、航空、家用等领域。拥有国内外的先进生产和检测设备300多(台)套,年生产能力达30亿元人民币。公司通过了ISO9001质量管理体系认证、ISO14001环境管理体系认证、ISO45001职业健康安全管理体系认证、GJB9001C-2017武器装备质量管理体系认证和两化融合管理体系评定。

公司重视科技创新,广纳精英人才,不断开拓创新,优化产品结构,持之以恒地提升品牌信誉,为广大用户提供最优质可靠的产品和服务。

江苏宝安电缆有限公司
JIANGSU BOAN CABLE CO.,LTD

地址:江苏省宜兴市环科园茶泉路西侧
网址:www.boandl.com
电话:0510-80713900 / 80710999

成都联士科技有限公司
Chengdu Lianshi Technology Co.,Ltd.

成都联士科技有限公司坐落于成都市大邑县沙渠街道恒有路29号，注册资本3000万元人民币，厂房占地面积40亩（26000多平方米），专业研发氩弧焊管机金属护套生产线，是集设计、机械加工、组装、销售和出口贸易于一体的创新型智能装备科技企业。公司开发设计RTTZ柔性防火电缆设备、BTTZ矿物绝缘防火电缆铜带纵包焊接设备。为了不断技术创新，设备研发费用和新建工厂投资累计已达到1亿元。

为加强公司的自主创新能力，研发部门成功申请了RTTZ、BTTZ防火电缆和超高压平滑铝设备系列的相关专利证书40余件，公司也获得了高新技术企业荣誉和GB/T19001-2016/ISO9001:2015质量管理体系认证证书。

公司的产品覆盖射频电缆金属护套生产设备，海底光缆铜护套生产设备，RTTZ、BTLY柔性防火电缆生产设备，110~500kV高压电缆金属护套生产设备，高压电缆平滑铝护套生产设备，BTTZ矿物绝缘防火电缆生产设备，铁路贯通地线设备等。

公司作为集研发、生产于一体的创新型企业，跟随时代的步伐，从国内到国际开拓市场，匠心制造，为电缆事业保驾护航，为"一带一路"的建设贡献了中国力量。

公司秉承"以人为本、诚实守信、科技创新、匠心制造、一流服务"理念，为广大客户提新型实用的设备，不忘初心，砥砺前行！

BTTZ矿物质绝缘防火电缆生产设备

RTTZ、BTLY柔性防火电缆生产设备

高压电缆平滑铝护套设备

成都联士科技有限公司
电话：+86-13008115780
E-mail：cdlszl@163.com
地址：成都市大邑县沙渠街道恒有路29号

大石桥市美尔镁制品有限公司
DASHIQIAO MEIR MAGNESIUM PRODUCTS CO.,LTD

企业简介

　　大石桥市美尔镁制品有限公司(以下简称"美尔公司")坐落于"中国镁都"大石桥市。大石桥市菱镁矿产丰富，具有先天的原料优势，同时镁制品产业上下游配套企业完备，美尔公司发展镁制品行业具有得天独厚的技术优势及区域资源优势，是集研发、生产、销售防火电缆用氧化镁粉、电工级氧化镁粉、焊条用氧化镁粉于一体的专业企业。

　　美尔公司高度重视产品质量与研发，始终坚持"成为客户值得信赖的合作伙伴，提高客户产品的市场竞争力"为目标。选用优质原料供应商保证产品的稳定，并与高校、科研院所等机构开展产、学、研技术交流合作。目前公司研发中心已被评定为"省级工程技术研发中心"，其中设备、仪器配置完全与客户相对应，可以完全模拟客户端制作产品，并进行检测。公司管理已通过ISO9001:2015质量管理体系认证，产品通过了RoHS认证、REACH认证和ISO14001:2015环境管理体系认证，满足环保要求。公司先后被评为"辽宁省专精特新中小企业""高新技术企业""省级工程技术研究中心"。公司同时还获得了二十几项国家专利。

　　美尔公司在长期的发展过程中以过硬的产品质量、良好的产品性能、独特的技术优势和国内外客户建立了长期良好的合作伙伴关系，热诚欢迎国内外新老客户来公司考察、参观及技术交流！

企业资质

● 质量管理体系认证证书
● 环境管理体系认证证书

产品介绍

　　电缆用氧化镁粉适用于BTTZ防火电缆（国外简称MI电缆），在电缆中起到防火、绝缘、耐高温等作用。公司生产的镁粉低杂质、高绝缘、高成品率，无须二次处理即可直接使用，公司同时也与中科院合作建了全自动化生产线来保证产品的高质量和稳定性。根据客户生产工艺及环境因素，可为客户单独定制最适合的规格来满足客户的生产质量。

MEIR-1

化学分析(%)：

名 称	MgO	CaO	Fe₂O₃	SiO₂	Al₂O₃	LOS	磁性物(ppm)
标 准	≥93	≤2.5	≤0.8	≤3.0	≤0.5	≤0.5	≤100

物理指标：

流率（F.R）				密度(ASTM 标准)			
≤150 s/100g				2.17-2.22g/cm³			
粒度分布 (%)							
目 数	+60	+80	+100	+140	+200	+325	-325
标 准	0	30±5	10±5	25±5	20±5	15±5	4±2

A·铜导体
B·矿物绝缘材料（电缆用氧化镁）
C·铜护套

生产环境

注：本公司生产的产品全部采用热封袋包装，以保证产品运输中和存储中的防潮性。

联系方式

联系人：齐春阳(销售专员)　　联系电话：13130556022　　地　址：辽宁省大石桥市官屯镇双台子村

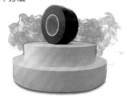

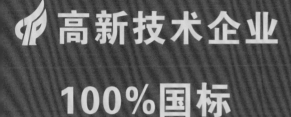

澳通电缆　连通世界

公司简介
COMPANY PROFILE

广州澳通电线电缆有限公司创办于1996年,公司生产基地坐落于广州市从化区明珠工业园,注册资金18750万元人民币,年生产能力25亿元人民币,是一家集生产、研发、销售于一体的大型企业。

公司主要生产"澳通"牌6kV及以下低压电力电缆、NG-A(BTLY)柔性矿物绝缘电缆、BBTRZ柔性矿物绝缘防火电缆、YTTW(RTTZ)柔性矿物绝缘电缆、BBTRZG(BBTYG)柔性矿物绝缘金属带防火电缆、超级阻燃B1级电线电缆、低烟无卤环保电线电缆,低压弱电类电线电缆,防水电缆系列等多种规格产品,多元化地满足客户配套需求。

企业自创办以来,致力于"以品质求发展、以信誉求市场"的宗旨,秉承"高效创新、互利互惠"的企业经营理念,坚持"以市场为导向、以产品为中心、以科技为依托、以效益为目标、以管理为基础、以人才为基本"的企业方针,为社会提供一流的产品和服务。

通过澳通人多年的努力,公司获得了ISO9001国际质量管理体系认证、ISO14001环境管理体系认证、ISO45001职业健康安全管理体系认证、全国工业产品生产许可证、国家强制性CCC认证、高新技术企业、广东省专精特新企业、阻燃B1级证书、光伏直流电缆产品认证证书、CQC广东省首套GB31247+GB/T19666双阻燃证书、企业标准"领跑者"证书、广东省重点商标保护名录纳入证明、广东品牌星级认证证书、团体标准参编单位、广东省守合同重信用企业等成就。产品广泛应用于火电、水电、输配电、机械、冶金、石化、轻纺、矿山、建筑、交通等各行业,受到广大用户的好评。公司将在强化核心竞争力的基础上,依托丰富的从业经验和先进的管理、服务、人才理念,不断创新,坚实发展,一如既往地践行着"值得信赖"的品牌宗旨,为实现新的超越、新的腾飞而继续努力。

澳通公司厂区环境

燃烧实验室

广州澳通电线电缆有限公司
GUANGZHOU AOTONG WIRE AND CABLE CO.,LTD
地址:广州市从化区明珠工业园吉祥二路1号
网址:www.aotongcable.com 全国服务热线:4000-426-988

PAMICA
Pamica Group Limited

新时代的平安是奋斗者的平安

▶ 平安电工 COMPANY PROFILE

云母产品专业制造商

公司拥有无尘恒温恒湿全天候耐火云母带生产线30多条,已成为技术力量雄厚、质量水平高、产品品种全、生产能力强的云母带专业制造商之一,年产量达2.1万吨以上。根据云母纸材料及制造工艺的不同,公司云母带主要有以下类型:煅烧云母带、涂层云母带、金云母带、合成云母带。

塔状云母带的制造方法能将长度有限的盘状云母带变为任意长度的多层塔状云母带,以满足线缆用户无人值守绕包整根电缆的需求,为实现包带生产线智能化、数字化和万物互联提供条件,能显著地提高用户的生产效率。

公司生产的2D、3D硬质云母异型件,软质片状、带状和卷状的云母制品,具有优良的耐高温、绝缘、隔热性能,已广泛应用于新能源动力电池和储能电池,能有效隔断电池发生热失控时产生的火苗、能量和温度。

电话:86-715-4324745/4321050　传真:86-715-4351508
网址:www.pamica.com.cn　邮箱:sales@pamica.com.cn
地址:湖北省咸宁市通城县通城大道226号

桓仁东方红镁业有限公司

Huanren Dongfanghong Magnesium Products Co.,Ltd.

桓仁东方红镁业有限公司（原桓仁满族自治县东方红水电站镁砂厂）技术力量雄厚，具有高级专业技术职称的有 8 人，中级职称的有 12 人，同时拥有一支有 20 余年实践冶炼经验的员工队伍。监测、化验设备计量准确，产品品种齐全，质量过硬（通过 ISO9001 质量管理体系认证），价格合理，深受国内外客户的青睐。产品畅销大型钢铁企业、品牌家电企业及宝胜、起帆、众邦等多家电缆企业，并出口德国、韩国和日本，享有较高信誉。年产 6000 吨中、高级改性氧化镁粉，畅销江苏、浙江、广东和香港等地区，颇受用户好评。

2021 连续多年被评为"纳税先进企业""先进单位"，秉承"保质、守信、重义"的企业文化，继续砥砺前行

2019 完成高纯结晶镁粉和晶体镁粉技术攻关，成功通过新标准试验，达到先进水平

2016 荣获宝胜科技创新股份有限公司"合格供应商"，开启新征程

2008 荣获"守合同重信用企业""纳税先进企业""先进单位"称号

2005 与英国、澳大利亚行业专家共同努力，研发出可加硅油镁砂，用于防火电缆连续1000米以上生产线生产

2003 引进国外技术，与宝胜共同研发出铜护套矿物绝缘电缆氧化镁粉，荣获国家专利技术，同时成立8个办事处及若干销售基地，全面开展全球业务

1992 引进高新技术，扩增生产线进行镁砂深加工
集水力发电、矿山开采、镁砂冶炼和镁粉深加工一体化

1988 建筑面积扩建至8000平方米占有面积3.6万平方米，年产低铁优质镁砂1.5万吨

1980 建东方红水电站镁砂厂

1970 兴建东方红水力发电厂总装机5000kW

产品及应用

铜护套矿物绝缘电缆BTTZ专用氧化镁粉DM-HFC　　铜护套绝缘电缆

加热电缆粉DMG-80　　不锈钢护套绝缘电缆

氧化镁粉原料

环境展示

荣誉成果

地址：辽宁省本溪市桓仁满族自治县雅河乡董船营村
电话：13852891786（王经理）
网址：www.hrdfhmy.cn　　邮箱：wzh-566@163.com

手机官网　　微信二维码